高等数学 ABC 同步检测卷

马儒宁 编著

东南大学出版社
·南京·

内 容 提 要

本书按照《高等数学》(同济七版)章节顺序,并参照教育部制订的"考研数学考试大纲"和中国数学会制定的"中国大学生数学竞赛大纲"编写,包括十二个章节的同步检测以及上册(前七章)与下册(后五章)的综合检测,共计十四套试卷. 每套试卷又含 ABC 三份检测试卷,其中,A 卷是基本内容难度,夯实基础;B 卷是学校考试难度,强化训练;C 卷是考研竞赛难度,拓展提升. 对于试卷中的每一道题目,均有配有详细的解答过程.

本书内容丰富、题型多样、解析专业,可作为理工科大学一年级学生学习高等数学的配套资料,同时还可以作为准备复习考研和参加大学数学竞赛的参考书及其相关教师的参考资料.

图书在版编目(CIP)数据

高等数学 ABC 同步检测卷 / 马儒宁编著. —南京:东南大学出版社,2020.8
  ISBN 978-7-5641-9042-2

Ⅰ.①高… Ⅱ.①马… Ⅲ.①高等数学—高等学校—习题集 Ⅳ.①O13-44

中国版本图书馆 CIP 数据核字(2020)第 149065 号

高等数学 ABC 同步检测卷 Gaodeng Shuxue ABC Tongbu Jiancejuan

编　　著	马儒宁
出版发行	东南大学出版社
社　　址	南京市四牌楼 2 号(邮编:210096)
出 版 人	江建中
责任编辑	吉雄飞(联系电话:025-83793169)
经　　销	全国各地新华书店
印　　刷	南京京新印刷有限公司
开　　本	787mm×1092mm　1/16
印　　张	20
字　　数	499 千字
版　　次	2020 年 8 月第 1 版
印　　次	2020 年 8 月第 1 次印刷
书　　号	ISBN 978-7-5641-9042-2
定　　价	51.80 元

本社图书若有印装质量问题,请直接与营销部联系,电话:025-83791830。

前　言

高等数学，以及类似的微积分、工科数学分析等课程，是大学理工类、经管类、农林医类等专业学时最长、最为重要的基础课程之一，也是研究生入学考试的国家统考课程，同时每年一届的"全国大学生数学竞赛"都有十几万同学参加，大大激发了高校学生学习高等数学、学好高等数学的兴趣与热情．

学习任何数学课程最重要的一个环节就是练习．练习是掌握知识、熟悉技能、提高能力的重要途径，与学习过程同步的练习可以实时检测知识掌握情况、了解学习中的不足．由浅入深、由易到难的高质量的同步练习与检测，对同学们学好高等数学课程、提高应试能力有极大助力．

本书严格按照《高等数学》(同济七版)章节顺序，包括十二个章节(函数与极限、导数与微分、微分中值定理与导数的应用、不定积分、定积分、定积分的应用、微分方程、向量代数与空间解析几何、多元函数微分法及其应用、重积分、曲线积分与曲面积分、无穷级数等)的同步检测以及上册(前七章)与下册(后五章)的综合检测，共计十四套试卷．每套试卷均包含三份检测试卷，其中：

A 卷——侧重基本内容，涵盖基本概念与计算，用于夯实基础知识；

B 卷——强化知识融合与技巧训练，达到重点理工科高校考试难度；

C 卷——拓展课本知识，提升解题技能，达到或超过考研难度，部分达到竞赛难度．

全书的四十二份检测卷，题型丰富、题量合理、难度层次鲜明，所选的七百余道题目，包括所有的选择题与填空题，都配有思路清晰的详细解答过程．

本书的编者长期从事重点理工科高校高等数学的教学工作，具有丰富的考试命题、考研辅导、竞赛指导经验．本书非常适合作为理工类以及经济类、管理类等学科大学一年级学生学习高等数学的配套资料，同时还可以作为准备复习考研和参加大学数学竞赛的参考书及其相关教师的参考资料．

由于编者水平有限，书中的缺点、错误和疏漏在所难免，恳请读者批评指正．

编者
2020 年 6 月

目 录

第一章　函数与极限 1
　　同步检测卷 A 1
　　同步检测卷 B 4
　　同步检测卷 C 7
　　参考答案 10

第二章　导数与微分 19
　　同步检测卷 A 19
　　同步检测卷 B 22
　　同步检测卷 C 25
　　参考答案 29

第三章　微分中值定理与导数的应用 40
　　同步检测卷 A 40
　　同步检测卷 B 44
　　同步检测卷 C 48
　　参考答案 52

第四章　不定积分 64
　　同步检测卷 A 64
　　同步检测卷 B 67
　　同步检测卷 C 70
　　参考答案 73

第五章　定积分 83
　　同步检测卷 A 83
　　同步检测卷 B 86
　　同步检测卷 C 90
　　参考答案 94

第六章　定积分的应用 105
　　同步检测卷 A 105
　　同步检测卷 B 108
　　同步检测卷 C 111
　　参考答案 114

第七章　微分方程 123
　　同步检测卷 A 123
　　同步检测卷 B 126

  同步检测卷 C 129
  参考答案 133

第一学期综合检测卷 144
  综合检测卷 A 144
  综合检测卷 B 148
  综合检测卷 C 152
  参考答案 156

第八章 向量代数与空间解析几何 169
  同步检测卷 A 169
  同步检测卷 B 172
  同步检测卷 C 176
  参考答案 180

第九章 多元函数微分法及其应用 191
  同步检测卷 A 191
  同步检测卷 B 194
  同步检测卷 C 198
  参考答案 202

第十章 重积分 216
  同步检测卷 A 216
  同步检测卷 B 220
  同步检测卷 C 224
  参考答案 228

第十一章 曲线积分与曲面积分 241
  同步检测卷 A 241
  同步检测卷 B 244
  同步检测卷 C 248
  参考答案 252

第十二章 无穷级数 264
  同步检测卷 A 264
  同步检测卷 B 267
  同步检测卷 C 271
  参考答案 275

第二学期综合检测卷 289
  综合检测卷 A 289
  综合检测卷 B 293
  综合检测卷 C 297
  参考答案 301

第一章 函数与极限

同步检测卷 A

一、单项选择题

1. 函数 $f(x)=\arcsin\dfrac{x-2}{3}$ 的定义域是 ( )

   A. $[-1,5]$　　B. $(-1,5)$　　C. $(-\infty,+\infty)$　　D. $[0,4]$

2. 下列选项中是初等函数的为 ( )

   A. $y=[x]$（取整函数）　　B. $y=x^x$

   C. $y=\begin{cases}x-1, & x<0, \\ x+1, & x\geqslant 0\end{cases}$　　D. $y=\text{sgn}\,x$（符号函数）

3. 设函数 $f(x)=\begin{cases}\dfrac{\sin 5x}{e^x-1}, & x\neq 0, \\ a, & x=0\end{cases}$ 在 $x=0$ 处连续，则 $a=$ ( )

   A. 1　　B. 5　　C. 0　　D. -5

4. 当 $x\to -1$ 时，x^2+2x+1 与 x^2-1 比较是 ( )

   A. 等价无穷小　　B. 同阶无穷小　　C. 低阶无穷小　　D. 高阶无穷小

5. 函数 $f(x)$ 在 $[a,b]$ 上连续是 $f(x)$ 在 $[a,b]$ 上有界的 ( )

   A. 充分条件　　B. 必要条件　　C. 充要条件　　D. 无关条件

6. 设 $x\to a$ 时 $f(x)\to\infty$，$g(x)\to\infty$，则 $x\to a$ 时下列各式中成立的是 ( )

   A. $f(x)+g(x)\to\infty$　　B. $f(x)-g(x)\to\infty$

   C. $\dfrac{1}{f(x)+g(x)}\to 0$　　D. $\dfrac{1}{f(x)}\to 0$

二、填空题

1. 设函数 $f(x)$ 的定义域是 $[1,e]$，则 $f(e^x)$ 的定义域为_____．

2. $\lim\limits_{n\to\infty}n(\sqrt{n^2+1}-\sqrt{n^2-1})=$_____．

3. $\lim\limits_{x\to +\infty}\arcsin(\sqrt{x^2+x}-x)=$_____．

4. 已知 $\lim\limits_{x\to\infty}\dfrac{(1+a)x^4+bx^3+2}{x^3+x^2-1}=-2$，则 $a=$_____，$b=$_____．

5. 设函数 $f(x)=\begin{cases}\dfrac{\ln(1+2x)}{x}, & x\neq 0, \\ k, & x=0\end{cases}$ 在 $x=0$ 处连续,则 $k=$ _____.

三、计算与解答题

1. 求极限 $\lim\limits_{x\to 0}\left(\dfrac{1}{\sin x}-\dfrac{1}{\tan x}\right)$.

2. 设 $\lim\limits_{x\to 1}\dfrac{x^2-ax+3}{x-1}=b$,求 a,b 的值.

3. 求极限 $\lim\limits_{n\to\infty}\left(\dfrac{1}{n+\sqrt{1}}+\dfrac{1}{n+\sqrt{2}}+\cdots+\dfrac{1}{n+\sqrt{n}}\right)$.

4. 当 $x \to 1$ 时,比较无穷小量 $\dfrac{1-x}{1+x}$ 与 $1-\sqrt{x}$ 的关系.

5. 求函数 $y = \dfrac{x^2-x}{|x|(x^2-1)}$ 的间断点,并判断其所属类型.

四、证明题

已知函数 $f(x)$ 在 $[0,2a]$ 上连续,且 $f(0)=f(2a)$,证明:在 $[0,a]$ 上至少存在一点 ζ,使得 $f(\zeta)=f(\zeta+a)$.

同步检测卷 B

一、单项选择题

1. 当 $x \to 0^+$ 时,下列函数中与 $\sqrt{x}$ 等价的无穷小是 （   ）

   A. $1-e^{\sqrt{x}}$
   B. $\ln\dfrac{1+x}{1-\sqrt{x}}$

   C. $\sqrt{1+\sqrt{x}}-1$
   D. $1-\cos\sqrt{x}$

2. 设函数 $f(x)$ 单调有界,$\{x_n\}$ 为数列,下列命题中正确的一个是 （   ）

   A. 若 $\{x_n\}$ 单调,则 $\{f(x_n)\}$ 收敛
   B. 若 $\{x_n\}$ 收敛,则 $\{f(x_n)\}$ 收敛
   C. 若 $\{f(x_n)\}$ 单调,则 $\{x_n\}$ 收敛
   D. 若 $\{f(x_n)\}$ 收敛,则 $\{x_n\}$ 收敛

3. 当 $x \to 0$ 时,下述与 x^2 为等价无穷小的是 （   ）

   A. $1-\cos 2x$
   B. $\ln(1+\sin 2x)$

   C. $1-\cos^2 x$
   D. $\sqrt{1+x^2}-1$

4. 当 $n \to \infty$ 时,数列 $\{x_n\}$ 为无穷大量的是 （   ）

   A. $x_n = n^{(-1)^n}$
   B. $x_n = n^2 \sin\dfrac{1}{n}$

   C. $x_n = ne^{-n}$
   D. $x_n = \sin(n^2)$

5. 已知 $f(x)$ 在 $(-\infty, +\infty)$ 内连续,下列说法正确的是 （   ）

   A. 若 $\lim\limits_{x \to \infty} f(x)$ 存在,则 $f(x)$ 在 $(-\infty, +\infty)$ 内存在最大值和最小值
   B. 若 $\lim\limits_{x \to \infty} f(x)$ 存在,则 $f(x)$ 在 $(-\infty, +\infty)$ 内有界
   C. 若 $\lim\limits_{x \to \infty} f(x)$ 存在,则 $f(x)$ 在 $(-\infty, +\infty)$ 上的值域必为有界闭区间
   D. 若 $f(x)$ 在 $(-\infty, +\infty)$ 内单调有界,则 $\lim\limits_{x \to \infty} f(x)$ 存在

二、填空题

1. 函数 $f(x) = \dfrac{1}{\sqrt{x^2-1}} + \arccos\ln\dfrac{x}{2}$ 的定义域是 _____ .

2. $x \to 0$ 时 $(1+ax^2)^{\frac{1}{3}} - 1$ 与 $\cos x - 1$ 是等价无穷小,则常数 $a =$ _____ .

3. $\lim\limits_{x \to -\infty} \dfrac{\sqrt{x^2+3x}}{\sqrt[3]{x^3-2x^2}} =$ _____ .

4. 设 $f(x) = \lim\limits_{n \to +\infty} \arctan(1+x^n)$,则 f 的定义域为 _____ ,f 的间断点为 _____ .

三、计算与解答题

1. 求 $\lim\limits_{x\to+\infty}\left(\dfrac{2}{\pi}\arctan x\right)^x$.

2. 求 $\lim\limits_{x\to 0}\dfrac{\sqrt{1+\tan x}-\sqrt{1+\sin x}}{\ln(1+x^2)^{\arctan x}}$.

3. 求函数 $f(x)=\lim\limits_{n\to\infty}\dfrac{n^x-n^{-x}}{n^x+n^{-x}}$ 的间断点及其类型.

4. 已知 $\lim\limits_{x\to 0}\dfrac{\sqrt{1+f(x)\sin 2x}-1}{e^{3x}-1}=2$，求 $\lim\limits_{x\to 0}f(x)$.

5. 设 $f(x)=\dfrac{e^x-b}{(x-a)(x-1)}$ 有无穷间断点 $x=0$，且存在可去间断点，求 a,b 的值.

四、证明题

设 $f(x)$ 在点 x_0 连续，且 $f(x_0)\neq 0$，证明：存在 $\delta>0$，使得当 $x\in(x_0-\delta,x_0+\delta)$ 时
$$|f(x)|>\dfrac{|f(x_0)|}{2}.$$

同步检测卷 C

一、填空题

1. 函数 $y = \sin x |\sin x|\left(\text{其中}|x| \leqslant \dfrac{\pi}{2}\right)$ 的反函数为 _____.

2. 已知 $n \in \mathbf{N}^*$，则 $\lim\limits_{x \to 0^+} (\cos \sqrt{x})^{\frac{n}{x}} =$ _____.

3. $\lim\limits_{n \to \infty} \dfrac{1! + 2! + \cdots + n!}{n!} =$ _____.

4. 函数 $f(x) = \dfrac{x^2 - x}{x^2 - 1} \sqrt{1 + \dfrac{1}{x^2}}$ 的间断点是 _____，它们的类型分别为 _____.

5. 当 $n \to \infty$ 时，下面数列 $\{x_n\}$ 不为无穷大量的是 _____.

   (1) $x_n = n^{(-1)^n}$； (2) $x_n = n^2 \ln\left(1 + \dfrac{1}{n}\right)$； (3) $x_n = \dfrac{1}{n} \mathrm{e}^n$； (4) $x_n = \cos(n^2)$.

二、计算与解答题

1. 设 $f(x) = \lim\limits_{n \to \infty} \dfrac{x^{2n-1} + ax^2 + bx}{x^{2n} + 1}$ 为连续函数，求 a, b 的值.

2. 求 $\lim\limits_{n \to \infty} \tan^n \left(\dfrac{\pi}{4} + \dfrac{1}{n}\right)$.

3. 求 $\lim\limits_{x \to 0} \dfrac{1}{x^3} \left[\left(\dfrac{2 + \cos x}{3}\right)^x - 1\right]$.

4. 已知当 x 大于 $\frac{1}{2}$ 且趋于 $\frac{1}{2}$ 时,$\pi-3\arccos x$ 与 $a\left(x-\frac{1}{2}\right)^b$ 为等价无穷小,求 a 和 b.

5. 设函数 $f(x)$ 在 $x=1$ 处连续,对任意的正数 x 有 $f(x^2)=f(x)$,且 $f(3)=5$,求 $f(x)$ 在 $(0,+\infty)$ 上的表达式.

6. 求函数 $f(x)=\lim\limits_{n\to\infty}\sqrt[n]{1+x^n+\left(\dfrac{x^2}{2}\right)^n}$ 的定义域和表达式.

三、证明题

1. 设 $0<x_1<3, x_{n+1}=\sqrt{x_n(3-x_n)}\ (n=1,2,\cdots)$，证明数列 $\{x_n\}$ 收敛并求其极限.

2. 设 $f(x)$ 在 $x=0$ 处连续且对任意的 $x,y\in(-\infty,+\infty)$ 有 $f(x+y)=f(x)\cdot f(y)$，试证：$f(x)$ 在 $(-\infty,+\infty)$ 上连续.

3. 设 $f(x)$ 在 $[a,a+2b]$ 上连续，证明：存在 $x\in[a,a+b]$，使得
$$f(x+b)-f(x)=\frac{1}{2}[f(a+2b)-f(a)].$$

参考答案

同步检测卷 A

一、单项选择题

1. 解答:要使 $\arcsin\dfrac{x-2}{3}$ 有意义,则使 $-1\leqslant\dfrac{x-2}{3}\leqslant 1$,即 $-1\leqslant x\leqslant 5$,因此选 A.

2. 解答:对于 B,$y=x^x=e^{x\ln x}$ 为基本初等函数(指数函数和对数函数)的有限次四则运算与复合,因此为初等函数;A,C,D 均为分段函数,不是初等函数. 因此选 B.

3. 解答:若函数 $f(x)$ 在 $x=0$ 处连续,则 $\lim\limits_{x\to 0}f(x)=f(0)=a$. 由于 $x\to 0$ 时
$$\sin 5x\sim 5x,\quad e^x-1\sim x,$$
故 $\lim\limits_{x\to 0}f(x)=\lim\limits_{x\to 0}\dfrac{\sin 5x}{e^x-1}=5$,因此 $a=5$,选 B.

4. 解答:由于
$$\lim_{x\to -1}\frac{x^2+2x+1}{x^2-1}=\lim_{x\to -1}\frac{(x+1)^2}{(x+1)(x-1)}=\lim_{x\to -1}\frac{x+1}{x-1}=0,$$
因此 $x\to -1$ 时,x^2+2x+1 是比 x^2-1 高阶的无穷小,选 D.

5. 解答:若 $f(x)$ 在 $[a,b]$ 上连续,根据闭区间连续函数的性质,则 $f(x)$ 在 $[a,b]$ 上有界;但是当 $f(x)$ 在 $[a,b]$ 上有界时,$f(x)$ 不一定在 $[a,b]$ 上连续,例如
$$f(x)=\begin{cases}1, & x\in[a,b),\\ 0, & x=b.\end{cases}$$
因此 $f(x)$ 在 $[a,b]$ 上连续是 $f(x)$ 在 $[a,b]$ 上有界的充分条件,选 A.

6. 解答:若 $f(x)=\dfrac{1}{x-a}$,$g(x)=\dfrac{1}{a-x}=-f(x)$,则 $f(x)+g(x)=0$,A 与 C 不成立;若 $f(x)=g(x)=\dfrac{1}{x-a}$,则 $f(x)-g(x)=0$,B 不成立. 因此选 D.

注:由本题可知,无穷大量的和或差未必是无穷大量;无穷大量的倒数一定是无穷小量.

二、填空题

1. 解答:因 $f(x)$ 的定义域是 $[1,e]$,故 $f(e^x)$ 需满足 $1\leqslant e^x\leqslant e$,即 $0\leqslant x\leqslant 1$,因此 $f(e^x)$ 的定义域为 $[0,1]$.

2. 解答:由于
$$\sqrt{n^2+1}-\sqrt{n^2-1}=\frac{2}{\sqrt{n^2+1}+\sqrt{n^2-1}},$$
因此
$$\lim_{n\to\infty}n(\sqrt{n^2+1}-\sqrt{n^2-1})=\lim_{n\to\infty}\frac{2n}{\sqrt{n^2+1}+\sqrt{n^2-1}}=\lim_{n\to\infty}\frac{2}{\sqrt{1+\dfrac{1}{n^2}}+\sqrt{1-\dfrac{1}{n^2}}}=\frac{2}{2}=1.$$

3. 解答:由于
$$\lim_{x\to +\infty}(\sqrt{x^2+x}-x)=\lim_{x\to +\infty}\frac{x}{\sqrt{x^2+x}+x}=\lim_{x\to +\infty}\frac{1}{\sqrt{1+\dfrac{1}{x}}+1}=\frac{1}{2},$$

因此
$$\lim_{x\to+\infty}\arcsin(\sqrt{x^2+x}-x)=\arcsin\frac{1}{2}=\frac{\pi}{6}.$$

4. 解答: 由于
$$\lim_{x\to\infty}\frac{(1+a)x^4+bx^3+2}{x^3+x^2-1}=\lim_{x\to\infty}\frac{(1+a)x+b+\frac{2}{x^3}}{1+\frac{1}{x}-\frac{1}{x^3}},$$

当 $a\neq-1$ 时上述极限为 ∞,因此 $a=-1$,此时
$$\lim_{x\to\infty}\frac{(1+a)x^4+bx^3+2}{x^3+x^2-1}=\lim_{x\to\infty}\frac{bx^3+2}{x^3+x^2-1}=b,$$

因此 $b=-2$.

5. 解答: 若函数 $f(x)$ 在 $x=0$ 处连续,则 $\lim_{x\to 0}f(x)=f(0)=k$,由于
$$\lim_{x\to 0}\frac{\ln(1+2x)}{x}=\lim_{x\to 0}\frac{2x}{x}=2,$$

故 $k=2$.

三、计算与解答题

1. 解答: 由于 $\frac{1}{\sin x}-\frac{1}{\tan x}=\frac{\tan x-\sin x}{\sin x\tan x}=\frac{\tan x(1-\cos x)}{\sin x\tan x}$,注意到当 $x\to 0$ 时
$$\sin x\sim\tan x\sim x,\quad 1-\cos x\sim\frac{1}{2}x^2,$$

因此
$$\lim_{x\to 0}\left(\frac{1}{\sin x}-\frac{1}{\tan x}\right)=\lim_{x\to 0}\frac{\tan x(1-\cos x)}{\sin x\tan x}=\lim_{x\to 0}\frac{x\cdot\frac{1}{2}x^2}{x^2}=\lim_{x\to 0}\frac{x}{2}=0.$$

2. 解答: 由于
$$\lim_{x\to 1}(x^2-ax+3)=\lim_{x\to 1}(x-1)\cdot\frac{x^2-ax+3}{x-1}=0\cdot b=0,$$

故 $1-a+3=0$,得 $a=4$. 于是
$$b=\lim_{x\to 1}\frac{x^2-4x+3}{x-1}=\lim_{x\to 1}\frac{(x-1)(x-3)}{x-1}=\lim_{x\to 1}(x-3)=-2.$$

3. 解答: 由于
$$\frac{n}{n+\sqrt{n}}<\frac{1}{n+\sqrt{1}}+\frac{1}{n+\sqrt{2}}+\cdots+\frac{1}{n+\sqrt{n}}<\frac{n}{n+\sqrt{1}},$$

同时 $\lim_{n\to\infty}\frac{n}{n+\sqrt{n}}=1,\lim_{n\to\infty}\frac{n}{n+\sqrt{1}}=1$,根据夹逼准则,可得
$$\lim_{n\to\infty}\left(\frac{1}{n+\sqrt{1}}+\frac{1}{n+\sqrt{2}}+\cdots+\frac{1}{n+\sqrt{n}}\right)=1.$$

4. 解答: 由于
$$\lim_{x\to 1}\frac{\frac{1-x}{1+x}}{1-\sqrt{x}}=\lim_{x\to 1}\frac{(1-x)(1+\sqrt{x})}{(1+x)(1-\sqrt{x})(1+\sqrt{x})}=\lim_{x\to 1}\frac{1+\sqrt{x}}{1+x}=\frac{2}{2}=1,$$

因此 $x\to 1$ 时,$\frac{1-x}{1+x}$ 与 $1-\sqrt{x}$ 为等价的无穷小量.

5. 解答: 函数无定义的点为 $x=0,x=\pm 1$,它们也是可能的间断点.

对于 $x=0$,由于

$$\lim_{x\to 0^+}\frac{x^2-x}{|x|(x^2-1)}=\lim_{x\to 0^+}\frac{1}{x+1}=1, \quad \lim_{x\to 0^-}\frac{x^2-x}{|x|(x^2-1)}=\lim_{x\to 0^+}\frac{-1}{x+1}=-1,$$

故 $x=0$ 为第一类跳跃间断点;

对于 $x=1$,由于

$$\lim_{x\to 1}\frac{x^2-x}{|x|(x^2-1)}=\lim_{x\to 1}\frac{x}{|x|(x+1)}=\frac{1}{2},$$

故 $x=1$ 为第一类可去间断点;

对于 $x=-1$,由于 $\lim\limits_{x\to -1}\frac{x^2-x}{|x|(x^2-1)}=\infty$,故 $x=-1$ 为第二类间断点.

四、证明题

解答: 设 $F(x)=f(x)-f(x+a)$,则 $F(x)$ 在 $[0,a]$ 上连续,且

$$F(0)=f(0)-f(a)=f(2a)-f(a), \quad F(a)=f(a)-f(2a)=-F(0).$$

若 $F(0)=0$,$\zeta=0$ 即为所求;若 $F(0)\neq 0$,则

$$F(0)F(a)=-F^2(0)<0,$$

根据零点定理,存在 $\zeta\in(0,a)$ 使得 $F(\zeta)=0$,即 $f(\zeta)=f(\zeta+a)$,得证.

同步检测卷 B

一、单项选择题

1. 解答: 当 $x\to 0^+$ 时,对于 A,$1-\mathrm{e}^{\sqrt{x}}\sim -\sqrt{x}$;

对于 B,$\ln\frac{1+x}{1-\sqrt{x}}=\ln\left(1+\frac{1+x}{1-\sqrt{x}}-1\right)=\ln\left(1+\frac{x+\sqrt{x}}{1-\sqrt{x}}\right)\sim\frac{x+\sqrt{x}}{1-\sqrt{x}}\sim x+\sqrt{x}\sim\sqrt{x}$;

对于 C,$\sqrt{1+\sqrt{x}}-1=(1+\sqrt{x})^{\frac{1}{2}}-1\sim\frac{1}{2}\sqrt{x}$;对于 D,$1-\cos\sqrt{x}\sim\frac{1}{2}(\sqrt{x})^2=\frac{1}{2}x$.

因此选 B.

2. 解答: 对于 A,若 $f(x)$ 为单调函数,$\{x_n\}$ 为单调数列,则 $\{f(x_n)\}$ 为单调数列,又由于 $f(x)$ 为有界函数,因此 $\{f(x_n)\}$ 为单调有界数列,故 $\{f(x_n)\}$ 收敛,正确;对于 B,若 $f(x)=\mathrm{sgn}(x)$(符号函数),是单调有界函数,当 $n\to\infty$ 时,$x_n=\frac{(-1)^n}{n}\to 0$ 收敛,但是 $f(x_n)=(-1)^n$ 不收敛;对于 C 和 D,若 $f(x)=\arctan x$,是单调有界函数,$x_n=n$,此时 $f(x_n)=\arctan n$ 单调增加且收敛于 $\frac{\pi}{2}$,但 $\{x_n\}$ 不收敛. 所以选 A.

3. 解答: 对于 A,$1-\cos 2x\sim\frac{1}{2}(2x)^2=2x^2$,不正确;对于 B,$\ln(1+\sin 2x)\sim\sin 2x\sim 2x$,不正确;

对于 C,$1-\cos^2 x=(1+\cos x)(1-\cos x)\sim 2(1-\cos x)\sim x^2$,正确;对于 D,$\sqrt{1+x^2}-1\sim\frac{1}{2}x^2$,不正确.

综上可知选 C.

4. 解答: 对于 A,若 n 为奇数,$x_n=\frac{1}{n}$,若 n 为偶数,$x_n=n$,故 $\{x_n\}$ 不是无穷大量;

对于 B,因为 $x_n=n\cdot n\sin\frac{1}{n}$,又 $\lim\limits_{n\to\infty}n\sin\frac{1}{n}=1$,故 $\{x_n\}$ 是无穷大量;

对于 C,由于 $\lim\limits_{n\to\infty}x_n=\lim\limits_{n\to\infty}\frac{n}{\mathrm{e}^n}=0$,故 $\{x_n\}$ 是无穷小量,不是无穷大量;

对于 D,由于 $|x_n|=|\sin(n^2)|\leqslant 1$,故 $\{x_n\}$ 是有界量,不是无穷大量.

综上可知选 B.

5. 解答: 对于 A 和 C,若 $f(x)=|\arctan x|$,则 $\lim\limits_{x\to\infty}f(x)=\dfrac{\pi}{2}$ 存在,但是 $f(x)$ 在 $(-\infty,+\infty)$ 内只有最小值 $f(0)=0$,没有最大值 $\left(\dfrac{\pi}{2}\text{无法取到}\right)$,并且 $f(x)$ 在 $(-\infty,+\infty)$ 上的值域为 $\left[0,\dfrac{\pi}{2}\right)$,不是有界闭区间,因此 A 和 C 错误.

对于 D,若 $f(x)=\arctan x$,则 $f(x)$ 在 $(-\infty,+\infty)$ 内单调有界,但是 $\lim\limits_{x\to\infty}f(x)$ 不存在,这是由于
$$\lim_{x\to+\infty}\arctan x=\frac{\pi}{2}\neq\lim_{x\to-\infty}\arctan x=-\frac{\pi}{2},$$
因此 D 错误.

B 选项正确,证明如下:设 $\lim\limits_{x\to\infty}f(x)=A$,则存在 $X>0$,当 $|x|>X$ 时,$|f(x)-A|\leqslant 1$,有 $|f(x)|\leqslant|A|+1$. 又由于 $f(x)$ 在 $(-\infty,+\infty)$ 内连续,则在 $[-X,X]$ 上连续,因此 $f(x)$ 在 $[-X,X]$ 上有界,设 $|f(x)|\leqslant M$ $(x\in[-X,X])$,于是对任意 $x\in(-\infty,+\infty)$,都有 $|f(x)|\leqslant\max\{|A|+1,M\}$,故 $f(x)$ 在 $(-\infty,+\infty)$ 内有界,得证.

二、填空题

1. 解答: 要使 $\dfrac{1}{\sqrt{x^2-1}}$ 有意义,则使 $x^2-1>0$,即 $x\in(-\infty,-1)\cup(1,+\infty)$;

要使 $\arccos\ln\dfrac{x}{2}$ 有意义,则使 $-1\leqslant\ln\dfrac{x}{2}\leqslant 1$,即 $\dfrac{1}{e}\leqslant\dfrac{x}{2}\leqslant e$,可得 $x\in\left[\dfrac{2}{e},2e\right]$.

所以函数 $f(x)$ 的定义域为 $((-\infty,-1)\cup(1,+\infty))\cap\left[\dfrac{2}{e},2e\right]=(1,2e]$.

2. 解答: 由于 $(1+ax^2)^{\frac{1}{3}}-1\sim\dfrac{1}{3}ax^2$,$\cos x-1\sim-\dfrac{1}{2}x^2$,因此 $\dfrac{1}{3}a=-\dfrac{1}{2}$,故 $a=-\dfrac{3}{2}$.

3. 解答: 当 $x<0$ 时,$\dfrac{\sqrt{x^2+3x}}{\sqrt[3]{x^3-2x^2}}=\dfrac{\sqrt{x^2}\sqrt{1+\dfrac{3}{x}}}{\sqrt[3]{x^3}\sqrt[3]{1-\dfrac{2}{x}}}=\dfrac{-x\cdot\sqrt{1+\dfrac{3}{x}}}{x\cdot\sqrt[3]{1-\dfrac{2}{x}}}=\dfrac{-\sqrt{1+\dfrac{3}{x}}}{\sqrt[3]{1-\dfrac{2}{x}}}$,故
$$\lim_{x\to-\infty}\frac{\sqrt{x^2+3x}}{\sqrt[3]{x^3-2x^2}}=-\lim_{x\to-\infty}\frac{\sqrt{1+\dfrac{3}{x}}}{\sqrt[3]{1-\dfrac{2}{x}}}=-1.$$

4. 解答: 当 $x<-1$ 时,
$$\lim_{n\to+\infty}\arctan(1+x^{2n})=\frac{\pi}{2},\quad\lim_{n\to+\infty}\arctan(1+x^{2n+1})=-\frac{\pi}{2},$$
此时极限 $\lim\limits_{n\to+\infty}\arctan(1+x^n)$ 不存在,故 $f(x)$ 没有定义;

当 $x=-1$ 时,
$$\lim_{n\to+\infty}\arctan(1+x^{2n})=\arctan 2,\quad\lim_{n\to+\infty}\arctan(1+x^{2n+1})=0,$$
此时极限 $\lim\limits_{n\to+\infty}\arctan(1+x^n)$ 不存在,故 $f(x)$ 没有定义;

当 $-1<x<1$ 时,$\lim\limits_{n\to+\infty}\arctan(1+x^n)=\arctan 1=\dfrac{\pi}{4}$,此时 $f(x)=\dfrac{\pi}{4}$;

当 $x=1$ 时,$\lim\limits_{n\to+\infty}\arctan(1+x^n)=\arctan 2$,此时 $f(x)=\arctan 2$;

当 $x>1$ 时,$\lim\limits_{n\to+\infty}\arctan(1+x^n)=\dfrac{\pi}{2}$,此时 $f(x)=\dfrac{\pi}{2}$.

综上可知,$f(x)$ 的定义域为 $(-1,+\infty)$,间断点为 $x=1$(跳跃型间断点).

三、计算与解答题

1. 解答: 此极限为 1^∞ 型,这种极限有如下变换:

$$\lim u^v = \lim e^{v\ln u} = e^{\lim v\ln u} = e^{\lim v\ln(1+u-1)} = e^{\lim v(u-1)},$$

其中 $\lim u = 1, \lim v = \infty$. 因此

$$\lim_{x\to+\infty}\left(\frac{2}{\pi}\arctan x\right)^x = \exp\left(\lim_{x\to+\infty} x\left(\frac{2}{\pi}\arctan x - 1\right)\right) = \exp\left(-\frac{2}{\pi}\lim_{x\to+\infty} x\left(\frac{\pi}{2}-\arctan x\right)\right),$$

令 $t = \frac{\pi}{2} - \arctan x$, 则 $x = \tan\left(\frac{\pi}{2}-t\right) = \cot t = \frac{\cos t}{\sin t}$, 且当 $x\to+\infty$ 时, $t\to 0^+$. 于是

$$\lim_{x\to+\infty}\left(\frac{2}{\pi}\arctan x\right)^x = \exp\left(-\frac{2}{\pi}\lim_{x\to+\infty} x\left(\frac{\pi}{2}-\arctan x\right)\right) = \exp\left(-\frac{2}{\pi}\lim_{t\to 0^+}\frac{t\cos t}{\sin t}\right) = e^{-\frac{2}{\pi}}.$$

2. 解答: 因为

$$\frac{\sqrt{1+\tan x}-\sqrt{1+\sin x}}{\ln(1+x^2)^{\arctan x}} = \frac{\tan x - \sin x}{\arctan x \ln(1+x^2)(\sqrt{1+\tan x}+\sqrt{1+\sin x})},$$

当 $x\to 0$ 时, 有

$$\tan x - \sin x = \tan x(1-\cos x) \sim x\cdot\frac{1}{2}x^2 = \frac{x^3}{2},$$

$$\arctan x \cdot \ln(1+x^2) \sim x\cdot x^2 = x^3, \quad \sqrt{1+\tan x}+\sqrt{1+\sin x}\to 2,$$

因此 $\lim_{x\to 0}\dfrac{\sqrt{1+\tan x}-\sqrt{1+\sin x}}{\ln(1+x^2)^{\arctan x}} = \lim_{x\to 0}\dfrac{x\cdot\frac{1}{2}x^2}{2x^3} = \dfrac{1}{4}.$

3. 解答: 当 $x>0$ 时, $\lim_{n\to\infty}\dfrac{n^x-n^{-x}}{n^x+n^{-x}} = \lim_{n\to\infty}\dfrac{1-n^{-2x}}{1+n^{-2x}} = \dfrac{1-0}{1+0} = 1$; 当 $x=0$ 时, $\lim_{n\to\infty}\dfrac{n^x-n^{-x}}{n^x+n^{-x}} = \dfrac{1-1}{1+1} = 0$;

当 $x<0$ 时, $\lim_{n\to\infty}\dfrac{n^x-n^{-x}}{n^x+n^{-x}} = \lim_{n\to\infty}\dfrac{n^{2x}-1}{n^{2x}+1} = \dfrac{0-1}{0+1} = -1.$

因此 $f(x) = \begin{cases} 1, & x>0, \\ 0, & x=0, \\ -1, & x<0. \end{cases}$ 于是 $x=0$ 为 $f(x)$ 的跳跃型间断点.

4. 解答: 首先, 由于 $\lim_{x\to 0}(e^{3x}-1) = 0$, 因此 $\lim_{x\to 0}(\sqrt{1+f(x)\sin 2x}-1) = 0$, 故

$$\lim_{x\to 0} f(x)\sin 2x = 0,$$

因此

$$\lim_{x\to 0}\frac{\sqrt{1+f(x)\sin 2x}-1}{e^{3x}-1} = \lim_{x\to 0}\frac{f(x)\sin 2x}{3x(\sqrt{1+f(x)\sin 2x}+1)} = \frac{1}{3}\lim_{x\to 0}f(x).$$

再由已知 $\lim_{x\to 0}\dfrac{\sqrt{1+f(x)\sin 2x}-1}{e^{3x}-1} = 2$, 可得 $\lim_{x\to 0} f(x) = 6.$

5. 解答: 由于 $\lim_{x\to 0}f(x) = \lim_{x\to 0}\dfrac{e^x-b}{(x-a)(x-1)} = \dfrac{1-b}{a}(a\ne 0)$, 若 $x=0$ 为无穷间断点, 则 $a=0, b\ne 1.$

若 $f(x)$ 存在可去间断点, 则可去间断点一定是 $x=1$, 且 $\lim_{x\to 1}f(x)$ 存在. 又 $\lim_{x\to 1}f(x) = \lim_{x\to 1}\dfrac{e^x-b}{x-1}$, 故 $b = e.$

综上, 可得 $a=0, b=e.$

四、证明题

解答: 取 $\varepsilon = \dfrac{|f(x_0)|}{2} > 0$, 因 $f(x)$ 在点 x_0 连续, 故存在 $\delta > 0$, 使 $|x-x_0| < \delta$, 即 $x\in(x_0-\delta, x_0+\delta)$ 时,

$$|f(x)-f(x_0)| < \varepsilon = \frac{|f(x_0)|}{2},$$

即

$$f(x_0) - \frac{|f(x_0)|}{2} < f(x) < f(x_0) + \frac{|f(x_0)|}{2}.$$

于是：① 若 $f(x_0)>0$，则 $f(x)>f(x_0)-\dfrac{f(x_0)}{2}=\dfrac{f(x_0)}{2}>0$；

② 若 $f(x_0)<0$，则 $f(x)<f(x_0)-\dfrac{f(x_0)}{2}=\dfrac{f(x_0)}{2}<0$.

总之，都有 $|f(x)|>\dfrac{|f(x_0)|}{2}$，得证.

同步检测卷 C

一、填空题

1. 解答：当 $-\dfrac{\pi}{2}\leqslant x<0$ 时，$y=-\sin^2 x\in[-1,0)$，可解得 $x=\arcsin(-\sqrt{-y})$；

当 $0\leqslant x\leqslant \dfrac{\pi}{2}$ 时，$y=\sin^2 x\in[0,1]$，可解得 $x=\arcsin(\sqrt{y})$.

故 $|x|\leqslant \dfrac{\pi}{2}$ 时，函数 $y=\sin x|\sin x|$ 的反函数为

$$y=\begin{cases}-\arcsin(\sqrt{-x}), & x\in[-1,0),\\ \arcsin\sqrt{x}, & x\in[0,1].\end{cases}$$

2. 解答：当 $x\to 0^+$ 时，$\cos\sqrt{x}\to 1$，$\dfrac{n}{x}\to +\infty$，此极限为 1^∞ 型，因此

$$\lim_{x\to 0^+}(\cos\sqrt{x})^{\frac{n}{x}}=\exp\left(\lim_{x\to 0^+}\dfrac{n}{x}(\cos\sqrt{x}-1)\right),$$

由于 $\cos\sqrt{x}-1\sim -\dfrac{1}{2}x$，故

$$\lim_{x\to 0^+}(\cos\sqrt{x})^{\frac{n}{x}}=\exp\left(\lim_{x\to 0^+}\dfrac{n}{x}(\cos\sqrt{x}-1)\right)=e^{-\frac{1}{2}n}.$$

3. 解答：由于 $1!+2!+\cdots+(n-2)!\leqslant (n-2)(n-2)!\leqslant (n-1)!$，故

$$n!\leqslant 1!+2!+\cdots+n!\leqslant (n-1)!+(n-1)!+n!=2(n-1)!+n!,$$

于是可得 $1\leqslant \dfrac{1!+2!+\cdots+n!}{n!}\leqslant 1+\dfrac{2}{n}$. 由于 $\lim\limits_{n\to\infty}\left(1+\dfrac{2}{n}\right)=1$，故 $\lim\limits_{n\to\infty}\dfrac{1!+2!+\cdots+n!}{n!}=1$.

4. 解答：函数 $f(x)$ 的定义域为 $x\neq -1,0,1$，因此 $-1,0,1$ 为三个间断点.

由于 $\lim\limits_{x\to -1}f(x)=\lim\limits_{x\to -1}\dfrac{x^2-x}{x^2-1}\sqrt{1+\dfrac{1}{x^2}}=\infty$，故 $x=-1$ 为第二类（无穷）间断点；

由于

$$\lim_{x\to 0^-}f(x)=\lim_{x\to 0^-}\dfrac{x^2-x}{x^2-1}\sqrt{1+\dfrac{1}{x^2}}=\lim_{x\to 0^-}\dfrac{x(x-1)}{x^2-1}\dfrac{\sqrt{1+x^2}}{-x}=-1,$$

$$\lim_{x\to 0^+}f(x)=\lim_{x\to 0^+}\dfrac{x^2-x}{x^2-1}\sqrt{1+\dfrac{1}{x^2}}=\lim_{x\to 0^+}\dfrac{x(x-1)}{x^2-1}\dfrac{\sqrt{1+x^2}}{x}=1,$$

又 $\lim\limits_{x\to 0^-}f(x)\neq \lim\limits_{x\to 0^+}f(x)$，故 $x=0$ 为跳跃间断点；

由于 $\lim\limits_{x\to 1}f(x)=\lim\limits_{x\to 1}\dfrac{x^2-x}{x^2-1}\sqrt{1+\dfrac{1}{x^2}}=\lim\limits_{x\to 1}\dfrac{x}{x+1}\sqrt{1+\dfrac{1}{x^2}}=\dfrac{\sqrt{2}}{2}$，故 $x=1$ 为可去间断点.

5. 解答：对于(1)，由于 $x_{2n}=2n\to\infty$，$x_{2n-1}=\dfrac{1}{2n-1}\to 0$，故 $\{x_n\}$ 不为无穷大量；

对于(2)，由于 $\lim\limits_{n\to\infty}n\ln\left(1+\dfrac{1}{n}\right)=\lim\limits_{n\to\infty}\dfrac{\ln\left(1+\dfrac{1}{n}\right)}{\dfrac{1}{n}}=1$，故 $\lim\limits_{n\to\infty}n^2\ln\left(1+\dfrac{1}{n}\right)=\infty$，$\{x_n\}$ 为无穷大量；

对于(3),由于 $\lim\limits_{n\to\infty}\dfrac{1}{n}e^n=\infty$,$\{x_n\}$ 为无穷大量;

对于(4),由于 $|\cos(n^2)|\leqslant 1$,即 $\{x_n\}$ 为有界量,不为无穷大量.

综上可得答案为(1)和(4).

二、计算与解答题

1. 解答:若 $|x|<1$,有 $\lim\limits_{n\to\infty}x^n=0$,故 $f(x)=\lim\limits_{n\to\infty}\dfrac{x^{2n-1}+ax^2+bx}{x^{2n}+1}=ax^2+bx$;

若 $|x|>1$,则 $f(x)=\dfrac{1}{x}\lim\limits_{n\to\infty}\dfrac{x^{2n-1}+ax^2+bx}{x^{2n-1}+x^{-1}}=\dfrac{1}{x}\lim\limits_{n\to\infty}\dfrac{1+ax^{-2n+3}+bx^{-2n+2}}{1+x^{-2n}}=\dfrac{1}{x}$;

若 $x=1$,$f(1)=\dfrac{a+b+1}{2}$;若 $x=-1$,$f(-1)=\dfrac{a-b-1}{2}$.

若 $f(x)$ 为连续函数,则在 $x=\pm 1$ 处连续.

当 $f(x)$ 在 $x=1$ 处连续时,$\lim\limits_{x\to 1^-}f(x)=\lim\limits_{x\to 1^+}f(x)=f(1)$,可得

$$a+b=1=f(1)=\dfrac{a+b+1}{2},\quad 即\quad a+b=1;$$

当 $f(x)$ 在 $x=-1$ 处连续时,$\lim\limits_{x\to -1^-}f(x)=\lim\limits_{x\to -1^+}f(x)=f(-1)$,可得

$$a-b=-1=f(-1)=\dfrac{a-b-1}{2},\quad 即\quad a-b=-1.$$

于是可得 $a=0,b=1$.

2. 解答:此极限为 1^∞ 型,因此

$$\lim\limits_{n\to\infty}\tan^n\left(\dfrac{\pi}{4}+\dfrac{1}{n}\right)=\exp\left\{\lim\limits_{n\to\infty}n\left[\tan\left(\dfrac{\pi}{4}+\dfrac{1}{n}\right)-1\right]\right\}.$$

由于

$$\tan\left(\dfrac{\pi}{4}+\dfrac{1}{n}\right)=\dfrac{\tan\dfrac{\pi}{4}+\tan\dfrac{1}{n}}{1-\tan\dfrac{\pi}{4}\tan\dfrac{1}{n}}=\dfrac{1+\tan\dfrac{1}{n}}{1-\tan\dfrac{1}{n}},$$

故

$$\lim\limits_{n\to\infty}n\left[\tan\left(\dfrac{\pi}{4}+\dfrac{1}{n}\right)-1\right]=\lim\limits_{n\to\infty}n\dfrac{2\tan\dfrac{1}{n}}{1-\tan\dfrac{1}{n}}=2\lim\limits_{n\to\infty}\dfrac{\tan\dfrac{1}{n}}{\dfrac{1}{n}}=2,$$

因此 $\lim\limits_{n\to\infty}\tan^n\left(\dfrac{\pi}{4}+\dfrac{1}{n}\right)=e^2$.

3. 解答:由于 $\left(\dfrac{2+\cos x}{3}\right)^x=e^{x\ln\left(\frac{2+\cos x}{3}\right)}$,当 $x\to 0$ 时,$x\ln\left(\dfrac{2+\cos x}{3}\right)\to 0$,故

$$\left(\dfrac{2+\cos x}{3}\right)^x-1=e^{x\ln\left(\frac{2+\cos x}{3}\right)}-1\sim x\ln\left(\dfrac{2+\cos x}{3}\right).$$

又当 $x\to 0$ 时,$\dfrac{\cos x-1}{3}\to 0$,故

$$\ln\left(\dfrac{2+\cos x}{3}\right)=\ln\left(1+\dfrac{\cos x-1}{3}\right)\sim\dfrac{\cos x-1}{3}.$$

再由 $\cos x-1\sim -\dfrac{1}{2}x^2$,因此

$$\lim\limits_{x\to 0}\dfrac{1}{x^3}\left[\left(\dfrac{2+\cos x}{3}\right)^x-1\right]=\lim\limits_{x\to 0}\dfrac{\ln\left(\dfrac{2+\cos x}{3}\right)}{x^2}=\lim\limits_{x\to 0}\dfrac{\cos x-1}{3x^2}=-\dfrac{1}{6}.$$

4. 解答： 当 x 趋于 $\frac{1}{2}$ 时，$\arccos x \to \frac{\pi}{3}$，故 $\frac{\pi}{3} - \arccos x \to 0$，因此

$$\pi - 3\arccos x = 3\left(\frac{\pi}{3} - \arccos x\right) \sim 3\sin\left(\frac{\pi}{3} - \arccos x\right).$$

由于

$$\sin\left(\frac{\pi}{3} - \arccos x\right) = \sin\frac{\pi}{3}\cos(\arccos x) - \cos\frac{\pi}{3}\sin(\arccos x) = \frac{\sqrt{3}}{2}x - \frac{1}{2}\sqrt{1-x^2},$$

故 x 趋于 $\frac{1}{2}$ 时

$$\pi - 3\arccos x \sim \frac{3}{2}(\sqrt{3}x - \sqrt{1-x^2}).$$

由于

$$\lim_{x \to \frac{1}{2}^+} \frac{\frac{3}{2}(\sqrt{3}x - \sqrt{1-x^2})}{x - \frac{1}{2}} = \frac{3}{2}\lim_{x \to \frac{1}{2}^+} \frac{(\sqrt{3}x - \sqrt{1-x^2})(\sqrt{3}x + \sqrt{1-x^2})}{\left(x - \frac{1}{2}\right)(\sqrt{3}x + \sqrt{1-x^2})}$$

$$= 3\lim_{x \to \frac{1}{2}^+} \frac{4x^2 - 1}{(2x-1)(\sqrt{3}x + \sqrt{1-x^2})}$$

$$= 3\lim_{x \to \frac{1}{2}^+} \frac{2x + 1}{\sqrt{3}x + \sqrt{1-x^2}} = 2\sqrt{3},$$

因此 $a = 2\sqrt{3}, b = 1$.

5. 解答： 对于 $x \in (0, +\infty)$，由于 $f(x^2) = f(x)$，可知 $f(x) = f(\sqrt{x})$，因此

$$f(x) = f(\sqrt{x}) = f(\sqrt[4]{x}) = \cdots = f(\sqrt[2^n]{x}).$$

由于当 $x \in (0, +\infty)$ 时，$\lim_{n \to \infty} \sqrt[n]{x} = 1$，故 $\lim_{n \to \infty} \sqrt[2^n]{x} = 1$，同时 $f(x)$ 在 $x = 1$ 处连续，于是

$$f(x) = \lim_{n \to \infty} f(\sqrt[2^n]{x}) = f(1).$$

因此 $f(x)$ 在 $(0, +\infty)$ 上恒为常数，故 $f(x) \equiv f(3) = 5$.

6. 解答： 当 $|x| > 2$ 时，

$$\sqrt[n]{1 + x^n + \left(\frac{x^2}{2}\right)^n} = \frac{x^2}{2}\sqrt[n]{\left(\frac{2}{x^2}\right)^n + \left(\frac{2x}{x^2}\right)^n + 1},$$

由于 $\frac{2}{x^2} < 1$，$\left|\frac{2x}{x^2}\right| < 1$，故 $f(x) = \frac{x^2}{2}\lim_{n \to \infty}\sqrt[n]{1 + \left(\frac{2x}{x^2}\right)^n + \left(\frac{2}{x^2}\right)^n} = \frac{x^2}{2}$；

当 $x = -2$ 时，

$$\sqrt[n]{1 + x^n + \left(\frac{x^2}{2}\right)^n} = \sqrt[n]{1 + (-2)^n + 2^n} = \begin{cases} \sqrt[2k]{1 + 2^{2k+1}}, & n = 2k, \\ 1, & n = 2k-1, \end{cases}$$

极限不存在，故 $f(-2)$ 无定义；

当 $-2 < x < -1$ 时，$1 + x^n + \left(\frac{x^2}{2}\right)^n$ 当 n 为较大奇数时为负，不能求 n 次方根，故 $f(x)$ 无定义；

当 $x = -1$ 时，

$$\sqrt[n]{1 + x^n + \left(\frac{x^2}{2}\right)^n} = \sqrt[n]{1 + (-1)^n + \left(\frac{1}{2}\right)^n} = \begin{cases} \sqrt[2k]{2 + \left(\frac{1}{2}\right)^{2k}}, & n = 2k, \\ \frac{1}{2}, & n = 2k-1, \end{cases}$$

极限不存在，故 $f(-1)$ 无定义；

当 $-1<x<1$ 时,$\lim\limits_{n\to\infty}\left[1+x^n+\left(\dfrac{x^2}{2}\right)^n\right]=1$,故 $f(x)=\lim\limits_{n\to\infty}\sqrt[n]{1+x^n+\left(\dfrac{x^2}{2}\right)^n}=1$;

当 $1\leqslant x\leqslant 2$ 时,$\sqrt[n]{1+x^n+\left(\dfrac{x^2}{2}\right)^n}=x\cdot\sqrt[n]{1+\left(\dfrac{1}{x}\right)^n+\left(\dfrac{x}{2}\right)^n}$,由于

$$1\leqslant 1+\left(\dfrac{1}{x}\right)^n+\left(\dfrac{x}{2}\right)^n\leqslant 3,$$

因此 $\lim\limits_{n\to\infty}\sqrt[n]{1+\left(\dfrac{1}{x}\right)^n+\left(\dfrac{x}{2}\right)^n}=1$,故 $f(x)=x$.

综上可得 $f(x)$ 的定义域为 $(-\infty,-2)\cup(-1,+\infty)$,其表达式为

$$f(x)=\begin{cases}\dfrac{x^2}{2}, & |x|>2, \\ 1, & -1<x<1, \\ x, & 1\leqslant x\leqslant 2.\end{cases}$$

三、证明题

1. 解答: 由于 $n\geqslant 1$ 时,

$$0<x_{n+1}=\sqrt{x_n(3-x_n)}=\sqrt{\dfrac{9}{4}-\left(\dfrac{3}{2}-x_n\right)^2}\leqslant\sqrt{\dfrac{9}{4}}=\dfrac{3}{2},$$

可知数列 $\{x_n\}$ 有界;又由于 $n\geqslant 2$ 时,$3-x_n\geqslant x_n>0$,故 $\dfrac{x_{n+1}}{x_n}=\sqrt{\dfrac{3-x_n}{x_n}}\geqslant 1$,可知数列 $\{x_n\}$ 单调增加.

因此数列 $\{x_n\}$ 单调增加有上界,故收敛.设极限 $\lim\limits_{n\to\infty}x_n=a$,在等式 $x_{n+1}^2=x_n(3-x_n)$ 两边同时取极限,可得 $a^2=a(3-a)$,故 $a=0$ 或 $a=\dfrac{3}{2}$. 由于 $\{x_n\}$ 单调增加,故 $\lim\limits_{n\to\infty}x_n=\dfrac{3}{2}$.

2. 解答: 在 $f(x+y)=f(x)\cdot f(y)$ 中令 $x=y=0$,可得 $f(0)=0$ 或 $f(0)=1$.

若 $f(0)=0$,则 $f(x)=f(0)\cdot f(x)=0$,$f(x)$ 为常函数,因此在 $(-\infty,+\infty)$ 上连续;

若 $f(0)=1$,则

$$\lim_{\Delta x\to 0}f(x+\Delta x)=\lim_{\Delta x\to 0}f(x)\cdot f(\Delta x)=f(x)\cdot\lim_{\Delta x\to 0}f(\Delta x)=f(x)\cdot f(0)=f(x),$$

同样可得 $f(x)$ 在 $(-\infty,+\infty)$ 上连续.

3. 解答: 令 $F(x)=f(x+b)-f(x)(x\in[a,a+b])$,则

$$F(a)+F(a+b)=f(a+2b)-f(a).$$

不妨假设 $F(a+b)\geqslant F(a)$,则

$$F(a+b)\geqslant\dfrac{F(a)+F(a+b)}{2}\geqslant F(a),$$

因此 $\dfrac{f(a+2b)-f(a)}{2}$ 即 $\dfrac{F(a)+F(a+b)}{2}$ 必然介于 $F(a),F(a+b)$ 之间. 根据介值定理,存在 $x\in[a,a+b]$,使得

$$f(x+b)-f(x)=\dfrac{1}{2}[f(a+2b)-f(a)].$$

第二章 导数与微分

同步检测卷 A

一、单项选择题

1. 若 $f(x)$ 在 $x=a$ 处可导,则 $\lim\limits_{h\to 0}\dfrac{f(a+h)-f(a-h)}{h}=$ ( )

   A. 0   B. $f'(a)$ C. $2f'(a)$ D. $f'(h)$

2. 设函数 $f(x)=\begin{cases}\cos x, & x\leqslant 0,\\ ax+b, & x>0\end{cases}$ 在 $x=0$ 处可导,则 ( )

   A. $a=1, b=1$ B. $a=0, b=0$
   C. $a=0, b=1$ D. $a=1, b=0$

3. 设 $y-xe^y=0$,则 $y'=$ ( )

   A. $\dfrac{e^y}{xe^y-1}$ B. $\dfrac{e^y}{1-xe^y}$ C. $\dfrac{xe^y-1}{e^y}$ D. $\dfrac{1-xe^y}{e^y}$

4. 已知函数 $y=y(x)$ 在 $x=x_0$ 处二阶可导,即存在二阶导数 $y''(x_0)$,则下面结论不一定正确的是 ( )

   A. $y''(x)$ 在 $x=x_0$ 处连续   B. $y'(x)$ 在 $x=x_0$ 处连续
   C. $y(x)$ 在 $x=x_0$ 处连续   D. $y'(x)$ 在 $x=x_0$ 处存在

5. 如果 $f(x)=\ln\dfrac{1}{1+x}$,那么 $f^{(n)}(0)=$ ( )

   A. $(n-1)!$ B. $(-1)^n(n-1)!$
   C. $-(n-1)!$ D. $(n-2)!$

6. 设函数 $y=f(e^{-x})$,则 $dy=$ ( )

   A. $f'(e^{-x})dx$ B. $e^{-x}f'(e^{-x})dx$
   C. $-e^{-x}f'(e^{-x})dx$ D. $-f'(e^{-x})dx$

二、填空题

1. 设函数 f 的导数存在且 $y=f(\sin^2 x)+f(\cos^2 x)$,则 $y'=$ _____.

2. 已知 $f'(1)=1$,则 $\lim\limits_{x\to 1}\dfrac{f(x)-f(1)}{x^3-1}=$ _____.

3. 抛物线 $y^2=2x$ 在点 $M\left(\dfrac{1}{2},1\right)$ 处的切线方程为 _____.

4. 设 $y=\ln(\sec x+\tan x)$，则 $\mathrm{d}y=$ _____.

5. 设函数 $y=\mathrm{e}^{2x}$，则 $y^{(n)}(1)=$ _____.

三、计算与解答题

1. 已知 $\begin{cases} x=\sin t, \\ y=t\sin t+\cos t, \end{cases}$ 求 $\dfrac{\mathrm{d}^2 y}{\mathrm{d}x^2}\bigg|_{t=\frac{\pi}{4}}$.

2. 设函数 $f(x)=x^3\mathrm{e}^x$，当 $n>3$ 时，求 $f^{(n)}(0)$.

3. 求曲线 $\sin(xy)+\ln(y-x)=x$ 在点 $(0,1)$ 处的切线方程与法线方程.

4. 设 $y=\left(\dfrac{x}{1+x}\right)^x$,求 $\dfrac{dy}{dx}$.

5. 设函数 $y=f(x)$ 由方程 $y-x=e^{x(1-y)}$ 确定,求极限 $\lim\limits_{n\to\infty}n\left[f\left(\dfrac{2}{n}\right)-1\right]$.

四、证明题

设函数 $f(x)$ 在 $x=0$ 处连续,$g(x)=xf(x)$,证明:$g(x)$ 在 $x=0$ 处可导.

同步检测卷 B

一、单项选择题

1. 设 $f(x)=\cos x$,则 $\lim\limits_{\Delta x \to 0}\dfrac{f(a)-f(a-\Delta x)}{\Delta x}=$ ( )

   A. $\sin a$　　　　B. $\cos a$　　　　C. $-\sin a$　　　　D. $-\cos a$

2. 设函数 $y=f(x)$ 在点 x_0 处可导,$f'(x_0)=1$,分别记 $\Delta x=x-x_0$,$\Delta y=f(x)-f(x_0)$,$\mathrm{d}y$ 为 $y=f(x)$ 在点 x_0 处的微分,则 $\lim\limits_{\Delta x \to 0}\dfrac{\mathrm{d}y-\Delta y}{\Delta x}=$ ( )

   A. 0　　　　　　　　　　　　　　B. -1

   C. 1　　　　　　　　　　　　　　D. 不存在

3. 设对任意 x 有 $f(1+x)=af(x)$,且 $f'(0)=b$,其中 a,b 为非零常数,则 ( )

   A. $f(x)$ 在 $x=1$ 处不可导
   B. $f(x)$ 在 $x=1$ 处可导且 $f'(1)=a$
   C. $f(x)$ 在 $x=1$ 处可导且 $f'(1)=b$
   D. $f(x)$ 在 $x=1$ 处可导且 $f'(1)=ab$

4. 已知函数 $f(x)=\begin{cases} x^m \sin\dfrac{1}{x^2}, & x\neq 0 \\ 0, & x=0 \end{cases}$,在 $x=0$ 处连续可微,则 m 的取值范围为 ( )

   A. $(1,+\infty)$　　　　　　　　　B. $(2,+\infty)$
   C. $(3,+\infty)$　　　　　　　　　D. $(4,+\infty)$

5. 已知 $f(x)$ 在 $(-\delta,\delta)$ 内有定义,若 $x\in(-\delta,\delta)$ 时恒有 $|f(x)|\leqslant x^2$,则 $x=0$ 一定是 $f(x)$ 的 ( )

   A. 间断点　　　　　　　　　　　B. 连续而不可导点
   C. 可导点且 $f'(0)=0$　　　　　　D. 可导点且 $f'(0)\neq 0$

二、填空题

1. 已知 $f'(x_0)=-1$,则 $\lim\limits_{x\to 0}\dfrac{x}{f(x_0-2x)-f(x_0-x)}=$ _____.

2. 设 $\begin{cases} x=\arctan t, \\ y=3t+t^3, \end{cases}$ 则 $\dfrac{\mathrm{d}^2 y}{\mathrm{d}x^2}\bigg|_{t=1}=$ _____.

3. 设函数 $y=\dfrac{1-x}{1+x}$,则 $y^{(n)}=$ _____.

4. 函数 $f(x)=(x^2-1)|x^3-x|$ 的不可导点为 _____.

5. 设函数 $f(x)=x(x-1)(x-2)\cdots(x-99)(x-100)$,则 $f'(100)=$ _____.

三、计算与解答题

1. 设 $f(x)$ 在 x_0 处可导,$f(x_0)=a\neq 0$,$f'(x_0)=b$,求极限 $\lim\limits_{n\to\infty}\left[\dfrac{f\left(x_0+\dfrac{1}{n}\right)}{f(x_0)}\right]^n$.

2. 设 $f(x)=\dfrac{x^3+1}{x(1-x)}$,求 $f^{(n)}(x)(n\geqslant 2)$.

3. 求曲线 $\begin{cases} x=a(\cos t+t\sin t), \\ y=a(\sin t-t\cos t) \end{cases}$ 过点 $t=t_0$ 的法线方程及该方程与原点的距离.

4. 求曲线 $\begin{cases} x - e^x \sin t + 1 = 0, \\ y = t^3 + 2t \end{cases}$ 在 $t=0$ 处的切线方程.

5. 讨论函数 $f(x) = \begin{cases} x, & x \leqslant 0, \\ \dfrac{1}{n}, & \dfrac{1}{n+1} < x \leqslant \dfrac{1}{n}, n=1,2,\cdots \end{cases}$ 在 $x=0$ 处的连续性与可导性.

四、证明题

已知 $f(x)$ 在 $x=0$ 处可导,$F(x)=f(x) \cdot |x|$,证明:$f(0)=0$ 是 $F(x)$ 在 $x=0$ 处可导的充分必要条件.

同步检测卷 C

一、填空题

1. 若 $y=\sin(x^2)$，则 $d^2y=$ _____.
   A. $d^2y=2x\cos(x^2)dx^2$
   B. $d^2y=d(\cos(x^2)d(x^2))$
   C. $d^2y=-\sin(x^2)dx^2$
   D. $d^2y=-\sin(x^2)d^2(x^2)$

2. 设 $g(y)$ 是单调连续函数 $f(x)$ 的反函数，且 $f(1)=1, f'(1)=2, f''(1)=3$，则 $g'(1)=$ _____，$g''(1)=$ _____.

3. 设 $P(x)=\dfrac{d^n}{dx^n}(1-x^m)^n$，其中 m,n 为正整数，则 $P(1)=$ _____.

4. 令 $x=\sin t$，将方程
$$(1-x^2)\frac{d^2y}{dx^2}-x\frac{dy}{dx}-3y=0$$
化为 y 关于 t 的导数的方程为 _____.

5. 已知函数 $f(u)$ 具有二阶导数，且 $f'(0)=1$，函数 $y=y(x)$ 由方程 $y-xe^{y-1}=1$ 所确定，设 $z=f(\ln y-\sin x)$，则 $\left.\dfrac{dz}{dx}\right|_{x=0}=$ _____.

6. 设 $f(x)$ 在 x_0 处可导，$f(x_0)=a, f'(x_0)=b$，则 $\lim\limits_{x\to x_0}\dfrac{xf(x_0)-x_0f(x)}{x-x_0}=$ _____.

二、计算与解答题

1. 已知函数 $y=y(x)$ 由方程组 $\begin{cases} x+t(1-t)=0, \\ te^y+y+1=0 \end{cases}$ 确定，求 $\left.\dfrac{d^2y}{dx^2}\right|_{t=0}$.

2. 设 $y = \dfrac{1}{\sqrt{1-x^2}}\arcsin x$，求 $y^{(n)}(0)$.

3. 已知 $f(x)$ 在 $x=0$ 处二阶可导，$f(0)=f'(0)=0$，$f''(0)=1$，求 $\lim\limits_{x\to 0}\left(1+\dfrac{f(x)}{x}\right)^{\frac{1}{x}}$.

4. 设 $f_1(x)=\dfrac{x}{\sqrt{1+x^2}}$，$f_n(x)=f_1(f_{n-1}(x))$ $(n=2,3,\cdots)$，求 $f_n'(x)$.

5. 设 $f(x)=\dfrac{x^n}{x^2-1}(n=1,2,3,\cdots)$，求 $f^{(n)}(x)$.

三、证明题

1. 设 $f(x)$ 为定义在 **R** 上的函数，对任意 $x_1,x_2\in\mathbf{R}$ 有 $f(x_1+x_2)=f(x_1)\cdot f(x_2)$，若 $f'(0)=1$，证明：对任意的 $x\in\mathbf{R}$，有 $f'(x)=f(x)$.

2. 设 $f(x)=a_1\sin x+a_2\sin 2x+\cdots+a_n\sin nx$，且 $|f(x)|\leqslant|\sin x|$，证明：
$$|a_1+2a_2+\cdots+na_n|\leqslant 1.$$

3. 设函数 $f(x)$ 定义在 $x=0$ 的邻域 I 上，证明：$f(x)$ 在 $x=0$ 处可导的充分必要条件是存在 I 上的函数 $g(x)$，使得 $g(x)$ 在 $x=0$ 处连续且 $f(x)=f(0)+x\cdot g(x)$.

参考答案

同步检测卷 A

一、单项选择题

1. 解答: 由于 $f'(a)=\lim\limits_{h\to 0}\dfrac{f(a+h)-f(a)}{h}=\lim\limits_{h\to 0}\dfrac{f(a)-f(a-h)}{h}$,则

$$\lim_{h\to 0}\dfrac{f(a+h)-f(a-h)}{h}=\lim_{h\to 0}\left[\dfrac{f(a+h)-f(a)}{h}+\dfrac{f(a)-f(a-h)}{h}\right]=2f'(a),$$

因此选 C.

2. 解答: 由于 $f(x)$ 在 $x=0$ 处连续,则 $\lim\limits_{x\to 0^-}f(x)=\lim\limits_{x\to 0^+}f(x)=f(0)$,可得 $b=1$;

又 $f(x)$ 在 $x=0$ 处可导,则 $f'_-(0)=f'_+(0)$,即

$$\lim_{x\to 0^-}\dfrac{f(x)-f(0)}{x}=\lim_{x\to 0^-}\dfrac{\cos x-1}{x}=\lim_{x\to 0^+}\dfrac{f(x)-f(0)}{x}=\lim_{x\to 0^+}\dfrac{ax+b-1}{x},$$

注意 $\lim\limits_{x\to 0^-}\dfrac{\cos x-1}{x}=-\dfrac{1}{2}\lim\limits_{x\to 0^-}\dfrac{x^2}{x}=0$ 并代入 $b=1$,可得 $a=0$.

因此选 C.

3. 解答: 在方程 $y-x\mathrm{e}^y=0$ 两边对 x 求导,并视 y 为 x 的函数,可得
$$y'-\mathrm{e}^y-x\mathrm{e}^y y'=0,$$

于是 $y'=\dfrac{\mathrm{e}^y}{1-x\mathrm{e}^y}$,因此选 B.

4. 解答: 函数 $y=y(x)$ 在 $x=x_0$ 处二阶可导,则极限 $y''(x_0)=\lim\limits_{x\to x_0}\dfrac{y'(x)-y'(x_0)}{x-x_0}$ 存在.

对于 A,只知道 $y''(x_0)$ 存在,当 $x\to x_0$ 时 $y''(x)$ 未必存在,因此无法定义 $y''(x)$ 在 $x=x_0$ 处的连续性,故 A 不一定正确;

对于 B, $y''(x_0)=\lim\limits_{x\to x_0}\dfrac{y'(x)-y'(x_0)}{x-x_0}$ 存在意味着 $y'(x)$ 在 $x=x_0$ 处可导,故 $y'(x)$ 在 $x=x_0$ 处连续,因此 B 正确;

对于 C, $y''(x_0)=\lim\limits_{x\to x_0}\dfrac{y'(x)-y'(x_0)}{x-x_0}$ 存在意味着 $y'(x_0)$ 一定存在,即 $y(x)$ 在 $x=x_0$ 处可导,故 $y(x)$ 在 $x=x_0$ 处连续,因此 C 正确;

对于 D, $y''(x_0)=\lim\limits_{x\to x_0}\dfrac{y'(x)-y'(x_0)}{x-x_0}$ 存在意味着 $y'(x_0)$ 存在,因此 D 正确.

综上可知答案为 A.

5. 解答: 由于 $(\ln(1+x))^{(n)}=\left(\dfrac{1}{1+x}\right)^{(n-1)}=\dfrac{(-1)^{n-1}(n-1)!}{(1+x)^n}$,故

$$f^{(n)}(0)=(-\ln(1+x))^{(n)}\bigg|_{x=0}=\dfrac{(-1)^n(n-1)!}{(1+x)^n}\bigg|_{x=0}=(-1)^n(n-1)!,$$

因此选 B.

6. 解答: 由于 $y'=f'(\mathrm{e}^{-x})\cdot(\mathrm{e}^{-x})'=-\mathrm{e}^{-x}f'(\mathrm{e}^{-x})$,故 $\mathrm{d}y=-\mathrm{e}^{-x}f'(\mathrm{e}^{-x})\mathrm{d}x$,因此选 C.

二、填空题

1. 解答: $y'=f'(\sin^2 x)\cdot(\sin^2 x)'+f'(\cos^2 x)\cdot(\cos^2 x)'$

$$= f'(\sin^2 x) \cdot (2\sin x \cos x) + f'(\cos^2 x) \cdot (2\cos x(-\sin x))$$
$$= \sin 2x \cdot (f'(\sin^2 x) - f'(\cos^2 x)).$$

2. 解答: 由于 $f'(1)=1$,因此 $\lim\limits_{x\to 1}\dfrac{f(x)-f(1)}{x-1}=1$,可得

$$\lim_{x\to 1}\frac{f(x)-f(1)}{x^3-1}=\lim_{x\to 1}\frac{f(x)-f(1)}{(x-1)(x^2+x+1)}=\frac{1}{3}\lim_{x\to 1}\frac{f(x)-f(1)}{x-1}=\frac{1}{3}.$$

3. 解答: 当 $y>0$ 时,$y=\sqrt{2x}$,则 $y^2=2x$ 在点 $M\left(\dfrac{1}{2},1\right)$ 处的切线斜率为

$$y'\left(\frac{1}{2}\right)=\frac{1}{\sqrt{2x}}\bigg|_{x=\frac{1}{2}}=1,$$

因此切线方程为 $y-1=x-\dfrac{1}{2}$,即 $y=x+\dfrac{1}{2}$.

4. 解答: 由于

$$y'=\frac{1}{\sec x+\tan x}\cdot(\sec x+\tan x)'=\frac{1}{\sec x+\tan x}\cdot(\sec x\tan x+\sec^2 x)=\sec x,$$

故 $dy=\sec x\, dx$.

5. 解答: 由于 $y^{(n)}=(e^{2x})^{(n)}=e^{2x}\cdot 2^n$,故 $y^{(n)}(1)=e^2\cdot 2^n$.

三、计算与解答题

1. 解答: 首先

$$\frac{dy}{dx}=\frac{(t\sin t+\cos t)'_t}{(\sin t)'_t}=\frac{\sin t+t\cos t-\sin t}{\cos t}=t,$$

又由于 $\dfrac{d^2 y}{dx^2}=\dfrac{d\left(\dfrac{dy}{dx}\right)}{dx}$,故

$$\frac{d^2 y}{dx^2}=\frac{\left(\dfrac{dy}{dx}\right)'_t}{(x)'_t}=\frac{(t)'_t}{(\sin t)'_t}=\frac{1}{\cos t},$$

因此 $\dfrac{d^2 y}{dx^2}\bigg|_{t=\frac{\pi}{4}}=\dfrac{1}{\cos t}\bigg|_{t=\frac{\pi}{4}}=\sqrt{2}$.

2. 解答: 根据莱布尼茨公式,当 $n>3$ 时,

$$f^{(n)}(x)=(x^3 e^x)^{(n)}=\sum_{k=0}^{n}C_n^k(x^3)^{(k)}(e^x)^{(n-k)}$$
$$=x^3(e^x)^{(n)}+n(x^3)'(e^x)^{(n-1)}+\frac{n(n-1)}{2}(x^3)''(e^x)^{(n-2)}$$
$$+\frac{n(n-1)(n-2)}{6}(x^3)'''(e^x)^{(n-3)}+\sum_{k=4}^{n}C_n^k(x^3)^{(k)}(e^x)^{(n-k)}$$
$$=x^3 e^x+3nx^2 e^x+3n(n-1)xe^x+n(n-1)(n-2)e^x$$
$$=[x^3+3nx^2+3n(n-1)x+n(n-1)(n-2)]e^x,$$

故

$$f^{(n)}(0)=[x^3+3nx^2+3n(n-1)x+n(n-1)(n-2)]e^x\bigg|_{x=0}=n(n-1)(n-2).$$

3. 解答: 在方程 $\sin(xy)+\ln(y-x)=x$ 两边对 x 求导(使 y 为 x 的函数),有

$$\cos(xy)\cdot(y+xy')+\frac{1}{y-x}\cdot(y'-1)=1,$$

再在上述等式中代入 $x=0,y=1$,可得 $y'=1$. 因此曲线 $\sin(xy)+\ln(y-x)=x$ 在点 $(0,1)$ 处的切线方程为

$$y = x+1,$$

法线方程为

$$y = -x+1.$$

4. 解答：在 $y=\left(\dfrac{x}{1+x}\right)^x$ 两边取对数可得

$$\ln y = x\ln\left(\dfrac{x}{1+x}\right) = x(\ln x - \ln(1+x)),$$

上式两边求导可得 $\dfrac{y'}{y} = \ln x - \ln(1+x) + x\left(\dfrac{1}{x} - \dfrac{1}{1+x}\right)$，即

$$y' = y\left[\ln x - \ln(1+x) + x\left(\dfrac{1}{x} - \dfrac{1}{1+x}\right)\right],$$

所以

$$\dfrac{\mathrm{d}y}{\mathrm{d}x} = \left(\dfrac{x}{1+x}\right)^x \cdot \left(\ln\dfrac{x}{1+x} + \dfrac{1}{1+x}\right).$$

5. 解答：方程 $y-x=\mathrm{e}^{x(1-y)}$ 中，令 $x=0$ 可得 $y=1$，即 $f(0)=1$，因此

$$f'(0) = \lim_{x\to 0}\dfrac{f(x)-f(0)}{x} = \lim_{x\to 0}\dfrac{f(x)-1}{x},$$

由于 $n\to\infty$ 时，$\dfrac{2}{n}\to 0$，故

$$f'(0) = \lim_{x\to 0}\dfrac{f(x)-1}{x} = \lim_{n\to\infty}\dfrac{f\left(\dfrac{2}{n}\right)-1}{\dfrac{2}{n}} = \lim_{n\to\infty}\dfrac{n}{2}\left[f\left(\dfrac{2}{n}\right)-1\right],$$

因此 $\lim\limits_{n\to\infty}n\left[f\left(\dfrac{2}{n}\right)-1\right] = 2f'(0).$

在方程 $y-x=\mathrm{e}^{x(1-y)}$ 两边对 x 求导，有

$$y'-1 = \mathrm{e}^{x(1-y)} \cdot [x(1-y)]' = \mathrm{e}^{x(1-y)} \cdot (1-y-xy'),$$

再令 $x=0, y=1$，可得

$$y'(0)-1 = \mathrm{e}^0 \cdot (1-1-0\cdot y'),$$

故 $y'(0)=1$. 因此 $\lim\limits_{n\to\infty}n\left[f\left(\dfrac{2}{n}\right)-1\right] = 2f'(0) = 2.$

四、证明题

解答：由于 $g(x)=xf(x)$，则 $g(0)=0$，又由于 $f(x)$ 在 $x=0$ 处连续，则

$$\lim_{x\to 0}\dfrac{g(x)-g(0)}{x} = \lim_{x\to 0}\dfrac{xf(x)}{x} = \lim_{x\to 0}f(x) = f(0),$$

因此

$$g'(0) = \lim_{x\to 0}\dfrac{g(x)-g(0)}{x} = f(0),$$

故 $g(x)$ 在 $x=0$ 处可导，得证.

同步检测卷 B

一、单项选择题

1. 解答：由于

$$\lim_{\Delta x\to 0}\dfrac{f(a)-f(a-\Delta x)}{\Delta x} = \lim_{\Delta x\to 0}\dfrac{f(a-\Delta x)-f(a)}{-\Delta x} = f'(a),$$

同时 $f'(x)=-\sin x$,故 $\lim\limits_{\Delta x\to 0}\dfrac{f(a)-f(a-\Delta x)}{\Delta x}=f'(a)=-\sin a$,因此选 C.

2. 解答:函数 $y=f(x)$ 在点 x_0 处可导,因此在点 x_0 处可微,于是
$$\Delta y=f'(x_0)\Delta x+o(\Delta x)=\mathrm{d}y+o(\Delta x),$$
故 $\lim\limits_{\Delta x\to 0}\dfrac{\mathrm{d}y-\Delta y}{\Delta x}=\lim\limits_{\Delta x\to 0}\dfrac{-o(\Delta x)}{\Delta x}=0$,因此选 A.

3. 解答:由于 $f(1+x)=af(x)$,故 $f(1)=af(0)$,于是
$$f'(1)=\lim_{x\to 0}\dfrac{f(1+x)-f(1)}{x}=\lim_{x\to 0}\dfrac{af(x)-af(0)}{x}$$
$$=a\lim_{x\to 0}\dfrac{f(x)-f(0)}{x}=af'(0)=ab,$$

因此选 D.

4. 解答:函数 $f(x)$ 在 $x=0$ 处连续可微,是指 $f(x)$ 的导函数 $f'(x)$ 在 $x=0$ 处连续.

首先要求 $f(x)$ 在 $x=0$ 处可导,即极限
$$f'(0)=\lim_{x\to 0}\dfrac{f(x)-f(0)}{x}=\lim_{x\to 0}x^{m-1}\sin\dfrac{1}{x^2}$$

存在,这要求 $m-1>0$,此时有
$$f'(x)=\begin{cases} mx^{m-1}\sin\dfrac{1}{x^2}-2x^{m-3}\cos\dfrac{1}{x^2}, & x\neq 0, \\ 0, & x=0. \end{cases}$$

若 $f'(x)$ 在 $x=0$ 处连续,则 $\lim\limits_{x\to 0}f'(x)=f'(0)$,即
$$\lim_{x\to 0}\left(mx^{m-1}\sin\dfrac{1}{x^2}-2x^{m-3}\cos\dfrac{1}{x^2}\right)=0,$$

这要求 $m-3>0$,因此 m 的取值范围为 $(3,+\infty)$.

综上,应选 C.

5. 解答:由于 $|f(x)|\leqslant x^2$,则 $f(0)=0$,于是 $\left|\dfrac{f(x)-f(0)}{x}\right|=\left|\dfrac{f(x)}{x}\right|\leqslant |x|(x\neq 0)$,故
$$f'(0)=\lim_{x\to 0}\dfrac{f(x)-f(0)}{x}=0,$$

因此选 C.

二、填空题

1. 解答:由于 $f'(x_0)=\lim\limits_{x\to 0}\dfrac{f(x_0+x)-f(x_0)}{x}$,故
$$\lim_{x\to 0}\dfrac{f(x_0-x)-f(x_0)}{x}=-f'(x_0),\quad \lim_{x\to 0}\dfrac{f(x_0-2x)-f(x_0)}{x}=-2f'(x_0),$$

因此
$$\lim_{x\to 0}\dfrac{f(x_0-2x)-f(x_0-x)}{x}=\lim_{x\to 0}\dfrac{f(x_0-2x)-f(x)}{x}-\lim_{x\to 0}\dfrac{f(x_0-x)-f(x)}{x}$$
$$=-2f'(x_0)-(-f'(x_0))=-f'(x_0),$$

故
$$\lim_{x\to 0}\dfrac{x}{f(x_0-2x)-f(x_0-x)}=-\dfrac{1}{f'(x_0)}=1.$$

2. 解答:首先
$$\dfrac{\mathrm{d}y}{\mathrm{d}x}=\dfrac{(3t+t^3)'_t}{(\arctan t)'_t}=\dfrac{3+3t^2}{\dfrac{1}{1+t^2}}=3(1+t^2)^2,$$

又由于 $\dfrac{d^2 y}{dx^2} = \dfrac{d\left(\dfrac{dy}{dx}\right)}{dx}$，故

$$\dfrac{d^2 y}{dx^2} = \dfrac{\left(\dfrac{dy}{dx}\right)'_t}{(x)'_t} = \dfrac{(3(1+t^2)^2)'_t}{(\arctan t)'_t} = \dfrac{6(1+t^2) \cdot 2t}{\dfrac{1}{1+t^2}} = 12t(1+t^2)^2,$$

因此 $\dfrac{d^2 y}{dx^2}\bigg|_{t=1} = 12t(1+t^2)^2 \bigg|_{t=1} = 48.$

3. 解答：由于 $y = \dfrac{1-x}{1+x} = \dfrac{2}{1+x} - 1$，故

$$y^{(n)} = \left(\dfrac{2}{1+x} - 1\right)^{(n)} = 2\left(\dfrac{1}{1+x}\right)^{(n)} = 2\dfrac{(-1)^n}{(1+x)^{n+1}}.$$

4. 解答：由于函数 $x^2 - 1$ 处处可导，函数 $|x^3 - x|$ 仅在 $x = -1, 0, 1$ 三点处不可导，因此函数 $f(x) = (x^2 - 1)|x^3 - x|$ 的不可导点可能为 $x = -1, 0, 1$。下面分别计算 $f(x)$ 在上述三点处的左右导数：

$$f'_-(-1) = \lim_{x \to -1^-} \dfrac{(x^2-1)|x^3-x|}{x+1} = \lim_{x \to -1^-} \dfrac{(x^2-1)(x-x^3)}{x+1} = 0,$$

$$f'_+(-1) = \lim_{x \to -1^+} \dfrac{(x^2-1)|x^3-x|}{x+1} = \lim_{x \to -1^+} \dfrac{(x^2-1)(x^3-x)}{x+1} = 0,$$

$$f'_-(0) = \lim_{x \to 0^-} \dfrac{(x^2-1)|x^3-x|}{x} = \lim_{x \to 0^-} \dfrac{(x^2-1)(x^3-x)}{x} = 1,$$

$$f'_+(0) = \lim_{x \to 0^+} \dfrac{(x^2-1)|x^3-x|}{x} = \lim_{x \to 0^+} \dfrac{(x^2-1)(x-x^3)}{x} = -1,$$

$$f'_-(1) = \lim_{x \to 1^-} \dfrac{(x^2-1)|x^3-x|}{x-1} = \lim_{x \to 1^-} \dfrac{(x^2-1)(x-x^3)}{x-1} = 0,$$

$$f'_+(1) = \lim_{x \to 1^+} \dfrac{(x^2-1)|x^3-x|}{x-1} = \lim_{x \to 1^+} \dfrac{(x^2-1)(x^3-x)}{x-1} = 0,$$

由上可得 $f(x)$ 的不可导点为 $x = 0$。

5. 解答：由于 $f(100) = 0$，根据导数定义，可得

$$f'(100) = \lim_{x \to 0} \dfrac{f(100+x) - f(100)}{x} = \lim_{x \to 0} \dfrac{f(100+x)}{x}$$

$$= \lim_{x \to 0} \dfrac{(100+x)(100+x-1)(100+x-2) \cdots (100+x-99) \cdot x}{x}$$

$$= \lim_{x \to 0} (100+x)(99+x)(98+x) \cdots (1+x)$$

$$= 100!.$$

三、计算与解答题

1. 解答：$f(x)$ 在 x_0 处可导，故 $f(x)$ 在 x_0 处连续，因此

$$\lim_{n \to \infty} f\left(x_0 + \dfrac{1}{n}\right) = f(x_0) = a,$$

故所求极限为 1^∞ 型。于是，有

$$\lim_{n \to \infty} \left(\dfrac{f\left(x_0 + \dfrac{1}{n}\right)}{f(x_0)}\right)^n = \exp\left\{\lim_{n \to \infty} n\left(\dfrac{f\left(x_0 + \dfrac{1}{n}\right)}{f(x_0)} - 1\right)\right\} = \exp\left\{\dfrac{1}{f(x_0)} \lim_{n \to \infty} \dfrac{f\left(x_0 + \dfrac{1}{n}\right) - f(x_0)}{\dfrac{1}{n}}\right\}$$

$$= \exp\left\{\dfrac{f'(x_0)}{f(x_0)}\right\} = e^{\frac{b}{a}}.$$

2. 解答：将求导函数化简，可得

$$f(x)=\frac{x^3+1}{x(1-x)}=\frac{x^3-x+x+1}{x(1-x)}=\frac{x^3-x}{x(1-x)}+\frac{x}{x(1-x)}+\frac{1}{x(1-x)}$$
$$=\frac{x^2-1}{1-x}+\frac{1}{1-x}+\left(\frac{1}{x}+\frac{1}{1-x}\right)=-x-1+\frac{1}{x}+\frac{2}{1-x},$$

因此,当 $n\geqslant 2$ 时,有
$$f^{(n)}(x)=\left(\frac{1}{x}\right)^{(n)}+2\left(\frac{1}{1-x}\right)^{(n)}=n!\left(\frac{(-1)^n}{x^{n+1}}+\frac{2}{(1-x)^{n+1}}\right).$$

3. 解答:由于
$$\frac{\mathrm{d}y}{\mathrm{d}x}=\frac{a(\sin t-t\cos t)'_t}{a(\cos t+t\sin t)'_t}=\frac{\cos t-\cos t+t\sin t}{-\sin t+\sin t+t\cos t}=\tan t,$$

故曲线 $\begin{cases}x=a(\cos t+t\sin t),\\y=a(\sin t-t\cos t)\end{cases}$ 过点 $t=t_0$ 的切线的斜率为
$$\left.\frac{\mathrm{d}y}{\mathrm{d}x}\right|_{t=t_0}=\tan t_0,$$

于是过点 $t=t_0$ 的法线的斜率为 $-\cot t_0$,因此过点 $t=t_0$ 的法线方程为
$$y-a(\sin t_0-t_0\cos t_0)=-\cot t_0[x-a(\cos t_0+t_0\sin t_0)],$$

即
$$y+\cot t_0\,x-\frac{a}{\sin t_0}=0.$$

上述直线到原点的距离为
$$\frac{\left|-\dfrac{a}{\sin t_0}\right|}{\sqrt{1+\cot^2 t_0}}=\frac{\left|-\dfrac{a}{\sin t_0}\right|}{|\csc t_0|}=|a|.$$

4. 解答:由于 $\dfrac{\mathrm{d}y}{\mathrm{d}x}=\dfrac{\frac{\mathrm{d}y}{\mathrm{d}t}}{\frac{\mathrm{d}x}{\mathrm{d}t}}$,首先求 $\dfrac{\mathrm{d}x}{\mathrm{d}t}$,即在等式 $x-\mathrm{e}^x\sin t+1=0$ 两边对 t 求导,可得
$$\frac{\mathrm{d}x}{\mathrm{d}t}-\mathrm{e}^x\frac{\mathrm{d}x}{\mathrm{d}t}\sin t-\mathrm{e}^x\cos t=0,$$

即 $\dfrac{\mathrm{d}x}{\mathrm{d}t}=\dfrac{\mathrm{e}^x\cos t}{1-\mathrm{e}^x\sin t}$. 又 $\dfrac{\mathrm{d}y}{\mathrm{d}t}=3t^2+2$,故
$$\frac{\mathrm{d}y}{\mathrm{d}x}=\frac{\frac{\mathrm{d}y}{\mathrm{d}t}}{\frac{\mathrm{d}x}{\mathrm{d}t}}=\frac{(3t^2+2)(1-\mathrm{e}^x\sin t)}{\mathrm{e}^x\cos t}.$$

由于 $t=0$ 时,$x=-1,y=0,\dfrac{\mathrm{d}y}{\mathrm{d}x}=2\mathrm{e}$,因此切线方程为 $y=2\mathrm{e}(x+1)$.

5. 解答:首先 $\lim\limits_{x\to 0^-}f(x)=\lim\limits_{x\to 0^-}x=0=f(0)$.

由于 $x>0$ 即 $\dfrac{1}{n+1}<x\leqslant\dfrac{1}{n}$ 时 $f(x)=\dfrac{1}{n}$,故 $x\to 0^+$ 等价于 $n\to\infty$,因此
$$\lim_{x\to 0^+}f(x)=\lim_{n\to\infty}\frac{1}{n}=0=f(0)=\lim_{x\to 0^-}f(x),$$

故 $f(x)$ 在 $x=0$ 处连续.

其次,考虑 $f(x)$ 在 $x=0$ 处的左右导数:
$$f'_-(0)=\lim_{x\to 0^-}\frac{f(x)-f(0)}{x}=\lim_{x\to 0^-}\frac{x}{x}=1,$$

$$f'_+(0) = \lim_{x \to 0^+} \frac{f(x)-f(0)}{x} = \lim_{n \to \infty} \frac{\frac{1}{n}}{x} = 1 \quad \left(\text{其中 } \frac{1}{n+1} < x \leqslant \frac{1}{n}\right),$$

故有 $f'_-(0) = f'_+(0) = 1$,因此 $f(x)$ 在 $x=0$ 处可导.

四、证明题

解答:由 $F(x) = f(x) \cdot |x|$ 可知 $F(0) = 0$,于是 $F(x)$ 在 $x=0$ 处可导等价于 $\lim_{x \to 0} \frac{F(x)}{x}$ 存在.

首先,若 $f(0) = 0$,由于 $\left|\frac{F(x)}{x}\right| = \left|\frac{f(x) \cdot |x|}{x}\right| = |f(x)|(x \neq 0)$ 以及 $\lim_{x \to 0} f(x) = 0$,可得

$$\lim_{x \to 0} \frac{F(x)}{x} = 0,$$

此时 $F(x)$ 在 $x=0$ 处可导,因此 $f(0)=0$ 是 $F(x)$ 在 $x=0$ 处可导的充分条件.

其次,若 $f(0) \neq 0$,则

$$\lim_{x \to 0^-} \frac{F(x)}{x} = \lim_{x \to 0^-} \frac{f(x)|x|}{x} = \lim_{x \to 0^-} \frac{f(x) \cdot (-x)}{x} = -f(0),$$

$$\lim_{x \to 0^+} \frac{F(x)}{x} = \lim_{x \to 0^+} \frac{f(x)|x|}{x} = \lim_{x \to 0^+} \frac{f(x) \cdot x}{x} = f(0),$$

显然 $\lim_{x \to 0^-} \frac{F(x)}{x} \neq \lim_{x \to 0^+} \frac{F(x)}{x}$,故极限 $\lim_{x \to 0} \frac{F(x)}{x}$ 不存在,即 $F(x)$ 在 $x=0$ 不可导. 由此可知 $f(0)=0$ 是 $F(x)$ 在 $x=0$ 处可导的必要条件.

综上可得 $f(0)=0$ 是 $F(x)$ 在 $x=0$ 处可导的充分必要条件.

同步检测卷 C

一、填空题

1. 解答:由于

$$d^2y = d(dy) = d(d\sin(x^2)) = d(\cos(x^2)d(x^2)) = d(2x\cos(x^2)dx)$$
$$= d(2x\cos(x^2)) \cdot dx = (2\cos(x^2) - 4x^2\sin(x^2))dx \cdot dx$$
$$= (2\cos(x^2) - 4x^2\sin(x^2))dx^2,$$

因此 A,C,D 均错误,只有 B 正确,故填 B.

2. 解答:由于 $g'(y) = \frac{1}{f'(x)}$,又 $f(1)=1$,故 $g'(1) = \frac{1}{f'(1)} = \frac{1}{2}$.

$g'(y) = \frac{1}{f'(x)}$ 两边对 y 求导可得

$$g''(y) = \frac{d\frac{1}{f'(x)}}{dy} = \frac{d\frac{1}{f'(x)}}{dx} \cdot \frac{dx}{dy} = \frac{d\frac{1}{f'(x)}}{dx} \cdot \frac{1}{\frac{dy}{dx}}$$

$$= \frac{-f''(x)}{(f'(x))^2} \cdot \frac{1}{f'(x)} = \frac{-f''(x)}{(f'(x))^3},$$

因此 $g''(1) = \frac{-f''(1)}{(f'(1))^3} = -\frac{3}{8}$.

3. 解答:设 $f(x) = (1-x^m)^n$,则

$$f(x) = (1-x^m)^n = [(1-x)(1+x+\cdots+x^{m-1})]^n = (1-x)^n g(x),$$

其中 $g(x) = (1+x+\cdots+x^{m-1})^n$,且 $g(1) = m^n$.

根据莱布尼茨公式,

$$(f(x))^{(n)} = ((1-x)^n g(x))^{(n)} = \sum_{k=0}^{n} ((1-x)^n)^{(k)} (g(x))^{(n-k)},$$

注意到,当 $k<n$ 时,$((1-x)^n)^{(k)}$ 在 $x=1$ 的值为 0,同时
$$((1-x)^n)^{(n)} = (-1)^n n!,$$
故
$$P(1) = (f(x))^{(n)}\Big|_{x=1} = \sum_{k=0}^{n} ((1-x)^n)^{(k)} (g(x))^{(n-k)}\Big|_{x=1} = ((1-x)^n)^{(n)} (g(x))\Big|_{x=1}$$
$$= (-1)^n n! \cdot g(1) = (-1)^n m^n n!.$$

4. 解答:首先 $\dfrac{dy}{dx} = \dfrac{dy}{dt} \cdot \dfrac{dt}{dx} = \dfrac{dy}{dt} \cdot \dfrac{1}{\frac{dx}{dt}} = \dfrac{dy}{dt} \cdot \dfrac{1}{\cos t}$,又 $\dfrac{d^2y}{dx^2} = \dfrac{d\left(\frac{dy}{dx}\right)}{dx}$,故

$$\frac{d^2y}{dx^2} = \frac{d\left(\frac{dy}{dt} \cdot \frac{1}{\cos t}\right)}{dx} = \frac{d\left(\frac{dy}{dt} \cdot \frac{1}{\cos t}\right)}{dt} \cdot \frac{dt}{dx}$$
$$= \left(\frac{d^2y}{dt^2} \cdot \frac{1}{\cos t} + \frac{dy}{dt} \cdot \frac{\sin t}{\cos^2 t}\right) \cdot \frac{1}{\cos t} = \frac{1}{\cos^2 t} \frac{d^2y}{dt^2} + \frac{\sin t}{\cos^3 t} \frac{dy}{dt}.$$

因此,原方程化为
$$(1-\sin^2 t)\left(\frac{1}{\cos^2 t} \frac{d^2y}{dt^2} + \frac{\sin t}{\cos^3 t} \frac{dy}{dt}\right) - \sin t\left(\frac{1}{\cos t} \frac{dy}{dt}\right) - 3y = 0,$$

即 $\dfrac{d^2y}{dt^2} - 3y = 0$.

5. 解答:等式 $y - xe^{y-1} = 1$ 中令 $x=0$,可得 $y(0)=1$. 对方程 $y - xe^{y-1} = 1$ 两边求导,有
$$y' - e^{y-1} - xe^{y-1} y' = 0,$$
代入 $x=0, y(0)=1$,可得 $y'(0)=1$. 因此
$$\frac{dz}{dx}\Big|_{x=0} = f'(\ln y - \sin x) \cdot \left(\frac{y'}{y} - \cos x\right)\Big|_{\substack{x=0\\y=1}} = f'(0) \cdot \left(\frac{y'(0)}{y(0)} - \cos 0\right) = 0.$$

6. 解答:由于
$$\frac{xf(x_0) - x_0 f(x)}{x - x_0} = \frac{xf(x_0) - x_0 f(x_0)}{x - x_0} - \frac{x_0 f(x) - x_0 f(x_0)}{x - x_0}$$
$$= f(x_0) - x_0 \frac{f(x) - f(x_0)}{x - x_0},$$

并且 $f'(x_0) = \lim\limits_{x \to x_0} \dfrac{f(x) - f(x_0)}{x - x_0} = b$,故
$$\lim_{x \to x_0} \frac{xf(x_0) - x_0 f(x)}{x - x_0} = f(x_0) - x_0 \lim_{x \to x_0} \frac{f(x) - f(x_0)}{x - x_0} = a - x_0 b.$$

二、计算与解答题

1. 解答:由 $x = t^2 - t$ 可得
$$x'(t) = 2t - 1, \quad x''(t) = 2,$$
所以 $x'(0) = -1, x''(0) = 2$.

设由方程 $te^y + y + 1 = 0$ 确定了 $y = y(t)$,则 $y(0) = -1$. 再方程两边对 t 求导数得
$$e^y + te^y \cdot y'(t) + y'(t) = 0,$$

令 $t=0$ 得 $e^{-1} + 0 + y'(0) = 0$,所以 $y'(0) = -\dfrac{1}{e}$. 上式两边继续对 t 求导数得
$$2e^y y'(t) + te^y (y'(t))^2 + te^y y''(t) + y''(t) = 0,$$

令 $t=0$ 得 $2\mathrm{e}^{-1}y'(0)+0+0+y''(0)=0$，所以 $y''(0)=\dfrac{2}{\mathrm{e}^2}$.

于是

$$\dfrac{\mathrm{d}^2 y}{\mathrm{d}x^2}\bigg|_{t=0}=\dfrac{x'(0)y''(0)-y'(0)x''(0)}{(x'(0))^3}=\dfrac{-\dfrac{2}{\mathrm{e}^2}+\dfrac{2}{\mathrm{e}}}{-1}=\dfrac{2}{\mathrm{e}^2}-\dfrac{2}{\mathrm{e}}.$$

2. 解答: 由于

$$y'=\dfrac{1}{1-x^2}+\dfrac{x}{1-x^2}\,\dfrac{\arcsin x}{\sqrt{1-x^2}}=\dfrac{1}{1-x^2}+\dfrac{x}{1-x^2}y,$$

故

$$(1-x^2)y'-xy-1=0.$$

上式两边对 x 求 n 阶导数，注意到

$$((1-x^2)y')^{(n)}=\sum_{k=0}^n C_n^k (1-x^2)^{(k)}(y')^{(n-k)}=\sum_{k=0}^2 C_n^k (1-x^2)^{(k)} y^{(n-k+1)}$$
$$=(1-x^2)y^{(n+1)}-2nxy^{(n)}-n(n-1)y^{(n-1)},$$

以及

$$(xy)^{(n)}=\sum_{k=0}^n C_n^k x^{(k)} y^{(n-k)}=\sum_{k=0}^1 C_n^k x^{(k)} y^{(n-k)}=xy^{(n)}+ny^{(n-1)},$$

可得

$$(1-x^2)y^{(n+1)}-2nxy^{(n)}-n(n-1)y^{(n-1)}-xy^{(n)}-ny^{(n-1)}=0,$$

代入 $x=0$，可得

$$y^{(n+1)}(0)=n^2 y^{(n-1)}(0).$$

由于 $y(0)=0, y'(0)=1$，可得

$$y^{(n)}(0)=\begin{cases} 0, & n=2k,\\ [(2k)!!]^2, & n=2k+1. \end{cases}$$

3. 解答: 由于 $f(0)=f'(0)=0$，则

$$f'(0)=\lim_{x\to 0}\dfrac{f(x)-f(0)}{x}=\lim_{x\to 0}\dfrac{f(x)}{x}=0,$$

故极限 $\lim\limits_{x\to 0}\left(1+\dfrac{f(x)}{x}\right)^{\frac{1}{x}}$ 为 1^∞ 型，因此

$$\lim_{x\to 0}\left(1+\dfrac{f(x)}{x}\right)^{\frac{1}{x}}=\exp\left\{\lim_{x\to 0}\dfrac{1}{x}\left(1+\dfrac{f(x)}{x}-1\right)\right\}=\exp\left\{\lim_{x\to 0}\dfrac{f(x)}{x^2}\right\}.$$

对极限 $\lim\limits_{x\to 0}\dfrac{f(x)}{x^2}$ 使用洛必达法则，再由 $f''(0)$ 的定义，可得

$$\lim_{x\to 0}\dfrac{f(x)}{x^2}=\lim_{x\to 0}\dfrac{f'(x)}{2x}=\dfrac{1}{2}\lim_{x\to 0}\dfrac{f'(x)-f'(0)}{x}=\dfrac{1}{2}f''(0)=\dfrac{1}{2},$$

因此 $\lim\limits_{x\to 0}\left(1+\dfrac{f(x)}{x}\right)^{\frac{1}{x}}=\mathrm{e}^{\frac{1}{2}}$.

注: 这里对极限 $\lim\limits_{x\to 0}\dfrac{f(x)}{x^2}$ 只能使用一次洛必达法则(洛必达法则属第三章知识点).若如下使用两次洛必达法则，即

$$\lim_{x\to 0}\dfrac{f(x)}{x^2}=\lim_{x\to 0}\dfrac{f'(x)}{2x}=\lim_{x\to 0}\dfrac{f''(x)}{2}=\dfrac{1}{2}f''(0)=\dfrac{1}{2},$$

由于只知道 $f(x)$ 在 $x=0$ 处二阶可导，$f''(x)(x\neq 0)$ 未必存在，因此上面的解法有误.

4. 解答: 首先,$f'_1(x)=\left(\dfrac{x}{\sqrt{1+x^2}}\right)'=\dfrac{1}{\sqrt{(1+x^2)^3}}$.

由于 $f_2(x)=f_1(f_1(x))=\dfrac{\dfrac{x}{\sqrt{1+x^2}}}{\sqrt{1+\left(\dfrac{x}{\sqrt{1+x^2}}\right)^2}}=\dfrac{x}{\sqrt{1+2x^2}}$,故

$$f'_2(x)=\left(\dfrac{x}{\sqrt{1+2x^2}}\right)'=\dfrac{1}{\sqrt{(1+2x^2)^3}},$$

于是,猜测 $f'_n(x)=\dfrac{1}{\sqrt{(1+nx^2)^3}}$,下面用数学归纳法证明此结论.

设 $n=k$ 时结论成立,即 $f'_k(x)=\dfrac{1}{\sqrt{(1+kx^2)^3}}$;

当 $n=k+1$ 时,由于 $f_{k+1}(x)=f_1(f_k(x))=f_k(f_1(x))$,因此
$$f'_{k+1}(x)=f'_k(f_1(x))\cdot f'_1(x),$$
由于
$$f'_k(f_1(x))=\dfrac{1}{\sqrt{\left(1+k\dfrac{x^2}{1+x^2}\right)^3}}=\dfrac{1}{\sqrt{(1+(k+1)x^2)^3}}\cdot\sqrt{(1+x^2)^3},$$
故
$$f'_{k+1}(x)=f'_k(f_1(x))\cdot f'_1(x)=\dfrac{1}{\sqrt{(1+(k+1)x^2)^3}}.$$

根据数学归纳法,可知对任意正整数 n,都有 $f'_n(x)=\dfrac{1}{\sqrt{(1+nx^2)^3}}$.

5. 解答: 首先
$$f(x)=\dfrac{x^n}{x^2-1}=\dfrac{1}{2}\left(\dfrac{x^n}{x-1}-\dfrac{x^n}{x+1}\right),$$
利用多项式除法,可得
$$\dfrac{x^n}{x-1}=\dfrac{x^n-1+1}{x-1}=P_{n-1}(x)+\dfrac{1}{x-1},\quad \dfrac{x^n}{x+1}=\dfrac{x^n-(-1)^n+(-1)^n}{x+1}=Q_{n-1}(x)+\dfrac{(-1)^n}{x+1},$$
其中 $P_{n-1}(x),Q_{n-1}(x)$ 为 $n-1$ 次多项式. 因此
$$f^{(n)}(x)=\dfrac{1}{2}\left(P_{n-1}(x)+\dfrac{1}{x-1}-Q_{n-1}(x)-\dfrac{(-1)^n}{x+1}\right)^{(n)}=\dfrac{1}{2}\left(\dfrac{1}{x-1}-\dfrac{(-1)^n}{x+1}\right)^{(n)}$$
$$=\dfrac{n!}{2}\left[(-1)^n\dfrac{1}{(x-1)^{n+1}}-\dfrac{1}{(x+1)^{n+1}}\right].$$

三、证明题

1. 解答: 在等式 $f(x_1+x_2)=f(x_1)\cdot f(x_2)$ 中令 $x_1=x_2=0$,可得
$$f(0)=f^2(0),$$
故 $f(0)=0$ 或 $f(0)=1$.

若 $f(0)=0$,对任意 $x\in\mathbf{R}$,有 $f(x)=f(0)\cdot f(x)=0$,即 $f(x)$ 恒为零,这与 $f'(0)=1$ 矛盾,故 $f(0)=1$. 于是
$$f'(x)=\lim_{\Delta x\to 0}\dfrac{f(x+\Delta x)-f(x)}{\Delta x}=\lim_{\Delta x\to 0}\dfrac{f(x)f(\Delta x)-f(x)}{\Delta x}$$
$$=f(x)\lim_{\Delta x\to 0}\dfrac{f(\Delta x)-f(0)}{\Delta x}=f(x)f'(0)=f(x).$$

2. 解答: 由 $f(x)$ 的定义,可知 $f(0)=0$ 且 $f(x)$ 在 $x=0$ 处可导.

由 $|f(x)|\leqslant|\sin x|$ 可知,当 $x\neq 0$ 时,$\left|\dfrac{f(x)}{x}\right|\leqslant\left|\dfrac{\sin x}{x}\right|\leqslant 1$,于是

$$|f'(0)|=\lim_{x\to 0}\left|\dfrac{f(x)-f(0)}{x}\right|=\lim_{x\to 0}\left|\dfrac{f(x)}{x}\right|\leqslant 1.$$

又因为

$$f'(0)=a_1\cos 0+2a_2\cos 0+\cdots+na_n\cos 0=a_1+2a_2+\cdots+na_n,$$

所以

$$|a_1+2a_2+\cdots+na_n|\leqslant 1.$$

3. 解答: (充分性) 若 $f(x)=f(0)+x\cdot g(x)$,则极限

$$\lim_{x\to 0}\dfrac{f(x)-f(0)}{x}=\lim_{x\to 0}\dfrac{f(0)+x\cdot g(x)-f(0)}{x}=\lim_{x\to 0}g(x)=g(0)$$

存在,故 $f(x)$ 在 $x=0$ 处可导,且 $f'(0)=g(0)$.

(必要性) 若 $f(x)$ 在 $x=0$ 处可导,定义函数

$$g(x)=\begin{cases}\dfrac{f(x)-f(0)}{x}, & x\neq 0,\\ f'(0), & x=0.\end{cases}$$

由于

$$\lim_{x\to 0}g(x)=\lim_{x\to 0}\dfrac{f(x)-f(0)}{x}=f'(0)=g(0),$$

故 $g(x)$ 在 $x=0$ 处连续,且 $f(x)=f(0)+x\cdot g(x)$.

第三章 微分中值定理与导数的应用

同步检测卷 A

一、单项选择题

1. 对于函数 $y=1-x^3, x\in(0,1)$，下面正确的结论是 （ ）
   A. 极大值为 1，极小值为 0
   B. 极大值为 1，最小值为 0
   C. 最大值为 1，最小值为 0
   D. 既没有最大值，也没有最小值

2. 函数 $f(x)=x^2-x+1$ 在区间 $(-1,0)$ 内是 （ ）
   A. 单调上升的函数
   B. 单调下降的函数
   C. 既单调上升又单调下降的函数
   D. 既不单调上升又不单调下降的函数

3. 函数 $y=f(x)$ 在点 x_0 处取极大值，则必有 （ ）
   A. $f'(x_0)=0$
   B. $f''(x_0)<0$
   C. $f'(x_0)=0, f''(x_0)<0$
   D. $f'(x_0)=0$ 或 $f'(x_0)$ 不存在

4. 函数 $f(x)=x\sqrt{3-x}$ 在 $[0,3]$ 上满足罗尔定理的 $\xi=$ （ ）
   A. 0
   B. 3
   C. $\dfrac{3}{2}$
   D. 2

5. 下列求极限问题中能够使用洛必达法则的是 （ ）
   A. $\lim\limits_{x\to 0}\dfrac{x^2\sin\dfrac{1}{x}}{\sin x}$
   B. $\lim\limits_{x\to 1}\dfrac{1-x}{1-\sin x}$
   C. $\lim\limits_{x\to\infty}\dfrac{x-\sin x}{x\sin x}$
   D. $\lim\limits_{x\to\infty}x\left(\dfrac{\pi}{2}-\arctan x\right)$

6. 设函数 $f(x)$ 在 $[1,2]$ 上可导，且 $f'(x)<0, f(1)>0, f(2)<0$，则 $f(x)$ 在 $(1,2)$ 内 （ ）
   A. 至少有两个零点
   B. 有且仅有一个零点
   C. 没有零点
   D. 零点个数不能确定

二、填空题

1. 函数 $f(x)=\ln(x+1)$ 在 $[0,1]$ 上满足拉格朗日中值定理的 $\xi=$ _____．

2. $\lim\limits_{x\to+\infty}\dfrac{x^2}{x+e^x}=$ _____．

3. 函数 $y = x - \dfrac{3}{2}x^{\frac{2}{3}}$ 的单调递增区间为_____，单调递减区间为_____.

4. 曲线 $y = \dfrac{\sin 2x}{x(2x+1)}$ 的铅直渐近线为_____.

5. 曲线 $y = \dfrac{x^2}{x+1}$ 的斜渐近线为_____.

6. 曲线 $y = x^3$ 在点 $(1,1)$ 处的曲率为_____.

三、计算与解答题

1. 求极限 $\lim\limits_{x \to 0} \dfrac{\sin x - e^x + 1}{1 - \sqrt{1-x^2}}$.

2. 求极限 $\lim\limits_{x \to 0} \left(\sin \dfrac{x}{2} + \cos 2x \right)^{\frac{1}{x}}$.

3. 求函数 $f(x) = \dfrac{1+2x}{\sqrt{1+x^2}}$ 的极值.

4. 求函数 $f(x)=3-x-\dfrac{4}{(x+2)^2}$ 在区间 $[-1,2]$ 上的最大值和最小值.

5. 求函数 $y=\ln(1+x^2)$ 的凹区间、凸区间和拐点.

6. 有一汽艇从甲地开往乙地,设汽艇耗油量与行驶速度的立方成正比,若汽艇逆流而上,水的流速为 a(单位:km/h),问汽艇以什么速度行驶才能使从甲地开往乙地的耗油总量最少?

四、证明题

1. 证明不等式:$\frac{x}{1+x}<\ln(1+x)<x\ (x>0)$.

2. 当$|x|<1$时,证明:$\arcsin\frac{2x}{1+x^2}=2\arctan x$.

同步检测卷 B

一、单项选择题

1. 设函数 $f(x)$ 在 $[-1,1]$ 上连续,在 $(-1,1)$ 内可导,且有 $f(0)=0$, $|f'(x)|\leqslant M$,则在 $[-1,1]$ 上必有 ( )

   A. $|f(x)|\leqslant M$ B. $|f(x)|<M$ C. $|f(x)|\geqslant M$ D. $|f(x)|>M$

2. 在区间 $[-1,1]$ 上满足罗尔定理条件的函数是 ( )

   A. $f(x)=|x|$ B. $f(x)=\sqrt[3]{x^2}$ C. $f(x)=x^2+1$ D. $f(x)=1-|x|$

3. 曲线 $\begin{cases} x=t^2+7, \\ y=t^2+4t+1 \end{cases}$ 上对应 $t=1$ 点处的曲率是 ( )

   A. $\dfrac{\sqrt{10}}{50}$ B. $\dfrac{\sqrt{10}}{100}$ C. $10\sqrt{10}$ D. $5\sqrt{10}$

4. 设函数 $f(x)$ 具有二阶导数,$g(x)=f(0)(1-x)+f(1)x$,则在 $[0,1]$ 上 ( )

   A. 当 $f'(x)\geqslant 0$ 时,$f(x)\geqslant g(x)$ B. 当 $f'(x)\geqslant 0$ 时,$f(x)\leqslant g(x)$

   C. 当 $f''(x)\geqslant 0$ 时,$f(x)\geqslant g(x)$ D. 当 $f''(x)\geqslant 0$ 时,$f(x)\leqslant g(x)$

5. 下列曲线有渐近线的是 ( )

   A. $y=x+\sin x$ B. $y=x^2+\sin x$ C. $y=x+\sin\dfrac{1}{x}$ D. $y=x^2+\sin\dfrac{1}{x}$

二、填空题

1. $\lim\limits_{x\to 0}\dfrac{\tan x-x}{x-\sin x}=$ _____.

2. $\lim\limits_{x\to 0^+}(\sin x)^{\frac{1}{\ln x}}=$ _____.

3. 函数 $f(x)=2x^2-\ln x$ 的单调增加区间为 _____.

4. 曲线 $y=\dfrac{1}{x}+\ln(1+e^x)$ 的渐近线为 _____.

5. 函数 $y=ax^3+bx^2+cx+d$ 以 $y(-2)=44$ 为极大值,函数图形以 $(1,-10)$ 为拐点,则 $a=$ _____,$b=$ _____,$c=$ _____,$d=$ _____.

三、计算与解答题

1. 求极限 $\lim\limits_{x\to+\infty}\left(\dfrac{\pi}{2}-\arctan x\right)^{\frac{1}{\ln x}}$.

2. 求函数 $f(x)=\dfrac{\ln x}{x}$ 的单调区间,并判断 e^π 和 π^e 的大小.

3. 曲线 $y=\ln x$ 上哪一点处曲率半径最小？并求出该点处的曲率半径.

4. 设函数 $y(x)$ 由参数方程 $\begin{cases} x=t^3+3t+1, \\ y=t^3-3t+1 \end{cases}$ 确定,求 $\dfrac{\mathrm{d}y}{\mathrm{d}x}$, $\dfrac{\mathrm{d}^2 y}{\mathrm{d}x^2}$,并讨论曲线 $y=y(x)$ 在区间 $(1,+\infty)$ 内的凹凸性.

5. 在椭圆$\dfrac{x^2}{a^2}+\dfrac{y^2}{b^2}=1$(其中$a,b>0$)的第一象限上求一点$P$,使得该点处的切线与椭圆、两坐标轴所围图形的面积为最小.

四、证明题

1. 证明:$\arctan\dfrac{1+x}{1-x}-\arctan x=\begin{cases}\dfrac{\pi}{4}, & x<1, \\ -\dfrac{3\pi}{4}, & x>1.\end{cases}$

2. 当 $x>0$ 时,证明不等式: $\sin x > x - \dfrac{x^3}{6}$.

3. 设函数 $f(x)$ 在 $[0,1]$ 上连续,在 $(0,1)$ 上可导,$f(1)=0$,证明:存在 $c\in(0,1)$ 使
$$f'(c) = -\dfrac{f(c)}{c}.$$

同步检测卷 C

一、填空题

1. 设函数 $f(x)$ 连续，且 $f'(0)>0$，下述说法正确的是_____．
   A. 存在 $\delta>0$，使得 $f(x)$ 在 $(0,\delta)$ 内单调增加
   B. 存在 $\delta>0$，使得 $f(x)$ 在 $(-\delta,0)$ 内单调减少
   C. 存在 $\delta>0$，对任意的 $x\in(0,\delta)$ 有 $f(x)>f(0)$
   D. 存在 $\delta>0$，对任意的 $x\in(-\delta,0)$ 有 $f(x)>f(0)$

2. $\lim\limits_{x\to 0^+}\left(\cot x-\dfrac{1}{x}\right)=$_____．

3. 当 $x\to 0^+$ 时，$x-\sin x\cos x\cos 2x$ 与 cx^k 为等价无穷小，则 $c=$_____，$k=$_____．

4. 设函数 $f(x)$ 在 $x=0$ 处二阶可导，$f''(0)=a$，$\lim\limits_{x\to 0}\dfrac{f(x)}{x}=0$，则 $\lim\limits_{x\to 0}\dfrac{f(x)}{x^2}=$_____．

5. 曲线 $y=x\sqrt{\dfrac{x-b}{x-a}}$ $(a>0,b>0,a\neq b)$ 的斜渐近线为_____．

二、计算与解答题

1. 参数方程 $\begin{cases}x=t-k\sin t\\ y=1-k\cos t\end{cases}$，确定了 x 的函数 $y=y(x)$，求 $0<k<1$ 时该函数的极值与极值点．

2. 已知抛物线 $y^2=2mx\,(m>0)$，试从其所有与法线重合的弦中求最短的弦长．

3. 求 $\lim\limits_{x\to 0}\dfrac{2\ln(2-\cos x)-3[(1+\sin^2 x)^{\frac{1}{3}}-1]}{[x\ln(1+x)]^2}$.

4. 将一长为 a 的铁丝切成两段,分别围成正方形和圆形,问两段铁丝各为多长时正方形和圆形面积之和最小? 并求最小面积.

三、证明题

1. 证明不等式:$e^{-x}+\sin x<1+\dfrac{x^2}{2}$,$x\in\left(0,\dfrac{\pi}{2}\right)$.

2. 设 $f(x)$ 在区间 $[0,1]$ 上连续,在区间 $(0,1)$ 内可导,且 $f(0)=0$,$f(1)=1$,证明:对任意正数 a,b,存在两个不同的点 $\xi_1,\xi_2\in(0,1)$,使得
$$\dfrac{a}{f'(\xi_1)}+\dfrac{b}{f'(\xi_2)}=a+b.$$

3. 设函数 $f(x)$ 在 $[0,1]$ 上二次可导，$f(0)=f(1)=0$，$\min\limits_{0\leqslant x\leqslant 1}f(x)=-1$，证明：
$$\max\limits_{0\leqslant x\leqslant 1}f''(x)\geqslant 8.$$

4. 设 $q_n(x)=\dfrac{\mathrm{d}^n}{\mathrm{d}x^n}(x^2-1)^n$，证明：$q_n(x)$ 在 $(-1,1)$ 内恰好有 n 个不同的零点.

参考答案

同步检测卷 A

一、单项选择题

1. 解答: 当 $x\in(0,1)$ 时,$y'=-3x^2<0$,故函数 $y=1-x^3$ 在 $(0,1)$ 上单调减少,因此在区间 $(0,1)$ 上没有极值;而最值是在区间端点取到,但函数的定义区间为开区间,不含区间端点,所以既没有最大值,也没有最小值. 因此选 D.

2. 解答: 由于当 $x\in(-1,0)$ 时,$f'(x)=2x-1<0$,故函数 $f(x)=x^2-x+1$ 在区间 $(-1,0)$ 内是单调下降的函数,因此选 B.

3. 解答: 若函数 $f(x)$ 在点 x_0 处取极大值并且可导,根据费马定理(极值存在的必要条件),一定有 $f'(x_0)=0$;若函数 $f(x)$ 在点 x_0 处不可导,仍然有可能在点 x_0 处取极大值,如 $f(x)=-|x|$ 在 $x=0$ 处不可导,但是取极大值. 即若函数 $y=f(x)$ 在点 x_0 处取极大值,则必有 $f'(x_0)=0$ 或 $f'(x_0)$ 不存在,因此选 D.

4. 解答: 由定义,$f(x)=x\sqrt{3-x}$ 在 $[0,3]$ 上连续,在 $(0,3)$ 内可导,且 $f(0)=f(3)=0$,故满足罗尔定理的条件. 由于

$$f'(x)=\sqrt{3-x}-\frac{x}{2\sqrt{3-x}}=\frac{6-3x}{2\sqrt{3-x}},$$

可得 $f'(x)$ 在 $(0,3)$ 内存在零点 $x=2$,故 $\xi=2$,因此选 D.

5. 解答: 使用洛必达法则,需要满足以下三个条件:

(1) 必须为 $\dfrac{0}{0}$ 或 $\dfrac{\infty}{\infty}$ 型的分式极限$\left(\text{其中}\dfrac{\infty}{\infty}\text{型可放宽为只要求分母为无穷大,分子不作要求,记作}\dfrac{*}{\infty}\text{型}\right)$,若不是分式极限,要通过代数变形化为分式极限;

(2) 分子和分母必须在极限过程中的某空心邻域内可导;

(3) 分子和分母分别求导后,分式的极限一定存在.

对于 A,满足条件(1)和(2),但是分子和分母分别求导后,分式极限如下:

$$\lim_{x\to 0}\frac{2x\sin\dfrac{1}{x}-\cos\dfrac{1}{x}}{\cos x},$$

该极限不存在(分母极限为 1,分子极限不存在),不满足(3),故不能使用洛必达法则;

对于 B,当 $x\to 1$ 时,分子 $1-x$ 为无穷小,分母 $1-\sin x$ 的极限为 $1-\sin 1$,不为无穷小,不满足(1),故不能使用洛必达法则;

对于 C,当 $x\to\infty$ 时,分子 $x-\sin x$ 为无穷大,分母 $x\sin x$ 不为无穷大(当 $x=n\pi$ 时,$x\sin x=0$),不满足(1),故不能使用洛必达法则;

对于 D,可将该极限通过代数变形化为分式极限:

$$\lim_{x\to\infty}x\left(\frac{\pi}{2}-\arctan x\right)=\lim_{x\to\infty}\frac{\dfrac{\pi}{2}-\arctan x}{\dfrac{1}{x}},$$

这是 $\dfrac{0}{0}$ 型的分式极限,满足条件(1)和(2),分子和分母分别求导后的分式极限为

· 52 ·

$$\lim_{x\to\infty}\frac{-\dfrac{1}{1+x^2}}{-\dfrac{1}{x^2}}=\lim_{x\to\infty}\frac{x^2}{1+x^2}=1,$$

因此可以使用洛必达法则.

综上可知应选择 D.

6. 解答： 由于 $f(x)$ 在 $[1,2]$ 上可导，因此在 $[1,2]$ 上连续，由 $f(1)>0, f(2)<0$，根据连续函数的介值定理可知 $f(x)$ 在 $(1,2)$ 内至少存在一个零点；又 $f'(x)<0$，可知 $f(x)$ 在 $(1,2)$ 内严格单调减少，故在 $(1,2)$ 内最多存在一个零点. 由此可知 $f(x)$ 在 $(1,2)$ 内有且仅有一个零点，应选择 B.

二、填空题

1. 解答： 根据拉格朗日中值定理，ξ 满足

$$f'(\xi)=\frac{f(1)-f(0)}{1}=\ln(1+1)-\ln(0+1)=\ln 2.$$

又由于 $f'(x)=\dfrac{1}{x+1}$，故 $\dfrac{1}{\xi+1}=\ln 2$，因此 $\xi=\dfrac{1}{\ln 2}-1$.

2. 解答： 当 $x\to+\infty$ 时，$x^2\to\infty, x+\mathrm{e}^x\to\infty$，所求极限为 $\dfrac{\infty}{\infty}$ 型分式极限，由洛必达法则，

$$\lim_{x\to+\infty}\frac{x^2}{x+\mathrm{e}^x}=\lim_{x\to+\infty}\frac{(x^2)'}{(x+\mathrm{e}^x)'}=\lim_{x\to+\infty}\frac{2x}{1+\mathrm{e}^x},$$

这仍为 $\dfrac{\infty}{\infty}$ 型分式极限，再由洛必达法则，

$$\lim_{x\to+\infty}\frac{x^2}{x+\mathrm{e}^x}=\lim_{x\to+\infty}\frac{2x}{1+\mathrm{e}^x}=\lim_{x\to+\infty}\frac{(2x)'}{(1+\mathrm{e}^x)'}=\lim_{x\to+\infty}\frac{2}{\mathrm{e}^x}=0.$$

3. 解答： 由于

$$y'=\left(x-\frac{3}{2}x^{\frac{2}{3}}\right)'=1-x^{-\frac{1}{3}}=\frac{\sqrt[3]{x}-1}{\sqrt[3]{x}}\begin{cases}>0, & x<0,\\ <0, & 0<x<1,\\ >0, & x>1,\end{cases}$$

故单调递增区间为 $(-\infty,0)$ 和 $(1,+\infty)$，单调递减区间为 $(0,1)$.

4. 解答： 当 $x\to 0$ 时，由于 $\lim\limits_{x\to 0}y=\lim\limits_{x\to 0}\dfrac{\sin 2x}{x(2x+1)}=\lim\limits_{x\to 0}\dfrac{\sin 2x}{x}=2$，故 $x=0$ 不是铅直渐近线；

当 $x\to-\dfrac{1}{2}$ 时，由于 $\lim\limits_{x\to-\frac{1}{2}}y=\lim\limits_{x\to-\frac{1}{2}}\dfrac{\sin 2x}{x(2x+1)}=2\sin 1\cdot\lim\limits_{x\to-\frac{1}{2}}\dfrac{1}{2x+1}=\infty$，故 $x=-\dfrac{1}{2}$ 是铅直渐近线；

当 $x\neq 0,-\dfrac{1}{2}$ 时，$y=\dfrac{\sin 2x}{x(2x+1)}$ 均连续.

因此，曲线 y 的铅直渐近线为 $x=-\dfrac{1}{2}$.

5. 解答： 由于 $\lim\limits_{x\to\infty}\dfrac{y}{x}=\lim\limits_{x\to\infty}\dfrac{x}{x+1}=1$，并且

$$\lim_{x\to\infty}(y-x)=\lim_{x\to\infty}\left(\frac{x^2}{x+1}-x\right)=\lim_{x\to\infty}\frac{-x}{x+1}=-1,$$

故曲线 $y=\dfrac{x^2}{x+1}$ 的斜渐近线为 $y=x-1$.

6. 解答： 由于 $y'=3x^2, y''=6x$，可得曲率

$$\kappa=\frac{|y''|}{[1+(y')^2]^{3/2}}=\frac{6|x|}{(1+9x^4)^{3/2}},$$

因此曲线 $y=x^3$ 在点 $(1,1)$ 处的曲率为 $\dfrac{6|x|}{(1+9x^4)^{3/2}}\bigg|_{x=1}=\dfrac{6}{10^{3/2}}=\dfrac{3\sqrt{10}}{50}$.

三、计算与解答题

1. 解答： 当 $x\to 0$ 时，$\sin x-e^x+1\to 0$，$1-\sqrt{1-x^2}\to 0$，所求极限为 $\dfrac{0}{0}$ 型分式极限，由洛必达法则，

$$\lim_{x\to 0}\dfrac{\sin x-e^x+1}{1-\sqrt{1-x^2}}=\lim_{x\to 0}\dfrac{(\sin x-e^x+1)'}{(1-\sqrt{1-x^2})'}=\lim_{x\to 0}\dfrac{\cos x-e^x}{\dfrac{x}{\sqrt{1-x^2}}}.$$

注意到

$$\lim_{x\to 0}\dfrac{\cos x-e^x}{\dfrac{x}{\sqrt{1-x^2}}}=\lim_{x\to 0}\left(\sqrt{1-x^2}\cdot\dfrac{\cos x-e^x}{x}\right),$$

其中极限 $\lim\limits_{x\to 0}\sqrt{1-x^2}=1$，极限 $\lim\limits_{x\to 0}\dfrac{\cos x-e^x}{x}$ 仍为 $\dfrac{0}{0}$ 型分式极限，再由洛必达法则，

$$\lim_{x\to 0}\dfrac{\cos x-e^x}{x}=\lim_{x\to 0}\dfrac{(\cos x-e^x)'}{1}=\lim_{x\to 0}\dfrac{-\sin x-e^x}{1}=-1.$$

因此

$$\lim_{x\to 0}\dfrac{\sin x-e^x+1}{1-\sqrt{1-x^2}}=\lim_{x\to 0}\sqrt{1-x^2}\cdot\lim_{x\to 0}\dfrac{\cos x-e^x}{x}=-1.$$

2. 解答： 通过指数与对数运算，极限可化为

$$\lim_{x\to 0}\left(\sin\dfrac{x}{2}+\cos 2x\right)^{\frac{1}{x}}=\lim_{x\to 0}\exp\left[\dfrac{1}{x}\cdot\ln\left(\sin\dfrac{x}{2}+\cos 2x\right)\right]$$

$$=\exp\left[\lim_{x\to 0}\dfrac{\ln\left(\sin\dfrac{x}{2}+\cos 2x\right)}{x}\right].$$

因为极限 $\lim\limits_{x\to 0}\dfrac{\ln\left(\sin\dfrac{x}{2}+\cos 2x\right)}{x}$ 为 $\dfrac{0}{0}$ 型分式极限，由洛必达法则，

$$\lim_{x\to 0}\dfrac{\ln\left(\sin\dfrac{x}{2}+\cos 2x\right)}{x}=\lim_{x\to 0}\dfrac{\dfrac{1}{2}\cos\dfrac{x}{2}-2\sin 2x}{\sin\dfrac{x}{2}+\cos 2x}=\dfrac{1}{2},$$

所以 $\lim\limits_{x\to 0}\left(\sin\dfrac{x}{2}+\cos 2x\right)^{\frac{1}{x}}=e^{\frac{1}{2}}=\sqrt{e}$.

3. 解答： 由于

$$f'(x)=\left(\dfrac{1+2x}{\sqrt{1+x^2}}\right)'=\dfrac{2\sqrt{1+x^2}-(1+2x)\dfrac{x}{\sqrt{1+x^2}}}{1+x^2}=\dfrac{2-x}{\sqrt{(1+x^2)^3}},$$

可知当 $x<2$ 时，$f'(x)>0$，$f(x)$ 单调增加，当 $x>2$ 时，$f'(x)<0$，$f(x)$ 单调减少.

因此 $x=2$ 为 $f(x)$ 的极大值点，极大值为 $f(2)=\sqrt{5}$.

4. 解答： 由于

$$f'(x)=\left(3-x-\dfrac{4}{(x+2)^2}\right)'=-1+\dfrac{8}{(x+2)^3},$$

可知 $f(x)$ 在 $[-1,2]$ 上的驻点为 $x=0$. 计算 $f(x)$ 在驻点以及区间端点的值：

$$f(0)=2,\quad f(-1)=0,\quad f(2)=\dfrac{3}{4},$$

比较可得，$f(x)$ 在区间 $[-1,2]$ 上的最大值为 $f(0)=2$，最小值为 $f(-1)=0$．

5. 解答： 由于 $y'=\dfrac{2x}{1+x^2}$，可得

$$y''=\left(\dfrac{2x}{1+x^2}\right)'=\dfrac{2(1-x^2)}{(1+x^2)^2}\begin{cases}<0,&x<-1,\\>0,&-1<x<1,\\<0,&x>1,\end{cases}$$

故 $y=\ln(1+x^2)$ 的凹区间为 $(-1,1)$，凸区间为 $(-\infty,-1)$ 和 $(1,+\infty)$，拐点坐标分别为 $(-1,\ln 2)$ 和 $(1,\ln 2)$．

6. 解答： 设甲地到乙地的距离为 A km，汽艇的行驶速度为 x km/h，由于汽艇耗油量与行驶速度的立方成正比，设比例常数为 c，则单位时间的耗油量为 cx^3．

设从甲地开往乙地的耗油总量为 $f(x)$，则

$$f(x)=cx^3 \cdot \dfrac{A}{x-a} \quad (x>a).$$

由于

$$f'(x)=Ac\left(\dfrac{x^3}{x-a}\right)'=Ac\dfrac{x^2(2x-3a)}{(x-a)^2}\begin{cases}<0,&a<x<\dfrac{3}{2}a,\\>0,&x>\dfrac{3}{2}a,\end{cases}$$

可知当 $a<x<\dfrac{3}{2}a$ 时，$f'(x)<0$，$f(x)$ 单调减少，当 $x>\dfrac{3}{2}a$ 时，$f'(x)>0$，$f(x)$ 单调增加．因此 $x=\dfrac{3}{2}a$ 为 $f(x)$ 的最小值点．即汽艇以 $\dfrac{3}{2}a$ km/h 的速度行驶，才能使从甲地开往乙地的耗油总量最少．

四、证明题

1. 解答： 设 $f(x)=x-\ln(1+x)$，则

$$f'(x)=1-\dfrac{1}{1+x}=\dfrac{x}{1+x}>0 \quad (x>0),$$

故 $f(x)$ 在 $(0,+\infty)$ 上严格单调增加，当 $x>0$ 时 $f(x)>f(0)=0$，即 $x>\ln(1+x)$．

设 $g(x)=(1+x)\ln(1+x)-x$，则

$$g'(x)=\ln(1+x)+(1+x)\dfrac{1}{1+x}-1=\ln(1+x)>0 \quad (x>0),$$

故 $g(x)$ 在 $(0,+\infty)$ 上严格单调增加，当 $x>0$ 时有 $g(x)>g(0)=0$，即 $\ln(1+x)>\dfrac{x}{1+x}$．

综上，当 $x>0$ 时，$\dfrac{x}{1+x}<\ln(1+x)<x$，得证．

2. 解答： 设 $f(x)=\arcsin\dfrac{2x}{1+x^2}-2\arctan x \ (-1<x<1)$，则

$$f'(x)=\dfrac{1}{\sqrt{1-\dfrac{4x^2}{(1+x^2)^2}}}\cdot\dfrac{2(1+x^2)-4x^2}{(1+x^2)^2}-\dfrac{2}{1+x^2}=\dfrac{1}{\sqrt{(1-x^2)^2}}\cdot\dfrac{2(1-x^2)}{1+x^2}-\dfrac{2}{1+x^2}=0,$$

因此 $f(x)$ 在 $(-1,1)$ 上恒为常数．

由于 $f(0)=0$，可得当 $|x|<1$ 时，$f(x)=0$，得证．

同步检测卷 B

一、单项选择题

1. 解答： 当 $x\in[-1,1]$ 时，根据拉格朗日中值定理，存在 ξ 介于 0 和 x 之间，使得

$$f(x)-f(0)=xf'(\xi).$$

由 $f(0)=0,|f'(x)|\leqslant M$ 可得
$$|f(x)|=|xf'(\xi)|\leqslant|f'(\xi)|\leqslant M.$$

又由于当 $f(x)=Mx$ 时,满足 $f(0)=0,|f'(x)|\leqslant M$,但在 $[-1,1]$ 上不满足 $|f(x)|<M$,因此选 A.

2. 解答: $f(x)$ 在 $[-1,1]$ 上满足罗尔定理有以下三个条件:(1) $f(x)$ 在 $[-1,1]$ 上连续;(2) $f(x)$ 在 $(-1,1)$ 内可导;(3) $f(1)=f(-1)$.

对于 A,B,D,$|x|$,$\sqrt[3]{x^2}$ 以及 $1-|x|$ 均在 $x=0$ 处不可导,不满足条件(2);

C 中的函数 $f(x)=x^2+1$ 满足所有三个条件,因此选 C.

3. 解答: 先计算 y 对 x 在 $t=1$ 点处的一阶导数和二阶导数:

$$\frac{dy}{dx}=\frac{2t+4}{2t}=1+\frac{2}{t}=3,\quad \frac{d^2y}{dx^2}=\frac{-\frac{2}{t^2}}{2t}=-\frac{1}{t^3}=-1,$$

于是可得曲率为

$$\kappa=\frac{|y''|}{\sqrt{[1+(y')^2]^3}}=\frac{1}{10\sqrt{10}}=\frac{\sqrt{10}}{100},$$

因此应选 B.

4. 解答: 由于
$$g(x)=f(0)(1-x)+f(1)x=f(0)+(f(1)-f(0))x,$$

可知 $g(x)$ 的图像为连接 $(0,f(0))$ 和 $(1,f(1))$ 的直线,$f(x)$ 和 $g(x)$ 的位置关系取决于 $f(x)$ 的凹凸性,而非单调性. 当 $f''(x)\geqslant 0$ 时,$f(x)$ 的函数曲线是凹的,此时对任意的 x_1,x_2 及 $\lambda\in[0,1]$,有
$$f((1-\lambda)x_1+\lambda x_2)\leqslant(1-\lambda)f(x_1)+\lambda f(x_2),$$

取 $x_1=0,x_2=1,\lambda=x$,即为 $f(x)\leqslant f(0)(1-x)+f(1)x=g(x)$,因此选 D.

5. 解答: 这四条曲线都没有水平和铅直渐近线,下面只考虑它们的斜渐近线.

对于 A,$\lim\limits_{x\to\infty}\frac{y}{x}=1+\lim\limits_{x\to\infty}\frac{\sin x}{x}=1,\lim\limits_{x\to\infty}(y-x)=\lim\limits_{x\to\infty}\sin x$ 不存在,故没有斜渐近线;

对于 B,$\lim\limits_{x\to\infty}\frac{y}{x}=\lim\limits_{x\to\infty}\left(x+\frac{\sin x}{x}\right)$ 不存在,故没有斜渐近线;

对于 D,$\lim\limits_{x\to\infty}\frac{y}{x}=\lim\limits_{x\to\infty}\left(x+\frac{1}{x}\sin\frac{1}{x}\right)$ 不存在,故没有斜渐近线;

对于 C,$\lim\limits_{x\to\infty}\frac{y}{x}=1+\lim\limits_{x\to\infty}\frac{1}{x}\sin\frac{1}{x}=1,\lim\limits_{x\to\infty}(y-x)=\lim\limits_{x\to\infty}\sin\frac{1}{x}=0$,直线 $y=x$ 为其斜渐近线.

因此应选 C.

二、填空题

1. 解答: 该极限为 $\dfrac{0}{0}$ 型分式极限,直接使用洛必达法则,可得

$$\lim_{x\to 0}\frac{\tan x-x}{x-\sin x}=\lim_{x\to 0}\frac{(\tan x-x)'}{(x-\sin x)'}=\lim_{x\to 0}\frac{\sec^2 x-1}{1-\cos x}=\lim_{x\to 0}\frac{1-\cos^2 x}{\cos^2 x(1-\cos x)}$$
$$=\lim_{x\to 0}\frac{1+\cos x}{\cos^2 x}=2.$$

2. 解答: 该极限为 0^0 型幂指式极限,取对数后,可得

$$\lim_{x\to 0^+}(\sin x)^{\frac{1}{\ln x}}=\exp\left[\lim_{x\to 0^+}\frac{1}{\ln x}\cdot\ln\sin x\right],$$

这就化为 $\dfrac{\infty}{\infty}$ 型分式极限,使用洛必达法则以及 $\sin x\sim x$,可得

$$\lim_{x\to 0^+}\frac{\ln\sin x}{\ln x}=\lim_{x\to 0^+}\frac{(\ln\sin x)'}{(\ln x)'}=\lim_{x\to 0^+}\frac{\frac{\cos x}{\sin x}}{\frac{1}{x}}=\lim_{x\to 0^+}\frac{x\cos x}{\sin x}=1.$$

因此 $\lim\limits_{x\to 0^+}(\sin x)^{\frac{1}{\ln x}}=\mathrm{e}.$

3. 解答: $f(x)$ 的定义域为 $(0,+\infty)$, 由于

$$f'(x)=(2x^2-\ln x)'=4x-\frac{1}{x}=\frac{4x^2-1}{x}\begin{cases}>0, & x\in\left(\frac{1}{2},+\infty\right),\\ <0, & x\in\left(0,\frac{1}{2}\right),\end{cases}$$

可知 $f(x)$ 的单调增加区间为 $\left(\frac{1}{2},+\infty\right)$.

4. 解答: 首先考虑水平渐近线, 由于

$$\lim_{x\to+\infty}y=\lim_{x\to+\infty}\left(\frac{1}{x}+\ln(1+\mathrm{e}^x)\right)=\infty,\quad \lim_{x\to-\infty}y=\lim_{x\to-\infty}\left(\frac{1}{x}+\ln(1+\mathrm{e}^x)\right)=0,$$

可知曲线有水平渐近线 $y=0$;

其次考虑铅直渐近线, 由于

$$\lim_{x\to 0}y=\lim_{x\to 0}\left(\frac{1}{x}+\ln(1+\mathrm{e}^x)\right)=\infty,$$

可知曲线有铅直渐近线 $x=0$;

最后考虑斜渐近线, 由于

$$\lim_{x\to+\infty}\frac{y}{x}=\lim_{x\to+\infty}\left(\frac{1}{x^2}+\frac{\ln(1+\mathrm{e}^x)}{x}\right)=\lim_{x\to+\infty}\frac{\ln(1+\mathrm{e}^x)}{x}=\lim_{x\to+\infty}\frac{\mathrm{e}^x}{1+\mathrm{e}^x}=1,$$

$$\lim_{x\to+\infty}(y-x)=\lim_{x\to+\infty}\left(\frac{1}{x}+\ln(1+\mathrm{e}^x)-x\right)=\lim_{x\to+\infty}\ln\frac{1+\mathrm{e}^x}{\mathrm{e}^x}=\ln\left(\lim_{x\to+\infty}\frac{1+\mathrm{e}^x}{\mathrm{e}^x}\right)=0,$$

可知曲线有斜渐近线 $y=x$.

5. 解答: 由于 $y(-2)=44$ 为极大值, 故 $y'(-2)=0$, 即 $12a-4b+c=0$;
由于函数图形以 $(1,-10)$ 为拐点, 故 $y''(1)=0$, 即 $6a+2b=0$.
以上两式联立 $y(-2)=44, y(1)=-10$, 得到方程组

$$\begin{cases}-8a+4b-2c+d=44,\\ a+b+c+d=-10,\\ 12a-4b+c=0,\\ 6a+2b=0,\end{cases}$$

可得 $a=1, b=-3, c=-24, d=16$.

三、计算与解答题

1. 解答: 该极限为 0^0 型幂指式极限, 取对数后可得

$$\lim_{x\to+\infty}\left(\frac{\pi}{2}-\arctan x\right)^{\frac{1}{\ln x}}=\exp\left[\lim_{x\to+\infty}\frac{1}{\ln x}\cdot\ln\left(\frac{\pi}{2}-\arctan x\right)\right],$$

这就化为 $\frac{\infty}{\infty}$ 型分式极限, 使用洛必达法则可得

$$\lim_{x\to+\infty}\frac{\ln\left(\frac{\pi}{2}-\arctan x\right)}{\ln x}=\lim_{x\to+\infty}\frac{\frac{-\frac{1}{1+x^2}}{\frac{\pi}{2}-\arctan x}}{\frac{1}{x}}=\lim_{x\to+\infty}\frac{-\frac{x}{1+x^2}}{\frac{\pi}{2}-\arctan x},$$

此为 $\dfrac{0}{0}$ 型分式极限,继续使用洛必达法则,可得

$$\lim_{x\to+\infty}\dfrac{-\dfrac{x}{1+x^2}}{\dfrac{\pi}{2}-\arctan x}=\lim_{x\to+\infty}\dfrac{-\dfrac{1+x^2-2x^2}{(1+x^2)^2}}{-\dfrac{1}{1+x^2}}=\lim_{x\to+\infty}\dfrac{1-x^2}{1+x^2}=\lim_{x\to+\infty}\dfrac{\dfrac{1}{x^2}-1}{\dfrac{1}{x^2}+1}=-1,$$

因此可得

$$\lim_{x\to+\infty}\left(\dfrac{\pi}{2}-\arctan x\right)^{\dfrac{1}{\ln x}}=\mathrm{e}^{-1}.$$

2. 解答: 函数 $f(x)$ 的定义域为 $(0,+\infty)$,由于

$$f'(x)=\left(\dfrac{\ln x}{x}\right)'=\dfrac{1-\ln x}{x^2}\begin{cases}>0,&x\in(0,\mathrm{e}),\\<0,&x\in(\mathrm{e},+\infty),\end{cases}$$

因此 $f(x)$ 的单调增加区间为 $(0,\mathrm{e}]$,单调减少区间为 $[\mathrm{e},+\infty)$.

由于 $\mathrm{e}<\pi$,$f(x)$ 在 $[\mathrm{e},+\infty)$ 上单调减少,因此 $f(\pi)<f(\mathrm{e})$,即

$$\dfrac{\ln\pi}{\pi}<\dfrac{\ln\mathrm{e}}{\mathrm{e}},$$

可得 $\mathrm{e}\ln\pi<\pi\ln\mathrm{e}$,有 $\ln\pi^{\mathrm{e}}<\ln\mathrm{e}^{\pi}$. 由于 $\ln x$ 为单调增加函数,故 $\pi^{\mathrm{e}}<\mathrm{e}^{\pi}$.

3. 解答: 由于 $y'=\dfrac{1}{x}$,$y''=-\dfrac{1}{x^2}$,可得曲率

$$\kappa=\dfrac{|y''|}{[1+(y')^2]^{3/2}}=\dfrac{x}{(1+x^2)^{3/2}}\quad(x>0),$$

于是曲率半径

$$\rho(x)=\dfrac{1}{\kappa}=\dfrac{(1+x^2)^{3/2}}{x}.$$

由于

$$\rho'(x)=\left(\dfrac{(1+x^2)^{3/2}}{x}\right)'=\sqrt{1+x^2}\left(2-\dfrac{1}{x^2}\right),$$

求解 $\rho'(x)=0$ 得 $(0,+\infty)$ 上唯一驻点 $x=\dfrac{\sqrt{2}}{2}$. 又 $0<x<\dfrac{\sqrt{2}}{2}$ 时,$\rho'(x)<0$,$\dfrac{\sqrt{2}}{2}<x<+\infty$ 时 $\rho'(x)>0$,故 $x=\dfrac{\sqrt{2}}{2}$ 是曲率半径唯一的极小值点,因此在点 $\left(\dfrac{\sqrt{2}}{2},-\dfrac{1}{2}\ln 2\right)$ 处曲率半径最小,最小值为 $\dfrac{3\sqrt{3}}{2}$.

4. 解答: 首先由参数方程求导法则,

$$\dfrac{\mathrm{d}y}{\mathrm{d}x}=\dfrac{(t^3-3t+1)'}{(t^3+3t+1)'}=\dfrac{t^2-1}{t^2+1},\quad \dfrac{\mathrm{d}^2y}{\mathrm{d}x^2}=\dfrac{\left(\dfrac{t^2-1}{t^2+1}\right)'}{(t^3+3t+1)'}=\dfrac{4t}{3(t^2+1)^3}.$$

注意到 $x'_t=3(t^2+1)>0$,说明 x 为 t 的严格单调增加函数,又 $t=0$ 时 $x=1$,因此 $x\in(1,+\infty)$ 等价于 $t>0$.

由于 $t>0$ 时,$\dfrac{\mathrm{d}^2y}{\mathrm{d}x^2}>0$,故曲线 $y=y(x)$ 在 $(1,+\infty)$ 内是凹的.

5. 解答: 设点 P 的坐标为 (x,y),等式 $\dfrac{x^2}{a^2}+\dfrac{y^2}{b^2}=1$ 两边对 x 求导可得

$$\dfrac{2x}{a^2}+\dfrac{2y}{b^2}\cdot y'=0,$$

因此过点 P 切线的斜率为 $y'=-\dfrac{b^2 x}{a^2 y}$. 设切线上任一点的坐标为 (X,Y),则切线方程为

$$Y=y-\dfrac{b^2 x}{a^2 y}(X-x),$$

注意到 (x,y) 满足椭圆方程,切线方程可化为 $\dfrac{xX}{a^2}+\dfrac{yY}{b^2}=1$,其与两个坐标轴的交点坐标分别为 $\dfrac{a^2}{x}$ 和 $\dfrac{b^2}{y}$,因此所求的面积为 $\dfrac{a^2b^2}{2xy}-\dfrac{\pi ab}{4}$,显然面积最小等价于 xy 的值最大.

令 $f(x)=xy=\dfrac{b}{a}x\sqrt{a^2-x^2}\;(0<x<a)$,则

$$f'(x)=\dfrac{b}{a}(x\sqrt{a^2-x^2})'=\dfrac{b}{a}\dfrac{a^2-2x^2}{\sqrt{a^2-x^2}}\begin{cases}>0,&0<x<\dfrac{\sqrt{2}}{2}a,\\<0,&\dfrac{\sqrt{2}}{2}a<x<a,\end{cases}$$

可知 $x=\dfrac{\sqrt{2}}{2}a$ 为 $f(x)$ 的最大值点,因此点 P 坐标为 $\left(\dfrac{\sqrt{2}}{2}a,\dfrac{\sqrt{2}}{2}b\right)$.

四、证明题

1. 解答: 设 $f(x)=\arctan\dfrac{1+x}{1-x}-\arctan x$,当 $x\neq 1$ 时,

$$f'(x)=\dfrac{\dfrac{2}{(1-x)^2}}{1+\left(\dfrac{1+x}{1-x}\right)^2}-\dfrac{1}{1+x^2}=\dfrac{2}{(1-x)^2+(1+x)^2}-\dfrac{1}{1+x^2}=0,$$

因此,当 $x<1$ 以及 $x>1$ 时,$f(x)$ 均恒为常数.

当 $x<1$ 时,

$$f(x)=f(0)=\arctan 1-\arctan 0=\dfrac{\pi}{4};$$

当 $x>1$ 时,

$$f(x)=\lim_{x\to+\infty}f(x)=\lim_{x\to+\infty}\arctan\dfrac{1+x}{1-x}-\lim_{x\to+\infty}\arctan x$$
$$=\arctan(-1)-\dfrac{\pi}{2}=-\dfrac{3\pi}{4}.$$

得证.

2. 解答: 令 $f(x)=\sin x-x+\dfrac{x^3}{6}$,只需证 $x>0$ 时 $f(x)>0$.

首先 $f(0)=0$,$f'(x)=\cos x-1+\dfrac{x^2}{2}$,无法判断 $f'(x)$ 的符号.

注意到 $f'(0)=0$,$f''(x)=x-\sin x$,当 $x>0$ 时,$f''(x)>0$,因此 $f'(x)$ 单调增加.

于是当 $x>0$ 时,$f'(x)>f'(0)=0$,故此时 $f(x)$ 单调增加,这样当 $x>0$ 时,$f(x)>f(0)=0$,得证.

3. 解答: 证明存在 $c\in(0,1)$ 使 $f'(c)=-\dfrac{f(c)}{c}$,等价于证明函数

$$g(x)=xf'(x)+f(x)$$

在区间 $(0,1)$ 上存在零点. 注意到 $g(x)=(xf(x))'$,令 $G(x)=xf(x)$.

由于

$$G(0)=G(1)=0,\quad G'(x)=g(x),$$

对 $G(x)$ 在区间 $[0,1]$ 上使用罗尔定理,可得存在 $c\in(0,1)$ 使 $G'(c)=g(c)=0$,可得

$$cf'(c)+f(c)=0,\quad 即\quad f'(c)=-\dfrac{f(c)}{c}.$$

同步检测卷 C

一、填空题

1. 解答: 首先,知道 $f(x)$ 在某一点导数的符号不能确定 $f(x)$ 在该点邻域内的单调性. 例如

$$f(x)=\begin{cases} x+2x^2\sin\dfrac{1}{x}, & x\neq 0, \\ 0, & x=0, \end{cases}$$

虽然 $f'(0)=1>0$,但是当 $x\to 0$ 时 $f'(x)=1+4x\sin\dfrac{1}{x}-2\cos\dfrac{1}{x}$ 的正负号一直改变,且呈现单调性交替震荡状态,因此在 0 的任意邻域内 $f(x)$ 都没有单调性,故 A 和 B 错误.

其次,由 $f'(0)$ 的定义可知

$$f'(0)=\lim_{x\to 0}\frac{f(x)-f(0)}{x}>0.$$

根据函数极限的局部保号性可知,存在 $\delta>0$,对任意的 $x\in(-\delta,0)\cup(0,\delta)$ 有

$$\frac{f(x)-f(0)}{x}>0.$$

于是,$x\in(0,\delta)$ 时,$f(x)-f(0)>0$,即 $f(x)>f(0)$,故 C 正确;$x\in(-\delta,0)$ 时,$f(x)-f(0)<0$,即 $f(x)<f(0)$,故 D 错误.

因此选 C.

2. 解答: 这是 $\infty-\infty$ 型的函数极限,通分后可化为分式型极限,即

$$\lim_{x\to 0^+}\left(\cot x-\frac{1}{x}\right)=\lim_{x\to 0^+}\left(\frac{\cos x}{\sin x}-\frac{1}{x}\right)=\lim_{x\to 0^+}\frac{x\cos x-\sin x}{x\sin x}.$$

这是一个 $\dfrac{0}{0}$ 型的分式极限,利用洛必达法则可得

$$\lim_{x\to 0^+}\frac{x\cos x-\sin x}{x\sin x}=\lim_{x\to 0^+}\frac{-x\sin x}{\sin x+x\cos x}=\lim_{x\to 0^+}\frac{-\sin x}{\dfrac{\sin x}{x}+\cos x}=\frac{0}{2}=0,$$

因此 $\lim\limits_{x\to 0^+}\left(\cot x-\dfrac{1}{x}\right)=0$.

3. 解答: 由泰勒展开式,可得

$$\sin x=x-\frac{1}{6}x^3+o(x^3),\quad \cos x=1-\frac{1}{2}x^2+o(x^3),\quad \cos 2x=1-2x^2+o(x^3),$$

于是

$$x-\sin x\cos x\cos 2x=x-\left(x-\frac{1}{6}x^3\right)\cdot\left(1-\frac{1}{2}x^2\right)\cdot(1-2x^2)+o(x^3)$$

$$=x-\left(x-\frac{1}{6}x^3-\frac{1}{2}x^3-2x^3\right)+o(x^3)=\frac{8}{3}x^3+o(x^3),$$

因此 $c=\dfrac{8}{3}$,$k=3$.

4. 解答: 由于 $f(x)$ 在 $x=0$ 处连续,根据 $\lim\limits_{x\to 0}\dfrac{f(x)}{x}=0$,可知

$$f(0)=\lim_{x\to 0}f(x)=\lim_{x\to 0}x\lim_{x\to 0}\frac{f(x)}{x}=0,$$

于是可得

$$f'(0)=\lim_{x\to 0}\frac{f(x)-f(0)}{x}=\lim_{x\to 0}\frac{f(x)}{x}=0,$$

再根据洛必达法则以及 $f''(0)$ 的定义,可得

$$\lim_{x\to 0}\frac{f(x)}{x^2}=\lim_{x\to 0}\frac{f'(x)}{2x}=\frac{1}{2}\lim_{x\to 0}\frac{f'(x)-f'(0)}{x}=\frac{1}{2}f''(0)=\frac{a}{2}.$$

5. 解答: 由于 $\lim\limits_{x\to\infty}\dfrac{y}{x}=\lim\limits_{x\to\infty}\sqrt{\dfrac{x-b}{x-a}}=1$,同时

$$\lim_{x\to\infty}(y-x)=\lim_{x\to\infty}\left(x\sqrt{\frac{x-b}{x-a}}-x\right)=\lim_{x\to\infty}x\left(\sqrt{\frac{x-b}{x-a}}-1\right)$$

$$=\lim_{x\to\infty}x\left[\left(1+\frac{a-b}{x-a}\right)^{\frac{1}{2}}-1\right]=\lim_{x\to\infty}x\left(\frac{1}{2}\cdot\frac{a-b}{x-a}\right)=\frac{a-b}{2}\lim_{x\to\infty}\frac{x}{x-a}=\frac{a-b}{2},$$

因此斜渐近线为 $y=x+\dfrac{a-b}{2}$.

二、计算与解答题

1. 解答: 对任意的 t, $\dfrac{\mathrm{d}y}{\mathrm{d}x}=\dfrac{k\sin t}{1-k\cos t}$, 当 $\dfrac{\mathrm{d}y}{\mathrm{d}x}=0$ 时 $\sin t=0$,可得

$$t=n\pi \quad (n\in\mathbf{Z}),$$

于是 $y=y(x)$ 的驻点为 $x=n\pi$, $y=1-k\cos n\pi$. 进一步,

$$\frac{\mathrm{d}^2 y}{\mathrm{d}x^2}=\frac{k\cos t-k^2}{(1-k\cos t)^3},$$

判断驻点处 $\dfrac{\mathrm{d}^2 y}{\mathrm{d}x^2}$ 的符号可得

$$\left.\frac{\mathrm{d}^2 y}{\mathrm{d}x^2}\right|_{t=2n\pi}=\frac{k}{(1-k)^2}>0, \quad \left.\frac{\mathrm{d}^2 y}{\mathrm{d}x^2}\right|_{t=(2n+1)\pi}=\frac{-k}{(1+k)^2}<0,$$

由极值的第二充分条件,当 $x=2n\pi$ 时,函数有极小值 $y=1-k$; 当 $x=(2n+1)\pi$ 时,函数有极大值 $y=1+k$.

2. 解答: 因为抛物线关于 x 轴对称,可考虑上半抛物线 $y=\sqrt{2mx}(m>0)$ 上一点 $(x_0,\sqrt{2mx_0})$,由于切线的斜率为 $y'(x_0)=\sqrt{\dfrac{m}{2x_0}}$,故过该点的法线为

$$y=\sqrt{2mx_0}-\sqrt{\frac{2x_0}{m}}(x-x_0).$$

设法线与 $y^2=2mx$ 的两个交点中,除 $(x_0,\sqrt{2mx_0})$ 之外的另一个交点为 $(x_1,-\sqrt{2mx_1})$,则 x_0,x_1 满足如下关于 x 的一元二次方程:

$$\left[\sqrt{2mx_0}-\sqrt{\frac{2x_0}{m}}(x-x_0)\right]^2=2mx,$$

化为标准形式为

$$x^2-\left(\frac{m^2}{x_0}+2x_0+2m\right)x+(x_0+m)^2=0,$$

可得 $x_0+x_1=\dfrac{m^2}{x_0}+2x_0+2m$, 即 $x_1=\dfrac{m^2}{x_0}+x_0+2m=\dfrac{(x_0+m)^2}{x_0}$. 记 $x_0=t$, 并设弦长的平方为 $f(t)$, 则

$$f(t)=\left(\frac{m^2}{t}+2m\right)^2+2m\left(-\frac{t+m}{\sqrt{t}}-\sqrt{t}\right)^2=\frac{m^4}{t^2}+\frac{6m^3}{t}+8mt+12m^2.$$

由于

$$f'(t)=-\frac{2m^4}{t^3}-\frac{6m^3}{t^2}+8m=\frac{2m(t-m)(4t^2+4tm+m^2)}{t^3},$$

当 $f'(t)=0$ 时,$t=m$. 这是 $f(t)$ 在区间 $(0,+\infty)$ 上唯一的极值点,为极小值点,也是最小值点,可得最小值为 $f(m)=27m^2$, 故最短的弦长为 $3\sqrt{3}m$.

3. 解答: 由于 $\ln(1+x)=x-\dfrac{1}{2}x^2+o(x^2)$,则

$$\ln(2-\cos x)=(1-\cos x)-\dfrac{1}{2}(1-\cos x)^2+o((1-\cos x)^2),$$

又由于 $1-\cos x=\dfrac{1}{2}x^2-\dfrac{1}{24}x^4+o(x^4)$,则

$$\ln(2-\cos x)=\left(\dfrac{x^2}{2}-\dfrac{x^4}{24}\right)-\dfrac{1}{2}\left(\dfrac{x^2}{2}\right)^2+o(x^4)=\dfrac{x^2}{2}-\dfrac{x^4}{6}+o(x^4).$$

由于 $(1+x)^{\frac{1}{3}}-1=\dfrac{1}{3}x+\dfrac{1}{2}\cdot\dfrac{1}{3}\cdot\left(\dfrac{1}{3}-1\right)x^2+o(x^2)=\dfrac{1}{3}x-\dfrac{1}{9}x^2+o(x^2)$,则

$$(1+\sin^2 x)^{\frac{1}{3}}-1=\dfrac{1}{3}\sin^2 x-\dfrac{1}{9}\sin^4 x+o(\sin^2 x),$$

又由于 $\sin x=x-\dfrac{1}{6}x^3+o(x^4)$,可得 $\sin^2 x=x^2-\dfrac{1}{3}x^4+o(x^4)$,则

$$(1+\sin^2 x)^{\frac{1}{3}}-1=\dfrac{1}{3}\left(x^2-\dfrac{1}{3}x^4\right)-\dfrac{1}{9}x^4+o(x^4)=\dfrac{x^2}{3}-\dfrac{2x^4}{9}+o(x^4).$$

因此

$$\text{原极限}=\lim_{x\to 0}\dfrac{2\left(\dfrac{x^2}{2}-\dfrac{x^4}{6}\right)-3\left(\dfrac{x^2}{3}-\dfrac{2x^4}{9}\right)+o(x^4)}{x^4}=\dfrac{1}{3}.$$

4. 解答: 设正方形的边长和圆的直径分别为 x,y,则 $4x+\pi y=a$,即 $y=\dfrac{a-4x}{\pi}$,则正方形和圆形面积之和为

$$f(x)=x^2+\dfrac{\pi y^2}{4}=x^2+\dfrac{(a-4x)^2}{4\pi},$$

于是

$$f'(x)=2x+\dfrac{2(4x-a)}{\pi}=2\dfrac{(4+\pi)x-a}{\pi},$$

当 $f'(x)=0$ 时,$x=\dfrac{a}{4+\pi}$,这是 $f(x)$ 唯一的极值点,为极小值点,也是最小值点.

当 $x=\dfrac{a}{4+\pi}$ 时,$y=\dfrac{a-4x}{\pi}=\dfrac{a}{4+\pi}$,故面积最小时正方形和圆形铁丝长分别为 $\dfrac{4a}{4+\pi}$ 和 $\dfrac{\pi a}{4+\pi}$,最小面积为

$$S_{\min}=x^2+\dfrac{\pi y^2}{4}=\left(\dfrac{a}{4+\pi}\right)^2+\dfrac{\pi}{4}\left(\dfrac{a}{4+\pi}\right)^2=\dfrac{a^2}{4(4+\pi)}.$$

三、证明题

1. 解答: 设 $f(x)=e^{-x}+\sin x-1-\dfrac{1}{2}x^2$,则

$$f'(x)=-e^{-x}+\cos x-x,\quad f''(x)=e^{-x}-\sin x-1.$$

当 $x\in\left(0,\dfrac{\pi}{2}\right)$ 时,$e^{-x}<1,\sin x>0$,故

$$f''(x)=e^{-x}-\sin x-1<0,$$

可得 $f'(x)$ 在 $\left(0,\dfrac{\pi}{2}\right)$ 上单调减少,因此 $f'(x)<f'(0)=0$. 于是 $f(x)$ 在 $\left(0,\dfrac{\pi}{2}\right)$ 上单调减少,因此

$$f(x)<f(0)=0,\quad\text{即}\quad e^{-x}+\sin x<1+\dfrac{x^2}{2}.$$

2. 解答: 对任意正数 a,b,$0<\dfrac{a}{a+b}<1$,由于 $f(0)=0,f(1)=1,f(x)$ 在区间 $[0,1]$ 上连续,根据连续函

数的介值定理,存在 $\eta \in (0,1)$ 使得 $f(\eta) = \dfrac{a}{a+b}$.

分别在 $(0,\eta)$,$(\eta,1)$ 上使用拉格朗日中值定理,存在 $\xi_1 \in (0,\eta), \xi_2 \in (\eta,1)$,使得

$$f'(\xi_1) = \frac{f(\eta) - f(0)}{\eta}, \quad f'(\xi_2) = \frac{f(1) - f(\eta)}{1 - \eta},$$

于是

$$\frac{a}{f'(\xi_1)} + \frac{b}{f'(\xi_2)} = \frac{a\eta}{\dfrac{a}{a+b}} + \frac{b(1-\eta)}{1 - \dfrac{a}{a+b}} = (a+b)\eta + (a+b)(1-\eta) = a+b.$$

3. 证明: 设 $c \in (0,1)$ 使得

$$f(c) = \min_{0 \le x \le 1} f(x) = -1,$$

则 $f'(c) = 0$. 由泰勒公式,

$$f(0) = f(c) + f'(c) \cdot (-c) + f''(\xi) \cdot \frac{c^2}{2} \quad (\xi \in (0,c)),$$

$$f(1) = f(c) + f'(c) \cdot (1-c) + f''(\eta) \cdot \frac{(1-c)^2}{2} \quad (\eta \in (c,1)),$$

可得

$$f''(\xi) = \frac{2}{c^2}, \quad f''(\eta) = \frac{2}{(1-c)^2}.$$

显然,当 $c \in \left(0, \dfrac{1}{2}\right]$ 时,$f''(\xi) = \dfrac{2}{c^2} \ge 8$,当 $c \in \left[\dfrac{1}{2}, 1\right)$ 时,$f''(\eta) = \dfrac{2}{(1-c)^2} \ge 8$,因此

$$\max_{0 \le x \le 1} f''(x) \ge \max\{f''(\xi), f''(\eta)\} \ge 8.$$

4. 解答: 定义

$$q_0(x) = (x^2 - 1)^n = (x+1)^n \cdot (x-1)^n,$$

令 $q_k(x) = \dfrac{d^k}{dx^k} q_0(x)$ 为 $q_0(x)$ 的 k 阶导函数,则当 $k < n$ 时,$q_k(-1) = q_k(1) = 0$.

由于 $q_0(x)$ 在 $[-1,1]$ 上连续,在 $(-1,1)$ 内可导,$q_0(-1) = q_0(1) = 0$,由罗尔定理,存在 $\xi \in (-1,1)$,使得

$$q_0'(\xi) = q_1(\xi) = 0.$$

若 $n > 1$,由于 $q_1(-1) = q_1(1) = 0$,对 $q_1(x)$ 在 $[-1,\xi]$ 和 $[\xi,1]$ 上分别使用罗尔定理,存在 $\eta_1 \in (-1,\xi)$ 以及 $\eta_2 \in (\xi,1)$,使得

$$q_2(\eta_1) = q_2(\eta_2) = 0,$$

即 $q_2(x)$ 在 $(-1,1)$ 内至少存在两个不同的零点.

若 $q_{n-1}(x)$ 在 $(-1,1)$ 内至少存在 $n-1$ 个不同的零点,同时注意到

$$q_{n-1}(-1) = q_{n-1}(1) = 0,$$

故 $q_{n-1}(x)$ 在 $[-1,1]$ 上至少有 $n+1$ 个零点,在两两零点之间使用罗尔定理可得 $q_{n-1}(x)$ 的导函数 $q_n(x)$ 在 $(-1,1)$ 内至少存在 n 个不同的零点.

由于 $q_0(x) = (x^2-1)^n$ 为 $2n$ 阶多项式,故 $q_n(x) = q_0^{(n)}(x)$ 为 n 阶多项式,由代数学基本定理,$q_n(x)$ 至多有 n 个不同的零点.

综上可得,$q_n(x)$ 在 $(-1,1)$ 内恰好有 n 个不同的零点.

第四章 不定积分

同步检测卷 A

一、单项选择题

1. $\int \cos 3x \, dx =$ ( )

   A. $\sin 3x + C$ B. $3\sin 3x + C$ C. $\dfrac{1}{3}\sin 3x + C$ D. $-\dfrac{1}{3}\sin 3x + C$

2. 下列函数中，不是 $\sin 2x$ 的原函数的为 ( )

   A. $-\dfrac{1}{2}\cos 2x$ B. $-\cos 2x$ C. $\sin^2 x$ D. $-\cos^2 x$

3. 若 $\int f(x)dx = \dfrac{1}{2}x^4 - x^2 + C$，则 $f(x) =$ ( )

   A. $\dfrac{x^5}{10} - \dfrac{x^3}{3}$ B. $\dfrac{x^5}{10} - \dfrac{x^3}{3} + Cx$ C. $2x^3 - 2x$ D. $2x^3 - 2x + C$

4. 若 $F'(x) = \dfrac{1}{\sqrt{1-x^2}}$，$F(1) = \dfrac{3}{2}\pi$，则 $F(x) =$ ( )

   A. $\arcsin x$ B. $\arcsin x + \dfrac{\pi}{2}$ C. $\arccos x + \pi$ D. $\arcsin x + \pi$

5. $\left(\int \arcsin x \, dx\right)' =$ ( )

   A. $\dfrac{1}{\sqrt{1-x^2}} + C$ B. $\dfrac{1}{\sqrt{1-x^2}}$ C. $\arcsin x + C$ D. $\arcsin x$

6. 设 $f'(x) = x^2 + \sin 2x$，则 $f(x) =$ ( )

   A. $2x + 2\cos 2x$ B. $\dfrac{x^3}{3} - \cos 2x$
   C. $\dfrac{x^3}{3} - \cos 2x + C$ D. $\dfrac{x^3}{3} - \dfrac{1}{2}\cos 2x + C$

二、填空题

1. 设 $df(x) = (e^x + \sin 3x)dx$，则 $f(x) =$ _____.

2. 若 $\int f(x)dx = e^{-x^2} + C$，则 $f(x) =$ _____.

3. $\int \dfrac{1}{25-x^2}\mathrm{d}x = $ _____ .

4. $\int \dfrac{1}{x(x^2+1)}\mathrm{d}x = $ _____ .

5. $\int \sin^2 x \cos^3 x \mathrm{d}x = $ _____ .

6. $\int x\ln x \mathrm{d}x = $ _____ .

三、计算与解答题

1. 求不定积分 $\int \dfrac{1}{x^2-4x+8}\mathrm{d}x$.

2. 求不定积分 $\int x^2 \arctan x \mathrm{d}x$.

3. 求不定积分 $\int \mathrm{e}^{2x}\cos x \mathrm{d}x$.

4. 设 e^{-x} 是 $f(x)$ 的原函数,求不定积分 $\int x^2 f(\ln x)\mathrm{d}x$.

四、证明题

设 n 为正整数,$I_n = \int \ln^n x\,\mathrm{d}x$,证明当 $n \geq 2$ 时,
$$I_n = x\ln^n x - nI_{n-1},$$
并求 $\int \ln^3 x\,\mathrm{d}x$.

同步检测卷 B

一、单项选择题

1. 若 $f(x)$ 的一个原函数为 $\ln x$, 则 $f'(x)=$ ( )

   A. $x(\ln x - 1)$　　　　　　　　B. $-\dfrac{1}{x^2}$

   C. $\dfrac{1}{x}$　　　　　　　　　D. $\ln x$

2. 下列等式中正确的是 ( )

   A. $d\left(\int f(x)dx\right) = f(x)$　　　　B. $d\left(\int f(x)dx\right) = f(x)dx$

   C. $\dfrac{d}{dx}\left(\int f(x)dx\right) = f(x)+C$　　D. $\dfrac{d}{dx}\left(\int f(x)dx\right) = f(x)dx$

3. $\int \dfrac{\cos 2x}{1+\sin x\cos x}dx =$ ( )

   A. $\ln|x+\sin 2x|+C$　　　　B. $\ln(1+\sin 2x)+C$

   C. $\ln(2+\sin 2x)+C$　　　　D. $\ln(2-\sin 2x)+C$

4. 若 $f'(x^2)=\dfrac{1}{x}(x>0)$, 则 $f(x)=$ ( )

   A. $2x+C$　　　　　　　　B. $\ln|x|+C$

   C. $2\sqrt{x}+C$　　　　　　　D. $\dfrac{1}{\sqrt{x}}+C$

5. 若函数 $f(x)$ 在 $(-\infty, +\infty)$ 上可微, 则下述说法错误的是 ( )

   A. 当 $f(x)$ 为奇函数时, $f'(x)$ 为偶函数

   B. 当 $f(x)$ 为偶函数时, $f'(x)$ 为奇函数

   C. 当 $f'(x)$ 为奇函数时, $f(x)$ 为偶函数

   D. 当 $f'(x)$ 为偶函数时, $f(x)$ 为奇函数

二、填空题

1. 设 $f(x)=e^{-x}$, 则 $\int \dfrac{f'(\ln x)}{x}dx=$ _____.

2. 如果 $\int f(x)\sin x dx = x\sin x + C\ (x\neq k\pi, k$ 为整数$)$, 则 $f(x)=$ _____.

3. 如果 $\int xf(x)dx = \arcsin x + C$, 则 $\int \dfrac{1}{f(x)}dx=$ _____.

4. 如果 $f'(\sin^2 x)=\cos 2x+\tan^2 x\ (0<x<1)$, 则 $f(x)=$ _____.

三、计算与解答题

1. 求 $\int \dfrac{1}{\sin x \cos^3 x} dx$.

2. 求 $\int \dfrac{1}{x^4(1+x^2)} dx$.

3. 求 $\int \dfrac{\arctan x}{x^2(1+x^2)} dx$.

4. 求 $\int \dfrac{\sqrt[3]{x}-1}{x(\sqrt[3]{x}+1)} dx$.

5. 求 $\displaystyle\int \frac{xe^x}{\sqrt{e^x-1}}dx$.

6. 设 $f(x)=\max\{x,x^2\}$, 求 $I=\displaystyle\int f(x)dx$.

四、证明题

设 n 为正整数, $I_n=\displaystyle\int \sec^n x\,dx$, 证明当 $n\geqslant 3$ 时,
$$I_n=\frac{\sec^{n-2}x\cdot\tan x}{n-1}+\frac{n-2}{n-1}I_{n-2},$$
并求 $\displaystyle\int \sec^5 x\,dx$.

同步检测卷 C

一、填空题

1. $\int \dfrac{x}{\cos^2 x}\,dx = $ _____.

2. $\int \dfrac{1+x}{x^2 e^x}\,dx = $ _____.

3. $\int \dfrac{x+\sin x\cos x}{(\cos x - x\sin x)^2}\,dx = $ _____.

4. $\int \dfrac{1}{\sin x\cos^4 x}\,dx = $ _____.

5. $\int \dfrac{\cos^2 x - \sin x}{\cos x(1+\cos x\cdot e^{\sin x})}\,dx = $ _____.

6. 若不定积分 $\int \dfrac{ax^3+bx^2+cx+d}{x^2(1+x^2)}\,dx$ 的表达式中不包含反三角函数,则 a,b,c,d 应满足的条件为_____;若不包含对数函数,则 a,b,c,d 应满足的条件为_____.

二、计算与解答题

1. 求 $\int \dfrac{1}{\sin 2x - 2\sin x}\,dx$.

2. 求 $\int \dfrac{1}{\cos^4 x + \sin^4 x}\,dx$.

3. 求 $\int \dfrac{3\sin x + 4\cos x}{2\sin x + \cos x}\,dx$.

4. 求 $\displaystyle\int \frac{x}{\sqrt{(x^2-2x+4)^3}}\mathrm{d}x$.

5. 求 $\displaystyle\int \frac{\mathrm{e}^x-1}{\sqrt[3]{\mathrm{e}^x+1}}\mathrm{d}x$.

6. 求 $\displaystyle\int x\arctan x \cdot \ln(1+x^2)\mathrm{d}x$.

7. (1) 若 $\dfrac{\sin^2 x}{\sin x + \sqrt{3}\cos x} = A\sin x + B\cos x + \dfrac{C}{\sin x + \sqrt{3}\cos x}$,求 A, B, C;

(2) 求积分 $I = \displaystyle\int \dfrac{\sin^2 x}{\sin x + \sqrt{3}\cos x}\,\mathrm{d}x$.

三、证明题

设 n 为正整数,$I_n = \displaystyle\int \dfrac{1}{(x^2+a^2)^n}\,\mathrm{d}x$,证明当 $n \geqslant 1$ 时,
$$I_{n+1} = \dfrac{1}{2na^2}\left[\dfrac{x}{(x^2+a^2)^n} + (2n-1)I_n\right],$$
并求 $\displaystyle\int \dfrac{1}{(x^2+a^2)^3}\,\mathrm{d}x$.

参考答案

同步检测卷 A

一、单项选择题

1. 解答: 由于 $\left(\dfrac{1}{3}\sin 3x+C\right)'=\cos 3x$,故答案为 C.

2. 解答: 对于 A,$\left(-\dfrac{1}{2}\cos 2x\right)'=\sin 2x$;对于 B,$(-\cos 2x)'=2\sin 2x$;对于 C,$(\sin^2 x)'=2\sin x\cos x=\sin 2x$;对于 D,$(-\cos^2 x)'=2\cos x\sin x=\sin 2x$. 因此 A,C,D 均为 $\sin 2x$ 的原函数,答案为 B.

3. 解答: $f(x)=\left(\dfrac{1}{2}x^4-x^2+C\right)'=2x^3-2x$,因此答案为 C.

4. 解答: $F(x)=\displaystyle\int\dfrac{1}{\sqrt{1-x^2}}\mathrm{d}x=\arcsin x+C$,由于 $F(1)=\dfrac{3}{2}\pi$,故

$$\arcsin 1+C=\dfrac{3}{2}\pi \Rightarrow C=\dfrac{3}{2}\pi-\arcsin 1=\pi,$$

因此 $F(x)=\arcsin x+\pi$,答案为 D.

5. 解答: $\left(\displaystyle\int\arcsin x\mathrm{d}x\right)'=\arcsin x$,因此答案为 D.

注: $\left(\displaystyle\int f(x)\mathrm{d}x\right)'=f(x)$,$\displaystyle\int f'(x)\mathrm{d}x=f(x)+C$.

6. 解答: $f(x)=\displaystyle\int(x^2+\sin 2x)\mathrm{d}x=\dfrac{x^3}{3}-\dfrac{1}{2}\cos 2x+C$,因此答案为 D.

二、填空题

1. 解答: $f(x)=\displaystyle\int(\mathrm{e}^x+\sin 3x)\mathrm{d}x=\mathrm{e}^x-\dfrac{1}{3}\cos 3x+C$.

2. 解答: $f(x)=(\mathrm{e}^{-x^2}+C)'=-2x\mathrm{e}^{-x^2}$.

3. 解答: 由于 $\dfrac{1}{25-x^2}=\dfrac{1}{10}\left(\dfrac{1}{5-x}+\dfrac{1}{5+x}\right)$,故

$$\int\dfrac{1}{25-x^2}\mathrm{d}x=\dfrac{1}{10}\int\left(\dfrac{1}{5-x}+\dfrac{1}{5+x}\right)\mathrm{d}x=\dfrac{1}{10}\ln\left|\dfrac{5+x}{5-x}\right|+C.$$

4. 解答: 由于 $\displaystyle\int\dfrac{1}{x(x^2+1)}\mathrm{d}x=\dfrac{1}{2}\int\dfrac{1}{x^2(x^2+1)}\mathrm{d}(x^2)$,记 $u=x^2$,则

$$\int\dfrac{1}{x(x^2+1)}\mathrm{d}x=\dfrac{1}{2}\int\dfrac{1}{u(u+1)}\mathrm{d}u=\dfrac{1}{2}\int\left(\dfrac{1}{u}-\dfrac{1}{u+1}\right)\mathrm{d}u$$

$$=\dfrac{1}{2}\ln\dfrac{u}{u+1}+C=\dfrac{1}{2}\ln\dfrac{x^2}{x^2+1}+C.$$

5. 解答: 由于

$$\int\sin^2 x\cos^3 x\mathrm{d}x=\int\sin^2 x\cos^2 x\mathrm{d}\sin x=\int\sin^2 x(1-\sin^2 x)\mathrm{d}\sin x,$$

记 $u=\sin x$,则

$$\int \sin^2 x \cos^3 x \mathrm{d}x = \int u^2(1-u^2)\mathrm{d}u = \int (u^2 - u^4)\mathrm{d}u$$
$$= \frac{1}{3}u^3 - \frac{1}{5}u^5 + C = \frac{1}{3}\sin^3 x - \frac{1}{5}\sin^5 x + C.$$

6. 解答: 根据分部积分公式,可得
$$\int x \ln x \mathrm{d}x = \frac{1}{2}\int \ln x \mathrm{d}x^2 = \frac{x^2}{2}\ln x - \frac{1}{2}\int x^2 \mathrm{d}\ln x$$
$$= \frac{x^2}{2}\ln x - \frac{1}{2}\int x \mathrm{d}x = \frac{x^2}{2}\ln x - \frac{x^2}{4} + C.$$

三、计算与解答题

1. 解答: 由于
$$\frac{1}{x^2 - 4x + 8} = \frac{1}{(x-2)^2 + 4} = \frac{1}{4}\frac{1}{\left(\frac{x}{2}-1\right)^2 + 1},$$

令 $u = \frac{x}{2} - 1$,则 $\mathrm{d}x = 2\mathrm{d}u$,可得
$$\int \frac{1}{x^2 - 4x + 8}\mathrm{d}x = \frac{1}{2}\int \frac{1}{u^2 + 1}\mathrm{d}u = \frac{1}{2}\arctan u + C = \frac{1}{2}\arctan\left(\frac{x}{2}-1\right) + C.$$

2. 解答: 根据分部积分公式,可得
$$\int x^2 \arctan x \mathrm{d}x = \frac{1}{3}\int \arctan x \mathrm{d}x^3 = \frac{x^3}{3}\arctan x - \frac{1}{3}\int \frac{x^3}{1+x^2}\mathrm{d}x.$$

由于 $\int \frac{x^3}{1+x^2}\mathrm{d}x = \frac{1}{2}\int \frac{x^2}{1+x^2}\mathrm{d}x^2$,令 $u = x^2$,则
$$\int \frac{x^3}{1+x^2}\mathrm{d}x = \frac{1}{2}\int \frac{u}{1+u}\mathrm{d}u = \frac{1}{2}\int \left(1 - \frac{1}{1+u}\right)\mathrm{d}u = \frac{1}{2}(u - \ln(1+u)) + C$$
$$= \frac{1}{2}(x^2 - \ln(1+x^2)) + C.$$

因此
$$\int x^2 \arctan x \mathrm{d}x = \frac{x^3}{3}\arctan x - \frac{1}{6}(x^2 - \ln(1+x^2)) + C.$$

3. 解答: 记 $I = \int e^{2x}\cos x \mathrm{d}x$,根据分部积分公式,可得
$$I = \int e^{2x}\mathrm{d}\sin x = e^{2x}\sin x - \int \sin x \mathrm{d}e^{2x} = e^{2x}\sin x - 2\int e^{2x}\sin x \mathrm{d}x,$$

继续使用分部积分公式,可得
$$I = e^{2x}\sin x + 2\int e^{2x}\mathrm{d}\cos x = e^{2x}\sin x + 2\left(e^{2x}\cos x - \int \cos x \mathrm{d}e^{2x}\right)$$
$$= e^{2x}(\sin x + 2\cos x) - 4\int e^{2x}\cos x \mathrm{d}x = e^{2x}(\sin x + 2\cos x) - 4I,$$

因此有 $5I = e^{2x}(\sin x + 2\cos x)$,即
$$I = \int e^{2x}\cos x \mathrm{d}x = \frac{1}{5}e^{2x}(\sin x + 2\cos x) + C.$$

4. 解答: 设 $u = \ln x$,则 $x = e^u$,于是
$$\int x^2 f(\ln x)\mathrm{d}x = \int e^{3u} f(u)\mathrm{d}u,$$

又 e^{-x} 是 $f(x)$ 的原函数,可得 $f(x) = (e^{-x})' = -e^{-x}$,因此

$$\int x^2 f(\ln x)\mathrm{d}x = -\int \mathrm{e}^{2u}\mathrm{d}u = -\frac{1}{2}\mathrm{e}^{2u}+C = -\frac{1}{2}x^2+C.$$

四、证明题

解答: 根据分部积分公式,可得

$$I_n = \int \ln^n x\mathrm{d}x = x\ln^n x - \int x\mathrm{d}(\ln^n x) = x\ln^n x - n\int \ln^{n-1}x\mathrm{d}x$$
$$= x\ln^n x - nI_{n-1}.$$

由于 $I_1 = \int \ln x\mathrm{d}x = x\ln x - \int x\mathrm{d}(\ln x) = x\ln x - x + C$,于是

$$\int \ln^3 x\mathrm{d}x = I_3 = x\ln^3 x - 3I_2 = x\ln^3 x - 3(x\ln^2 x - 2I_1)$$
$$= x\ln^3 x - 3x\ln^2 x + 6I_1$$
$$= x\ln^2 x(\ln x - 3) + 6x(\ln x - 1) + C.$$

同步检测卷 B

一、单项选择题

1. 解答: 由于 $f(x)$ 的一个原函数为 $\ln x$,则

$$f(x) = (\ln x)' = \frac{1}{x}, \quad f'(x) = \left(\frac{1}{x}\right)' = -\frac{1}{x^2},$$

因此答案为 B.

2. 解答: 由于

$$\mathrm{d}\left(\int f(x)\mathrm{d}x\right) = \left(\int f(x)\mathrm{d}x\right)'\mathrm{d}x = f(x)\mathrm{d}x,$$
$$\frac{\mathrm{d}}{\mathrm{d}x}\left(\int f(x)\mathrm{d}x\right) = \left(\int f(x)\mathrm{d}x\right)' = f(x),$$

因此答案为 B.

3. 解答: 由于

$$\int \frac{\cos 2x}{1+\sin x\cos x}\mathrm{d}x = \int \frac{2\cos 2x}{2+\sin 2x}\mathrm{d}x = \int \frac{\mathrm{d}\sin 2x}{2+\sin 2x} = \ln(2+\sin 2x) + C,$$

因此答案为 C.

4. 解答: 令 $u = x^2$,则 $x = \sqrt{u}\,(x>0)$,故 $f'(u) = \frac{1}{\sqrt{u}}$,于是

$$f(u) = \int f'(u)\mathrm{d}u = \int \frac{1}{\sqrt{u}}\mathrm{d}u = 2\sqrt{u} + C,$$

因此 $f(x) = 2\sqrt{x} + C$,答案为 C.

5. 解答: 若 $f(x)$ 为奇函数,即 $f(x) = -f(-x)$,等式两边求导可得

$$f'(x) = (-f(-x))' = -f'(-x)\cdot(-1) = f'(-x),$$

故 $f'(x)$ 为偶函数,因此 A 正确;

若 $f(x)$ 为偶函数,即 $f(x) = f(-x)$,等式两边求导可得

$$f'(x) = (f(-x))' = f'(-x)\cdot(-1) = -f'(-x),$$

故 $f'(x)$ 为奇函数,因此 B 正确;

若 $f'(x)$ 为奇函数,即 $f'(x) = -f'(-x)$,等式两边求不定积分可得

$$\int f'(x)\mathrm{d}x = -\int f'(-x)\mathrm{d}x = \int f'(-x)\mathrm{d}(-x),$$

于是 $f(x)=f(-x)+C$,令 $x=0$ 可得 $C=0$,故 $f(x)=f(-x)$,$f(x)$ 为偶函数,因此 C 正确;

对于 D,若 $f(x)=x^3+1$,并不是奇函数,但 $f'(x)=3x^2$ 是偶函数,因此 D 错误.

综上可知选 D.

二、填空题

1. 解答: 由于 $f(x)=e^{-x}$,则 $f'(x)=-e^{-x}$,故
$$f'(\ln x)=-e^{-\ln x}=-\frac{1}{x},$$
因此
$$\int \frac{f'(\ln x)}{x}dx=-\int \frac{1}{x^2}dx=\frac{1}{x}+C.$$

2. 解答: 等式 $\int f(x)\sin x dx = x\sin x+C$ 两边同时求导,得
$$f(x)\sin x=(x\sin x+C)'=\sin x+x\cos x,$$
因此 $f(x)=1+x\cot x$.

3. 解答: 等式 $\int xf(x)dx=\arcsin x+C$ 两边同时求导,得
$$xf(x)=(\arcsin x+C)'=\frac{1}{\sqrt{1-x^2}},$$
故 $f(x)=\dfrac{1}{x\sqrt{1-x^2}}$,因此
$$\int \frac{1}{f(x)}dx=\int x\sqrt{1-x^2}dx=-\frac{1}{2}\int \sqrt{1-x^2}d(1-x^2)=-\frac{1}{3}(1-x^2)^{\frac{3}{2}}+C.$$

4. 解答: 由于 $\cos 2x+\tan^2 x=1-2\sin^2 x+\dfrac{\sin^2 x}{1-\sin^2 x}$,令 $u=\sin^2 x$,则
$$f'(u)=1-2u+\frac{u}{1-u}=-2u+\frac{1}{1-u},$$
于是,当 $0<x<1$ 时,
$$f(x)=\int f'(x)dx=\int \left(-2x+\frac{1}{1-x}\right)dx=-x^2-\ln(1-x)+C.$$

三、计算与解答题

1. 解答: 由于 $\dfrac{1}{\sin x\cos^3 x}=\dfrac{\sin^2 x+\cos^2 x}{\sin x\cos^3 x}=\dfrac{\sin x}{\cos^3 x}+\dfrac{1}{\sin x\cos x}$,因此
$$\int \frac{1}{\sin x\cos^3 x}dx=\int \frac{\sin x}{\cos^3 x}dx+\int \frac{1}{\sin x\cos x}dx,$$
其中
$$\int \frac{\sin x}{\cos^3 x}dx=-\int \frac{1}{\cos^3 x}d\cos x=\frac{1}{2\cos^2 x}+C_1,$$
$$\int \frac{1}{\sin x\cos x}dx=2\int \frac{1}{\sin 2x}dx=\int \csc 2x d(2x)$$
$$=\ln|\csc 2x-\cot 2x|+C_2=\ln|\tan x|+C_2.$$
因此
$$\int \frac{1}{\sin x\cos^3 x}dx=\frac{1}{2\cos^2 x}+\ln|\tan x|+C.$$

2. 解答: 由于
$$\frac{1}{x^4(1+x^2)}=\frac{1+x^2-x^2}{x^4(1+x^2)}=\frac{1}{x^4}-\frac{1}{x^2(1+x^2)}=\frac{1}{x^4}-\frac{1}{x^2}+\frac{1}{1+x^2},$$

可得
$$\int \frac{1}{x^4(1+x^2)}dx = \int \frac{1}{x^4}dx - \int \frac{1}{x^2}dx + \int \frac{1}{1+x^2}dx$$
$$= -\frac{1}{3x^3} + \frac{1}{x} + \arctan x + C.$$

3. 解答:由于 $\frac{1}{x^2(1+x^2)} = \frac{1}{x^2} - \frac{1}{1+x^2}$,则
$$\int \frac{\arctan x}{x^2(1+x^2)}dx = \int \frac{\arctan x}{x^2}dx - \int \frac{\arctan x}{1+x^2}dx,$$

其中
$$\int \frac{\arctan x}{1+x^2}dx = \int \arctan x \, d(\arctan x) = \frac{1}{2}\arctan^2 x + C_1,$$
$$\int \frac{\arctan x}{x^2}dx = -\int \arctan x \, d\left(\frac{1}{x}\right) = -\frac{\arctan x}{x} + \int \frac{dx}{x(1+x^2)}$$
$$= -\frac{\arctan x}{x} + \frac{1}{2}\int \frac{dx^2}{x^2(1+x^2)} = -\frac{\arctan x}{x} + \frac{1}{2}\ln \frac{x^2}{1+x^2} + C_2,$$

因此
$$\int \frac{\arctan x}{x^2(1+x^2)}dx = -\frac{1}{2}\arctan^2 x - \frac{\arctan x}{x} + \frac{1}{2}\ln \frac{x^2}{1+x^2} + C.$$

4. 解答:由于
$$\int \frac{\sqrt[3]{x}-1}{x(\sqrt[3]{x}+1)}dx = \int \frac{\sqrt[3]{x}-1}{\sqrt[3]{x}(\sqrt[3]{x}+1)} \cdot x^{-\frac{2}{3}}dx = 3\int \frac{\sqrt[3]{x}-1}{\sqrt[3]{x}(\sqrt[3]{x}+1)}d\sqrt[3]{x},$$

令 $u = \sqrt[3]{x}$,可得
$$\int \frac{\sqrt[3]{x}-1}{x(\sqrt[3]{x}+1)}dx = 3\int \frac{u-1}{u(u+1)}du = 3\int \left(\frac{2}{u+1} - \frac{1}{u}\right)du$$
$$= 6\ln|u+1| - 3\ln|u| + C = 6\ln|\sqrt[3]{x}+1| - \ln|x| + C.$$

5. 解答:令 $u = \sqrt{e^x - 1}$,则 $x = \ln(1+u^2), dx = \frac{2u}{u^2+1}du$,可得
$$\int \frac{xe^x}{\sqrt{e^x-1}}dx = \int \frac{(u^2+1)\ln(u^2+1)}{u} \cdot \frac{2u}{u^2+1}du = 2\int \ln(u^2+1)du,$$

由于
$$\int \ln(u^2+1)du = u\ln(u^2+1) - 2\int \frac{u^2}{u^2+1}du = u\ln(u^2+1) - 2u + 2\arctan u + C,$$

可得
$$\int \frac{xe^x}{\sqrt{e^x-1}}dx = 2u\ln(u^2+1) - 4u + 4\arctan u + C$$
$$= 2x\sqrt{e^x-1} - 4\sqrt{e^x-1} + 4\arctan\sqrt{e^x-1} + C.$$

6. 解答:由于
$$f(x) = \max\{x, x^2\} = \begin{cases} x^2, & x \leq 0, \\ x, & 0 < x \leq 1, \\ x^2, & x > 1, \end{cases}$$

则 $x<0$ 时,$I = \frac{1}{3}x^3 + C_1$;$0<x<1$ 时,$I = \frac{1}{2}x^2 + C_2$;$x>1$ 时,$I = \frac{1}{3}x^3 + C_3$.

由于 I 在 $x=0$ 及 $x=1$ 处均连续,因此

$$\lim_{x\to 0^-} I = \lim_{x\to 0^+} I \Rightarrow C_1 = C_2, \quad \lim_{x\to 1^-} I = \lim_{x\to 1^+} I \Rightarrow \frac{1}{2} + C_2 = \frac{1}{3} + C_3,$$

记 $C_1 = C_2 = C$,则 $C_3 = C + \frac{1}{6}$,于是有

$$I = \int f(x)\,dx = \begin{cases} \frac{1}{3}x^3 + C, & x \leqslant 0, \\ \frac{1}{2}x^2 + C, & 0 < x \leqslant 1, \\ \frac{1}{3}x^3 + C + \frac{1}{6}, & x > 1. \end{cases}$$

四、证明题

解答:根据分部积分公式,当 $n \geqslant 3$ 时

$$\begin{aligned} I_n &= \int \sec^n x\,dx = \int \sec^{n-2} x\,d\tan x \\ &= \sec^{n-2} x \cdot \tan x - (n-2)\int \tan^2 x \sec^{n-2} x\,dx \\ &= \sec^{n-2} x \cdot \tan x - (n-2)\int (\sec^2 x - 1)\sec^{n-2} x\,dx \\ &= \sec^{n-2} x \cdot \tan x - (n-2)(I_n - I_{n-2}), \end{aligned}$$

因此 $I_n = \dfrac{\sec^{n-2} x \cdot \tan x}{n-1} + \dfrac{n-2}{n-1} I_{n-2}$.

由于 $I_1 = \int \sec x\,dx = \ln|\sec x + \tan x| + C$,于是

$$\begin{aligned} \int \sec^5 x\,dx &= I_5 = \frac{1}{4}\sec^3 x \cdot \tan x + \frac{3}{4} I_3 \\ &= \frac{1}{4}\sec^3 x \cdot \tan x + \frac{3}{4}\left(\frac{1}{2}\sec x \cdot \tan x + \frac{1}{2} I_1\right) \\ &= \frac{1}{4}\sec^3 x \cdot \tan x + \frac{3}{8}\sec x \cdot \tan x + \frac{3}{8}\ln|\sec x + \tan x| + C. \end{aligned}$$

同步检测卷 C

一、填空题

1. 解答:根据分部积分公式,

$$\begin{aligned} \int \frac{x}{\cos^2 x}\,dx &= \int x\sec^2 x\,dx = \int x\,d\tan x \\ &= x\tan x - \int \tan x\,dx = x\tan x + \ln|\cos x| + C. \end{aligned}$$

2. 解答:由于

$$\frac{1+x}{x^2 e^x} = \left(\frac{1}{x} + \frac{1}{x^2}\right)e^{-x} = -\left(\left(\frac{1}{x}\right)' - \frac{1}{x}\right)e^{-x} = -\left(\frac{1}{x}e^{-x}\right)',$$

故 $\displaystyle\int \frac{1+x}{x^2 e^x}\,dx = -\int \left(\frac{1}{x}e^{-x}\right)'dx = -\frac{1}{x}e^{-x} + C$.

3. 解答:由于 $\dfrac{x+\sin x\cos x}{(\cos x - x\sin x)^2} = \dfrac{x\sec^2 x + \tan x}{(1-x\tan x)^2}$,同时 $(x\tan x)' = x\sec^2 x + \tan x$,若令 $u = x\tan x$,则

$$\frac{x\sec^2 x + \tan x}{(1-x\tan x)^2}\,dx = \frac{du}{(1-u)^2},$$

因此

$$\int \frac{x+\sin x\cos x}{(\cos x-x\sin x)^2}\mathrm{d}x = \int \frac{\mathrm{d}u}{(1-u)^2} = \frac{1}{1-u}+C = \frac{1}{1-x\tan x}+C.$$

4. 解答: 由于

$$\frac{1}{\sin x\cos^4 x} = \frac{\sin^2 x+\cos^2 x}{\sin x\cos^4 x} = \frac{\sin x}{\cos^4 x}+\frac{1}{\sin x\cos^2 x}$$

$$= \frac{\sin x}{\cos^4 x}+\frac{\sin^2 x+\cos^2 x}{\sin x\cos^2 x} = \frac{\sin x}{\cos^4 x}+\frac{\sin x}{\cos^2 x}+\frac{1}{\sin x},$$

因此

$$\int \frac{1}{\sin x\cos^4 x}\mathrm{d}x = \int \frac{\sin x}{\cos^4 x}\mathrm{d}x+\int \frac{\sin x}{\cos^2 x}\mathrm{d}x+\int \frac{1}{\sin x}\mathrm{d}x$$

$$= \frac{1}{3\cos^3 x}+\frac{1}{\cos x}+\ln|\csc x-\cot x|+C.$$

5. 解答: 由于 $(\cos x \cdot e^{\sin x})' = (\cos^2 x-\sin x)e^{\sin x}$,可知

$$\frac{\cos^2 x-\sin x}{\cos x(1+\cos x \cdot e^{\sin x})} = \frac{(\cos^2 x-\sin x)\cdot e^{\sin x}}{\cos x \cdot e^{\sin x}(1+\cos x \cdot e^{\sin x})} = \frac{(\cos x \cdot e^{\sin x})'}{\cos x \cdot e^{\sin x}(1+\cos x \cdot e^{\sin x})},$$

令 $u=\cos x \cdot e^{\sin x}$,则

$$\int \frac{\cos^2 x-\sin x}{\cos x(1+\cos x \cdot e^{\sin x})}\mathrm{d}x = \int \frac{\mathrm{d}u}{u(1+u)} = \ln\left|\frac{u}{1+u}\right|+C = \ln\left|\frac{\cos x \cdot e^{\sin x}}{1+\cos x \cdot e^{\sin x}}\right|+C.$$

6. 解答: 将有理函数 $\frac{ax^3+bx^2+cx+d}{x^2(1+x^2)}$ 分解为最简分式,设

$$\frac{ax^3+bx^2+cx+d}{x^2(1+x^2)} = \frac{A}{x}+\frac{B}{x^2}+\frac{Cx+D}{1+x^2},$$

则

$$ax^3+bx^2+cx+d = Ax(1+x^2)+B(1+x^2)+(Cx+D)x^2,$$

比较等号两侧多项式的系数,可得

$$a=A+C,\quad b=B+D,\quad c=A,\quad d=B.$$

若不定积分表达式中不包含反三角函数,则 $D=0$,此时

$$b=B+D, d=B \Rightarrow b=d,$$

即 a,b,c,d 应满足的条件为 $b=d$;

若不定积分表达式中不包含对数函数,则 $A=C=0$,此时

$$a=A+C, c=A \Rightarrow a=c=0,$$

即 a,b,c,d 应满足的条件为 $a=c=0$.

二、计算与解答题

1. 解答: 由于

$$\int \frac{1}{\sin 2x-2\sin x}\mathrm{d}x = \int \frac{\mathrm{d}x}{2\sin x(\cos x-1)} = -\frac{1}{2}\int \frac{\mathrm{d}\cos x}{(1-\cos^2 x)(\cos x-1)},$$

令 $u=\cos x$,则 $\int \frac{1}{\sin 2x-2\sin x}\mathrm{d}x = -\frac{1}{2}\int \frac{\mathrm{d}u}{(1-u^2)(u-1)}$. 又由于

$$\frac{1}{(1-u^2)(u-1)} = -\frac{1}{(u-1)^2(u+1)} = -\left[\frac{1}{4(u+1)}+\frac{1}{2(u-1)^2}-\frac{1}{4(u-1)}\right],$$

则

$$\int \frac{\mathrm{d}u}{(1-u^2)(u-1)} = -\frac{1}{4}\ln\left|\frac{u+1}{u-1}\right|+\frac{1}{2}\cdot\frac{1}{u-1}+C,$$

因此

$$\int\frac{1}{\sin 2x-2\sin x}\mathrm{d}x=\frac{1}{8}\ln\left|\frac{u+1}{u-1}\right|-\frac{1}{4(u-1)}+C=\frac{1}{8}\ln\frac{1+\cos x}{1-\cos x}+\frac{1}{4(1-\cos x)}+C.$$

2. 解答： 令 $t=\tan x$，则

$$\sin x=\frac{t}{\sqrt{1+t^2}},\quad \cos x=\frac{1}{\sqrt{1+t^2}},\quad \mathrm{d}x=\frac{1}{1+t^2}\mathrm{d}t,$$

因此

$$\int\frac{1}{\cos^4 x+\sin^4 x}\mathrm{d}x=\int\frac{1}{\frac{1}{(1+t^2)^2}+\frac{t^4}{(1+t^2)^2}}\cdot\frac{1}{1+t^2}\mathrm{d}t=\int\frac{1+t^2}{1+t^4}\mathrm{d}t,$$

又 $\dfrac{1+t^2}{1+t^4}=\dfrac{1+\frac{1}{t^2}}{t^2+\frac{1}{t^2}}=\dfrac{\left(t-\frac{1}{t}\right)'}{\left(t-\frac{1}{t}\right)^2+2}$，令 $u=t-\dfrac{1}{t}$，可得

$$\int\frac{1}{\cos^4 x+\sin^4 x}\mathrm{d}x=\int\frac{\mathrm{d}u}{u^2+2}=\frac{1}{\sqrt{2}}\arctan\frac{u}{\sqrt{2}}+C=\frac{1}{\sqrt{2}}\arctan\frac{\tan^2 x-1}{\sqrt{2}\tan x}+C.$$

3. 解答： 将分子表示为分母和分母导数的组合，即设

$$3\sin x+4\cos x=a(2\sin x+\cos x)+b(2\sin x+\cos x)',$$

则

$$3\sin x+4\cos x=(2a-b)\sin x+(a+2b)\cos x,$$

可得 $2a-b=3$，$a+2b=4$，解之得 $a=2$，$b=1$. 于是

$$\int\frac{3\sin x+4\cos x}{2\sin x+\cos x}\mathrm{d}x=\int\left[2+\frac{(2\sin x+\cos x)'}{2\sin x+\cos x}\right]\mathrm{d}x=2x+\ln|2\sin x+\cos x|+C.$$

4. 解答： 由于 $x^2-2x+4=(x-1)^2+3$，令 $x-1=\sqrt{3}\tan t\left(|t|<\dfrac{\pi}{2}\right)$，则 $\mathrm{d}x=\sqrt{3}\sec^2 t\,\mathrm{d}t$，于是

$$\int\frac{x}{\sqrt{(x^2-2x+4)^3}}\mathrm{d}x=\int\frac{1+\sqrt{3}\tan t}{3\sqrt{3}\sec^3 t}\cdot\sqrt{3}\sec^2 t\,\mathrm{d}t=\frac{1}{3}\int(\cos t+\sqrt{3}\sin t)\mathrm{d}t$$

$$=\frac{1}{3}\sin t-\frac{1}{\sqrt{3}}\cos t+C,$$

又根据 $x-1=\sqrt{3}\tan t$ 可得 $\tan t=\dfrac{x-1}{\sqrt{3}}$，则

$$\sin t=\frac{x-1}{\sqrt{x^2-2x+4}},\quad \cos t=\frac{\sqrt{3}}{\sqrt{x^2-2x+4}},$$

因此

$$\int\frac{x}{\sqrt{(x^2-2x+4)^3}}\mathrm{d}x=\frac{x-1}{3\sqrt{x^2-2x+4}}-\frac{1}{\sqrt{x^2-2x+4}}+C=\frac{x-4}{3\sqrt{x^2-2x+4}}+C.$$

5. 解答： 令 $t=\sqrt[3]{\mathrm{e}^x+1}$，则 $x=\ln(t^3-1)$，$\mathrm{d}x=\dfrac{3t^2}{t^3-1}\mathrm{d}t$，因此

$$\int\frac{\mathrm{e}^x-1}{\sqrt[3]{\mathrm{e}^x+1}}\mathrm{d}x=\int\frac{t^3-2}{t}\cdot\frac{3t^2}{t^3-1}\mathrm{d}t=\int\left(3t-\frac{3t}{t^3-1}\right)\mathrm{d}t.$$

由于

$$\frac{3t}{t^3-1}=\frac{1}{t-1}-\frac{t-1}{t^2+t+1}=\frac{1}{t-1}-\frac{1}{2}\frac{2t+1}{t^2+t+1}+\frac{3}{2}\frac{1}{t^2+t+1},$$

故

$$\int\left(3t-\frac{3t}{t^3-1}\right)\mathrm{d}t=\frac{3}{2}t^2-\ln(t-1)+\frac{1}{2}\ln(t^2+t+1)-\sqrt{3}\arctan\frac{2}{\sqrt{3}}\left(t+\frac{1}{2}\right)+C,$$

因此
$$\int \frac{e^x-1}{\sqrt[3]{e^x+1}}dx = \frac{3}{2}(e^x+1)^{\frac{2}{3}}+\frac{1}{2}x-\frac{3}{2}\ln(\sqrt[3]{e^x+1}-1)-\sqrt{3}\arctan\frac{2}{\sqrt{3}}\Big(\sqrt[3]{e^x+1}+\frac{1}{2}\Big)+C.$$

6. 解答：首先求不定积分 $\int x\ln(1+x^2)dx$，有
$$\int x\ln(1+x^2)dx = \frac{1}{2}\int \ln(1+x^2)d(1+x^2) = \frac{1}{2}(1+x^2)(\ln(1+x^2)-1)+C,$$

因此
$$\int x\arctan x \cdot \ln(1+x^2)dx$$
$$= \frac{1}{2}\int \arctan x\, d[(1+x^2)(\ln(1+x^2)-1)]$$
$$= \frac{1}{2}\arctan x[(1+x^2)(\ln(1+x^2)-1)] - \frac{1}{2}\int [\ln(1+x^2)-1]dx$$
$$= \frac{1}{2}\arctan x[(1+x^2)(\ln(1+x^2)-1)] - \frac{1}{2}x[\ln(1+x^2)-1] + \int \frac{x^2}{1+x^2}dx$$
$$= \frac{1}{2}\arctan x[(1+x^2)(\ln(1+x^2)-1)] - \frac{1}{2}x\ln(1+x^2) - \arctan x + \frac{3}{2}x + C.$$

7. 解答：(1) 若 $\dfrac{\sin^2 x}{\sin x+\sqrt{3}\cos x} = A\sin x + B\cos x + \dfrac{C}{\sin x+\sqrt{3}\cos x}$，则
$$\sin^2 x = A\sin^2 x + \sqrt{3}B\cos^2 x + (\sqrt{3}A+B)\sin x\cos x + C,$$

可得 $\sqrt{3}A+B=0$，上式化为 $(1-A)\sin^2 x - \sqrt{3}B\cos^2 x = C$，从而 $1-A=-\sqrt{3}B=C$，可得
$$A=\frac{1}{4},\quad B=-\frac{\sqrt{3}}{4},\quad C=\frac{3}{4}.$$

(2) 由(1)可得
$$I = \int \frac{\sin^2 x}{\sin x+\sqrt{3}\cos x}dx = \frac{1}{4}\int \sin x\, dx - \frac{\sqrt{3}}{4}\int \cos x\, dx + \frac{3}{4}\int \frac{1}{\sin x+\sqrt{3}\cos x}dx,$$

其中
$$\int \frac{1}{\sin x+\sqrt{3}\cos x}dx = \frac{1}{2}\int \frac{1}{\sin\left(x+\frac{\pi}{3}\right)}dx = \frac{1}{2}\ln\left|\csc\left(x+\frac{\pi}{3}\right)-\cot\left(x+\frac{\pi}{3}\right)\right|+C,$$

因此
$$I = -\frac{1}{4}\cos x - \frac{\sqrt{3}}{4}\sin x + \frac{3}{8}\ln\left|\csc\left(x+\frac{\pi}{3}\right)-\cot\left(x+\frac{\pi}{3}\right)\right|+C.$$

三、证明题

解答：根据分部积分公式，
$$I_n = \int \frac{1}{(x^2+a^2)^n}dx = \frac{x}{(x^2+a^2)^n} + 2n\int \frac{x^2}{(x^2+a^2)^{n+1}}dx$$
$$= \frac{x}{(x^2+a^2)^n} + 2n\left(\int \frac{1}{(x^2+a^2)^n}dx - \int \frac{a^2}{(x^2+a^2)^{n+1}}dx\right)$$
$$= \frac{x}{(x^2+a^2)^n} + 2n(I_n - a^2 I_{n+1}),$$

因此
$$I_{n+1} = \frac{1}{2na^2}\left[\frac{x}{(x^2+a^2)^n} + (2n-1)I_n\right].$$

由递推公式,可得
$$\int \frac{1}{(x^2+a^2)^3}\mathrm{d}x = I_3 = \frac{1}{4a^2}\left[\frac{x}{(x^2+a^2)^2}+3I_2\right],$$
进一步,
$$I_2 = \frac{1}{2a^2}\left(\frac{x}{x^2+a^2}+I_1\right),$$
再由 $I_1 = \int \frac{1}{x^2+a^2}\mathrm{d}x = \frac{1}{a}\arctan\frac{x}{a}+C$,可得
$$\int \frac{1}{(x^2+a^2)^3}\mathrm{d}x = \frac{1}{4a^2}\left[\frac{x}{(x^2+a^2)^2}+\frac{3}{2a^2}\left(\frac{x}{x^2+a^2}+\frac{1}{a}\arctan\frac{x}{a}\right)\right]+C$$
$$= \frac{x}{4a^2(x^2+a^2)^2}+\frac{3x}{8a^4(x^2+a^2)}+\frac{3}{8a^5}\arctan\frac{x}{a}+C.$$

第五章 定积分

同步检测卷 A

一、单项选择题

1. 定积分 $\int_0^1 \dfrac{dx}{\arccos x} =$ ( )

   A. $\int_{\frac{\pi}{2}}^0 \dfrac{1}{x} dx$ B. $\int_{\frac{\pi}{2}}^0 \dfrac{\sin x}{x} dx$ C. $\int_0^{\frac{\pi}{2}} \dfrac{\sin x}{x} dx$ D. $\int_0^{\frac{\pi}{2}} \dfrac{1}{x} dx$

2. 若 $f(x)$ 连续,则 $\lim\limits_{x \to a} \dfrac{x}{x-a} \int_a^x f(t) dt =$ ( )

   A. 0 B. $af(a)$ C. $f(a) - af(a)$ D. $f(a)$

3. $\dfrac{d}{dx} \int_a^b \arctan x \, dx =$ ( )

   A. $\arctan x$ B. $\dfrac{1}{1+x^2}$

   C. $\arctan b - \arctan a$ D. 0

4. 无穷积分 $\int_1^{+\infty} \dfrac{1}{x\sqrt{1+x}} dx$ 的收敛性情况为 ( )

   A. 绝对收敛 B. 条件收敛 C. 发散 D. 无法确定

5. 已知 $F'(x) = f(x)$,则 $\int_a^x f(t+a) dt =$ ( )

   A. $F(x) - F(a)$ B. $F(t) - F(a)$
   C. $F(x+a) - F(2a)$ D. $F(t+a) - F(2a)$

6. $\int_{-1}^1 \dfrac{1}{x^2} dx =$ ( )

   A. -2 B. 2 C. 0 D. 发散

二、填空题

1. $\int_1^e \dfrac{\ln x}{x} dx = $ _____.

2. 过点 $(2,3)$ 且其上任意一点 (x,y) 的斜率为 $2x$ 的曲线方程为 _____.

3. $\int_{-1}^1 \dfrac{2+\sin x}{\sqrt{4-x^2}} dx = $ _____.

4. $\lim\limits_{x\to 0}\dfrac{\int_0^x \arctan t\,dt}{1-\cos 2x} =$ _____.

5. 设 $F(x) = \int_{-x}^{x^2} \tan t\,dt$，则 $F'(x) =$ _____.

6. 极限 $\lim\limits_{n\to\infty}\dfrac{1+2^4+3^4+\cdots+n^4}{n^5} =$ _____.

三、计算与解答题

1. 求定积分 $\int_0^1 \sqrt{(1-x^2)^3}\,dx$.

2. 求 $\int_0^\pi \dfrac{\cos x}{x^2-\pi x+2020}\,dx$.

3. 求 $\int_0^{\ln 2} \sqrt{e^{2x}-1}\,dx$.

4. 求 $\int_{-2}^{2} \min\left\{\dfrac{1}{|x|}, x^2\right\} dx$.

四、证明题

1. 证明不等式：$\int_{x}^{1} \dfrac{\sin t}{t} dt + \ln x < 0, x \in (0,1)$.

2. 设 $f(x)$ 在 $[0,1]$ 上连续，在 $(0,1)$ 内可导，且 $5\int_{0.2}^{1} f(x) dx = 4f(0)$，证明：存在 $c \in (0,1)$，使得 $f'(c) = 0$.

同步检测卷 B

一、单项选择题

1. 下列反常积分发散的是 ( )

   A. $\int_{-1}^{1} \dfrac{1}{x}dx$ B. $\int_{-1}^{1} \dfrac{1}{\sqrt{1-x^2}}dx$ C. $\int_{0}^{+\infty} e^{-x^2}dx$ D. $\int_{2}^{+\infty} \dfrac{dx}{x\ln^2 x}$

2. 定积分 $\int_{0}^{2\pi} \sin^7 x\, dx$ 的值为 ( )

   A. 22   B. 11π C. 0   D. -11π

3. 已知 $f(x), g(x)$ 均为连续函数，下列命题中正确的是 ( )

   A. 在 $[a,b]$ 上若 $f(x), g(x)$ 不相等，则 $\int_a^b f(x)dx \neq \int_a^b g(x)dx$

   B. $\int_a^b f(x)dx \neq \int_a^b f(t)dt$

   C. $\left(\int_a^b f(x)dx\right)' = f(x)$

   D. 若 $f(x), g(x)$ 不相等，则 $\int f(x)dx \neq \int g(x)dx$

4. 函数 $f(x) = \int_{-1}^{-x} t|t|dt$ 为 ( )

   A. 周期函数   B. 奇函数   C. 偶函数   D. 非奇非偶函数

5. $\lim\limits_{x\to +\infty} \sqrt{x} \int_{x}^{x+1} \dfrac{dt}{\sqrt{t+\sin t}} =$ ( )

   A. 1   B. 2   C. 0   D. $+\infty$

二、填空题

1. $\int_{1}^{+\infty} \dfrac{\ln x}{x^2}dx = $ _____.

2. 用定积分表示 $\lim\limits_{n\to\infty}\left(\dfrac{1}{n+1}+\dfrac{1}{n+2}+\cdots+\dfrac{1}{n+n}\right) = \int_0^1$ _____ $dx = \int_9^{10}$ _____ dx.

3. $\int_{-\frac{\pi}{3}}^{\frac{\pi}{2}} \sqrt{1-\cos 2x}\, dx = $ _____.

4. $\int_0^{\frac{\pi}{2}} \dfrac{e^{\sin x}}{e^{\sin x}+e^{\cos x}}dx = $ _____.

5. $\dfrac{d}{dx}\int_0^x t\cos(x^2-t^2)dt = $ _____.

6. 若连续函数 $f(x)$ 满足 $f(x) = \dfrac{\sin x}{1+x^{2020}} - 1 + \cos x \int_{-\frac{\pi}{2}}^{\frac{\pi}{2}} f(t)dt$，则 $f(x) = $ _____.

三、计算与解答题

1. 已知 $f(x)$ 在 $[0,1]$ 上二阶连续可导，$f(0)=1, f(1)=f'(1)$，求积分 $\int_0^1 x f''(x)\,dx$.

2. 已知 $f(x)=\int_1^x \dfrac{\ln(t+1)}{t}\,dt$，求积分 $\int_0^1 f(x)\,dx$.

3. 求 $\int_1^2 \dfrac{\sqrt{x^2-1}}{x^2}\,dx$.

4. 求使得积分 $I(a) = \int_{-1}^{1} |x-a| e^x dx$ 最小的 a 的值.

5. 求极限 $\lim\limits_{n\to\infty} \dfrac{1}{n^4} \prod\limits_{i=1}^{2n} (n^2+i^2)^{\frac{1}{n}}$.

四、证明题

1. 证明不等式:$\dfrac{2}{\sqrt[4]{e}} \leqslant \int_0^2 e^{x^2-x} dx \leqslant 2e^2$.

2. 设 $f(x)$ 在 $[a,b]$ 上连续且单调增加,证明:$\int_a^b x f(x) dx \geqslant \dfrac{a+b}{2} \int_a^b f(x) dx$.

同步检测卷 C

一、填空题

1. 关于函数 $f(x) = \begin{cases} 2x\sin\dfrac{1}{x^2} - \dfrac{2}{x}\cos\dfrac{1}{x^2}, & x \neq 0, \\ 0, & x = 0, \end{cases}$ 下面说法正确的是 _____.

   A. $f(x)$ 在 $[-1,1]$ 上有原函数
   B. $x = 0$ 是 $f(x)$ 的连续点
   C. $f(x)$ 在 $[-1,1]$ 上可积
   D. 由于 $\lim\limits_{x \to 0} f(x) = \infty$,所以 $f(x)$ 在 $(-\infty, +\infty)$ 上不可积

2. 下列反常积分收敛的是 _____.

   A. $\int_0^{+\infty} \dfrac{1}{x^2 + \sqrt{x}} dx$
   B. $\int_0^{+\infty} \dfrac{1}{x + \sqrt{x}} dx$
   C. $\int_0^{+\infty} \dfrac{1}{\sqrt{x}(1+x)} dx$
   D. $\int_0^{+\infty} \dfrac{1}{x(1+\sqrt{x})} dx$

3. $\int_{-\frac{\pi}{4}}^{\frac{\pi}{4}} \dfrac{dx}{1 + \sin x} = $ _____.

4. $\int_0^2 x^2 \sqrt{2x - x^2}\, dx = $ _____.

5. 设函数 $f(x)$ 在 $[0,\pi]$ 上二阶连续可导,$f(0) = 1$,满足 $\int_0^{\pi} (f(x) + f''(x)) \sin x\, dx = 0$,则 $f(\pi) = $ _____.

6. 设连续非负函数 $f(x)$ 对任意 x 满足 $f(x) f(-x) = 1$,则 $\int_{-\frac{\pi}{2}}^{\frac{\pi}{2}} \dfrac{\cos x}{1 + f(x)} dx = $ _____.

二、计算与解答题

1. 讨论 p 的取值,判断 $\int_0^{+\infty} \dfrac{\ln(1+x)}{x^p} dx$ 的收敛性.

2. 求积分 $I = \int_0^\pi \dfrac{x\sin^2 x}{1+\cos^2 x}\mathrm{d}x.$

3. 设 p,q 为正整数,求积分 $I_{p,q} = \int_0^1 (1-x)^p x^q \mathrm{d}x.$

4. 设 $F(x)$ 是 $f(x)$ 的一个原函数,且 $F(0)=1, F(x)f(x)=\cos 2x$,求 $\int_0^\pi |f(x)|\,dx$.

三、证明题

1. 设 $f(x)$ 在 $[0,1]$ 上具有二阶连续导数,且 $f(0)=f(1)=0, f(x)$ 不恒等于零,证明:
$\int_0^1 |f''(x)|\,dx \geqslant 4 \max\limits_{0\leqslant x\leqslant 1} |f(x)|$.

2. 设 $f(x)$ 在 $[0,1]$ 上二阶连续可导,$f''(x) \leqslant 0$,n 为正整数,证明:
$$\int_0^1 f(x^n)\mathrm{d}x \leqslant f\left(\frac{1}{n+1}\right).$$

3. 设 $f(x)$ 在 $[a,b]$ 上二阶连续可导,$f'(a) = f'(b)$,证明:存在 $\xi \in (a,b)$,有
   (1) $\int_a^b f(t)\mathrm{d}t = \frac{1}{2}[f(a)+f(b)](b-a) + \frac{1}{6}f''(\xi)(b-a)^3$;
   (2) $\int_a^b f(t)\mathrm{d}t = \frac{1}{2}[f(a)+f(b)](b-a) + \frac{1}{24}f''(\xi)(b-a)^3$.

参考答案

同步检测卷 A

一、单项选择题

1. 解答：令 $t = \arccos x$，当 $x=0$ 时 $t = \dfrac{\pi}{2}$，当 $x=1$ 时 $t=0$，同时 $x = \cos t$，$\mathrm{d}x = -\sin t\,\mathrm{d}t$，则

$$\int_0^1 \frac{\mathrm{d}x}{\arccos x} = \int_{\frac{\pi}{2}}^0 \frac{-\sin t}{t}\mathrm{d}t = \int_{\frac{\pi}{2}}^0 \frac{-\sin x}{x}\mathrm{d}x = \int_0^{\frac{\pi}{2}} \frac{\sin x}{x}\mathrm{d}x,$$

因此答案为 C.

2. 解答：由于 $f(x)$ 连续，则 $\left(\int_a^x f(t)\mathrm{d}t\right)' = f(x)$，由洛必达法则，有

$$\lim_{x \to a}\frac{x}{x-a}\int_a^x f(t)\mathrm{d}t = \lim_{x \to a} x \cdot \lim_{x \to a}\frac{\int_a^x f(t)\mathrm{d}t}{x-a} = a\lim_{x \to a}\frac{f(x)}{1} = af(a),$$

因此答案为 B.

3. 解答：由于定积分 $\int_a^b \arctan x\,\mathrm{d}x$ 为常数，因此 $\dfrac{\mathrm{d}}{\mathrm{d}x}\int_a^b \arctan x\,\mathrm{d}x = 0$，答案为 D.

4. 解答：由于无穷积分 $\int_1^{+\infty} \dfrac{1}{x^{\frac{3}{2}}}\mathrm{d}x$ 绝对收敛，同时

$$\lim_{x \to +\infty}\frac{(x\sqrt{1+x})^{-1}}{(x^{\frac{3}{2}})^{-1}} = \lim_{x \to +\infty}\frac{\sqrt{x}}{\sqrt{1+x}} = 1,$$

根据比较判别法，原积分也绝对收敛，答案为 A.

5. 解答：由于 $F'(x) = f(x)$，则 $F'(x+a) = f(x+a)$，故

$$\int_a^x f(t+a)\mathrm{d}t = \int_a^x \mathrm{d}F(t+a) = F(t+a)\bigg|_a^x = F(x+a) - F(2a),$$

因此答案为 C.

6. 解答：$\int_{-1}^1 \dfrac{1}{x^2}\mathrm{d}x = \int_{-1}^0 \dfrac{1}{x^2}\mathrm{d}x + \int_0^1 \dfrac{1}{x^2}\mathrm{d}x$，其中

$$\int_{-1}^0 \frac{1}{x^2}\mathrm{d}x = -\frac{1}{x}\bigg|_{-1}^0 = \infty, \quad \int_0^1 \frac{1}{x^2}\mathrm{d}x = -\frac{1}{x}\bigg|_0^1 = \infty,$$

都是发散的瑕积分，因此答案为 D.

二、填空题

1. 解答：$\int_1^e \dfrac{\ln x}{x}\mathrm{d}x = \int_1^e \ln x\,\mathrm{d}(\ln x) = \dfrac{1}{2}\ln^2 x\bigg|_1^e = \dfrac{1}{2}.$

2. 解答：设曲线方程为 $f(x)$，则 $f'(x) = 2x$，因此

$$f(x) = \int 2x\,\mathrm{d}x = x^2 + C.$$

由于曲线过点 $(2,3)$，因此 $f(2) = 3$，可得 $2^2 + C = 3$，即 $C = -1$，故曲线方程为

$$f(x) = x^2 - 1.$$

3. 解答：注意到

$$\frac{2+\sin x}{\sqrt{4-x^2}} = \frac{2}{\sqrt{4-x^2}} + \frac{\sin x}{\sqrt{4-x^2}},$$

其中 $\frac{2}{\sqrt{4-x^2}}$ 为 $[-1,1]$ 上的偶函数，$\frac{\sin x}{\sqrt{4-x^2}}$ 为 $[-1,1]$ 上的奇函数. 因此

$$\int_{-1}^{1}\frac{2+\sin x}{\sqrt{4-x^2}}\mathrm{d}x = 2\int_{0}^{1}\frac{2}{\sqrt{4-x^2}}\mathrm{d}x = 4\arcsin\frac{x}{2}\bigg|_{0}^{1} = 4 \cdot \frac{\pi}{6} = \frac{2\pi}{3}.$$

4. 解答: 根据洛必达法则,有

$$\lim_{x \to 0}\frac{\int_{0}^{x}\arctan t\,\mathrm{d}t}{1-\cos 2x} = \lim_{x \to 0}\frac{\arctan x}{2\sin 2x} = \lim_{x \to 0}\frac{x}{4x} = \frac{1}{4}.$$

5. 解答: 根据变限积分求导公式,可得

$$F'(x) = \left(\int_{-x}^{x^2}\tan t\,\mathrm{d}t\right)' = (x^2)' \cdot \tan x^2 - (-x)' \cdot \tan(-x) = 2x\tan x^2 - \tan x.$$

6. 解答: 根据定积分的定义,可知 $\int_{0}^{1}x^4\mathrm{d}x = \lim_{n \to \infty}\frac{1}{n}\sum_{i=1}^{n}\left(\frac{i}{n}\right)^4$,因此

$$\lim_{n \to \infty}\frac{1+2^4+3^4+\cdots+n^4}{n^5} = \lim_{n \to \infty}\frac{1}{n}\sum_{i=1}^{n}\left(\frac{i}{n}\right)^4 = \int_{0}^{1}x^4\mathrm{d}x = \frac{1}{5}.$$

三、计算与解答题

1. 解答: 令 $x = \sin t$,当 $x=0$ 时 $t=0$,当 $x=1$ 时 $t=\frac{\pi}{2}$,同时 $\mathrm{d}x = \cos t\,\mathrm{d}t$,则

$$\int_{0}^{1}\sqrt{(1-x^2)^3}\mathrm{d}x = \int_{0}^{\frac{\pi}{2}}\sqrt{\cos^6 t} \cdot \cos t\,\mathrm{d}t = \int_{0}^{\frac{\pi}{2}}\cos^4 t\,\mathrm{d}t.$$

根据沃利斯(Wallis)公式：

$$I_n = \int_{0}^{\frac{\pi}{2}}\sin^n x\,\mathrm{d}x = \int_{0}^{\frac{\pi}{2}}\cos^n x\,\mathrm{d}x$$

$$= \begin{cases} \frac{n-1}{n} \cdot \frac{n-3}{n-2} \cdots \frac{1}{2} \cdot \frac{\pi}{2} = \frac{(n-1)!!}{n!!} \cdot \frac{\pi}{2}, & n=2,4,6,\cdots, \\ \frac{n-1}{n} \cdot \frac{n-3}{n-2} \cdots \frac{2}{3} = \frac{(n-1)!!}{n!!}, & n=3,5,7,\cdots, \end{cases}$$

可得

$$\int_{0}^{1}\sqrt{(1-x^2)^3}\mathrm{d}x = I_4 = \frac{3 \cdot 1}{4 \cdot 2} \cdot \frac{\pi}{2} = \frac{3\pi}{16}.$$

2. 解答: 令 $t = x - \frac{\pi}{2}$,当 $x=0$ 时 $t=-\frac{\pi}{2}$,当 $x=\pi$ 时 $t=\frac{\pi}{2}$,同时 $\mathrm{d}x = \mathrm{d}t$,则

$$\int_{0}^{\pi}\frac{\cos x}{x^2-\pi x+2020}\mathrm{d}x = \int_{-\frac{\pi}{2}}^{\frac{\pi}{2}}\frac{\cos\left(t+\frac{\pi}{2}\right)}{t^2+2020-\frac{\pi^2}{4}}\mathrm{d}t = -\int_{-\frac{\pi}{2}}^{\frac{\pi}{2}}\frac{\sin t}{t^2+2020-\frac{\pi^2}{4}}\mathrm{d}t.$$

注意到 $\frac{\sin t}{t^2+2020-\frac{\pi^2}{4}}$ 为 $\left[-\frac{\pi}{2},\frac{\pi}{2}\right]$ 上的奇函数,故

$$\int_{0}^{\pi}\frac{\cos x}{x^2-\pi x+2020}\mathrm{d}x = 0.$$

3. 解答: 令 $t = \sqrt{\mathrm{e}^{2x}-1}$,当 $x=0$ 时 $t=0$,当 $x=\ln 2$ 时 $t=\sqrt{3}$,同时

$$x = \frac{1}{2}\ln(t^2+1), \quad \mathrm{d}x = \frac{t}{t^2+1}\mathrm{d}t,$$

则

$$\int_0^{\ln 2}\sqrt{\mathrm{e}^{2x}-1}\,\mathrm{d}x=\int_0^{\sqrt{3}}t\cdot\frac{t}{t^2+1}\mathrm{d}t=\int_0^{\sqrt{3}}\left(1-\frac{1}{t^2+1}\right)\mathrm{d}t=(t-\arctan t)\Big|_0^{\sqrt{3}}=\sqrt{3}-\frac{\pi}{3}.$$

4. 解答: 首先,由于 $\min\left\{\frac{1}{|x|},x^2\right\}$ 是偶函数,故

$$\int_{-2}^{2}\min\left\{\frac{1}{|x|},x^2\right\}\mathrm{d}x=2\int_{0}^{2}\min\left\{\frac{1}{|x|},x^2\right\}\mathrm{d}x.$$

又由于 $\min\left\{\frac{1}{|x|},x^2\right\}=\begin{cases}x^2,&0\leqslant x\leqslant 1,\\ \frac{1}{x},&1<x\leqslant 2,\end{cases}$ 可得

$$\int_{-2}^{2}\min\left\{\frac{1}{|x|},x^2\right\}\mathrm{d}x=2\int_{0}^{1}x^2\mathrm{d}x+2\int_{1}^{2}\frac{1}{x}\mathrm{d}x=\frac{2}{3}+2\ln 2.$$

四、证明题

1. 解答: 令 $f(x)=\int_x^1\frac{\sin t}{t}\mathrm{d}t+\ln x$,则 $f(1)=0$. 由于

$$f'(x)=-\frac{\sin x}{x}+\frac{1}{x}=\frac{1-\sin x}{x}>0,\quad x\in(0,1),$$

可知 $f(x)$ 在 $(0,1)$ 上严格单调增加,因此

$$f(x)=\int_x^1\frac{\sin t}{t}\mathrm{d}t+\ln x<f(1)=0,\quad x\in(0,1).$$

2. 解答: 由于函数 $f(x)$ 在 $[0,1]$ 上连续,根据积分中值定理,存在 $\xi\in[0.2,1]$,使得

$$\int_{0.2}^{1}f(x)\mathrm{d}x=(1-0.2)f(\xi),$$

则

$$5\int_{0.2}^{1}f(x)\mathrm{d}x=5\cdot(1-0.2)f(\xi)=4f(\xi)=4f(0),$$

即 $f(\xi)=f(0)$. 再根据罗尔定理,存在 $c\in(0,\xi)\subset(0,1)$,使得 $f'(c)=0$.

同步检测卷 B

一、单项选择题

1. 解答: 对于 A,由于 $\int_{-1}^{1}\frac{1}{x}\mathrm{d}x=\int_{-1}^{0}\frac{1}{x}\mathrm{d}x+\int_{0}^{1}\frac{1}{x}\mathrm{d}x$,其中 $\int_{-1}^{0}\frac{1}{x}\mathrm{d}x$ 和 $\int_{0}^{1}\frac{1}{x}\mathrm{d}x$ 均为发散的瑕积分,故反常积分 $\int_{-1}^{1}\frac{1}{x}\mathrm{d}x$ 发散;

对于 B,由于

$$\int_{-1}^{1}\frac{1}{\sqrt{1-x^2}}\mathrm{d}x=\int_{-1}^{0}\frac{1}{\sqrt{1-x^2}}\mathrm{d}x+\int_{0}^{1}\frac{1}{\sqrt{1-x^2}}\mathrm{d}x=\arcsin x\Big|_{-1^+}^{0}+\arcsin x\Big|_{0}^{1^-}=\pi,$$

故反常积分 $\int_{-1}^{1}\frac{1}{\sqrt{1-x^2}}\mathrm{d}x$ 收敛;

对于 C,由于

$$\lim_{x\to+\infty}\frac{\mathrm{e}^{-x^2}}{(1+x^2)^{-1}}=\lim_{x\to+\infty}\frac{1+x^2}{\mathrm{e}^{x^2}}=\lim_{x\to+\infty}\frac{2x}{2x\mathrm{e}^{x^2}}=0,$$

同时 $\int_{0}^{+\infty}\frac{1}{1+x^2}\mathrm{d}x$ 收敛,故反常积分 $\int_{0}^{+\infty}\mathrm{e}^{-x^2}\mathrm{d}x$ 收敛;

对于 D,由 $\int_{2}^{+\infty}\frac{\mathrm{d}x}{x\ln^2 x}=-\frac{1}{\ln x}\Big|_{2}^{+\infty}=\frac{1}{\ln 2}$,故反常积分 $\int_{2}^{+\infty}\frac{\mathrm{d}x}{x\ln^2 x}$ 收敛.

综上可知答案为 A.

2. 解答: 令 $t = 2\pi - x$,设 $I = \int_0^{2\pi} \sin^7 x \mathrm{d}x$,则

$$I = \int_0^{2\pi} \sin^7 x \mathrm{d}x = \int_{2\pi}^0 \sin^7(2\pi - t) \mathrm{d}(2\pi - t) = -\int_0^{2\pi} \sin^7 t \mathrm{d}t = -I,$$

故 $I = \int_0^{2\pi} \sin^7 x \mathrm{d}x = 0$,因此答案为 C.

3. 解答: 对于 A,若 $f(x) = x, g(x) = 1 - x$,两个函数在 $[0,1]$ 上不相等,但是

$$\int_0^1 f(x) \mathrm{d}x = \int_0^1 x \mathrm{d}x = \int_0^1 g(x) \mathrm{d}x = \int_0^1 (1-x) \mathrm{d}x = \frac{1}{2};$$

对于 B,由于定积分与积分变量的符号无关,因此 $\int_a^b f(x) \mathrm{d}x = \int_a^b f(t) \mathrm{d}t$;

对于 C,$\int_a^b f(x) \mathrm{d}x$ 为一个常数,其导数为零,也不正确;

对于 D,若 $\int f(x) \mathrm{d}x = \int g(x) \mathrm{d}x$,则两边求导可得 $f(x) = g(x)$,因此 $f(x), g(x)$ 不相等时必有

$$\int f(x) \mathrm{d}x \neq \int g(x) \mathrm{d}x.$$

综上可知答案为 D.

4. 解答: 由于

$$f(-x) - f(x) = \int_{-1}^{x} t|t| \mathrm{d}t - \int_{-1}^{-x} t|t| \mathrm{d}t = \int_{-x}^{x} t|t| \mathrm{d}t,$$

注意到函数 $t|t|$ 为 $(-\infty, +\infty)$ 上的奇函数,可得 $\int_{-x}^{x} t|t| \mathrm{d}t = 0$,故 $f(-x) - f(x) = 0$,因此 $f(x)$ 为偶函数,答案为 C.

5. 解答: 由积分中值定理,存在 $\xi \in [x, x+1]$,使得

$$\int_x^{x+1} \frac{\mathrm{d}t}{\sqrt{t + \sin t}} = \frac{1}{\sqrt{\xi + \sin \xi}}.$$

根据 $\xi \in [x, x+1]$ 以及 $\sin \xi \in [-1, 1]$,可得

$$\frac{\sqrt{x}}{\sqrt{x+2}} \leqslant \sqrt{x} \int_x^{x+1} \frac{\mathrm{d}t}{\sqrt{t + \sin t}} = \frac{\sqrt{x}}{\sqrt{\xi + \sin \xi}} \leqslant \frac{\sqrt{x}}{\sqrt{x-1}} \quad (x > 1).$$

由于 $\lim_{x \to +\infty} \frac{\sqrt{x}}{\sqrt{x+2}} = \lim_{x \to +\infty} \frac{\sqrt{x}}{\sqrt{x-1}} = 1$,故 $\lim_{x \to +\infty} \sqrt{x} \int_x^{x+1} \frac{\mathrm{d}t}{\sqrt{t + \sin t}} = 1$,答案为 A.

二、填空题

1. 解答: $\int_1^{+\infty} \frac{\ln x}{x^2} \mathrm{d}x = -\int_1^{+\infty} \ln x \mathrm{d} \frac{1}{x} = -\frac{1}{x} \ln x \Big|_1^{+\infty} + \int_1^{+\infty} \frac{1}{x^2} \mathrm{d}x = 1.$

2. 解答: 根据定积分的定义以及定积分的换元公式,

$$\lim_{n \to \infty} \left(\frac{1}{n+1} + \frac{1}{n+2} + \cdots + \frac{1}{n+n} \right) = \lim_{n \to \infty} \frac{1}{n} \cdot \left(\frac{1}{1 + \frac{1}{n}} + \frac{1}{1 + \frac{2}{n}} + \cdots + \frac{1}{1 + \frac{n}{n}} \right)$$

$$= \int_0^1 \frac{1}{1+x} \mathrm{d}x = \int_9^{10} \frac{1}{x-8} \mathrm{d}x.$$

3. 解答: 由于

$$\sqrt{1 - \cos 2x} = \sqrt{2 \sin^2 x} = \sqrt{2} |\sin x| = \begin{cases} -\sqrt{2} \sin x, & -\frac{\pi}{3} \leqslant x \leqslant 0, \\ \sqrt{2} \sin x, & 0 \leqslant x \leqslant \frac{\pi}{2}, \end{cases}$$

因此 $\int_{-\frac{\pi}{3}}^{\frac{\pi}{2}} \sqrt{1-\cos 2x}\,dx = -\sqrt{2}\int_{-\frac{\pi}{3}}^{0}\sin x\,dx + \sqrt{2}\int_{0}^{\frac{\pi}{2}}\sin x\,dx = \frac{3}{2}\sqrt{2}.$

4. 解答: 设 $I = \int_{0}^{\frac{\pi}{2}} \frac{e^{\sin x}}{e^{\sin x}+e^{\cos x}}\,dx$,令 $t = \frac{\pi}{2}-x$,则

$$I = \int_{\frac{\pi}{2}}^{0}\frac{e^{\cos t}}{e^{\cos t}+e^{\sin t}}d\left(\frac{\pi}{2}-t\right) = \int_{0}^{\frac{\pi}{2}}\frac{e^{\cos t}}{e^{\cos t}+e^{\sin t}}dt = \int_{0}^{\frac{\pi}{2}}\frac{e^{\cos x}}{e^{\cos x}+e^{\sin x}}dx,$$

于是

$$2I = \int_{0}^{\frac{\pi}{2}}\frac{e^{\sin x}}{e^{\sin x}+e^{\cos x}}dx + \int_{0}^{\frac{\pi}{2}}\frac{e^{\cos x}}{e^{\cos x}+e^{\sin x}}dx = \int_{0}^{\frac{\pi}{2}}\frac{e^{\sin x}+e^{\cos x}}{e^{\sin x}+e^{\cos x}}dx = \frac{\pi}{2},$$

因此 $I = \int_{0}^{\frac{\pi}{2}}\frac{e^{\sin x}}{e^{\sin x}+e^{\cos x}}dx = \frac{\pi}{4}.$

5. 解答: 令 $u = x^2 - t^2$,则 $t=0$ 时 $u = x^2$,$t = x$ 时 $u = 0$,并且 $du = -2t\,dt$,于是

$$\int_{0}^{x} t\cos(x^2-t^2)\,dt = -\frac{1}{2}\int_{x^2}^{0}\cos u\,du = \frac{1}{2}\int_{0}^{x^2}\cos u\,du,$$

因此

$$\frac{d}{dx}\int_{0}^{x}t\cos(x^2-t^2)\,dt = \frac{1}{2}\frac{d}{dx}\int_{0}^{x^2}\cos u\,du = \frac{1}{2}(x^2)'\cos x^2 = x\cos x^2.$$

6. 解答: 设 $I = \int_{-\frac{\pi}{2}}^{\frac{\pi}{2}}f(x)\,dx$,题设等式两边同时在 $\left[-\frac{\pi}{2}, \frac{\pi}{2}\right]$ 上积分可得

$$I = \int_{-\frac{\pi}{2}}^{\frac{\pi}{2}}f(x)\,dx = \int_{-\frac{\pi}{2}}^{\frac{\pi}{2}}\frac{\sin x}{1+x^{2020}}\,dx - \int_{-\frac{\pi}{2}}^{\frac{\pi}{2}}dx + \int_{-\frac{\pi}{2}}^{\frac{\pi}{2}}\cos x\,dx \cdot \int_{-\frac{\pi}{2}}^{\frac{\pi}{2}}f(t)\,dt.$$

由于 $\frac{\sin x}{1+x^{2020}}$ 是 $\left[-\frac{\pi}{2},\frac{\pi}{2}\right]$ 上的奇函数,故 $\int_{-\frac{\pi}{2}}^{\frac{\pi}{2}}\frac{\sin x}{1+x^{2020}}\,dx = 0$,积分后上式化为

$$I = 0 - \pi + 2\cdot\int_{-\frac{\pi}{2}}^{\frac{\pi}{2}}f(t)\,dt = 0 - \pi + 2I,$$

可得 $I = \pi$,从而 $f(x) = \frac{\sin x}{1+x^{2020}} - 1 + \pi\cos x.$

三、计算与解答题

1. 解答: 根据分部积分公式及牛顿-莱布尼茨公式,可得

$$\int_{0}^{1}xf''(x)\,dx = \int_{0}^{1}x\,df'(x) = xf'(x)\Big|_{0}^{1} - \int_{0}^{1}f'(x)\,dx = f'(1) - (f(1)-f(0))$$
$$= f'(1) - f(1) + f(0) = 1.$$

2. 解答: 由已知,$f(1) = 0$,$f'(x) = \frac{\ln(x+1)}{x}$,根据分部积分公式,可得

$$\int_{0}^{1}f(x)\,dx = xf(x)\Big|_{0}^{1} - \int_{0}^{1}xf'(x)\,dx = f(1) - \int_{0}^{1}\ln(x+1)\,dx$$
$$= -\int_{0}^{1}\ln(x+1)\,d(x+1) = -(x+1)\ln(x+1)\Big|_{0}^{1} + \int_{0}^{1}dx = 1 - 2\ln 2.$$

3. 解答: 令 $x = \sec t$,当 $x = 1$ 时 $t = 0$,当 $x = 2$ 时 $t = \frac{\pi}{3}$,同时 $dx = \sec t\tan t\,dt$,则

$$\int_{1}^{2}\frac{\sqrt{x^2-1}}{x^2}\,dx = \int_{0}^{\frac{\pi}{3}}\frac{\tan t}{\sec^2 t}\sec t\tan t\,dt = \int_{0}^{\frac{\pi}{3}}\frac{\sin^2 t}{\cos t}\,dt.$$

再令 $u = \sin t$,当 $t = 0$ 时 $u = 0$,当 $t = \frac{\pi}{3}$ 时 $u = \frac{\sqrt{3}}{2}$,则

$$\int_1^2 \frac{\sqrt{x^2-1}}{x^2}\mathrm{d}x = \int_0^{\frac{\pi}{3}} \frac{\sin^2 t}{\cos^2 t}\mathrm{d}\sin t = \int_0^{\frac{\sqrt{3}}{2}} \frac{u^2}{1-u^2}\mathrm{d}u = \int_0^{\frac{\sqrt{3}}{2}} \left(\frac{1}{1-u^2}-1\right)\mathrm{d}u$$

$$= \left(\frac{1}{2}\ln\frac{1+u}{1-u} - u\right)\Big|_0^{\frac{\sqrt{3}}{2}} = \ln(2+\sqrt{3}) - \frac{\sqrt{3}}{2}.$$

4. 解答: 当 $a \leqslant -1$ 时,

$$I(a) = \int_{-1}^1 (x-a)\mathrm{e}^x\mathrm{d}x = (x-a-1)\mathrm{e}^x\Big|_{-1}^1 = -(\mathrm{e}-\mathrm{e}^{-1})a + 2\mathrm{e}^{-1},$$

此时 $I(a)$ 单调减少, 在 $(-\infty, -1]$ 上的最小值为 $I(-1) = \mathrm{e} + \mathrm{e}^{-1}$;

当 $a \geqslant 1$ 时,

$$I(a) = \int_{-1}^1 (a-x)\mathrm{e}^x\mathrm{d}x = (a+1-x)\mathrm{e}^x\Big|_{-1}^1 = (\mathrm{e}-\mathrm{e}^{-1})a - 2\mathrm{e}^{-1},$$

此时 $I(a)$ 单调增加, 在 $[1, +\infty)$ 上的最小值为 $I(1) = \mathrm{e} - 3\mathrm{e}^{-1}$;

当 $-1 < a < 1$ 时,

$$I(a) = \int_{-1}^a (a-x)\mathrm{e}^x\mathrm{d}x + \int_a^1 (x-a)\mathrm{e}^x\mathrm{d}x = (a+1-x)\mathrm{e}^x\Big|_{-1}^a + (x-a-1)\mathrm{e}^x\Big|_a^1$$

$$= 2\mathrm{e}^a - (\mathrm{e}+\mathrm{e}^{-1})a - 2\mathrm{e}^{-1},$$

由于 $I'(a) = 2\mathrm{e}^a - (\mathrm{e}+\mathrm{e}^{-1}) = 0$ 时, $a = \ln\frac{\mathrm{e}+\mathrm{e}^{-1}}{2}$, 同时 $I''(a) = 2\mathrm{e}^a > 0$, 故在 $[-1,1]$ 上的最小值为

$$I\left(\ln\frac{\mathrm{e}+\mathrm{e}^{-1}}{2}\right) = (\mathrm{e}-\mathrm{e}^{-1}) - (\mathrm{e}+\mathrm{e}^{-1})\ln\frac{\mathrm{e}+\mathrm{e}^{-1}}{2}.$$

综上, 使得积分 $I(a) = \int_{-1}^1 |x-a|\mathrm{e}^x\mathrm{d}x$ 最小的 a 的值为 $\ln\frac{\mathrm{e}+\mathrm{e}^{-1}}{2}$.

5. 解答: 通过取对数将积式化为和式, 可得

$$\ln\left(\frac{1}{n^4}\prod_{i=1}^{2n}(n^2+i^2)^{\frac{1}{n}}\right) = \sum_{i=1}^{2n}\frac{1}{n}\ln(n^2+i^2) - 4\ln n$$

$$= \sum_{i=1}^{2n}\frac{1}{n}\ln\left(1+\left(\frac{i}{n}\right)^2\right) + \sum_{i=1}^{2n}\frac{1}{n}\ln(n^2) - 4\ln n = \sum_{i=1}^{2n}\frac{1}{n}\ln\left(1+\left(\frac{i}{n}\right)^2\right).$$

注意和式 $\sum_{i=1}^{2n}\frac{1}{n}\ln\left(1+\left(\frac{i}{n}\right)^2\right)$ 对应了 $a=0, b=2, f(x)=\ln(1+x^2)$ 的积分和, 故

$$\lim_{n\to\infty}\sum_{i=1}^{2n}\frac{1}{n}\ln\left(1+\left(\frac{i}{n}\right)^2\right) = \int_0^2 \ln(1+x^2)\mathrm{d}x = x\ln(1+x^2)\Big|_0^2 - 2\int_0^2\frac{x^2}{1+x^2}\mathrm{d}x$$

$$= 2\ln 5 - 2(x-\arctan x)\Big|_0^2 = 2(\ln 5 - 2 + \arctan 2),$$

因此

$$\lim_{n\to\infty}\frac{1}{n^4}\prod_{i=1}^{2n}(n^2+i^2)^{\frac{1}{n}} = \exp\left(\int_0^2 \ln(1+x^2)\mathrm{d}x\right) = \exp(2(\ln 5 - 2 + \arctan 2)).$$

四、证明题

1. 解答: 令 $f(x) = \mathrm{e}^{x^2-x}$, 则 $f'(x) = (2x-1)\mathrm{e}^{x^2-x}$. 令 $f'(x) = 0$ 得 $x = \frac{1}{2}$.

为了求 $f(x)$ 在区间 $[0,2]$ 上的最大值和最小值, 计算函数值:

$$f(0) = 1, \quad f\left(\frac{1}{2}\right) = \frac{1}{\sqrt[4]{\mathrm{e}}}, \quad f(2) = \mathrm{e}^2,$$

故 $\min_{x\in[0,2]}f(x) = f\left(\frac{1}{2}\right) = \frac{1}{\sqrt[4]{\mathrm{e}}}$, $\max_{x\in[0,2]}f(x) = f(2) = \mathrm{e}^2$, 因此

$$\frac{2}{\sqrt[4]{e}} \leqslant \int_0^2 e^{x^2-x} dx \leqslant 2e^2.$$

2. 解答:（方法 1）设 $F(x) = 2\int_a^x tf(t)dt - (a+x)\int_a^x f(t)dt$，则 $F(a) = 0$. 对 $F(x)$ 求导可得

$$F'(x) = 2xf(x) - \int_a^x f(t)dt - (a+x)f(x) = (x-a)f(x) - \int_a^x f(t)dt,$$

根据积分中值定理，存在 $\xi \in (a, x)$ 使得

$$F'(x) = (x-a)f(x) - \int_a^x f(t)dt = (x-a)(f(x) - f(\xi)).$$

由于 $f(x)$ 在 $[a, b]$ 上单调增加，故 $f(x) - f(\xi) \geqslant 0$，因此 $F'(x) \geqslant 0$，从而 $F(x)$ 在 $[a, b]$ 上单调增加，于是

$$F(b) = 2\int_a^b xf(x)dx - (a+b)\int_a^b f(x)dx \geqslant F(a) = 0,$$

即

$$\int_a^b xf(x)dx \geqslant \frac{a+b}{2}\int_a^b f(x)dx.$$

（方法 2）首先，

$$\int_a^b xf(x)dx - \frac{a+b}{2}\int_a^b f(x)dx = \int_a^{\frac{a+b}{2}}\left(x - \frac{a+b}{2}\right)f(x)dx + \int_{\frac{a+b}{2}}^b \left(x - \frac{a+b}{2}\right)f(x)dx.$$

对 $\int_a^{\frac{a+b}{2}}\left(x - \frac{a+b}{2}\right)f(x)dx$ 使用积分中值定理 $\left(x - \frac{a+b}{2} \text{ 不变号且 } f(x) \text{ 连续}\right)$，存在 $\xi_1 \in \left[a, \frac{a+b}{2}\right]$ 使得

$$\int_a^{\frac{a+b}{2}}\left(x - \frac{a+b}{2}\right)f(x)dx = f(\xi_1)\int_a^{\frac{a+b}{2}}\left(x - \frac{a+b}{2}\right)dx = -\frac{(b-a)^2}{8}f(\xi_1);$$

同理，存在 $\xi_2 \in \left[\frac{a+b}{2}, b\right]$ 使得

$$\int_{\frac{a+b}{2}}^b \left(x - \frac{a+b}{2}\right)f(x)dx = f(\xi_2)\int_{\frac{a+b}{2}}^b \left(x - \frac{a+b}{2}\right)dx = \frac{(b-a)^2}{8}f(\xi_2).$$

由于 $\xi_1 \leqslant \xi_2$，根据 $f(x)$ 在 $[a, b]$ 上单调增加可知 $f(\xi_1) \leqslant f(\xi_2)$，于是

$$\int_a^b xf(x)dx - \frac{a+b}{2}\int_a^b f(x)dx = \frac{(b-a)^2}{8}(f(\xi_2) - f(\xi_1)) \geqslant 0.$$

同步检测卷 C

一、填空题

1. 解答: 若取 $x_n = \frac{1}{\sqrt{2n\pi}}$，则 $\lim\limits_{n\to\infty} x_n = 0$，同时

$$f(x_n) = \frac{2}{\sqrt{2n\pi}}\sin(2n\pi) - 2\sqrt{2n\pi}\cos(2n\pi) = -2\sqrt{2n\pi} \to \infty \quad (n \to \infty),$$

说明 $f(x)$ 在 $[-1, 1]$ 上无界且 $\lim\limits_{x\to 0} f(x)$ 不存在，因此 $f(x)$ 在 $x = 0$ 处不连续，且在 $[-1, 1]$ 上不可积；

若取 $x_n = \frac{1}{\sqrt{2n\pi + \frac{\pi}{2}}}$，则 $f(x_n) = \frac{2}{\sqrt{2n\pi + \frac{\pi}{2}}} \to 0 (n \to \infty)$，因此 $\lim\limits_{x\to 0} f(x) = \infty$ 不成立.

由上说明 B, C, D 不正确，答案为 A，$f(x)$ 在 $[-1, 1]$ 上的原函数为

$$F(x) = \begin{cases} x^2 \sin\dfrac{1}{x^2}, & x \neq 0 \\ 0, & x = 0. \end{cases}$$

2. 解答: 这四个反常积分既是瑕积分（以 0 为瑕点），也是无穷积分，只有二者均收敛，反常积分才收敛.

对于 A,由于
$$\lim_{x\to 0^+}\frac{1}{x^2+\sqrt{x}}\bigg/\frac{1}{\sqrt{x}}=\lim_{x\to 0^+}\frac{\sqrt{x}}{x^2+\sqrt{x}}=1,\quad \lim_{x\to +\infty}\frac{1}{x^2+\sqrt{x}}\bigg/\frac{1}{x^2}=\lim_{x\to +\infty}\frac{x^2}{x^2+\sqrt{x}}=1,$$
以及瑕积分 $\int_0^1\frac{1}{\sqrt{x}}\mathrm{d}x$ 和无穷积分 $\int_1^{+\infty}\frac{1}{x^2}\mathrm{d}x$ 都收敛,因此 $\int_0^{+\infty}\frac{1}{x^2+\sqrt{x}}\mathrm{d}x$ 收敛;

对于 B,由于 $\lim_{x\to +\infty}\frac{1}{x+\sqrt{x}}\bigg/\frac{1}{x}=\lim_{x\to +\infty}\frac{x}{x+\sqrt{x}}=1$,以及无穷积分 $\int_1^{+\infty}\frac{1}{x}\mathrm{d}x$ 发散,故 $\int_0^{+\infty}\frac{1}{x+\sqrt{x}}\mathrm{d}x$ 发散;

对于 C,由于
$$\lim_{x\to 0^+}\frac{1}{\sqrt{x}(1+x)}\bigg/\frac{1}{\sqrt{x}}=\lim_{x\to 0^+}\frac{\sqrt{x}}{\sqrt{x}(1+x)}=1,\quad \lim_{x\to +\infty}\frac{1}{\sqrt{x}(1+x)}\bigg/\frac{1}{\sqrt{x^3}}=\lim_{x\to +\infty}\frac{\sqrt{x^3}}{\sqrt{x}(1+x)}=1,$$
以及瑕积分 $\int_0^1\frac{1}{\sqrt{x}}\mathrm{d}x$ 和无穷积分 $\int_1^{+\infty}\frac{1}{\sqrt{x^3}}\mathrm{d}x$ 都收敛,因此 $\int_0^{+\infty}\frac{1}{\sqrt{x}(1+x)}\mathrm{d}x$ 收敛;

对于 D,由于
$$\lim_{x\to 0^+}\frac{1}{x(1+\sqrt{x})}\bigg/\frac{1}{x}=\lim_{x\to 0^+}\frac{x}{x(1+\sqrt{x})}=1,$$
以及瑕积分 $\int_0^1\frac{1}{x}\mathrm{d}x$ 发散,因此 $\int_0^{+\infty}\frac{1}{x(1+\sqrt{x})}\mathrm{d}x$ 发散.

综上可知答案为 A 和 C.

3. **解答**:由于 $\sin x=2\sin\frac{x}{2}\cos\frac{x}{2}$,则
$$\int_{-\frac{\pi}{4}}^{\frac{\pi}{4}}\frac{\mathrm{d}x}{1+\sin x}=\int_{-\frac{\pi}{4}}^{\frac{\pi}{4}}\frac{\mathrm{d}x}{\left(\sin\frac{x}{2}+\cos\frac{x}{2}\right)^2}=\int_{-\frac{\pi}{4}}^{\frac{\pi}{4}}\frac{\sec^2\frac{x}{2}\mathrm{d}x}{\left(1+\tan\frac{x}{2}\right)^2}=2\int_{-\frac{\pi}{4}}^{\frac{\pi}{4}}\frac{\mathrm{d}\tan\frac{x}{2}}{\left(1+\tan\frac{x}{2}\right)^2}$$
$$=-\frac{2}{1+\tan\frac{x}{2}}\bigg|_{-\frac{\pi}{4}}^{\frac{\pi}{4}}=\frac{2}{1-\tan\frac{\pi}{8}}-\frac{2}{1+\tan\frac{\pi}{8}}=\frac{4\tan\frac{\pi}{8}}{1-\tan^2\frac{\pi}{8}}=2\tan\frac{\pi}{4}=2.$$

4. **解答**:令 $x=1+\sin t$,当 $x=0$ 时 $t=-\frac{\pi}{2}$,当 $x=2$ 时 $t=\frac{\pi}{2}$,同时 $\mathrm{d}x=\cos t\mathrm{d}t$,则
$$\int_0^2 x^2\sqrt{2x-x^2}\mathrm{d}x=\int_{-\frac{\pi}{2}}^{\frac{\pi}{2}}(1+\sin t)^2\sqrt{1-\sin^2 t}\cdot\cos t\mathrm{d}x=\int_{-\frac{\pi}{2}}^{\frac{\pi}{2}}(1+\sin t)^2\cos^2 t\mathrm{d}x.$$
利用被积函数的奇偶对称性,可得
$$\int_0^2 x^2\sqrt{2x-x^2}\mathrm{d}x=2\int_0^{\frac{\pi}{2}}(1+\sin^2 t)\cos^2 t\mathrm{d}x=2\int_0^{\frac{\pi}{2}}(1-\sin^4 t)\mathrm{d}x,$$
由沃利斯公式可得 $\int_0^{\frac{\pi}{2}}\sin^4 t\mathrm{d}x=\frac{3}{4\cdot 2}\cdot\frac{\pi}{2}=\frac{3\pi}{16}$,因此
$$\int_0^2 x^2\sqrt{2x-x^2}\mathrm{d}x=2\int_0^{\frac{\pi}{2}}(1-\sin^4 t)\mathrm{d}x=2\left(\frac{\pi}{2}-\frac{3\pi}{16}\right)=\frac{5\pi}{8}.$$

5. **解答**:根据分部积分公式,
$$\int_0^{\pi}f''(x)\sin x\mathrm{d}x=\int_0^{\pi}\sin x\mathrm{d}f'(x)$$
$$=\left[f'(x)\sin x\right]\bigg|_0^{\pi}-\int_0^{\pi}f'(x)\cos x\mathrm{d}x=-\int_0^{\pi}f'(x)\cos x\mathrm{d}x$$
$$=-\int_0^{\pi}\cos x\mathrm{d}f(x)=-\left[f(x)\cos x\right]\bigg|_0^{\pi}-\int_0^{\pi}f(x)\sin x\mathrm{d}x,$$

因此
$$\int_0^\pi (f(x)+f''(x))\sin x \mathrm{d}x = -\left[f(x)\cos x\right]\Big|_0^\pi = f(\pi)+f(0),$$
再由已知,可得 $f(\pi)=-f(0)=-1$.

6. 解答:令 $t=-x$,则
$$\int_{-\frac{\pi}{2}}^{\frac{\pi}{2}} \frac{\cos x}{1+f(x)}\mathrm{d}x = -\int_{\frac{\pi}{2}}^{-\frac{\pi}{2}} \frac{\cos(-t)}{1+f(-t)}\mathrm{d}t = \int_{-\frac{\pi}{2}}^{\frac{\pi}{2}} \frac{\cos t}{1+\frac{1}{f(t)}}\mathrm{d}t = \int_{-\frac{\pi}{2}}^{\frac{\pi}{2}} \frac{f(x)\cos x}{1+f(x)}\mathrm{d}x,$$

因此
$$2\int_{-\frac{\pi}{2}}^{\frac{\pi}{2}} \frac{\cos x}{1+f(x)}\mathrm{d}x = \int_{-\frac{\pi}{2}}^{\frac{\pi}{2}} \frac{\cos x}{1+f(x)}\mathrm{d}x + \int_{-\frac{\pi}{2}}^{\frac{\pi}{2}} \frac{f(x)\cos x}{1+f(x)}\mathrm{d}x = \int_{-\frac{\pi}{2}}^{\frac{\pi}{2}} \cos x \mathrm{d}x = 2,$$

故 $\int_{-\frac{\pi}{2}}^{\frac{\pi}{2}} \frac{\cos x}{1+f(x)}\mathrm{d}x = 1$.

二、计算与解答题

1. 解答:要判断 $\int_0^{+\infty} \frac{\ln(1+x)}{x^p}\mathrm{d}x$ 的收敛性,需分别考虑反常积分 $\int_0^1 \frac{\ln(1+x)}{x^p}\mathrm{d}x$ 和 $\int_1^{+\infty} \frac{\ln(1+x)}{x^p}\mathrm{d}x$ 的收敛性.

对于 $\int_0^1 \frac{\ln(1+x)}{x^p}\mathrm{d}x$,由于 $\lim_{x\to 0^+} \frac{\ln(1+x)}{x^p}\Big/\frac{1}{x^{p-1}} = \lim_{x\to 0^+} \frac{\ln(1+x)}{x} = 1$,同时当且仅当 $p<2$ 时反常积分 $\int_0^1 \frac{1}{x^{p-1}}\mathrm{d}x$ 收敛,因此当且仅当 $p<2$ 时反常积分 $\int_0^1 \frac{\ln(1+x)}{x^p}\mathrm{d}x$ 收敛.

对于 $\int_1^{+\infty} \frac{\ln(1+x)}{x^p}\mathrm{d}x$,当 $p\leq 1$ 时,根据 $\frac{\ln(1+x)}{x^p} > \frac{1}{x}(x\geq \mathrm{e})$ 以及反常积分 $\int_1^{+\infty} \frac{1}{x}\mathrm{d}x$ 发散,可知反常积分 $\int_1^{+\infty} \frac{\ln(1+x)}{x^p}\mathrm{d}x$ 发散;

当 $p>1$ 时,根据 $\lim_{x\to+\infty}\left(x^{\frac{p+1}{2}}\cdot\frac{\ln(1+x)}{x^p}\right) = \lim_{x\to+\infty}\frac{\ln(1+x)}{x^{\frac{p-1}{2}}} = 0$ 以及反常积分 $\int_1^{+\infty}\frac{1}{x^{\frac{p+1}{2}}}\mathrm{d}x$ 收敛,可知反常积分 $\int_1^{+\infty} \frac{\ln(1+x)}{x^p}\mathrm{d}x$ 收敛.

综上可知,当且仅当 $1<p<2$ 时 $\int_0^{+\infty} \frac{\ln(1+x)}{x^p}\mathrm{d}x$ 收敛.

2. 解答:令 $t=\pi-x$,则
$$I = \int_0^\pi \frac{x\sin^2 x}{1+\cos^2 x}\mathrm{d}x = \int_\pi^0 \frac{(\pi-t)\sin^2(\pi-t)}{1+\cos^2(\pi-t)}\mathrm{d}(\pi-t) = \pi\int_0^\pi \frac{\sin^2 x}{1+\cos^2 x}\mathrm{d}x - I,$$

因此 $I = \frac{\pi}{2}\int_0^\pi \frac{\sin^2 x}{1+\cos^2 x}\mathrm{d}x$.

又令 $t=\tan x$,可得 $\frac{\sin^2 x}{1+\cos^2 x}=\frac{t^2}{2+t^2}$, $\mathrm{d}x = \frac{1}{1+t^2}\mathrm{d}t$,因此
$$\int \frac{\sin^2 x}{1+\cos^2 x}\mathrm{d}x = \int \frac{t^2 \mathrm{d}t}{(2+t^2)(1+t^2)} = \int \frac{2\mathrm{d}t}{2+t^2} - \int \frac{\mathrm{d}t}{1+t^2} = \sqrt{2}\arctan\frac{t}{\sqrt{2}} - \arctan t + C,$$

于是
$$I = \frac{\pi}{2}\left(\int_0^{\frac{\pi}{2}} \frac{\sin^2 x}{1+\cos^2 x}\mathrm{d}x + \int_{\frac{\pi}{2}}^\pi \frac{\sin^2 x}{1+\cos^2 x}\mathrm{d}x\right)$$
$$= \frac{\pi}{2}\left[\int_0^{+\infty} \frac{t^2 \mathrm{d}t}{(2+t^2)(1+t^2)} + \int_{-\infty}^0 \frac{t^2 \mathrm{d}t}{(2+t^2)(1+t^2)}\right]$$
$$= \frac{\pi}{2}\left[\left(\sqrt{2}\arctan\frac{t}{\sqrt{2}} - \arctan t\right)\Big|_0^{+\infty} + \left(\sqrt{2}\arctan\frac{t}{\sqrt{2}} - \arctan t\right)\Big|_{-\infty}^0\right]$$
$$= \frac{\pi^2}{2}(\sqrt{2}-1).$$

3. 解答: 根据分部积分公式,可得

$$I_{p,q} = \int_0^1 (1-x)^p x^q \mathrm{d}x = -\frac{1}{p+1}\int_0^1 x^q \mathrm{d}(1-x)^{p+1}$$

$$= -\frac{1}{p+1} x^q (1-x)^{p+1} \Big|_0^1 + \frac{q}{p+1}\int_0^1 (1-x)^{p+1} x^{q-1} \mathrm{d}x$$

$$= \frac{q}{p+1}\int_0^1 (1-x)^p x^{q-1} \mathrm{d}x - \frac{q}{p+1}\int_0^1 (1-x)^p x^q \mathrm{d}x$$

$$= \frac{q}{p+1} I_{p,q-1} - \frac{q}{p+1} I_{p,q},$$

于是有 $I_{p,q} = \frac{q}{p+q+1} I_{p,q-1}$. 连续用此式,可得

$$I_{p,q} = \frac{q}{p+q+1} I_{p,q-1} = \frac{q}{p+q+1} \cdot \frac{q-1}{p+q} I_{p,q-2}$$

$$= \frac{q}{p+q+1} \cdot \frac{q-1}{p+q} \cdot \cdots \cdot \frac{1}{p+2} I_{p,0}.$$

又由于 $I_{p,0} = \int_0^1 (1-x)^p \mathrm{d}x = \frac{1}{p+1}$,故

$$I_{p,q} = \frac{q}{p+q+1} \cdot \frac{q-1}{p+q} \cdot \cdots \cdot \frac{1}{p+2} \cdot \frac{1}{p+1} = \frac{p!q!}{(p+q+1)!}.$$

4. 解答: 由于 $F(x)f(x) = \cos 2x$,可得

$$2F(x)f(x) = 2F(x)F'(x) = (F^2(x))' = 2\cos 2x = (\sin 2x + C)',$$

因此 $F^2(x) = \sin 2x + C$. 再由 $F(0) = 1$,可得 $C = 1$,故

$$F(x) = \sqrt{\sin 2x + 1} = |\sin x + \cos x| = \begin{cases} \sin x + \cos x, & 0 \leqslant x \leqslant \frac{3\pi}{4}, \\ -\sin x - \cos x, & \frac{3\pi}{4} < x \leqslant \pi, \end{cases}$$

于是

$$f(x) = F'(x) = \begin{cases} \cos x - \sin x, & 0 \leqslant x < \frac{3\pi}{4}, \\ \sin x - \cos x, & \frac{3\pi}{4} < x \leqslant \pi, \end{cases}$$

可得

$$|f(x)| = \begin{cases} \cos x - \sin x, & 0 \leqslant x \leqslant \frac{\pi}{4}, \\ \sin x - \cos x, & \frac{\pi}{4} < x \leqslant \pi, x \neq \frac{3\pi}{4}, \end{cases}$$

因此

$$\int_0^\pi |f(x)| \mathrm{d}x = \int_0^{\frac{\pi}{4}} (\cos x - \sin x) \mathrm{d}x + \int_{\frac{\pi}{4}}^\pi (\sin x - \cos x) \mathrm{d}x$$

$$= (\sqrt{2} - 1) + (1 + \sqrt{2}) = 2\sqrt{2}.$$

三、证明题

1. 解答: 设 $f(x_0) = \max\limits_{0 \leqslant x \leqslant 1} |f(x)|$,由于 $f(0) = f(1) = 0$,且 $f(x)$ 不恒等于零,可知 $x_0 \in (0,1)$. 在区间 $[0, x_0]$ 和 $[x_0, 1]$ 上分别使用拉格朗日中值定理,存在 $\xi_1 \in (0, x_0), \xi_2 \in (x_0, 1)$,使得

$$f'(\xi_1) = \frac{f(x_0) - f(0)}{x_0 - 0} = \frac{f(x_0)}{x_0}, \quad f'(\xi_2) = \frac{f(1) - f(x_0)}{1 - x_0} = \frac{f(x_0)}{x_0 - 1},$$

因此

$$\int_0^1 |f''(x)|\,\mathrm{d}x \geq \left|\int_{\xi_1}^{\xi_2} f''(x)\,\mathrm{d}x\right| = |f'(\xi_2) - f'(\xi_1)| = \left(\frac{1}{x_0} + \frac{1}{1-x_0}\right)|f(x_0)|.$$

利用调和平均数不等式,有 $\dfrac{2}{\dfrac{1}{x_0} + \dfrac{1}{1-x_0}} \leq \dfrac{x_0 + (1-x_0)}{2} = \dfrac{1}{2}$,可得 $\dfrac{1}{x_0} + \dfrac{1}{1-x_0} \geq 4$,于是

$$\int_0^1 |f''(x)|\,\mathrm{d}x \geq \left(\frac{1}{x_0} + \frac{1}{1-x_0}\right)|f(x_0)| \geq 4|f(x_0)| = 4\max_{0\leq x\leq 1}|f(x)|.$$

2. 解答: 由泰勒公式可知,存在 ξ 介于 $x^n, \dfrac{1}{n+1}$ 之间,使得

$$f(x^n) = f\left(\frac{1}{n+1}\right) + f'\left(\frac{1}{n+1}\right)\cdot\left(x^n - \frac{1}{n+1}\right) + \frac{f''(\xi)\cdot\left(x^n - \frac{1}{n+1}\right)^2}{2},$$

由 $f''(x) \leq 0$,可得

$$f(x^n) \leq f\left(\frac{1}{n+1}\right) + f'\left(\frac{1}{n+1}\right)\cdot\left(x^n - \frac{1}{n+1}\right),$$

不等式两边积分,可得

$$\int_0^1 f(x^n)\,\mathrm{d}x \leq f\left(\frac{1}{n+1}\right) + f'\left(\frac{1}{n+1}\right)\cdot\int_0^1\left(x^n - \frac{1}{n+1}\right)\,\mathrm{d}x = f\left(\frac{1}{n+1}\right).$$

3. 解答: (1) 令 $F(x) = \int_a^x f(t)\,\mathrm{d}t$,由 $f'(a) = f'(b)$ 可知 $F''(a) = F''(b)$. 根据泰勒公式,存在 $\xi_1, \xi_2 \in (a,b)$,使得

$$F(b) = F(a) + F'(a)(b-a) + F''(a)\frac{(b-a)^2}{2} + F^{(3)}(\xi_1)\frac{(b-a)^3}{6},$$

$$F(a) = F(b) - F'(b)(b-a) + F''(b)\frac{(b-a)^2}{2} - F^{(3)}(\xi_2)\frac{(b-a)^3}{6}.$$

上面两式相减,可得

$$2\int_a^b f(t)\,\mathrm{d}t = [f(a) + f(b)](b-a) + [f''(\xi_1) + f''(\xi_2)]\frac{(b-a)^3}{6}.$$

由于 $f''(x)$ 连续,根据介值定理,存在 ξ 介于 ξ_1, ξ_2 之间,使得

$$f''(\xi) = \frac{f''(\xi_1) + f''(\xi_2)}{2},$$

因此 $\int_a^b f(t)\,\mathrm{d}t = \dfrac{1}{2}[f(a) + f(b)](b-a) + \dfrac{1}{6}f''(\xi)(b-a)^3.$

(2) 同(1),仍令 $F(x) = \int_a^x f(t)\,\mathrm{d}t$,将 $F\left(\dfrac{a+b}{2}\right)$ 在 $x=a, x=b$ 处展开,由泰勒公式,存在 $\xi_1 \in \left(a, \dfrac{a+b}{2}\right)$,$\xi_2 \in \left(\dfrac{a+b}{2}, b\right)$,使得

$$F\left(\frac{a+b}{2}\right) = F(a) + F'(a)\cdot\frac{b-a}{2} + F''(a)\frac{(b-a)^2}{8} + F^{(3)}(\xi_1)\frac{(b-a)^3}{48},$$

$$F\left(\frac{a+b}{2}\right) = F(b) - F'(b)\cdot\frac{b-a}{2} + F''(b)\frac{(b-a)^2}{8} - F^{(3)}(\xi_2)\frac{(b-a)^3}{48}.$$

上面两式相减,可得

$$F(b) - F(a) = \int_a^b f(t)\,\mathrm{d}t = [f(a) + f(b)]\cdot\frac{b-a}{2} + \frac{f''(\xi_1) + f''(\xi_2)}{2}\cdot\frac{(b-a)^3}{24}.$$

同理,存在 ξ 介于 ξ_1, ξ_2 之间,使得 $f''(\xi) = \dfrac{f''(\xi_1) + f''(\xi_2)}{2}$,因此

$$\int_a^b f(t)\,\mathrm{d}t = \frac{1}{2}[f(a) + f(b)](b-a) + \frac{1}{24}f''(\xi)(b-a)^3.$$

第六章 定积分的应用

同步检测卷 A

一、单项选择题

1. 曲线 $y = x^2 - 2$ 与直线 $y = x$ 所围成的图形面积可以表示为 （ ）

   A. $\int_{-1}^{2} (x^2 - 2 - x)\,dx$ 　　　　　　B. $\int_{-2}^{1} (x^2 - 2 - x)\,dx$

   C. $\int_{-1}^{2} (x - x^2 + 2)\,dx$ 　　　　　　D. $\int_{-2}^{1} (x - x^2 + 2)\,dx$

2. 曲线 $y^2 = x$ 与直线 $y = \dfrac{x-3}{2}$ 所围成的图形面积可以表示为 （ ）

   A. $\int_{1}^{9} \left(\sqrt{x} - \dfrac{x-3}{2}\right)dx$ 　　　　B. $\int_{1}^{9} \left(\dfrac{x-3}{2} - \sqrt{x}\right)dx$

   C. $\int_{-1}^{3} (y^2 - 2y - 3)\,dy$ 　　　　　D. $\int_{-1}^{3} (2y + 3 - y^2)\,dy$

3. 正弦曲线 $y = \sin 2x$ 在 $0 \leqslant x \leqslant \pi$ 这一段的弧长可以表示为 （ ）

   A. $\int_{0}^{\pi} \sqrt{1 + \sin^2 2x}\,dx$ 　　　　B. $\int_{0}^{\pi} \sqrt{1 + \cos^2 2x}\,dx$

   C. $\int_{0}^{\pi} \sqrt{1 + 2\sin^2 2x}\,dx$ 　　　D. $\int_{0}^{\pi} \sqrt{1 + 4\cos^2 2x}\,dx$

4. 曲线 $\begin{cases} x = t^2 + 1, \\ y = t^3 + 1 \end{cases}$ 在 $0 \leqslant t \leqslant 1$ 这一段的弧长可以表示为 （ ）

   A. $\int_{0}^{1} \sqrt{4t^2 + 9t^4}\,dt$ 　　　　　B. $\int_{1}^{2} \sqrt{4t^2 + 9t^4}\,dt$

   C. $\int_{0}^{1} \sqrt{2t + 3t^2}\,dt$ 　　　　　　D. $\int_{1}^{2} \sqrt{2t + 3t^2}\,dt$

5. 平面图形 $\{(x,y) \mid 0 \leqslant f(x) \leqslant y \leqslant g(x), a \leqslant x \leqslant b\}$ 绕 x 轴旋转一周所得旋转体的体积可以表示为 （ ）

   A. $\pi \int_{a}^{b} (g(x) - f(x))^2\,dx$ 　　　　B. $\pi \int_{a}^{b} (g^2(x) - f^2(x))\,dx$

   C. $\pi \int_{a}^{b} (g(x) - f(x))\,dx$ 　　　　　D. $\pi \int_{a}^{b} (g^2(x) - f^2(x))^2\,dx$

6. 平面图形 $\{(x,y) \mid x^2 \leqslant y \leqslant 1\}$ 绕 y 轴旋转一周所得旋转体的体积可以表示为 ( )

A. $\int_0^1 \pi x^4 \mathrm{d}x$
B. $\int_0^1 \pi(1-x^4)\mathrm{d}x$
C. $\int_0^1 2\pi x(1-x^2)\mathrm{d}x$
D. $\int_0^1 2\pi x^3 \mathrm{d}x$

二、填空题

1. 曲线 $y=\sqrt{x}$ 与 $y=x^3$ 在第一象限围成的图形面积为_____.

2. 物体在力 $F=\ln x$ 的作用下，从 x 轴上的点 $x=2$ 处移动到点 $x=5$ 处，F 所做的功为_____.

3. 物体在 x 轴上运动的速度为 $v(t)=t+\sin t$，在 $t=0$ 时物体位于原点，则在 $t=10$ 时物体所在位置的坐标为 $x=$ _____.

4. 螺线 $r=2\theta\left(0\leqslant\theta\leqslant\dfrac{\pi}{2}\right)$ 与 y 轴围成的图形面积 $S=$ _____.

三、计算与解答题

1. 设 L 为曲线 $y=\ln x$ 过点 $(\mathrm{e},1)$ 的切线，求曲线 $y=\ln x$ 与切线 L 以及 x 轴所围成的图形面积.

2. 设平面图形 D 由曲线 $y=\sqrt{2x-x^2}$，$y=\sqrt{2x}$ 及 $x=2$ 围成，试求：
   （1）D 的面积；
   （2）D 绕 x 轴旋转一周所成的旋转体的体积.

3. 设平面图形 D 由抛物线 $y=1-x^2$ 和 x 轴围成,试求:
   (1) D 绕 x 轴旋转一周所成的旋转体的体积;
   (2) D 绕 y 轴旋转一周所成的旋转体的体积.

4. 设 L 为心脏线 $r=2(1+\cos\theta)$,试求:
   (1) L 的全长;
   (2) L 围成图形的面积.

5. 求曲线 $y=x^2-2x, y=0, x=1, x=3$ 所围成的平面图形的面积 S,并求该平面图形绕 y 轴旋转一周所得旋转体的体积 V.

同步检测卷 B

一、单项选择题

1. 曲线 $y = \cos x \left(-\dfrac{\pi}{2} \leqslant x \leqslant \dfrac{\pi}{2}\right)$ 与 x 轴所围成的图形绕 x 轴旋转一周所得旋转体的体积为 ( )

   A. $\dfrac{\pi}{2}$ B. π C. $\dfrac{\pi^2}{2}$ D. π^2

2. 双纽线 $(x^2+y^2)^2 = x^2 - y^2$ 围成图形的面积可以表示为 ( )

   A. $2\int_0^{\frac{\pi}{4}} \cos 2\theta \, d\theta$ B. $4\int_0^{\frac{\pi}{4}} \sqrt{\cos 2\theta} \, d\theta$ C. $2\int_0^{\frac{\pi}{2}} \cos 2\theta \, d\theta$ D. $4\int_0^{\frac{\pi}{2}} \sqrt{\cos 2\theta} \, d\theta$

3. 满足 $x^2 + \dfrac{y^2}{3} \leqslant 1$ 与 $\dfrac{x^2}{3} + y^2 \geqslant 1$ 的区域的面积可以表示为 ( )

   A. $2\int_0^{\sqrt{3}} \left(\sqrt{3(1-x^2)} - \sqrt{1-\dfrac{x^2}{3}}\right) dx$ B. $4\int_0^{\sqrt{3}} \left(\sqrt{3(1-x^2)} - \sqrt{1-\dfrac{x^2}{3}}\right) dx$

   C. $2\int_0^{\frac{\sqrt{3}}{2}} \left(\sqrt{3(1-x^2)} - \sqrt{1-\dfrac{x^2}{3}}\right) dx$ D. $4\int_0^{\frac{\sqrt{3}}{2}} \left(\sqrt{3(1-x^2)} - \sqrt{1-\dfrac{x^2}{3}}\right) dx$

4. 将曲线 $y = x^2$ 与 x 轴和直线 $x = 2$ 所围成的平面图形绕 y 轴旋转一周所得的旋转体的体积为 ( )

   A. 4π B. 6π C. 8π D. 16π

二、填空题

1. 两条抛物线 $y = x^2$ 和 $y = 4 - 3x^2$ 围成的图形面积 $S = $ _____.

2. 由曲线 $y = x^2$ 和 $x = y^2$ 所围成的图形绕 x 轴旋转一周所成的立体的体积 $V = $ _____.

3. 某物体以速度 $v(t) = (8 - \sqrt{t^3})$ m/s 做减速运动,则从 $t = 0$ 时刻到物体停下,物体运动的位移 $s = $ _____ m.

4. 曲线 $y = \sqrt{x^3}$ 在 $0 \leqslant x \leqslant \dfrac{4}{3}$ 这一段的弧长 $s = $ _____.

三、计算与解答题

1. 过点 $(0,1)$ 作曲线 $L: y = \ln x$ 的切线,切点为 A,曲线 L 与 x 轴交于 B 点.区域 D 由 L 与直线 AB 围成,求:(1) 区域 D 的面积;(2) D 绕 x 轴旋转所得旋转体的体积.

2. 求曲线 $y=3-|x^2-1|$ 与 x 轴围成的封闭图形绕直线 $y=3$ 旋转所得旋转体体积.

3. 已知星形线方程为 $\begin{cases} x=a\cos^3 t, \\ y=a\sin^3 t \end{cases} (a>0)$,求：

(1) 它所围成的面积；

(2) 它的周长；

(3) 它所围成的图形绕 x 轴旋转一周而成的立体的体积.

4. 一个半径为 R 的圆柱形气缸,点火后于 t_0 到 t_1 时刻(t_0 与 t_1 非常接近)将活塞从 $x=a$ 处推到 $x=b$ 处(如下图所示),已知点火瞬间 $x=a$ 时气缸内的压强为 P_0,求时间段 $[t_0,t_1]$ 的平均功率.

四、证明题

设一个周期的正弦曲线 $y=\sin x(0\leqslant x\leqslant 2\pi)$ 的弧长为 s_1,椭圆 $x^2+\dfrac{y^2}{2}=1$ 的周长为 s_2,证明:$s_1=s_2$.

同步检测卷 C

一、填空题

1. 螺线 $r = 2\theta$ 在 $0 \leqslant \theta \leqslant \pi$ 这一段的弧长为_____.

2. 直线 L 在 $x = c(1 < c < 3)$ 处与曲线 $y = \ln x$ 相切,则直线 $L, x = 1, x = 3$ 与曲线 $y = \ln x$ 围成的面积 $S =$ _____;若 S 最小,则 $c =$ _____.

3. 圆面 $x^2 + (y-d)^2 \leqslant r^2 (d > r > 0)$ 绕轴 x 旋转一周而成的环体的体积为_____,表面积为_____.

4. 若曲线 $L: y^2 = x^3$ 上一点 A 的切线与 x 轴成 $45°$ 角,则点 A 的坐标为_____,曲线 L 上原点到点 A 的弧长为_____.

5. 若曲线 $y = \dfrac{3}{2}ax^2 + (4-a)x$ 与 $x = 1, y = 0$ 围成的图形绕 x 轴旋转一周所得的旋转体的体积最小,则 $a =$ _____.

6. 已知直线 $y = ax + b$ 与 $y = \ln x$ 相切,若积分 $I = \displaystyle\int_2^4 (ax + b - \ln x)\mathrm{d}x$ 最小,则 $a =$ _____, $b =$ _____.

二、计算与解答题

1. 已知曲线 Γ 的极坐标方程为 $\rho = 1 + \cos\theta \left(0 \leqslant \theta \leqslant \dfrac{\pi}{2}\right)$,求该曲线在 $\theta = \dfrac{\pi}{4}$ 所对应的点 P 处的切线 L 的直角坐标方程,并求曲线 Γ、切线 L 与 x 轴所围成图形的面积.

2. 有两根长度为 2, 密度为 1 的匀质细杆位于同一条直线上, 且相距为 1, 求两杆之间的引力 F.

3. 设抛物线 $y = ax^2 + bx + 2\ln c$ 过原点, 当 $0 \leqslant x \leqslant 1$ 时, $y \geqslant 0$, 又已知该抛物线与 x 轴及直线 $x = 1$ 所围图形的面积为 $\dfrac{1}{3}$, 确定 a, b, c, 使得此图形绕 x 轴旋转一周而成的旋转体的体积最小.

4. 已知 a, b 满足 $\displaystyle\int_a^b |x|\, dx = \dfrac{1}{2}(a \leqslant 0 \leqslant b)$, 求曲线 $y = x^2 + ax$ 与直线 $y = bx$ 所围区域的面积的最大值与最小值.

5. 设一半径为 R 的球有一半浸入水中,球和水的密度相等,均为 ρ,重力加速度为 g,问将此球从水中取出需至少做功多少?

6. 过抛物线 $y=x^2$ 上一点 (a,a^2) 作切线,问 a 为何值时所作切线 L 与抛物线 $y=-x^2+4x-1$ 所围成的图形面积最小?

参考答案

同步检测卷 A

一、单项选择题

1. 解答:先求曲线 $y = x^2 - 2$ 和直线 $y = x$ 的交点,即解方程 $x^2 - 2 = x$ 可得 $x = -1, 2$. 又由于在区间 $[-1, 2]$ 上,$x \geqslant x^2 - 2$,因此曲线 $y = x^2 - 2$ 与直线 $y = x$ 所围图形面积可以表示为 $\int_{-1}^{2} (x - x^2 + 2) dx$,答案为 C.

2. 解答:解方程组 $\begin{cases} y^2 = x, \\ y = \dfrac{x-3}{2} \end{cases}$ 可得曲线 $y^2 = x$ 与直线 $y = \dfrac{x-3}{2}$ 的交点为 $(1, -1)$ 和 $(9, 3)$. 注意到曲线 $y^2 = x$ 为开口向右的抛物线,为围成图形的左边界,直线 $y = \dfrac{x-3}{2}$ 为图形的右边界,因此以 y 为积分变量,图形的面积为 $\int_{-1}^{3} (2y + 3 - y^2) dy$,答案为 D.

3. 解答:曲线 $y = y(x) (a \leqslant x \leqslant b)$ 的弧长公式为 $\int_a^b \sqrt{1 + (y'(x))^2} dx$.

对于正弦曲线 $y = \sin 2x$,$y' = 2\cos 2x$,故所求的弧长为 $\int_0^\pi \sqrt{1 + 4\cos^2 2x} dx$,因此答案为 D.

4. 解答:曲线 $\begin{cases} x = x(t), \\ y = y(t) \end{cases} (t_1 \leqslant t \leqslant t_2)$ 的弧长公式为 $\int_{t_1}^{t_2} \sqrt{(x'(t))^2 + (y'(t))^2} dt$.

对于曲线 $\begin{cases} x = t^2 + 1, \\ y = t^3 + 1, \end{cases}$ $x'(t) = 2t, y'(t) = 3t^2$,故所求的弧长为 $\int_0^1 \sqrt{4t^2 + 9t^4} dt$,因此答案为 A.

5. 解答:图形 $\{(x, y) \mid 0 \leqslant y \leqslant f(x), a \leqslant x \leqslant b\}$ 绕 x 轴旋转一周的体积为 $\pi \int_a^b f^2(x) dx$;

图形 $\{(x, y) \mid 0 \leqslant y \leqslant g(x), a \leqslant x \leqslant b\}$ 绕 x 轴旋转一周的体积为 $\pi \int_a^b g^2(x) dx$.

图形 $\{(x, y) \mid 0 \leqslant f(x) \leqslant y \leqslant g(x), a \leqslant x \leqslant b\}$ 绕 x 轴旋转一周的体积为上述两个体积之差,即

$$\pi \int_a^b g^2(x) dx - \pi \int_a^b f^2(x) dx = \pi \int_a^b (g^2(x) - f^2(x)) dx,$$

因此答案为 B.

6. 解答:对于 A,$\int_0^1 \pi x^4 dx$ 为平面图形 $\{(x, y) \mid 0 \leqslant y \leqslant x^2, 0 \leqslant x \leqslant 1\}$ 绕 x 轴旋转一周的体积;

对于 B,$\int_0^1 \pi (1 - x^4) dx$ 为平面图形 $\{(x, y) \mid x^2 \leqslant y \leqslant 1, 0 \leqslant x \leqslant 1\}$ 绕 x 轴旋转一周的体积;

对于 C,$\int_0^1 2\pi x(1 - x^2) dx$ 为平面图形 $\{(x, y) \mid x^2 \leqslant y \leqslant 1, 0 \leqslant x \leqslant 1\}$ 绕 y 轴旋转一周的体积;

对于 D,$\int_0^1 2\pi x^3 dx$ 为平面图形 $\{(x, y) \mid 0 \leqslant y \leqslant x^2, 0 \leqslant x \leqslant 1\}$ 绕 y 轴旋转一周的体积.

综上可知答案为 C.

二、填空题

1. 解答:曲线 $y = \sqrt{x}$ 与 $y = x^3$ 的交点为 $(0, 0)$ 和 $(1, 1)$,二者围成的图形面积为

$$\int_0^1 (\sqrt{x} - x^3)\mathrm{d}x = \left(\frac{2}{3}\sqrt{x^3} - \frac{1}{4}x^4\right)\bigg|_0^1 = \frac{2}{3} - \frac{1}{4} = \frac{5}{12}.$$

2. 解答：在力 F 的作用下，物体从 x 轴上的 a 点移动到 b 点，所做的功即为 F 在 $[a,b]$ 上的定积分，即

$$\int_2^5 \ln x\,\mathrm{d}x = (x\ln x - x)\bigg|_2^5 = 5\ln 5 - 2\ln 2 - 3.$$

3. 解答：从时刻 $t = a$ 到 $t = b$，物体以速度 $v(t)$ 运动的位移为 $v(t)$ 在 $[a,b]$ 上的定积分，因此在 $t = 10$ 时物体所在位置的坐标为

$$x = \int_0^{10} (t + \sin t)\mathrm{d}t = \left(\frac{t^2}{2} - \cos t\right)\bigg|_0^{10} = 51 - \cos 10.$$

4. 解答：由于曲线 $r = r(\theta)$ 和两射线 $\theta = \alpha, \theta = \beta\,(\alpha < \beta)$ 围成的曲边扇形面积为

$$S = \frac{1}{2}\int_\alpha^\beta r^2(\theta)\mathrm{d}\theta,$$

因此所求的面积为

$$S = \frac{1}{2}\int_0^{\frac{\pi}{2}} (2\theta)^2\mathrm{d}\theta = \frac{2}{3}\left(\frac{\pi}{2}\right)^3 = \frac{\pi^3}{12}.$$

三、计算与解答题

1. 解答：由于 $y'(\mathrm{e}) = \frac{1}{x}\bigg|_{x=\mathrm{e}} = \frac{1}{\mathrm{e}}$，故切线方程为 $y = 1 + \frac{1}{\mathrm{e}}(x - \mathrm{e}) = \frac{x}{\mathrm{e}}$.

以 y 为积分变量，图形的左边界为 $x = \mathrm{e}y$，右边界为 $x = \mathrm{e}^y, y \in [0,1]$，所求图形的面积为

$$\int_0^1 (\mathrm{e}^y - \mathrm{e}y)\mathrm{d}y = \left(\mathrm{e}^y - \frac{\mathrm{e}}{2}y^2\right)\bigg|_0^1 = \frac{\mathrm{e}}{2} - 1.$$

2. 解答：(1) D 的上边界为 $y = \sqrt{2x}$，下边界为 $y = \sqrt{2x - x^2}, x \in [0,2]$，则 D 的面积为

$$\int_0^2 (\sqrt{2x} - \sqrt{2x - x^2})\mathrm{d}x = \int_0^2 \sqrt{2x}\,\mathrm{d}x - \int_0^2 \sqrt{2x - x^2}\,\mathrm{d}x.$$

由于 $\int_0^2 \sqrt{2x - x^2}\,\mathrm{d}x$ 为上半圆 $(x-1)^2 + y^2 \leqslant 1, y \geqslant 0$ 的面积，则 $\int_0^2 \sqrt{2x - x^2}\,\mathrm{d}x = \frac{\pi}{2}$，同时，

$$\int_0^2 \sqrt{2x}\,\mathrm{d}x = \frac{2\sqrt{2}}{3}x^{\frac{3}{2}}\bigg|_0^2 = \frac{8}{3},$$

因此 D 的面积为 $\frac{8}{3} - \frac{\pi}{2}$.

(2) 设 D_1 由曲线 $y = \sqrt{2x}$ 及 $x = 2$ 和 x 轴围成，D_2 由曲线 $y = \sqrt{2x - x^2}$ 及 $x = 2$ 和 x 轴围成，则 D 绕 x 轴旋转的体积等于 D_1 绕 x 轴旋转的体积减去 D_2 绕 x 轴旋转的体积.

D_2 绕 x 轴旋转的体积为半径为 1 的球的体积，等于 $\frac{4\pi}{3}$，D_1 绕 x 轴旋转的体积为

$$\pi\int_0^2 (\sqrt{2x})^2\mathrm{d}x = 2\pi\int_0^2 x\,\mathrm{d}x = 4\pi,$$

因此 D 绕 x 轴旋转一周所成的旋转体的体积为 $4\pi - \frac{4\pi}{3} = \frac{8\pi}{3}$.

注：亦可直接用积分求 D 绕 x 轴旋转一周所成的旋转体的体积，即

$$\pi\int_0^2 [(\sqrt{2x})^2 - (\sqrt{2x - x^2})^2]\mathrm{d}x = \pi\int_0^2 x^2\mathrm{d}x = \frac{8\pi}{3}.$$

3. 解答：(1) 抛物线 $y = 1 - x^2$ 和 x 轴的交点是 $x = -1, 1$，因此 D 绕 x 轴旋转一周所成的旋转体的体积为

$$\pi\int_{-1}^1 (1 - x^2)^2\mathrm{d}x = 2\pi\int_0^1 (1 - 2x^2 + x^4)\mathrm{d}x = 2\pi\left(1 - \frac{2}{3} + \frac{1}{5}\right) = \frac{16}{15}\pi.$$

(2) 求 D 绕 y 轴旋转一周所成旋转体的体积时,只需要考虑 D 在 $0 \leqslant x \leqslant 1$ 的部分绕 y 轴旋转,体积为
$$2\pi \int_0^1 x(1-x^2) \mathrm{d}x = 2\pi \int_0^1 (x-x^3) \mathrm{d}x = 2\pi \left(\frac{1}{2} - \frac{1}{4}\right) = \frac{\pi}{2}.$$

注:第(2)问也可以 y 为积分变量,则体积为 $\pi \int_0^1 (1-y) \mathrm{d}y = \frac{\pi}{2}$.

4. 解答:(1) 极坐标曲线 $r = r(\theta)(\alpha \leqslant \theta \leqslant \beta)$ 的弧长为
$$s = \int_\alpha^\beta \sqrt{[r'(\theta)]^2 + r^2(\theta)} \, \mathrm{d}\theta,$$

因此 L 的全长为
$$\int_0^{2\pi} \sqrt{(2\sin\theta)^2 + (2(1+\cos\theta))^2} \, \mathrm{d}\theta$$
$$= 4\int_0^{2\pi} \sqrt{\frac{1+\cos\theta}{2}} \, \mathrm{d}\theta = 4\int_0^{2\pi} \left|\cos\frac{\theta}{2}\right| \mathrm{d}\theta = 4\int_0^\pi \cos\frac{\theta}{2} \mathrm{d}\theta - 4\int_\pi^{2\pi} \cos\frac{\theta}{2} \mathrm{d}\theta$$
$$= 8\sin\frac{\theta}{2}\Big|_0^\pi - 8\sin\frac{\theta}{2}\Big|_\pi^{2\pi} = 16.$$

(2) 根据曲边扇形的面积公式,L 围成图形的面积为
$$\frac{1}{2}\int_0^{2\pi} (2(1+\cos\theta))^2 \mathrm{d}\theta = 2\int_0^{2\pi} (1+2\cos\theta + \cos^2\theta) \mathrm{d}\theta = 2\int_0^{2\pi} \left(1 + 2\cos\theta + \frac{1+\cos 2\theta}{2}\right) \mathrm{d}\theta$$
$$= 2\left(\frac{3}{2}\theta + 2\sin\theta + \frac{\sin 2\theta}{4}\right)\Big|_0^{2\pi} = 6\pi.$$

5. 解答:曲线 $y = x^2 - 2x, y = 0, x = 1, x = 3$ 所围成的平面图形的面积为
$$S = \int_1^3 |x^2 - 2x| \, \mathrm{d}x = \int_1^2 (2x - x^2) \mathrm{d}x + \int_2^3 (x^2 - 2x) \mathrm{d}x = \frac{2}{3} + \frac{4}{3} = 2.$$

该平面图形绕 y 轴旋转一周所得旋转体的体积为
$$V = 2\pi \int_1^3 x|x^2 - 2x| \, \mathrm{d}x = 2\pi \int_1^2 (2x^2 - x^3) \mathrm{d}x + 2\pi \int_2^3 (x^3 - 2x^2) \mathrm{d}x$$
$$= 2\pi \left(\frac{2}{3} + \frac{1}{4}\right) + 2\pi \left(\frac{16}{3} - \frac{7}{4}\right) = 9\pi.$$

同步检测卷 B

一、单项选择题

1. 解答:根据旋转体体积的计算公式,所求体积为
$$\pi \int_{-\frac{\pi}{2}}^{\frac{\pi}{2}} \cos^2 x \mathrm{d}x = 2\pi \int_0^{\frac{\pi}{2}} \frac{1+\cos 2x}{2} \mathrm{d}x = 2\pi \left(\frac{x}{2} + \frac{\sin 2x}{4}\right)\Big|_0^{\frac{\pi}{2}} = \frac{\pi^2}{2},$$

因此答案为 C.

2. 解答:将双纽线方程 $(x^2+y^2)^2 = x^2 - y^2$ 化为极坐标,可得
$$r^4 = r^2(\cos^2\theta - \sin^2\theta) \Rightarrow r = \sqrt{\cos 2\theta},$$

其中 θ 的取值要保证 $\cos 2\theta \geqslant 0$. 由对称性,只需要考虑图形在第一象限的面积,此时 $\theta \in \left[0, \frac{\pi}{4}\right]$.

根据极坐标形式的曲边扇形面积的计算公式,双纽线围成的图形面积为
$$4 \cdot \frac{1}{2} \int_0^{\frac{\pi}{4}} \cos 2\theta \mathrm{d}\theta = 2\int_0^{\frac{\pi}{4}} \cos 2\theta \mathrm{d}\theta,$$

因此答案为 A.

3. 解答:由对称性,只需要考虑区域在第一象限的面积. 因为曲线 $x^2 + \frac{y^2}{3} = 1$ 和 $\frac{x^2}{3} + y^2 = 1$ 在第一象

限的交点为 $\left(\dfrac{\sqrt{3}}{2},\dfrac{\sqrt{3}}{2}\right)$,于是区域在第一象限的部分可表示为

$$\left\{(x,y) \mid \sqrt{1-\dfrac{x^2}{3}} \leqslant y \leqslant \sqrt{3(1-x^2)}, 0 \leqslant x \leqslant \dfrac{\sqrt{3}}{2}\right\},$$

因此区域的面积为 $4\int_0^{\frac{\sqrt{3}}{2}} \left(\sqrt{3(1-x^2)} - \sqrt{1-\dfrac{x^2}{3}}\right) \mathrm{d}x$,答案为 D.

4. 解答: 曲线 $y = x^2$ 与 x 轴和直线 $x = 2$ 所围成的平面图形可表示为

$$\{(x,y) \mid 0 \leqslant y \leqslant x^2, 0 \leqslant x \leqslant 2\},$$

根据旋转体体积公式,上述图形绕 y 轴旋转一周所得的旋转体的体积为

$$2\pi \int_0^2 x \cdot x^2 \,\mathrm{d}x = 2\pi \int_0^2 x^3 \,\mathrm{d}x = 8\pi,$$

因此答案为 C.

注: 计算上述体积也可以 y 为积分变量,此时图形可表示为

$$\{(x,y) \mid \sqrt{y} \leqslant x \leqslant 2, 0 \leqslant y \leqslant 4\},$$

所求旋转体的体积为 $\pi \int_0^4 (4-y)\mathrm{d}y = \pi \left(4y - \dfrac{y^2}{2}\right)\Big|_0^4 = 8\pi$.

二、填空题

1. 解答: 两条抛物线 $y = x^2$ 和 $y = 4 - 3x^2$ 的交点为 $(-1,1)$ 和 $(1,1)$.显然 $y = 4 - 3x^2$ 为图形的上边界,$y = x^2$ 为图形的下边界,$x \in [-1,1]$,因此

$$S = \int_{-1}^1 (4 - 3x^2 - x^2)\mathrm{d}x = 8\int_0^1 (1-x^2)\mathrm{d}x = 8\left(1 - \dfrac{1}{3}\right) = \dfrac{16}{3}.$$

2. 解答: 曲线 $y = x^2$ 和 $x = y^2$ 所围成的图形可以表示为

$$\{(x,y) \mid x^2 \leqslant y \leqslant \sqrt{x}, 0 \leqslant x \leqslant 1\},$$

上述图形绕 x 轴旋转一周所成的立体体积为

$$V = \pi \int_0^1 (x - x^4)\mathrm{d}x = \pi \left(\dfrac{x^2}{2} - \dfrac{x^5}{5}\right)\Big|_0^1 = \dfrac{3\pi}{10}.$$

3. 解答: 当物体停下时,$v(t) = 8 - \sqrt{t^3} = 0$,故 $t = 4$ s.根据物体运动速度与位移的关系,从 $t = 0$ 时刻到物体停下,物体运动的位移

$$s = \int_0^4 (8 - \sqrt{t^3})\mathrm{d}t = \left(8t - \dfrac{2}{5}t^{\frac{5}{2}}\right)\Big|_0^4 = \dfrac{96}{5}(\mathrm{m}).$$

4. 解答: 根据弧长的计算公式,所求弧长为

$$s = \int_0^{\frac{4}{3}} \sqrt{1 + ((\sqrt{x^3})')^2}\,\mathrm{d}x = \int_0^{\frac{4}{3}} \sqrt{1 + \dfrac{9x}{4}}\,\mathrm{d}x,$$

设 $t = \sqrt{1 + \dfrac{9x}{4}}$,则 $x = 0$ 时 $t = 1$,$x = \dfrac{4}{3}$ 时 $t = 2$,且 $x = \dfrac{4}{9}(t^2 - 1)$,则

$$s = \dfrac{4}{9}\int_1^2 t\,\mathrm{d}(t^2 - 1) = \dfrac{8}{9}\int_1^2 t^2\,\mathrm{d}t = \dfrac{8}{9} \cdot \dfrac{t^3}{3}\Big|_1^2 = \dfrac{56}{27}.$$

三、计算与解答题

1. 解答: 过点 $(0,1)$ 作曲线 L 的切线,设切点 A 的坐标为 (x,y),则

$$\dfrac{y-1}{x-0} = y' = \dfrac{1}{x},$$

可得 $y = 2$,此时 $x = \mathrm{e}^2$,即点 A 的坐标为 $(\mathrm{e}^2, 2)$.

L 与 x 轴交于 B 点的坐标为 $(1,0)$，则直线 AB 方程为 $y = \dfrac{2}{e^2-1}(x-1)$.

(1) 区域 D 的面积为
$$S = \int_1^{e^2} \left(\ln x - \dfrac{2}{e^2-1}(x-1)\right)dx = \left(x\ln x - x - \dfrac{1}{e^2-1}(x-1)^2\right)\bigg|_1^{e^2} = 2.$$

(2) D 绕 x 轴旋转所得旋转体的体积为
$$V = \pi\int_1^{e^2} \ln^2 x\, dx - \dfrac{4\pi}{(e^2-1)^2}\int_1^{e^2}(x-1)^2 dx = \pi\int_1^{e^2} \ln^2 x\, dx - \dfrac{4}{3}\pi(e^2-1),$$

由于
$$\int_1^{e^2} \ln^2 x\, dx = x\ln^2 x\bigg|_1^{e^2} - 2\int_1^{e^2}\ln x\, dx = 4e^2 - 2(x\ln x - x)\bigg|_1^{e^2} = 2(e^2-1),$$

因此
$$V = 2\pi(e^2-1) - \dfrac{4}{3}\pi(e^2-1) = \dfrac{2}{3}\pi(e^2-1).$$

2. 解答： 首先求曲线 $y = 3 - |x^2-1|$ 与 x 轴的交点，由 $3-|x^2-1|=0$ 可得 $x = \pm 2$. 在 $[-2,2]$ 上 $y(x)$ 与 x 轴围成的图形绕直线 $y=3$ 旋转所得旋转体体积为
$$V = \pi\int_{-2}^{2}(0-3)^2 dx - \pi\int_{-2}^{2}(y(x)-3)^2 dx,$$

由于在 $[-2,2]$ 上 $(y(x)-3)^2 = (x^2-1)^2$，于是
$$V = 36\pi - \pi\int_{-2}^{2}(1-x^2)^2 dx = 36\pi - \dfrac{92}{15}\pi = \dfrac{448}{15}\pi.$$

3. 解答： (1) $S = 4\int_0^a y\, dx = -12a^2\int_{\frac{\pi}{2}}^{0}\sin^4 t\cos^2 t\, dt = 12a^2\left(\dfrac{3}{8}-\dfrac{5}{16}\right)\dfrac{\pi}{2} = \dfrac{3}{8}\pi a^2$；

(2) $l = 4\int_0^{\frac{\pi}{2}}\sqrt{(x'(t))^2+(y'(t))^2}\, dt = 12a\int_0^{\frac{\pi}{2}}\sin t\cos t\, dt = 6a$；

(3) $V = 2\pi\int_0^a y^2 dx = 2\pi\int_{\frac{\pi}{2}}^{0} y^2(t)x'(t)\, dt = 6\pi a^3\int_0^{\frac{\pi}{2}}\sin^7 t\cos^2 t\, dt = 6\pi a^3\left(\dfrac{16}{35}-\dfrac{128}{315}\right) = \dfrac{32}{105}\pi a^3.$

4. 解答： 由于 t_0 与 t_1 非常接近，可以认为这段时间内气缸中的温度没有变化. 由于温度不变的情况下，气缸中气体的压强与体积成反比，故压强 P 可看作 $x \in [a,b]$ 的函数 $P(x)$，则
$$P(x)\cdot \pi R^2 x = P_0\cdot \pi R^2 a,$$

即 $P(x) = \dfrac{aP_0}{x}(x\in[a,b])$，于是活塞受到的压力为
$$F(x) = P(x)\cdot \pi R^2 = \dfrac{a\pi R^2 P_0}{x}.$$

将活塞从 x 推到 $x+dx$ 做的功为 $\Delta W \approx dW = F(x)\cdot dx$，故将活塞从 $x=a$ 处推到 $x=b$ 处做的功为
$$W = \int_a^b F(x)\, dx = a\pi R^2 P_0\int_a^b \dfrac{1}{x}dx = a\pi R^2 P_0 \ln\dfrac{b}{a},$$

因此平均功率为 $\dfrac{W}{t_2-t_1} = \dfrac{a\pi R^2 P_0}{t_2-t_1}\ln\dfrac{b}{a}.$

四、证明题

解答： 根据曲线的弧长公式，一个周期的正弦曲线弧长为
$$s_1 = \int_0^{2\pi}\sqrt{1+((\sin x)')^2}\, dx = \int_0^{2\pi}\sqrt{1+\cos^2 x}\, dx,$$

椭圆 $x^2 + \dfrac{y^2}{2} = 1$ 的参数方程为 $\begin{cases} x = \cos t, \\ y = \sqrt{2}\sin t \end{cases}(0\leq t\leq 2\pi)$，因此其周长

$$s_2 = \int_0^{2\pi} \sqrt{((\cos t)')^2 + ((\sqrt{2}\sin t)')^2}\, dt$$
$$= \int_0^{2\pi} \sqrt{\sin^2 t + 2\cos^2 t}\, dt = \int_0^{2\pi} \sqrt{1+\cos^2 t}\, dt,$$

因此 $s_1 = s_2$.

同步检测卷 C

一、填空题

1. 解答：根据极坐标曲线弧长计算公式，螺线 $r = 2\theta$ 在 $0 \leqslant \theta \leqslant \pi$ 这一段的弧长为
$$\int_0^\pi \sqrt{(2)^2 + (2\theta)^2}\, d\theta = 2\int_0^\pi \sqrt{1+\theta^2}\, d\theta,$$

下面计算积分 $I = \int \sqrt{1+\theta^2}\, d\theta$. 由分部积分法可得
$$I = \int \sqrt{1+\theta^2}\, d\theta = \theta\sqrt{1+\theta^2} - \int \theta\, d\sqrt{1+\theta^2} = \theta\sqrt{1+\theta^2} - \int \frac{\theta^2}{\sqrt{1+\theta^2}}\, d\theta$$
$$= \theta\sqrt{1+\theta^2} - \int \left(\sqrt{1+\theta^2} - \frac{1}{\sqrt{1+\theta^2}}\right) d\theta$$
$$= \theta\sqrt{1+\theta^2} - I + \ln(\theta + \sqrt{1+\theta^2}) + C,$$

因此 $I = \frac{1}{2}\left[\theta\sqrt{1+\theta^2} + \ln(\theta+\sqrt{1+\theta^2})\right] + C$, 故弧长为
$$s = 2\int_0^\pi \sqrt{1+\theta^2}\, d\theta = \left[\theta\sqrt{1+\theta^2} + \ln(\theta+\sqrt{1+\theta^2})\right]\Big|_0^\pi$$
$$= \pi\sqrt{1+\pi^2} + \ln(\pi + \sqrt{1+\pi^2}).$$

2. 解答：L 的方程为 $y - \ln c = \frac{1}{c}(x - c)$, 即 $y = \frac{1}{c}x + \ln c - 1$. 因此直线 $L, x = 1, x = 3$ 与曲线 $y = \ln x$ 围成的面积为
$$S = \int_1^3 \left(\frac{1}{c}x + \ln c - 1 - \ln x\right) dx = \frac{4}{c} + 2\ln c - 3\ln 3.$$

由于 $S'(c) = -\frac{4}{c^2} + \frac{2}{c}$, 则 $S'(c) = 0 \Rightarrow c = 2$, 并且 $S''(2) = \frac{1}{2} > 0$, 因此 $c = 2$ 为 $S(c)$ 的极小值点, 又 $c = 2$ 为 $S(c)$ 的唯一极值点, 故当 $c = 2$ 时 S 取得最小值.

3. 解答：圆 $x^2 + (y-d)^2 = r^2$ 的上半圆周和下半圆周分别为
$$y_1 = d + \sqrt{r^2 - x^2}, \quad y_2 = d - \sqrt{r^2 - x^2},$$

因此该圆绕轴 x 旋转一周而成的环体的体积为
$$V = \pi\int_{-r}^r y_1^2\, dx - \pi\int_{-r}^r y_2^2\, dx$$
$$= \pi\int_{-r}^r (d+\sqrt{r^2-x^2})^2\, dx - \pi\int_{-r}^r (d-\sqrt{r^2-x^2})^2\, dx$$
$$= 4\pi d\int_{-r}^r \sqrt{r^2-x^2}\, dx = 2\pi^2 dr^2.$$

由于 $\sqrt{1+(y'_{1,2})^2} = \sqrt{1+\frac{x^2}{r^2-x^2}} = \frac{r}{\sqrt{r^2-x^2}}$, 可得表面积为
$$S = 2\pi\int_{-r}^r y_1\sqrt{1+(y'_1)^2}\, dx + 2\pi\int_{-r}^r y_2\sqrt{1+(y'_2)^2}\, dx$$
$$= 2\pi\int_{-r}^r (d+\sqrt{r^2-x^2})\frac{r}{\sqrt{r^2-x^2}}\, dx + 2\pi\int_{-r}^r (d-\sqrt{r^2-x^2})\frac{r}{\sqrt{r^2-x^2}}\, dx$$
$$= 4\pi dr\int_{-r}^r \frac{dx}{\sqrt{r^2-x^2}} = 4\pi dr \arcsin\frac{x}{r}\Big|_{-r}^r = 4\pi^2 dr.$$

4. 解答: 设 A 的坐标为 (x_0, y_0),由于过点 A 的切线与 x 轴成 $45°$ 角,则 $|y'(x_0)| = 1$,可得 $\left|\dfrac{3}{2}\sqrt{x_0}\right| = 1$,因此 $x_0 = \dfrac{4}{9}$,$y_0 = \pm\dfrac{8}{27}$.故点 A 的坐标为 $\left(\dfrac{4}{9}, \dfrac{8}{27}\right)$ 或 $\left(\dfrac{4}{9}, -\dfrac{8}{27}\right)$.

对于 $y = \pm x^{\frac{3}{2}}$,有 $\sqrt{1+(y')^2} = \sqrt{1+\dfrac{9}{4}x}$,因此曲线 L 上原点到点 A 的弧长

$$s = \int_0^{\frac{4}{9}} \sqrt{1+\dfrac{9}{4}x}\,\mathrm{d}x = \dfrac{4}{9} \cdot \dfrac{2}{3}\left(1+\dfrac{9}{4}x\right)^{\frac{3}{2}}\bigg|_0^{\frac{4}{9}} = \dfrac{8}{27}(2\sqrt{2}-1).$$

5. 解答: 旋转体的体积为

$$V = \pi\int_0^1 \left(\dfrac{3a}{2}x^2 + (4-a)x\right)^2\mathrm{d}x = \pi\left(\dfrac{9a^2}{20} + \dfrac{3}{4}a(4-a) + \dfrac{1}{3}(4-a)^2\right),$$

则

$$V' = \pi\left(\dfrac{9a}{10} + \dfrac{3}{4}(4-2a) - \dfrac{2}{3}(4-a)\right),\quad V'' = \pi\left(\dfrac{9}{10} - \dfrac{3}{2} + \dfrac{2}{3}\right) = \dfrac{\pi}{15}.$$

由于 $V' = 0$ 时 $a = -5$,并且 $V'' > 0$,则 V 有唯一的极值点 $a = -5$,且为极小值点,因此 $a = -5$ 时旋转体的体积 V 最小.

6. 解答: 若直线 $y = ax + b$ 与 $y = \ln x$ 相切于 $P(t, \ln t)$,则 $a = \dfrac{1}{t}$,$b = \ln t - 1$.因此

$$I = 6a + 2b - \int_2^4 \ln x\,\mathrm{d}x = \dfrac{6}{t} + 2\ln t + C,$$

其中 C 为常数,不必求出.

由于 $I' = 0 \Rightarrow t = 3$,$I''(3) > 0$,故 $t = 3$ 时 I 最小,此时 $a = \dfrac{1}{3}$,$b = \ln 3 - 1$.

二、计算与解答题

1. 解答: 曲线 Γ 的参数方程为 $\begin{cases} x = \rho\cos\theta = (1+\cos\theta)\cos\theta, \\ y = \rho\sin\theta = (1+\cos\theta)\sin\theta, \end{cases}$则

$$\dfrac{\mathrm{d}y}{\mathrm{d}x} = \dfrac{y'}{x'} = \dfrac{\cos\theta + \cos 2\theta}{-\sin\theta - \sin 2\theta},$$

可得 $\dfrac{\mathrm{d}y}{\mathrm{d}x}\bigg|_{\theta=\frac{\pi}{4}} = 1 - \sqrt{2}$.又 $\theta = \dfrac{\pi}{4}$ 时,$x = \dfrac{1+\sqrt{2}}{2}$,$y = \dfrac{1+\sqrt{2}}{2}$,故切线 L 的方程为

$$y - \dfrac{1+\sqrt{2}}{2} = (1-\sqrt{2})\left(x - \dfrac{1+\sqrt{2}}{2}\right).$$

令 $y = 0$ 得 $x = 2 + \dfrac{3}{2}\sqrt{2}$.如右图,三角形 OPB 的面积为

$$S_1 = \dfrac{1}{2}\left(2 + \dfrac{3}{2}\sqrt{2}\right) \cdot \dfrac{1+\sqrt{2}}{2} = \dfrac{10+7\sqrt{2}}{8},$$

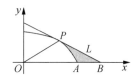

又曲边三角形 OPA 的面积为

$$S_2 = \dfrac{1}{2}\int_0^{\frac{\pi}{4}} \rho^2\,\mathrm{d}\theta = \dfrac{1}{2}\int_0^{\frac{\pi}{4}} (1+\cos\theta)^2\,\mathrm{d}\theta = \dfrac{3}{16}\pi + \dfrac{\sqrt{2}}{2} + \dfrac{1}{8},$$

于是所求图形的面积 $S = S_1 - S_2 = \dfrac{9}{8} + \dfrac{3}{8}\sqrt{2} - \dfrac{3}{16}\pi$.

2. 解答: 设两根细杆位于 x 轴上,左边的细杆为 $0 \leqslant x \leqslant 2$,右边的细杆为 $3 \leqslant x \leqslant 5$.

先考虑右边细杆微元 $[y, y+\mathrm{d}y]$ 对左边细杆微元 $[x, x+\mathrm{d}x]$ 的引力,根据万有引力定律,二者的引力微元为 $G\dfrac{\mathrm{d}x\mathrm{d}y}{(x-y)^2}$;然后考虑整个右边细杆 $3 \leqslant x \leqslant 5$ 对左边细杆微元 $[x, x+\mathrm{d}x]$ 的引力微元,为上面的引

力微元 $G\dfrac{\mathrm{d}x\mathrm{d}y}{(x-y)^2}$ 关于 y 在 $[3,5]$ 上的积分,即

$$G\int_3^5 \dfrac{\mathrm{d}x}{(x-y)^2}\mathrm{d}y = G\Big(\dfrac{1}{3-x}-\dfrac{1}{5-x}\Big)\mathrm{d}x;$$

最后求整个右边细杆 $3\leqslant x\leqslant 5$ 对整个左边细杆 $0\leqslant x\leqslant 2$ 的引力,为上面的引力微元 $G\Big(\dfrac{1}{3-x}-\dfrac{1}{5-x}\Big)\mathrm{d}x$ 关于 x 在 $[0,2]$ 上的积分. 因此所求引力为

$$F = G\int_0^2 \Big(\dfrac{1}{3-x}-\dfrac{1}{5-x}\Big)\mathrm{d}x = G\ln\dfrac{9}{5}.$$

3. 解答: 抛物线 $y = ax^2 + bx + 2\ln c$ 过原点,可得 $c = 1$,则该抛物线与 x 轴及直线 $x = 1$ 所围图形的面积为

$$S = \int_0^1 (ax^2 + bx)\mathrm{d}x = \dfrac{a}{3} + \dfrac{b}{2},$$

由 $S = \dfrac{1}{3}$,可得 $a = 1 - \dfrac{3}{2}b$.

上述图形绕 x 轴旋转的体积为

$$V = \pi\int_0^1 (ax^2 + bx)^2 \mathrm{d}x = \pi\Big(\dfrac{a^2}{5} + \dfrac{ab}{2} + \dfrac{b^2}{3}\Big) = \dfrac{\pi}{30}(b^2 - 3b + 6).$$

由于 $V' = 0$ 时 $b = \dfrac{3}{2}$,$V'' = \dfrac{\pi}{15} > 0$,可知当 $b = \dfrac{3}{2}$ 时旋转体的体积最小,此时

$$a = -\dfrac{5}{4},\quad b = \dfrac{3}{2},\quad c = 1.$$

4. 解答: 因为

$$\int_a^b |x|\,\mathrm{d}x = \int_a^0 (-x)\mathrm{d}x + \int_0^b x\,\mathrm{d}x = \dfrac{1}{2}(a^2 + b^2) = \dfrac{1}{2},$$

故 $a^2 + b^2 = 1$,又由于 $b \geqslant 0$,可得 $b = \sqrt{1-a^2}$.

曲线 $y = x^2 + ax$ 与直线 $y = bx$ 所围成的区域的面积为

$$S = \int_0^{b-a} (bx - x^2 - ax)\mathrm{d}x = \dfrac{1}{6}(b-a)^3,$$

代入 $b = \sqrt{1-a^2}$,有 $S = S(a) = \dfrac{1}{6}\big(\sqrt{1-a^2}-a\big)^3$,求导可得

$$S'(a) = \dfrac{1}{2}\big(\sqrt{1-a^2}-a\big)^2 \cdot \dfrac{-a-\sqrt{1-a^2}}{\sqrt{1-a^2}}.$$

当 $S'(a) = 0$ 时,由于 $a \leqslant 0$,得 $a = -\dfrac{\sqrt{2}}{2}$.

根据 $a^2 + b^2 = 1$,可知 $-1 \leqslant a \leqslant 0$,由于

$$S(-1) = S(0) = \dfrac{1}{6},\quad S\Big(-\dfrac{\sqrt{2}}{2}\Big) = \dfrac{\sqrt{2}}{3},$$

因此所求面积的最大值为 $\dfrac{\sqrt{2}}{3}$,最小值为 $\dfrac{1}{6}$.

5. 解答: 如右图建立坐标系,取球初始位置的球心为坐标原点,垂直向下的方向为 x 轴,虚线表示球取出水面的位置.

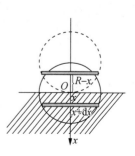

由于球的一半浸入水中,可知上半球不受水的浮力,因此将上半球移动 R 距离到虚线位置,只克服重力做功,记作 W_1,则

$$W_1 = \rho g \cdot \frac{2}{3}\pi R^3 \cdot R = \frac{2}{3}\pi \rho g R^4.$$

对于下半球，其在水中移动时，由于浮力等于重力，不做功，移出水面后，才会克服重力做功. 考虑深度从 x 到 $x+dx$ 的薄层球体(体积近似为 $\pi(R^2-x^2) \cdot dx$)，其向上移动 R 距离时，在水中移动 x 距离，不做功，在水面之上移动 $R-x$ 距离，需克服重力做功. 记下半球移动到虚线位置做功为 W_2，则

$$W_2 = \int_0^R \pi \rho g (R^2 - x^2) \cdot (R-x) dx$$
$$= \pi \rho g \int_0^R (R^3 - R^2 x - Rx^2 + x^3) dx = \frac{5}{12}\pi \rho g R^4.$$

于是，将此球从水中取出需至少做功

$$W = W_1 + W_2 = \frac{2}{3}\pi \rho g R^4 + \frac{5}{12}\pi \rho g R^4 = \frac{13}{12}\pi \rho g R^4.$$

6. 解答： $y = x^2$ 在点 (a, a^2) 处的切线 L 的方程为

$$y = a^2 + 2a(x-a) = 2ax - a^2.$$

计算 L 与抛物线 $y = -x^2 + 4x - 1$ 的交点，即解方程组 $\begin{cases} y = 2ax - a^2, \\ y = -x^2 + 4x - 1, \end{cases}$ 可得

$$x^2 + 2(a-2)x + 1 - a^2 = 0,$$

显然 $\Delta > 0$. 设此方程的两个解为 $x_1, x_2 (x_1 < x_2)$，则由韦达定理，有

$$x_1 \cdot x_2 = 1 - a^2, \quad x_1 + x_2 = 2(2-a), \quad x_2 - x_1 = 2\sqrt{2a^2 - 4a + 3}.$$

抛物线 $y = -x^2 + 4x - 1$ 为凸函数，根据凸函数的性质，可知该抛物线与切线 L 所围图形的面积为

$$S = \int_{x_1}^{x_2} (-x^2 + 4x - 1 - 2ax + a^2) dx$$
$$= (x_2 - x_1)\left[-\frac{1}{3}((x_2+x_1)^2 - x_2 x_1) + (2-a)(x_2+x_1) + a^2 - 1\right]$$
$$= (x_2 - x_1)\frac{2}{3}(2a^2 - 4a + 3) = \frac{4}{3}(2a^2 - 4a + 3)^{\frac{3}{2}}.$$

令 $S' = 2\sqrt{2a^2 - 4a + 3} \cdot (4a - 4) = 0$，解得唯一驻点 $a = 1$，且 $a < 1$ 时 $S' < 0$，$a > 1$ 时 $S' > 0$，所以 $a = 1$ 为极小值点，即最小值点. 于是 $a = 1$ 时切线与抛物线所围的面积最小.

第七章 微分方程

同步检测卷 A

一、单项选择题

1. $y = \sin x + C\cos x$（C 为任意常数）是微分方程 $y'' + y = 0$ 的 （ ）
   A. 通解
   B. 特解
   C. 不是方程的解
   D. 是方程的解，但既非通解也非特解

2. 下面不是可分离变量一阶微分方程的是 （ ）
   A. $y' = x\cos y$
   B. $y' = x + y$
   C. $f(x)g(y)\mathrm{d}x + h(y)\mathrm{d}y = 0$
   D. $(y')^2 - \mathrm{e}^{y+\sin x} = 0$

3. 下面不是齐次微分方程的是 （ ）
   A. $y' = \dfrac{x+y}{x-y}$
   B. $y' = \dfrac{x+y-1}{x-y+1}$
   C. $x^2 y\mathrm{d}x + (x^3 + y^3)\mathrm{d}y = 0$
   D. $y' = \ln x - \ln y + 1$

4. 令 $y' = p(y)$，则微分方程 $y'' + y' \cdot y = 0$ 化为 （ ）
   A. $p \cdot p' + p \cdot y = 0$
   B. $p' + p \cdot y = 0$
   C. $p \cdot p' + y' \cdot p = 0$
   D. $p' + y' \cdot p = 0$

5. 方程 $y'' + y' = 2020$ 的特解形式可以设为 （ ）
   A. $y = Ax^2$
   B. $y = A$
   C. $y = Ax$
   D. $y = 2020x + A$

6. 若 $y_1(x)$ 和 $y_2(x)$ 是方程 $y'' + p(x)y' + q(x)y = 0$ 的两个解，下述说法错误的是 （ ）
   A. $C_1 y_1(x) + C_2 y_2(x)$ 是方程 $y'' + p(x)y' + q(x)y = 0$ 的通解
   B. 若 $\dfrac{y_1(x)}{y_2(x)}\left(\text{或}\dfrac{y_2(x)}{y_1(x)}\right)$ 不恒为常数，则 $C_1 y_1(x) + C_2 y_2(x)$ 是方程 $y'' + p(x)y' + q(x)y = 0$ 的通解
   C. 对任意的常数 a, b，$ay_1(x) + by_2(x)$ 一定是方程 $y'' + p(x)y' + q(x)y = 0$ 的解
   D. 对任意的常数 a, b，$ay_1(x) - by_2(x)$ 一定是方程 $y'' + p(x)y' + q(x)y = 0$ 的解

二、填空题

1. 微分方程 $x^2 dy + y dx = 0$ 满足 $y(1) = e$ 的特解是 $y = $ _____.

2. 微分方程 $y' = \dfrac{y}{x} + x^2$ 满足 $y(1) = 1$ 的特解是 $y = $ _____.

3. 方程 $y'' + 2y = 0$ 的通解为 $y = $ _____.

4. 方程 $y'' + 2y' + y = xe^{-x}$ 的特解形式可以设为 _____.

5. 已知方程 $y' + p(x)y = f(x)$ 有两个特解 $y_1 = \dfrac{e^x(e^x + 1)}{x}$ 及 $y_2 = \dfrac{e^{2x}}{x}$,其通解为 _____.

三、计算与解答题

1. 求方程 $y' = \dfrac{x^2 + y^2}{xy}$ 的通解.

2. 求微分方程 $(x - y^2)dy - ydx = 0$ 的通解,以及满足 $y(1) = 1$ 的特解.

3. 求微分方程 $y' = x^3 y^3 - xy$ 的通解.

4. 求微分方程 $\dfrac{dy}{dx} = \cos(x-y)$ 的通解.

5. 求微分方程 $y \cdot y'' + 2(y')^2 = 0$ 的通解.

6. 求微分方程 $y'' - 5y' + 6y = xe^{2x}$ 的通解.

同步检测卷 B

一、单项选择题

1. 若 $y_1 = e^{-2x}$ 和 $y_2 = e^x$ 是方程 $y'' + ay' + by = 0$ 的两个特解,则 ( )
   A. $a=1, b=-2$ B. $a=-1, b=-2$
   C. $a=-1, b=2$ D. $a=1, b=2$

2. 若 $y_1(x)$ 和 $y_2(x)$ 是方程 $y'' + p(x)y' + q(x)y = f(x)$ 的两个解,则下述说法错误的是 ( )
   A. $y_1(x) + y_2(x)$ 是方程 $y'' + p(x)y' + q(x)y = 2f(x)$ 的解
   B. $y_1(x) - y_2(x)$ 是方程 $y'' + p(x)y' + q(x)y = 0$ 的解
   C. $2y_1(x) - y_2(x)$ 是方程 $y'' + p(x)y' + q(x)y = f(x)$ 的解
   D. $y_1(x) + y_2(x)$ 是方程 $y'' + p(x)y' + q(x)y = f(x)$ 的解

3. 方程 $y'' - y' - 2y = x\sin x$ 的特解形式可以设为 ( )
   A. $y = (Ax+B)\sin x$
   B. $y = (Ax+B)\sin x + (Cx+D)\cos x$
   C. $y = Ax\sin x$
   D. $y = Ax\sin x + Bx\cos x$

4. 特解形式可以设成 $y = ax + b + ce^x$ 的微分方程为 ( )
   A. $y'' + y' - 2y = 2x + e^x$ B. $y'' - 2y' + y = x - e^x$
   C. $y'' - 2y' - 8y = x + 2e^x$ D. $y'' - 2y' = 3x - 2e^x$

5. 设二阶线性非齐次微分方程的三个解是 $x, x+e^x, 1+x+e^x$,则它的通解是 ( )
   A. $C_1 x + C_2(x+e^x) + C_3(1+x+e^x)$ B. $C_1 e^x + C_2(x+e^x) + x$
   C. $C_1 e^x + C_2(1+e^x) + x$ D. $C_1 x + C_2 e^x + 1 + x + e^x$

二、填空题

1. 微分方程 $2yy' - y^2 = 2$ 满足条件 $y(0) = 1$ 的特解为 $y = $ _____.

2. 微分方程 $xy' - y = \dfrac{x}{\ln x}$ 满足条件 $y(e) = 0$ 的特解为 $y = $ _____.

3. 当 $x \geqslant 1$ 时,微分方程 $y' = \dfrac{x}{y} + \dfrac{y}{x}$ 满足条件 $y(1) = 1$ 的特解为 $y = $ _____.

4. 设 y_1, y_2 是一阶线性非齐次微分方程 $y' + p(x)y = q(x)(q(x) \neq 0)$ 的两个特解,若存在常数 λ, μ 使得 $\lambda y_1 + \mu y_2$ 是该方程的解,$\lambda y_1 - \mu y_2$ 是该方程对应的齐次方程的解,则 $\lambda = $ _____, $\mu = $ _____.

5. 微分方程 $x^2 y'' + axy' + by = f(x)$ 可通过变换 _____ 化为常系数线性微分方程,形式为 _____.

三、计算与解答题

1. 求微分方程 $x^2y'' - (y')^2 - 2xy' = 0$ 的通解.

2. 求微分方程 $y'' + \dfrac{2}{1-y}(y')^2 = 0$ 满足 $y(0)=0, y(1)=2$ 的特解.

3. 已知 $y_1 = xe^x + e^{2x}, y_2 = xe^x + e^{-x}, y_3 = xe^x + e^{2x} - e^{-x}$ 是某二阶常系数线性非齐次微分方程的三个解,试求此微分方程.

4. 设曲线 $y = y(x)$ 上任意点 $P(x,y)$ 处的切线在 y 轴上的截距等于同点处法线在 x 轴上的截距，求此曲线方程.

5. 用变量代换 $x = \cos t (0 \leqslant t \leqslant \pi)$ 化简微分方程 $(1-x^2)y'' - xy' + y = 0$，并求该微分方程满足 $y\big|_{x=0} = 1, y'\big|_{x=0} = 2$ 的特解.

6. 设 $f(x) = \sin x - \int_0^x (x-t)f(t)\mathrm{d}t$，其中 f 为连续函数，求 $f(x)$.

同步检测卷 C

一、填空题

1. 微分方程 $y\mathrm{d}x+(x-3y^2)\mathrm{d}y=0$ 满足条件 $y\big|_{x=1}=1$ 的解为 $y=$ _____.

2. 已知 $y(x)$ 满足方程 $y'(x)+xy'(-x)=x$,则 $y(x)=$ _____.

3. 设四阶常系数线性齐次微分方程有一个解为 $y_1=x\mathrm{e}^x\cos2x$,则通解为 _____.

4. 微分方程 $x^2\dfrac{\mathrm{d}y}{\mathrm{d}x}=x^2y^2+xy+1$ 的通解为 _____.

5. 微分方程 $(x+y-3)\mathrm{d}y-(x-y+1)\mathrm{d}x=0$ 的通解为 _____.

6. 已知 $f'(0)=1$ 存在,对任意的实数 $x,y,f(x)$ 满足等式 $f(x+y)=\dfrac{f(x)+f(y)}{1-f(x)f(y)}$,则 $f(x)=$ _____.

二、计算与解答题

1. 设函数 $y=f(x)$ 由参数方程 $\begin{cases}x=2t+t^2,\\y=\varphi(t)\end{cases}(t>-1)$ 所确定,其中 $\varphi(t)$ 具有二阶导数,且 $\varphi(1)=3,\varphi'(1)=6$,已知 $\dfrac{\mathrm{d}^2y}{\mathrm{d}x^2}=\dfrac{3}{4(1+t)}$,求函数 $\varphi(t)$.

2. 设曲线 C 经过点 $(0,1)$，且位于 x 轴上方，就数值而言，C 上任何两点之间的弧长都等于该弧以及它在 x 轴上的投影为边的曲边梯形的面积，求曲线 C 的方程.

3. 设 $y = y(x)$ 是区间 $(-\pi,\pi)$ 内过点 $\left(-\dfrac{\pi}{\sqrt{2}}, \dfrac{\pi}{\sqrt{2}}\right)$ 的光滑曲线，当 $-\pi < x < 0$ 时，曲线上任一点处的法线都过原点，当 $0 \leqslant x < \pi$ 时，$y(x)$ 满足 $y'' + y + x = 0$，求 $y(x)$ 的表达式.

4. 求微分方程 $(x+2)^2 \dfrac{\mathrm{d}^3 y}{\mathrm{d} x^3} + (x+2) \dfrac{\mathrm{d}^2 y}{\mathrm{d} x^2} + \dfrac{\mathrm{d} y}{\mathrm{d} x} = 1$ 的通解.

5. 设微分方程 $\dfrac{\mathrm{d} y}{\mathrm{d} x} + ay = f(x)$,其中 $a > 0$ 为常数,$f(x)$ 为以 2π 为周期的连续函数,求此微分方程的 2π 周期解.

6. 设函数 f 二阶可导,对于任意实数 x,y 满足函数方程
$$f^2(x) - f^2(y) = f(x+y)f(x-y),$$
求函数 f 的表达式.

三、证明题

设二阶常系数非齐次线性微分方程为 $y'' + py' + qy = f(x)$,其中 p,q 为常数,其对应的齐次方程的特征根分别为 r_1, r_2,证明:该方程的通解为
$$y = e^{r_1 x}\left(\int e^{-r_1 x}\left(e^{r_2 x}\int e^{-r_2 x}f(x)\mathrm{d}x + C_1\right)\mathrm{d}x + C_2\right).$$

参考答案

同步检测卷 A

一、单项选择题

1. 解答:由 $y = \sin x + C\cos x$ 可得
$$y' = \cos x - C\sin x, \quad y'' = -\sin x - C\cos x,$$
满足了方程 $y'' + y = 0$,故 $y = \sin x + C\cos x$ 是方程的解.

由于二阶微分方程的通解要含有两个相互独立的任意常数,$y = \sin x + C\cos x$ 只含有一个任意常数 C,故非通解,因此答案为 D.

2. 解答:对于 A 中的方程 $y' = x\cos y$,可化为 $\dfrac{dy}{\cos y} = x\,dx$;

对于 C 中的方程 $f(x)g(y)dx + h(y)dy = 0$,可化为 $f(x)dx = -\dfrac{h(y)}{g(y)}dy$;

对于 D 中的方程 $(y')^2 - e^{y+\sin x} = 0$,可化为 $e^{-\frac{1}{2}y}dy = e^{\frac{\sin x}{2}}dx$.

对于 B 中的方程 $y' = x + y$,无法分离变量,故答案为 B.

3. 解答:对于 A 中的方程 $y' = \dfrac{x+y}{x-y}$,可化为 $y' = \left(1 + \dfrac{y}{x}\right) \big/ \left(1 - \dfrac{y}{x}\right)$;

对于 C 中的方程 $x^2 y\,dx + (x^3 + y^3)dy = 0$,可化为 $\dfrac{y}{x}dx + \left[1 + \left(\dfrac{y}{x}\right)^3\right]dy = 0$;

对于 D 中的方程 $y' = \ln x - \ln y + 1$,可化为 $y' = -\ln \dfrac{y}{x} + 1$.

对于 B 中的方程 $y' = \dfrac{x+y-1}{x-y+1}$,无法直接化为 $y' = f\left(\dfrac{y}{x}\right)$ 的形式,故答案为 B.

4. 解答:若令 $y' = p(y)$,则
$$y'' = \dfrac{dp(y)}{dx} = \dfrac{dp(y)}{dy} \cdot \dfrac{dy}{dx} = p'(y) \cdot y' = p' \cdot p,$$
因此方程 $y'' + y' \cdot y = 0$ 化为 $p \cdot p' + p \cdot y = 0$,答案为 A.

5. 解答:方程 $y'' + y' = 2020$ 对应的齐次方程为 $y'' + y' = 0$,其特征方程为 $\lambda^2 + \lambda = 0$,两个特征根分别为 $\lambda = 0$ 和 $\lambda = 1$.由于 $\lambda = 0$ 为单特征根,2020 为零阶多项式,故特解形式可设为 $y = Ax$,因此答案为 C.

6. 解答:方程 $y'' + p(x)y' + q(x)y = 0$ 为二阶线性齐次微分方程,其通解为两个线性无关解的线性组合. 若 $y_1(x)$ 和 $y_2(x)$ 为其两个解,且 $\dfrac{y_1(x)}{y_2(x)}$ (或 $\dfrac{y_2(x)}{y_1(x)}$) 不恒为常数,则 $y_1(x)$ 和 $y_2(x)$ 是方程的两个线性无关解,通解为 $C_1 y_1(x) + C_2 y_2(x)$,故 B 正确;而 A 没有确定 $y_1(x)$ 和 $y_2(x)$ 是否为方程的两个线性无关解,故不正确;对于 C 和 D,线性齐次微分方程任意两个解的线性组合仍为其解,故都正确. 因此答案为 A.

二、填空题

1. 解答:方程 $x^2 dy + y\,dx = 0$ 分离变量为 $\dfrac{dy}{y} = -\dfrac{dx}{x^2}$,等号两边同时积分可得
$$\ln|y| = \dfrac{1}{x} + C, \quad 即 \quad y = \pm e^{\frac{1}{x}+C},$$
由于 $y(1) = e$,可得方程的特解为 $y = e^{\frac{1}{x}}$.

2. 解答:方程 $y' = \dfrac{y}{x} + x^2$ 为一阶线性微分方程,化为标准形式为 $y' - \dfrac{1}{x}y = x^2$.

取 $p(x) = -\dfrac{1}{x}, q(x) = x^2$,由一阶线性微分方程的通解公式,可得通解为

$$y = e^{-\int p(x)dx}\left(\int e^{\int p(x)dx}q(x)dx + C\right) = e^{\int \frac{dx}{x}}\left(\int e^{-\int \frac{dx}{x}} \cdot x^2 dx + C\right)$$

$$= x\left(\int x dx + C\right) = x\left(\dfrac{1}{2}x^2 + C\right),$$

由于 $y(1) = 1$,可得 $C = \dfrac{1}{2}$,故所求特解为 $y = \dfrac{x}{2}(1 + x^2)$.

3. 解答:方程 $y'' + 2y = 0$ 为二阶常系数线性齐次微分方程,其特征方程为
$$\lambda^2 + 2 = 0,$$
特征根为一对共轭复根 $\lambda = \pm\sqrt{2}i$,因此通解为 $y = C_1\sin(\sqrt{2}x) + C_2\cos(\sqrt{2}x)$.

4. 解答:方程 $y'' + 2y' + y = xe^{-x}$ 对应的齐次方程为 $y'' + 2y' + y = 0$,其特征方程为
$$\lambda^2 + 2\lambda + 1 = 0,$$
特征根为二重实根 $\lambda = -1$. 由于自由项 xe^{-x} 对应了二重特征根 $\lambda = -1$,同时 x 为一次多项式,故特解形式可以设为 $y = x^2(Ax + B)e^{-x}$.

5. 解答:由于 $y_1 = \dfrac{e^x(e^x + 1)}{x}$ 及 $y_2 = \dfrac{e^{2x}}{x}$ 是 $y' + p(x)y = f(x)$ 的两个特解,由叠加原理,知

$$y_1 - y_2 = \dfrac{e^x(e^x + 1)}{x} - \dfrac{e^{2x}}{x} = \dfrac{e^x}{x}$$

是齐次方程 $y' + p(x)y = 0$ 的非零解,因此非齐次方程 $y' + p(x)y = f(x)$ 的通解为

$$y = C\dfrac{e^x}{x} + \dfrac{1}{x}e^{2x}.$$

三、计算与解答题

1. 解答:原方程为齐次方程,$y' = \dfrac{x^2 + y^2}{xy} = \left[1 + \left(\dfrac{y}{x}\right)^2\right]\bigg/\left(\dfrac{y}{x}\right)$,令 $u = \dfrac{y}{x}$,则

$$y' = xu' + u = \dfrac{1 + u^2}{u},$$

化简后分离变量可得 $udu = \dfrac{dx}{x}$,积分后通解为 $\dfrac{1}{2}u^2 = \ln|x| + C_1$,再代入 $u = \dfrac{y}{x}$ 并化简后,所求方程的通解为 $x = C\exp\left(\dfrac{y^2}{2x^2}\right)$.

2. 解答:如果视 y 为未知函数,微分方程 $(x - y^2)dy - ydx = 0$ 不是一阶线性方程. 若将 x 视为 y 的函数,即以 x 为未知函数,则方程化为一阶线性方程

$$\dfrac{dx}{dy} - \dfrac{x}{y} = -y.$$

取 $p(y) = -1/y, q(y) = -y$,由一阶线性微分方程的通解公式,可得通解为

$$x = e^{-\int p(y)dy}\left(\int e^{\int p(y)dy}q(y)dy + C\right) = e^{\int \frac{dy}{y}}\left(\int e^{-\int \frac{dy}{y}} \cdot (-y)dy + C\right)$$

$$= y\left(-\int dy + C\right) = y(C - y).$$

又由于 $y = 1$ 时 $x = 1$,可得 $C = 2$,因此所求的特解为 $x = y(2 - y)$.

3. 解答:该方程为 $n = 3$ 的伯努利方程,令 $u = y^{-2}$,则方程化为

$$\dfrac{du}{dx} - 2xu = -2x^3,$$

利用一阶线性方程的通解公式,可得
$$u = e^{\int 2x dx}\left(-2\int e^{\int -2x dx}x^3 dx + C\right) = Ce^{x^2} + x^2 + 1,$$
因此所求方程的通解为 $(Ce^{x^2} + x^2 + 1)y^2 = 1$.

4. 解答： 考虑使用换元法将所求微分方程化为可分离变量方程. 令 $u = x - y$, 则方程化为
$$1 - \frac{du}{dx} = \cos u,$$
分离变量可得
$$\frac{du}{1-\cos u} = dx,$$
两边同时积分,有 $-\cot\frac{u}{2} = x + C$, 再代入 $u = x - y$ 可得隐式通解为
$$\cot\frac{y-x}{2} = x + C.$$

5. 解答： 微分方程 $y \cdot y'' + 2(y')^2 = 0$ 不显含 x, 以 y 为自变量, 令 $y' = p(y)$, 原方程化为
$$y \cdot p' = -2p,$$
分离变量可得 $\frac{dp}{p} = -2\frac{dy}{y}$, 两边同时积分有 $\ln|p| = -2\ln|y| + C$, 化简后可得上述方程的通解为
$$p = \frac{C_1}{y^2}, \quad 即 \quad \frac{dy}{dx} = \frac{C_1}{y^2},$$
对上式继续分离变量可得 $y^2 dy = C_1 dx$, 积分后, 得到原方程的通解为 $\frac{y^3}{3} = C_1 x + C_2$.

注： 上述通解亦可写为 $y = \sqrt[3]{C_1 x + C_2}$.

6. 解答： 该微分方程对应的齐次方程为 $y'' - 5y' + 6y = 0$, 其特征方程为
$$\lambda^2 - 5\lambda + 6 = (\lambda - 2)(\lambda - 3) = 0,$$
故特征根为 $\lambda = 2, 3$, 且均为单根, 从而原方程相应齐次方程的通解为
$$y(x) = C_1 e^{2x} + C_2 e^{3x}.$$
由于自由项为 xe^{2x}, 对应了特征方程的单根 $\lambda = 2$, 注意到 x 为一次多项式, 因此非齐次方程 $y'' - 5y' + 6y = xe^{2x}$ 的特解可以设为
$$y^* = x(B_0 x + B_1)e^{2x}.$$
由于
$$(y^*)' = (2B_0 x^2 + 2B_1 x + 2B_0 x + B_1)e^{2x},$$
$$(y^*)'' = (4B_0 x^2 + 4B_1 x + 8B_0 x + 4B_1 + 2B_0)e^{2x},$$
代入原方程,可得
$$(4B_0 x^2 + 4B_1 x + 8B_0 x + 4B_1 + 2B_0)e^{2x} - 5(2B_0 x^2 + 2B_1 x + 2B_0 x + B_1)e^{2x}$$
$$+ 6(B_0 x^2 + B_1 x)e^{2x} = xe^{2x},$$
化简后为
$$(-2B_0 x + 2B_0 - B_1)e^{2x} = xe^{2x},$$
消去 e^{2x}, 比较两边系数可得 $B_0 = -\frac{1}{2}, B_1 = -1$, 于是特解为
$$y^* = -\left(\frac{1}{2}x^2 + x\right)e^{2x},$$
原方程的通解为
$$y(x) = C_1 e^{2x} + C_2 e^{3x} - \left(\frac{1}{2}x^2 + x\right)e^{2x}.$$

同步检测卷 B

一、单项选择题

1. 解答: 方程 $y''+ay'+by=0$ 的特征方程为 $\lambda^2+a\lambda+b=0$,由于 $y_1=e^{-2x}$ 和 $y_2=e^x$ 是方程 $y''+ay'+by=0$ 的两个特解,故特征根为 $\lambda=-2,1$. 根据一元二次方程根与系数的关系(韦达定理)可得
$$a=-(-2+1)=1,\quad b=(-2)\cdot 1=-2,$$
故答案为 A.

2. 解答: 由 $y_1(x)$ 和 $y_2(x)$ 是方程 $y''+p(x)y'+q(x)y=f(x)$ 的解可知
$$y_1''+p(x)y_1'+q(x)y_1=f(x),\quad y_2''+p(x)y_2'+q(x)y_2=f(x),$$
两式作线性运算,分别有
$$(y_1+y_2)''+p(x)(y_1+y_2)'+q(x)(y_1+y_2)=f(x)+f(x)=2f(x),$$
$$(y_1-y_2)''+p(x)(y_1-y_2)'+q(x)(y_1-y_2)=f(x)-f(x)=0,$$
$$(2y_1-y_2)''+p(x)(2y_1-y_2)'+q(x)(2y_1-y_2)=2f(x)-f(x)=f(x),$$
因此 A,B,C 是正确的,而 D 错误,故答案为 D.

3. 解答: 方程 $y''-y'-2y=x\sin x$ 对应的齐次方程为 $y''-y'-2y=0$,其特征方程为 $\lambda^2-\lambda-2=0$,两个特征根分别为 $\lambda=-1$ 和 $\lambda=2$. 由于自由项为 $x\sin x$,特征方程无复特征根,同时 x 为一阶多项式,故特解形式可设为
$$y=(Ax+B)\sin x+(Cx+D)\cos x,$$
因此答案为 B.

4. 解答: 可以将特解分为两部分 $y_1=ax+b$ 和 $y_2=ce^x$,分别对应特征根 0 或 1,只有当特征方程的根不为 0,1 时,特解形式才可以设为 $y=ax+b+ce^x$.

对于 A,其特征方程为 $\lambda^2+\lambda-2=0$,特征根为 $\lambda=-2,1$;

对于 B,其特征方程为 $\lambda^2-2\lambda+1=0$,特征根为重根 $\lambda=1$;

对于 C,其特征方程为 $\lambda^2-2\lambda-8=0$,特征根为 $\lambda=-2,4$;

对于 D,其特征方程为 $\lambda^2-2\lambda=0$,特征根为 $\lambda=0,2$.

可以看出,只有 C 中方程的特征根不为 0 或 1,答案为 C.

5. 解答: 根据解的叠加原理,线性非齐次方程的两个解之差为对应齐次方程的解,由
$$x+e^x-x=e^x,\quad 1+x+e^x-(x+e^x)=1$$
知 $\{1,e^x\}$ 为齐次方程的两个解,显然 $1+e^x$ 也为齐次方程的解.

选项 A 是三个非齐次方程解的线性组合,不是非齐次微分方程的通解;

选项 B 是齐次方程的解 e^x 和非齐次方程的解 $x+e^x$ 的线性组合,再加上非齐次方程的解 x,不是非齐次微分方程的通解;

选项 C 是两个齐次方程解 e^x 和 $1+e^x$ 的线性组合,加上一个非齐次方程的解 x,同时这两个齐次方程解是线性无关的,因此为非齐次微分方程的通解;

选项 D 是齐次方程的解 e^x 和非齐次方程的解 x 的线性组合,再加上非齐次方程的解 $1+x+e^x$,不是非齐次微分方程的通解.

综上可知答案为 C.

二、填空题

1. 解答: 由于 $2yy'=(y^2)'$,令 $p=y^2$,则原方程化为 $p'-p=2$,分离变量化为
$$\frac{dp}{2+p}=dx,$$

积分可得 $\ln|p+2| = x + C_1$,即 $p = Ce^x - 2$,原方程的通解为 $y^2 = Ce^x - 2$.

由于 $y(0) = 1$,则 $C = 3$,可得特解为 $y = \sqrt{3e^x - 2}$.

2. 解答: 方程化为 $y' - \dfrac{1}{x}y = \dfrac{1}{\ln x}$,为一阶线性微分方程,取 $p(x) = -\dfrac{1}{x}$,$q(x) = \dfrac{1}{\ln x}$,由一阶线性微分方程的通解公式,可得通解为

$$y = e^{-\int p(x)dx}\left(\int e^{\int p(x)dx}q(x)dx + C\right) = e^{\int \frac{dx}{x}}\left(\int e^{-\int \frac{dx}{x}} \cdot \frac{1}{\ln x}dx + C\right)$$
$$= x\left(\int \frac{1}{x\ln x}dx + C\right) = x(\ln(\ln x) + C).$$

由于 $y(e) = 0$,可得 $C = 0$,故所求特解为 $y = x\ln(\ln x)$.

3. 解答: 微分方程 $y' = \dfrac{x}{y} + \dfrac{y}{x}$ 为齐次方程,令 $u = \dfrac{y}{x}$,则 $y' = u + xu'$,原方程化为

$$u + xu' = \frac{1}{u} + u,$$

化简后为 $uu' = \dfrac{1}{x}$,可得 $u^2 = 2\ln x + C$,代入 $u = \dfrac{y}{x}$ 可得通解为 $y^2 = x^2(2\ln x + C)$.

当 $y(1) = 1$ 时,$C = 1$,故 $x \geqslant 1$ 时,$y = x\sqrt{2\ln x + 1}$.

4. 解答: 根据线性微分方程解的叠加原理,若 $\lambda y_1 + \mu y_2$ 是该方程的解,则 $\lambda + \mu = 1$;若 $\lambda y_1 - \mu y_2$ 是该方程对应的齐次方程的解,则 $\lambda = \mu$. 因此有 $\lambda = \mu = \dfrac{1}{2}$.

5. 解答: 方程 $x^2 y'' + axy' + by = f(x)$ 为欧拉方程,做变换 $x = e^t$,可得

$$y' = \frac{dy}{dx} = \frac{dy}{dt} \cdot \frac{dt}{dx} = \frac{dy}{dt} \cdot \frac{1}{\frac{dx}{dt}} = \frac{dy}{dt} \cdot \frac{1}{e^t} = \frac{1}{x}\frac{dy}{dt},$$

$$y'' = \frac{dy'}{dx} = \frac{d\left(\frac{1}{x}\frac{dy}{dt}\right)}{dt} \cdot \frac{dt}{dx} = \frac{1}{x}\left(-\frac{1}{x^2}\frac{dx}{dt}\frac{dy}{dt} + \frac{1}{x}\frac{d^2 y}{dt^2}\right) = \frac{1}{x^2}\left(\frac{d^2 y}{dt^2} - \frac{dy}{dt}\right),$$

因此原方程化为

$$\left(\frac{d^2 y}{dt^2} - \frac{dy}{dt}\right) + a\frac{dy}{dt} + by = f(e^t),$$

即为常系数线性微分方程方程 $\dfrac{d^2 y}{dt^2} + (a-1)\dfrac{dy}{dt} + by = f(e^t)$.

注: 记 $D^k = \dfrac{d^k}{dt^k}(k = 0,1,2,\cdots)$,则 $xy' = Dy$,$x^2 y'' = (D^2 - D)y = D(D-1)y$,一般有

$$x^k y^{(k)} = x^k \frac{d^k y}{dx^k} = D(D-1)\cdots(D-k+1)y.$$

三、计算与解答题

1. 解答: 令 $y' = p(x)$,则方程化为 $p' - \dfrac{2}{x}p = \dfrac{1}{x^2}p^2$. 这是 $n = 2$ 的伯努利方程,令 $u = \dfrac{1}{p}$,可化为一阶线性方程 $u' + \dfrac{2}{x}u = -\dfrac{1}{x^2}$,其通解为

$$u = e^{-\int \frac{2}{x}dx}\left(-\int \frac{1}{x^2} \cdot e^{\int \frac{2}{x}dx}dx + C\right) = \frac{1}{x^2}(-x + C_1).$$

再由 $u = \dfrac{1}{p} = \dfrac{1}{y'}$,可得 $\dfrac{1}{y'} = \dfrac{C_1 - x}{x^2}$,即 $\dfrac{dy}{dx} = \dfrac{x^2}{C_1 - x}$,故所求微分方程的通解为

$$y = -\frac{1}{2}(C_1 + x)^2 - C_1^2 \ln(C_1 - x) + C_2.$$

注：方程 $p' - \frac{2}{x}p = \frac{1}{x^2}p^2$ 也可看作齐次方程求解 $\left(\text{令 } u = \frac{p}{x}\right)$.

2. 解答：令 $y' = p(y)$，则 $y'' = pp'$，于是方程化为 $pp' + \frac{2}{1-y}p^2 = 0$. 分离变量，可得

$$\frac{1}{p}\mathrm{d}p = \frac{2}{y-1}\mathrm{d}y,$$

两边积分，有 $\ln|p| = 2\ln|y-1| + C$，化简后为 $p = C_1(y-1)^2$，即 $y' = C_1(y-1)^2$. 继续分离变量，可得

$$\frac{1}{(y-1)^2}\mathrm{d}y = C_1\mathrm{d}x,$$

两边积分，可得方程的通解为 $-\frac{1}{y-1} = C_1 x + C_2$.

代入 $y(0) = 0, y(1) = 2$，可得 $C_1 = -2, C_2 = 1$，故所求特解为

$$y = 1 - \frac{1}{C_1 x + C_2} = 1 - \frac{1}{-2x+1} = \frac{2x}{2x-1}.$$

3. 解答：根据二阶线性微分方程解的结构的有关知识，由于 y_1, y_2, y_3 为非齐次方程的解，则 $y_1 - y_2 = e^{2x} - e^{-x}$ 和 $y_1 - y_3 = e^{-x}$ 是相应齐次方程的解，故 e^{2x} 与 e^{-x} 是相应齐次方程两个线性无关的解，且 xe^x 是非齐次方程的一个特解.

由此可得 $\lambda = 2$ 与 $\lambda = -1$ 是特征方程的两个实根，因此特征方程为

$$(\lambda - 2)(\lambda + 1) = \lambda^2 - \lambda - 2 = 0,$$

从而可设所求的二阶线性非齐次方程为 $y'' - y' - 2y = f(x)$. 将 $y = xe^x$ 代入该方程，得

$$f(x) = (xe^x)'' - (xe^x)' - 2xe^x = 2e^x + xe^x - e^x - xe^x - 2xe^x = (1-2x)e^x,$$

因此所求方程为 $y'' - y' - 2y = (1-2x)e^x$.

4. 解答：$y = y(x)$ 上点 $P(x,y)$ 处的切线方程为

$$Y = y + y'(x)(X - x),$$

当 $X = 0$ 时，得切线在 y 轴上的截距为 $Y = y - y'(x)x$.

又 $y = y(x)$ 上点 $P(x,y)$ 处的法线方程为

$$Y = y - \frac{1}{y'(x)}(X - x),$$

当 $Y = 0$ 时，得法线在 x 轴上的截距为 $X = y'(x)y + x$.

由已知，$y - y'(x)x = y'(x)y + x$，即 $y' = \frac{y-x}{y+x}$. 这是齐次微分方程，令 $u = \frac{y}{x}$，则 $y' = u + xu'$，上述微分方程化为 $u + xu' = \frac{u-1}{u+1}$，化简后分离变量为

$$\frac{1+u}{1+u^2}\mathrm{d}u = -\frac{\mathrm{d}x}{x},$$

上式两边积分可得 $\arctan u + \frac{1}{2}\ln(1+u^2) = -\ln|x| + C$，再代入 $u = \frac{y}{x}$ 可得曲线方程为

$$\arctan \frac{y}{x} + \ln\sqrt{x^2+y^2} = C.$$

5. 解答：若 $x = \cos t$，由链式法则，$y' = \frac{\mathrm{d}y}{\mathrm{d}t} \cdot \frac{\mathrm{d}t}{\mathrm{d}x} = -\frac{1}{\sin t}\frac{\mathrm{d}y}{\mathrm{d}t}$，以及

$$y'' = \frac{\mathrm{d}y'}{\mathrm{d}t} \cdot \frac{\mathrm{d}t}{\mathrm{d}x} = -\frac{1}{\sin t} \cdot \left(\frac{\cos t}{\sin^2 t}\frac{\mathrm{d}y}{\mathrm{d}t} - \frac{1}{\sin t}\frac{\mathrm{d}^2 y}{\mathrm{d}t^2}\right),$$

代入原方程，得 $\frac{\mathrm{d}^2 y}{\mathrm{d}t^2} + y = 0$.

这是一个二阶常系数齐次微分方程,其通解为
$$y = C_1\cos t + C_2\sin t,$$
又当 $0 \leqslant t \leqslant \pi$ 时,$\cos t = x, \sin t = \sqrt{1-x^2}$,则所求微分方程的通解为
$$y = C_1 x + C_2 \sqrt{1-x^2}.$$
根据初始条件 $y\Big|_{x=0} = 1, y'\Big|_{x=0} = 2$,可得 $C_1 = 2, C_2 = 1$,故满足条件的特解为
$$y = 2x + \sqrt{1-x^2}.$$

6. 解答: 由已知,$f(0) = 0$. 等式两边求导得
$$f'(x) = \cos x - \int_0^x f(t)\mathrm{d}t - xf(x) + xf(x),$$
因此 $f'(0) = 1$. 再次求导可得 $f''(x) = -\sin x - f(x)$,即
$$f''(x) + f(x) = -\sin x.$$
这是二阶常系数非齐次微分方程,其特征方程为 $\lambda^2 + 1 = 0$,可得特征根 $\lambda = \pm\mathrm{i}$,因此其对应齐次方程的通解为 $y(x) = C_1\sin x + C_2\cos x$.

由于自由项为 $-\sin x$,i 是特征方程的单根,可取特解形式为
$$y^* = x(A\sin x + B\cos x),$$
求导后代入原方程,化简得 $-2B\sin x + 2A\cos x = -\sin x$,因此 $A = 0, B = \dfrac{1}{2}$,所求方程的通解为
$$f(x) = C_1\sin x + C_2\cos x + \dfrac{x}{2}\cos x.$$
由 $f(0) = 0, f'(0) = 1$,可得 $C_1 = \dfrac{1}{2}, C_2 = 0$,因此
$$f(x) = \dfrac{1}{2}\sin x + \dfrac{x}{2}\cos x.$$

同步检测卷 C

一、填空题

1. 解答: 微分方程 $y\mathrm{d}x + (x - 3y^2)\mathrm{d}y = 0$ 可化为
$$\dfrac{\mathrm{d}x}{\mathrm{d}y} + \dfrac{1}{y}x = 3y,$$
这是关于未知函数 $x = x(y)$ 的一阶线性微分方程,其通解为
$$x = \mathrm{e}^{-\int \frac{1}{y}\mathrm{d}y}\left(\int 3y \cdot \mathrm{e}^{\int \frac{1}{y}\mathrm{d}y}\mathrm{d}y + C\right) = \dfrac{1}{y}\left(\int 3y^2\mathrm{d}y + C\right) = y^2 + \dfrac{C}{y},$$
又因为 $y = 1$ 时 $x = 1$,解得 $C = 0$,故 $x = y^2$,即 $y = \sqrt{x}$.

2. 解答: 令 $t = -x$,则原方程化为 $y'(-t) - ty'(t) = -t$,即 $y'(-x) - xy'(x) = -x$,可得
$$xy'(-x) - x^2 y'(x) = -x^2,$$
与原方程相减可得
$$y'(x) = \dfrac{x + x^2}{1 + x^2} = 1 + \dfrac{x}{1+x^2} - \dfrac{1}{1+x^2},$$
因此 $y(x) = x - \arctan x + \dfrac{1}{2}\ln(1+x^2) + C$.

3. 解答: 根据 $y_1 = x\mathrm{e}^x\cos 2x$ 是常系数线性齐次微分方程的解,可知 $1 \pm 2\mathrm{i}$ 为特征方程的二重根,因此其四个线性无关解为

$$e^x\sin 2x, \quad e^x\cos 2x, \quad xe^x\sin 2x, \quad xe^x\cos 2x,$$

因此该四阶常系数线性齐次微分方程的通解为

$$e^x[(C_1+C_2x)\cos 2x+(C_3+C_4x)\sin 2x].$$

4. 解答: 令 $u=xy$,则 $\dfrac{du}{dx}=y+x\dfrac{dy}{dx}$,即 $\dfrac{dy}{dx}=\dfrac{1}{x}\dfrac{du}{dx}-\dfrac{y}{x}$,于是方程化为

$$x\dfrac{du}{dx}=u^2+2u+1,$$

分离变量可得 $\dfrac{du}{(u+1)^2}=\dfrac{dx}{x}$,两边同时积分,有 $-\dfrac{1}{u+1}=\ln|x|+C$,再代入 $u=xy$,可得方程的通解为

$$y=-\dfrac{1}{x}-\dfrac{1}{Cx+x\ln|x|}.$$

5. 解答: (方法 1)令 $\begin{cases}X=x-1,\\Y=y-2,\end{cases}$ 原方程化为 $\dfrac{dY}{dX}=\dfrac{X-Y}{X+Y}$,是一阶齐次方程.

令 $Z=\dfrac{Y}{X}$,上述方程化为 $X\dfrac{dZ}{dX}=\dfrac{1-2Z-Z^2}{1+Z}$,分离变量可得

$$\dfrac{1+Z}{Z^2+2Z-1}dZ=-\dfrac{dX}{X},$$

上式两边积分可得 $\dfrac{1}{2}\ln|Z^2+2Z-1|=-\ln|X|+C_1$,再代入 $Z=\dfrac{Y}{X}$,$X=x-1$,$Y=y-2$ 可得

$$(x-1)^2-2(x-1)(y-2)-(y-2)^2=C_2,$$

展开后将常数合并入 C_2 即得通解为

$$x^2-2xy-y^2+2x+6y=C.$$

(方法 2)去括号后原方程可化为

$$ydy-xdx+(xdy+ydx)-3dy+dx=0,$$

由于 $xdy+ydx=d(xy)$,则由微分的四则运算,可得

$$\dfrac{1}{2}d(y^2-x^2+2xy-6y-2x)=0,$$

因此通解为 $x^2-2xy-y^2+2x+6y=C$.

6. 解答: 将 $x=0$ 代入等式可得 $f(0)=\dfrac{2f(0)}{1-f^2(0)}$,即 $f(0)=0$. 因 $\lim\limits_{y\to 0}\dfrac{f(y)}{y}=f'(0)=1$,故

$$f'(x)=\lim_{y\to 0}\dfrac{f(x+y)-f(x)}{y}=\lim_{y\to 0}\dfrac{\dfrac{f(x)+f(y)}{1-f(x)f(y)}-f(x)}{y}$$

$$=(1+f^2(x))\lim_{y\to 0}\left[\dfrac{f(y)}{y}\cdot\dfrac{1}{1-f(x)f(y)}\right]=1+f^2(x),$$

因此 $\arctan f(x)=x+C$,再由 $f(0)=0$ 即得 $f(x)=\tan x$.

二、计算与解答题

1. 解答: 由于

$$\dfrac{dy}{dx}=\dfrac{\varphi'(t)}{2+2t},\quad \dfrac{d^2y}{dx^2}=\dfrac{\left(\dfrac{\varphi'(t)}{2+2t}\right)'}{2+2t}=\dfrac{(1+t)\varphi''(t)-\varphi'(t)}{4(1+t)^3},$$

可得 $\varphi(t)$ 满足微分方程 $\dfrac{(1+t)\varphi''(t)-\varphi'(t)}{4(1+t)^3}=\dfrac{3}{4(1+t)}$,化简后二阶微分方程为

$$\varphi''(t)-\dfrac{1}{1+t}\varphi'(t)=3(1+t).$$

令 $u = \varphi'(t)$，方程化为一阶线性方程 $u' - \dfrac{1}{1+t}u = 3(1+t)$，通解为

$$u = e^{\int \frac{1}{1+t}dt}\left[\int 3(1+t)e^{-\int \frac{1}{1+t}dt}dt + C_1\right] = (1+t)(3t+C_1),$$

由于 $u(1) = \varphi'(1) = 6$，可得 $C_1 = 0$，因此 $\varphi'(t) = u = 3t(1+t)$，故

$$\varphi(t) = \dfrac{3}{2}t^2 + t^3 + C_2.$$

再由 $\varphi(1) = 3$，可得 $C_2 = \dfrac{1}{2}$，因此 $\varphi(t) = \dfrac{3}{2}t^2 + t^3 + \dfrac{1}{2}$.

2. 解答：设曲线 C 的方程为 $y = y(x)$，由题意得 $y(0) = 1$，且

$$\int_0^x \sqrt{1+(y')^2}\,dx = \int_0^x y(x)\,dx,$$

两边求导得 $\sqrt{1+(y')^2} = y$，是可分离变量微分方程，化为 $\dfrac{dy}{\sqrt{y^2-1}} = \pm dx$. 再两边积分可得

$$\ln(y + \sqrt{y^2-1}) = \pm x + \ln|C|,$$

即 $y + \sqrt{y^2-1} = Ce^{\pm x}$. 由 $y(0) = 1$，解得 $C = 1$，故

$$y + \sqrt{y^2-1} = e^{\pm x},$$

上式两边取倒数，得 $y - \sqrt{y^2-1} = e^{\mp x}$，二式相加后除以 2 可得所求曲线方程为

$$y(x) = \dfrac{1}{2}(e^x + e^{-x}).$$

3. 解答：当 $-\pi < x < 0$ 时，由于曲线上每点的法线都过原点，可得 $y = -\dfrac{x}{y'}$，即 $y\,dy = -x\,dx$，解得 $y^2 = -x^2 + C$. 再根据 $y\left(-\dfrac{\pi}{\sqrt{2}}\right) = \dfrac{\pi}{\sqrt{2}}$，可得 $C = \pi^2$，从而有 $y = \sqrt{\pi^2 - x^2}$.

当 $0 \leqslant x < \pi$ 时，微分方程 $y'' + y + x = 0$ 对应齐次方程的特征根为 $\pm i$，可设特解为 $y^* = Ax + B$，带入方程有 $0 + Ax + B + x = 0$，得 $y^* = -x$. 又由于相应齐次方程的通解为 $y = C_1\cos x + C_2 \sin x$，故微分方程 $y'' + y + x = 0$ 的通解为 $y = C_1 \cos x + C_2 \sin x - x$.

根据上述两种情形，$y(x)$ 的表达式为

$$y(x) = \begin{cases} \sqrt{\pi^2 - x^2}, & -\pi < x < 0, \\ C_1\cos x + C_2\sin x - x, & 0 \leqslant x < \pi. \end{cases}$$

由于 $y = y(x)$ 是 $(-\pi, \pi)$ 内的光滑曲线，故 $y(x)$ 在 $x = 0$ 处连续，则 $C_1 = \pi$；又 $y(x)$ 在 $x = 0$ 处可导，即

$$y'_-(0) = \lim_{x\to 0^-}\dfrac{\sqrt{\pi^2-x^2}-\pi}{x} = 0 = y'_+(0) = \lim_{x\to 0^+}\dfrac{\pi\cos x + C_2\sin x - x - \pi}{x} = C_2 - 1,$$

故 $C_2 = 1$. 因此

$$y(x) = \begin{cases} \sqrt{\pi^2 - x^2}, & -\pi < x < 0, \\ \pi\cos x + \sin x - x, & 0 \leqslant x < \pi. \end{cases}$$

4. 解答：首先令 $t = x + 2$，方程两边乘以 t 后化为欧拉方程

$$t^3\dfrac{d^3 y}{dt^3} + t^2\dfrac{d^2 y}{dt^2} + t\dfrac{dy}{dt} = t.$$

做变换 $t = e^{\tau}$，记 $D^k = \dfrac{d^k}{d\tau^k}(k = 0,1,2,\cdots)$，则

$$t\dfrac{dy}{dt} = Dy, \quad t^2\dfrac{d^2 y}{dt^2} = D(D-1)y, \quad t^3\dfrac{d^3 y}{dt^3} = D(D-1)(D-2)y,$$

于是上述微分方程化为常系数线性微分方程
$$[D(D-1)(D-2)+D(D-1)+D]y=e^\tau,$$
即 $(D^3-2D^2+2D)y=e^\tau$. 其特征方程为 $\lambda^3-2\lambda^2+2\lambda=0$, 故特征根为 $\lambda=0,1\pm i$, 可得相应齐次方程的通解为
$$y=C_0+(C_1\cos\tau+C_2\sin\tau)e^\tau.$$
设非齐次方程的特解为 $y^*=Ae^\tau$, 代入方程可得 $A=1$, 故其通解为
$$y=C_0+(C_1\cos\tau+C_2\sin\tau)e^\tau+e^\tau,$$
再代入 $\tau=\ln(x+2)$, 可得原方程的通解为
$$y=C_0+(x+2)[C_1\cos\ln(x+2)+C_2\sin\ln(x+2)+1].$$

5. 解答：根据一阶线性微分方程的通解公式, 题给微分方程的通解为
$$y=e^{\int-adx}\left(\int e^{\int adx}f(x)dx+C\right)=Ce^{-ax}+\int_0^x e^{-a(x-s)}f(s)ds.$$
下面证明若 $y(x)$ 是所给微分方程的解, 且满足 $y(0)=y(2\pi)$, 则 $y(x)$ 以 2π 为周期.

已知 $f(x)$ 以 2π 为周期, 则 $y(x+2\pi)$ 也是所给微分方程的解, 由解的叠加原理,
$$\varphi(x)=y(x)-y(x+2\pi)$$
为齐次方程 $\dfrac{dy}{dx}+ay=0$ 的解, 且 $\varphi(0)=0$. 再根据解的存在唯一性, 可知 $\varphi(x)\equiv 0$, 故 $y(x)\equiv y(x+2\pi)$, 即 $y(x)$ 以 2π 为周期.

将 $y(0)=y(2\pi)$ 代入通解可得
$$C=Ce^{-2\pi a}+\int_0^{2\pi}e^{-a(2\pi-s)}f(s)ds=Ce^{-2\pi a}+\int_{-2\pi}^0 e^{at}f(t)dt \quad (\text{令 } t=s-2\pi),$$
则 $C=\dfrac{1}{e^{2\pi a}-1}\displaystyle\int_{-2\pi}^0 e^{a(2\pi+t)}f(t)dt$. 因此所求微分方程的 2π 周期解为
$$y=\frac{1}{e^{2\pi a}-1}\int_{-2\pi}^0 e^{a(2\pi-x+t)}f(t)dt+\int_0^x e^{-a(x-s)}f(s)ds.$$
再由定积分的换元法可得下述两式:
$$\int_{-2\pi}^0 e^{a(2\pi-x+t)}f(t)dt=\int_0^{2\pi}e^{-a(x-s)}f(s)ds,$$
$$e^{2\pi a}\int_0^x e^{-a(x-s)}f(s)ds=\int_{2\pi}^{2\pi+x}e^{-a(x-s)}f(s)ds,$$
故
$$y=\frac{1}{e^{2\pi a}-1}\left[\int_0^{2\pi}e^{-a(x-s)}f(s)ds+e^{2\pi a}\int_0^x e^{-a(x-s)}f(s)ds-\int_0^x e^{-a(x-s)}f(s)ds\right]$$
$$=\frac{1}{e^{2\pi a}-1}\left[\int_0^{2\pi}e^{-a(x-s)}f(s)ds+\int_{2\pi}^{2\pi+x}e^{-a(x-s)}f(s)ds-\int_0^x e^{-a(x-s)}f(s)ds\right]$$
$$=\frac{1}{e^{2\pi a}-1}\int_x^{2\pi+x}e^{-a(x-s)}f(s)ds.$$

6. 解答：在等式 $f^2(x)-f^2(y)=f(x+y)f(x-y)$ 中令 $x=y=0$, 可得 $f(0)=0$. 记
$$f'(0)=\lim_{x\to 0}\frac{f(x)}{x}=A.$$
在等式 $f^2(x)-f^2(y)=f(x+y)f(x-y)$ 两边分别对 x,y 求导, 可得
$$2f(x)f'(x)=f'(x+y)f(x-y)+f'(x-y)f(x+y),$$
$$-2f(y)f'(y)=f'(x+y)f(x-y)-f'(x-y)f(x+y),$$
两式相加可得

$$f'(x+y) = \frac{f(x)f'(x) - f'(y)f(y)}{f(x-y)},$$

于是当 $f(x) \neq 0$ 时,

$$f''(x) = \lim_{y \to 0} \frac{f'(x+y) - f'(x)}{y} = \lim_{y \to 0} \frac{f(x)f'(x) - f'(y)f(y) - f(x-y)f'(x)}{yf(x-y)}$$

$$= \frac{f'(x)}{f(x)} \lim_{y \to 0} \frac{f(x) - f(x-y)}{y} - \frac{f'(0)}{f(x)} \lim_{y \to 0} \frac{f(y)}{y} = \frac{[f'(x)]^2}{f(x)} - \frac{A^2}{f(x)}.$$

记 $z = f(x)$,则上式为微分方程 $zz'' - (z')^2 = -A^2$,令 $z' = p(z)$,则该微分方程化为 $zpp' - p^2 = -A^2$. 再令 $u = p^2$,继续化为 $\frac{z}{2}u' - u = -A^2$,即

$$u' - \frac{2}{z}u = -\frac{2A^2}{z}.$$

此为一阶线性方程,通解为 $u = p^2 = (z')^2 = A^2 + Cz^2$,即 $z' = \pm \sqrt{A^2 + Cz^2}$.

若 $C = 0$,则 $z' = f'(x) = \pm A$,再由 $f(0) = 0, f'(0) = A$,可得 $f(x) = Ax$;

若 $C < 0$,记 $C = -B^2$,则 $z' = \pm \sqrt{A^2 - B^2 z^2}$,即

$$\arcsin \frac{Bz}{A} = \pm Bx + C',$$

再由 $f(0) = 0, f'(0) = A$,可得 $f(x) = \frac{A}{B}\sin Bx$;

若 $C > 0$,记 $C = B^2$,则 $z' = \pm \sqrt{A^2 + B^2 z^2}$,即

$$\text{arcsinh} \frac{B}{A}z = \pm Bx + C',$$

再由 $f(0) = 0, f'(0) = A$,可得 $f(x) = \frac{A}{B}\sinh Bx$.

三、证明题

解答: 令 $u = y' - r_1 y$,则 $u' = y'' - r_1 y'$,根据 r_1, r_2 均为特征方程 $\lambda^2 + p\lambda + q = 0$ 的根,知 $r_1 + r_2 = -p, r_1 r_2 = q$,因此有

$$u' - r_2 u = y'' - (r_1 + r_2)y' + r_2 r_1 y = y'' + py' + qy = f(x),$$

于是原方程化为一阶线性微分方程 $u' - r_2 u = f(x)$,其通解为

$$u = e^{r_2 x} \int e^{-r_2 x} f(x) \mathrm{d}x + C_1,$$

代入 $u = y' - r_1 y$,继续解一阶线性方程

$$y' - r_1 y = e^{r_2 x} \int e^{-r_2 x} f(x) \mathrm{d}x + C_1,$$

可得原方程的通解为

$$y = e^{r_1 x} \left(\int e^{-r_1 x} \left(e^{r_2 x} \int e^{-r_2 x} f(x) \mathrm{d}x + C_1 \right) \mathrm{d}x + C_2 \right).$$

第一学期综合检测卷

综合检测卷 A

一、单项选择题

1. 当 $x \to 0$ 时,下述与 x^2 为等价无穷小的是 ( )

   A. $1-\cos 2x$ B. $\ln(1+\sin 2x)$ C. $1-\cos^2 x$ D. e^x-1-x

2. 曲线 $y = \dfrac{1}{x} + \ln(1+e^x)$ 的斜渐近线为 ( )

   A. $x=0$ B. $y=0$ C. $y=x$ D. $y=-x$

3. 设函数 $f(x) = \begin{cases} \sin x, & x \leqslant 0, \\ x-1, & x>0, \end{cases} F(x) = \int_0^x f(t)\,dt$,则 $F(x)$ 在 $x=0$ 处 ( )

   A. 不连续
   B. 连续不可导
   C. 可导,但导函数不连续
   D. 导函数连续

4. $\int_{\frac{1}{2}}^{2} |\ln x|\,dx$ 的值为 ( )

   A. $-\dfrac{3}{2}$ B. -1 C. $\dfrac{3}{2}\ln 2 - \dfrac{1}{2}$ D. $\dfrac{5}{2}\ln 2 - \dfrac{3}{2}$

5. 设函数 $f(x)$ 在 $[a,b]$ 上可积,下列说法正确的是 ( )

   A. $f(x)$ 在 $[a,b]$ 上最多有有限个间断点
   B. $f(x)$ 在 $[a,b]$ 上一定存在原函数
   C. $f(x)$ 在 $[a,b]$ 上一定有界
   D. 当 $f(x)$ 在 $[a,b]$ 上一定是单调函数

二、填空题

1. 曲线 $\begin{cases} x = t - \sin t, \\ y = 1 - \cos t \end{cases}$ 在 $t = \dfrac{\pi}{2}$ 处的切线在 y 轴上的截距为 _____.

2. $\lim\limits_{x \to 0}(x + 2^x)^{\frac{1}{x}} = $ _____.

3. 已知 $f(x) = x\int_1^x \dfrac{\sin t^2}{t}\,dt$,则 $\int_0^1 f(x)\,dx = $ _____.

4. 设隐函数 $y=y(x)$ 由方程 $\int_0^y e^{t^2}\,dt + \int_0^{x^2} te^t\,dt = 0$ 确定,则 $y'(x) = $ _____.

5. $\int_6^{+\infty} \dfrac{1}{x^2-6x+5} \mathrm{d}x = $ _____.

6. 已知 $y_1 = x, y_2 = x+\mathrm{e}^x, y_3 = 1+x+\mathrm{e}^x$ 为某二阶线性常系数非齐次微分方程的解，则此微分方程为 _____.

三、计算与解答题

1. 已知 $f(x), g(x)$ 满足 $f'(x) = g(x), g'(x) = x\mathrm{e}^x - f(x)$，且 $f(0) = 0, g(0) = 2$.
   (1) 写出 $f(x)$ 满足的微分方程；
   (2) 求解(1)中的微分方程.

2. 若极限 $\lim\limits_{x \to 0} \dfrac{\int_0^x \sin(xt^2)\mathrm{d}t}{x^a} = b \neq 0$，求 a,b 的值.

3. 求平面图形 $0 \leqslant y \leqslant \sqrt{1-x^2} - \dfrac{1}{2}$ 绕 y 轴旋转所得立体的体积.

4. 已知函数 $f(x)$ 满足 $\int_0^x f(t)\mathrm{d}t + \int_0^x tf(x-t)\mathrm{d}t = \sin x$,求 $f(x)$ 的表达式.

5. 用变换 $x = \tan t$ 将无穷积分 $\int_0^{+\infty} \dfrac{\arctan x}{(1+x^2)^{\frac{5}{2}}}\mathrm{d}x$ 化为定积分,并求其值.

6. 设 $F(x) = \int_{-1}^{1} |x-t|\mathrm{e}^{-t^2}\mathrm{d}t$,求 $F'(0)$ 和 $F''(0)$.

四、证明题

1. 已知函数 $f(x)$ 在 $[a,b]$ 上二阶连续可导,$f''(x) > 0$,且 $\int_a^b f(x)dx = 0$,证明:
$$f\left(\frac{a+b}{2}\right) < 0.$$

2. 设函数 $f(x)$ 在 $[0,2]$ 上连续,且 $\int_0^2 f(x)dx = 0$,证明:存在 $\xi \in (0,2)$,使得
$$2\int_0^\xi f(x)dx + f(\xi) = 0.$$

综合检测卷 B

一、单项选择题

1. 当 $n \to \infty$ 时,数列 $\{x_n\}$ 为无穷大量的是　　　　　　　　　　　　　　(　　)

   A. $x_n = n^{(-1)^n}$　　　　　　　　B. $x_n = \dfrac{1}{n}\ln(1+n^2)$

   C. $x_n = \dfrac{1}{n}\mathrm{e}^n$　　　　　　　　D. $x_n = \sin(n^2)$

2. 下列函数在 $x=0$ 处可导的为　　　　　　　　　　　　　　　　　　　　(　　)

   A. $f(x) = x|x|$　　　　　　　　B. $f(x) = \cos x \cdot |x|$

   C. $f(x) = (x-1)|\sin x|$　　　　D. $f(x) = \begin{cases} x\sin\dfrac{1}{x}, & x \neq 0, \\ 0, & x = 0 \end{cases}$

3. 已知数列 $\{x_n\}$ 收敛,下述可以得出 $\lim\limits_{n\to\infty} x_n = 0$ 的是　　　　　　　　(　　)

   A. $\lim\limits_{n\to\infty} \sin(x_n) = 0$　　　　　　B. $\lim\limits_{n\to\infty}(x_n + \sqrt{|x_n|}) = 0$

   C. $\lim\limits_{n\to\infty}(x_n + x_n^2) = 0$　　　　　D. $\lim\limits_{n\to\infty}(x_n + \sin(x_n)) = 0$

4. 关于函数 $f(x)$ 在 $[a,b]$ 上可积性的论述,下列说法正确的是　　　　　　(　　)

   A. 若 $f(x)$ 在 $[a,b]$ 上有无穷多个间断点,则 $f(x)$ 不可积

   B. 若 $f(x)$ 在 $[a,b]$ 上只存在有限个间断点,则 $f(x)$ 可积

   C. 若存在 $[a,b]$ 上可导函数 $F(x)$ 使得 $F'(x) = f(x)$,则 $f(x)$ 可积

   D. 若 $f(x)$ 在 $[a,b]$ 上有无穷多个间断点,同时单调有界,则 $f(x)$ 可积

5. 设 $M = \displaystyle\int_{-1}^{1} \dfrac{(1+x)^2}{1+x^2}\mathrm{d}x$,$N = \displaystyle\int_{-1}^{1} \dfrac{(1+x)^2}{\mathrm{e}^{x^2}}\mathrm{d}x$,$K = \displaystyle\int_{-1}^{1} \dfrac{(1+x)^2}{1+\sin^2 x}\mathrm{d}x$,则 (　　)

   A. $M > N > K$　　B. $K > M > N$　　C. $N > M > K$　　D. $K > N > M$

二、填空题

1. 当 $\Delta x \to 0$ 时函数 $f(x)$ 满足 $f(x+\Delta x) = f(x) + x^2 f(x)\Delta x + o(\Delta x)$,$f(0) = 3$,则 $f(x) = $ _____.

2. 心形线 $\rho = 1 - \cos\theta$ 围成的面积为 _____.

3. 已知 $f'(x) = \sqrt{1+x^4}$,$f(1) = 0$,则 $\displaystyle\int_0^1 x^2 f(x)\mathrm{d}x = $ _____.

4. $\lim\limits_{n\to\infty} \displaystyle\sum_{k=1}^{n} \dfrac{k^3}{n^4 + k^4} = $ _____.

5. 已知函数 $f(x)$ 二阶连续可导,若曲线 $y = f(x)$ 过点 $(0,0)$ 且与曲线 $y = \ln x$ 在点 $(1,0)$ 处相切,则 $\displaystyle\int_0^1 xf''(x)\mathrm{d}x = $ _____.

三、计算与解答题

1. 设 $f(x)$ 连续可微,$f(0)=0, f'(0)=1, F(x)=\int_0^x tf(x^2-t^2)\mathrm{d}t$,求 $\lim\limits_{x\to 0}\dfrac{F(x)}{x^4}$.

2. 计算积分 $\int_0^{\ln 2} \mathrm{e}^x \arctan\sqrt{\mathrm{e}^{2x}-1}\,\mathrm{d}x$.

3. 求微分方程 $x^2 y'' - (y')^2 - 2xy' = 0$ 的通解.

4. 设 $f(x)$ 连续,$\varphi(x)=\int_0^1 f(xt)\mathrm{d}t$,且 $\lim\limits_{x\to 0}\dfrac{f(x)}{x}=A$($A$ 为常数).
   (1) 当 $x\neq 0$ 时,求 $\varphi'(x)$;
   (2) 求 $\varphi'(0)$;
   (3) 讨论 $\varphi'(x)$ 在 $x=0$ 处的连续性.

5. 设 $y=f(x)$ 满足微分方程 $y'=\dfrac{x}{y}+\dfrac{y}{x}$,且 $f(1)=0$.

   (1) 求 $x\geqslant 1$ 时 $f(x)$ 的表达式;

   (2) 求区域 $D:\{(x,y)\mid 1\leqslant x\leqslant 2, 0\leqslant y\leqslant f(x)\}$ 绕 x 轴旋转所成旋转体的体积.

6. 一容器的内侧是由曲线 L 绕 y 轴旋转一周而成的曲面,且曲线 L 由
$$x^2+y^2=2y \quad \left(y\geqslant\dfrac{1}{2}\right) \quad 与 \quad x^2+y^2=1 \quad \left(y\leqslant\dfrac{1}{2}\right)$$
连接而成.(长度单位:m,重力加速度为 g m/s^2,水的密度为 ρ kg/m^3)

   (1) 求容器的容积;

   (2) 若将容器内盛满的水从容器顶部全部抽出,至少需要做多少功?

四、证明题

1. 设函数 $f(x)$ 在 $(-\infty, +\infty)$ 上可导,且满足 $|f'(x)| \leqslant q < 1$. 若 $x_1 = f(0) = 1$, $x_{n+1} = f(x_n)(n \geqslant 1)$,证明:数列 $\{x_n\}$ 收敛.

2. 设函数 $f(x)$ 在 $[a,b]$ 上二阶可导,且 $f(a) = f(b) = 0, f''(x) \geqslant 1$.
   (1) 写出 $f(x)$ 在 $x_0 \in [a,b]$ 处的带拉格朗日余项的泰勒展开式;
   (2) 证明: $\max\limits_{a \leqslant x \leqslant b} |f(x)| \geqslant \dfrac{1}{8}(b-a)^2$.

综合检测卷 C

一、填空题

1. 写出下列反常积分的收敛情况（只填绝对收敛、条件收敛或发散）

   (1) $\int_0^{+\infty} \dfrac{1}{\sqrt{x}\,(x+1)^2}\,dx$：_____；

   (2) $\int_0^{+\infty} \dfrac{\sin x}{x^2 + \sqrt{x}}\,dx$：_____；

   (3) $\int_0^{+\infty} \dfrac{\sin\sqrt{x}}{x}\,dx$：_____.

2. 已知函数 $f(x)$ 二阶连续可导，$f(0)=f'(0)=0$，$f''(0)=3$，则 $\lim\limits_{x\to 0}\dfrac{f(1-\cos x)}{x^4}=$ _____.

3. 设 $f(x)=\begin{cases} x^\alpha \cos\dfrac{1}{x^\beta}, & x>0, \\ 0, & x\leqslant 0 \end{cases}$ $(\alpha>0, \beta>0)$，若 $f'(x)$ 在 $x=0$ 处连续，则 α,β 满足的条件为 _____.

4. $\int_0^1 \dfrac{\arctan x}{(1+x^2)^2}\,dx=$ _____.

5. 微分方程 $(y^2-6x)y'+2y=0$ 满足 $x=0, y=1$ 的特解为 _____.

6. 已知函数 $f(x)$ 可微，对任意实数 x,h 都满足 $f(x+h)=\int_x^{x+h}\dfrac{t(t^2+1)}{f(t)}\,dt+f(x)$，且 $f(1)=\sqrt{2}$，则 $f(x)=$ _____.

7. $\lim\limits_{n\to\infty}\dfrac{1}{n}\prod\limits_{k=1}^n (n+k)^{\frac{1}{n}}=$ _____.

8. 若曲线 $y=y(x)$ 与 $x=1$ 及 $y=0$ 所围图形面积为 2，已知 $y=ax^2+2x\,(a>0)$，则 $a=$ _____，上述图形绕 y 轴旋转所得旋转体的体积 $V=$ _____.

二、计算与解答题

1. 讨论参数 k 的取值，确定方程 $x^3-kx^2+1=0$ 的实根的个数.

2. 设 D 是位于曲线 $y=\sqrt{x}a^{-\frac{x}{2a}}(a>1,0\leqslant x<+\infty)$ 下方、x 轴上方的无界区域.
   (1) 求区域 D 绕 x 轴旋转一周所成旋转体的体积 $V(a)$.
   (2) 当 a 为何值时, $V(a)$ 最小?并求此最小值.

3. 一向上凸的光滑曲线连接了 $O(0,0)$, $A(1,4)$ 两点,而 $P(x,y)$ 为曲线上 O,A 两点间任一点,已知曲线与线段 OP 所围的区域面积为 $\sqrt[3]{x^4}$,求该曲线的方程.

4. 设函数 $y=f(x)$ 二阶可导,且 $f(0)=f'(0)=0$, $f''(x)>0$,求 $\lim\limits_{x\to 0}\dfrac{x^3 f(u)}{f(x)\sin^3 u}$,其中 u 是曲线 $y=f(x)$ 上点 $P(x,f(x))$ 处的切线在 x 轴上的截距.

三、证明题

1. 设 $f(x)$ 在 $[1,+\infty)$ 上连续可导,$f'(x) = \dfrac{1}{1+f^2(x)}\left[\sqrt{\dfrac{1}{x}} - \sqrt{\ln\left(1+\dfrac{1}{x}\right)}\right]$.

   (1) 证明:反常积分 $\displaystyle\int_1^{+\infty}\left[\sqrt{\dfrac{1}{x}} - \sqrt{\ln\left(1+\dfrac{1}{x}\right)}\right]\mathrm{d}x$ 收敛；

   (2) 证明:极限 $\displaystyle\lim_{x\to+\infty}f(x)$ 存在.

2. 设 $f(x)$ 在区间 $[a,b]$ 上有连续导数,在区间 (a,b) 内二阶可导,且 $f(a)=f(b)=0$,$\displaystyle\int_a^b f(x)\mathrm{d}x = 0$,证明：

   (1) 存在 $\xi,\zeta \in (a,b)(\xi \neq \zeta)$,使得 $f(\xi)=f'(\xi)$ 且 $f(\zeta)=f'(\zeta)$；

   (2) 存在 $\eta \in (a,b)$,使得 $f(\eta)=f''(\eta)$.

3. 设函数 $f(x)$ 在闭区间 $[-1,1]$ 上具有连续的三阶导数,且
$$f(-1) = 0, \quad f(1) = 1, \quad f'(0) = 0.$$
求证:在开区间 $(-1,1)$ 内至少存在一点 x_0,使得 $f'''(x_0) = 3$.

4. 设 $f(x)$ 在 $[0, +\infty)$ 上连续,对任意 $A > 0$,无穷积分 $\int_A^{+\infty} \dfrac{f(x)}{x} \mathrm{d}x$ 收敛,证明:
$$\int_0^{+\infty} \dfrac{f(ax) - f(bx)}{x} \mathrm{d}x = f(0) \ln \dfrac{b}{a} \quad \text{(对任意 } a, b > 0\text{)}.$$

参考答案

综合检测卷 A

一、单项选择题

1. 解答: 由于 $x \to 0$ 时,

$$1 - \cos 2x \sim \frac{1}{2}(2x)^2 = 2x^2, \quad \ln(1+\sin 2x) \sim \sin 2x \sim 2x,$$

$$1 - \cos^2 x = (1+\cos x)(1-\cos x) \sim 2 \cdot \frac{1}{2}x^2 = x^2, \quad e^x - 1 - x \sim \frac{1}{2}x^2,$$

因此答案为 C.

2. 解答: 由于 $\lim\limits_{x \to -\infty} y = \lim\limits_{x \to -\infty}\left(\frac{1}{x} + \ln(1+e^x)\right) = 0$,故 $y = 0$ 为水平渐近线.

下面考虑 $x \to +\infty$ 时的情况,由于

$$\lim_{x \to +\infty}\frac{y}{x} = \lim_{x \to +\infty}\left(\frac{1}{x^2} + \frac{\ln(1+e^x)}{x}\right) = \lim_{x \to +\infty}\frac{\ln(1+e^x)}{x} = \lim_{x \to +\infty}\frac{e^x}{1+e^x} = 1,$$

$$\lim_{x \to +\infty}(y - x) = \lim_{x \to +\infty}\left(\frac{1}{x} + \ln(1+e^x) - x\right) = \lim_{x \to +\infty}\ln\frac{1+e^x}{e^x} = \ln 1 = 0,$$

故斜渐近线为 $y = x$,答案为 C.

3. 解答: 由于 $F(0) = 0$,并且 $\lim\limits_{x \to 0}F(x) = \lim\limits_{x \to 0}\int_0^x f(t)dt = 0$,则 $F(x)$ 在 $x=0$ 处连续;

又由于

$$F'_-(0) = \lim_{x \to 0^-}\frac{F(x) - F(0)}{x} = \lim_{x \to 0^-}\frac{\int_0^x f(t)dt}{x} = \lim_{x \to 0^-}\frac{\int_0^x \sin t dt}{x} = \lim_{x \to 0^-}\frac{1-\cos x}{x} = 0,$$

$$F'_+(0) = \lim_{x \to 0^+}\frac{F(x) - F(0)}{x} = \lim_{x \to 0^+}\frac{\int_0^x f(t)dt}{x} = \lim_{x \to 0^+}\frac{\int_0^x (t-1)dt}{x} = \lim_{x \to 0^+}\frac{\frac{1}{2}x^2 - x}{x} = -1,$$

故 $F(x)$ 在 $x=0$ 处不可导.

因此 $F(x)$ 在 $x=0$ 处连续不可导,答案为 B.

4. 解答: 由于

$$\int_{\frac{1}{2}}^{2} |\ln x| dx = \int_1^2 \ln x dx - \int_{\frac{1}{2}}^{1} \ln x dx,$$

其中

$$\int_1^2 \ln x dx = x\ln x \Big|_1^2 - \int_1^2 dx = 2\ln 2 - 1,$$

$$\int_{\frac{1}{2}}^{1} \ln x dx = x\ln x \Big|_{1/2}^1 - \int_{\frac{1}{2}}^{1} dx = \frac{1}{2}\ln 2 - \frac{1}{2},$$

故 $\int_{\frac{1}{2}}^{2} |\ln x| dx = \frac{3}{2}\ln 2 - \frac{1}{2}$,答案为 C.

5. 解答: 对于 A,例如黎曼函数是可积的,但每个非零有理点都是间断点,也就是说是有无穷多个间断点,因此不正确;

对于 B,若 $f(x)$ 存在第一类间断点,例如 $f(x)=\begin{cases} 1, & 0\leqslant x\leqslant 1, \\ -1, & -1\leqslant x<0 \end{cases}$ 在 $[-1,1]$ 上可积,但是没有原函数;

对于 D,可积函数未必是单调函数,如 $f(x)=\sin x$ 在 $[0,\pi]$ 上可积但不单调;

由于 $[a,b]$ 上的可积函数一定在 $[a,b]$ 上有界,因此答案为 C.

二、填空题

1. 解答: 曲线在 $t=\dfrac{\pi}{2}$ 处的切线的斜率为

$$\dfrac{\mathrm{d}y}{\mathrm{d}x}\bigg|_{t=\frac{\pi}{2}} = \dfrac{(1-\cos t)'}{(t-\sin t)'}\bigg|_{t=\frac{\pi}{2}} = \dfrac{\sin t}{1-\cos t}\bigg|_{t=\frac{\pi}{2}} = 1,$$

又当 $t=\dfrac{\pi}{2}$ 时 $x=\dfrac{\pi}{2}-1,y=1$,故切线方程为 $y-1=1\cdot\left(x-\dfrac{\pi}{2}+1\right)$. 取 $x=0$,可得切线在 y 轴上的截距为 $2-\dfrac{\pi}{2}$.

2. 解答: 由于 $\lim\limits_{x\to 0}(x+2^x)=1$,所求极限为 1^∞ 型,因此

$$\lim_{x\to 0}(x+2^x)^{\frac{1}{x}} = \exp\left(\lim_{x\to 0}\dfrac{x+2^x-1}{x}\right) = \exp\left(1+\lim_{x\to 0}\dfrac{2^x-1}{x}\right)$$
$$= \mathrm{e}^{1+\ln 2} = 2\mathrm{e}.$$

3. 解答: 根据分部积分公式,

$$\int_0^1 f(x)\mathrm{d}x = \int_0^1 \left(x\int_1^x \dfrac{\sin t^2}{t}\mathrm{d}t\right)\mathrm{d}x = \int_0^1 \left(\int_1^x \dfrac{\sin t^2}{t}\mathrm{d}t\right)\mathrm{d}\dfrac{x^2}{2}$$
$$= \dfrac{x^2}{2}\int_1^x \dfrac{\sin t^2}{t}\mathrm{d}t\bigg|_0^1 - \int_0^1 \dfrac{x^2}{2}\mathrm{d}\left(\int_1^x \dfrac{\sin t^2}{t}\mathrm{d}t\right)$$
$$= -\int_0^1 \dfrac{x}{2}\sin x^2\mathrm{d}x = \dfrac{1}{4}\cos x^2\bigg|_0^1 = -\dfrac{1}{4}(1-\cos 1).$$

4. 解答: 方程 $\int_0^y \mathrm{e}^{t^2}\mathrm{d}t + \int_0^{x^2} t\mathrm{e}^t\mathrm{d}t=0$ 两边对 x 求导,视 y 为 x 的函数,则

$$\mathrm{e}^{y^2}\cdot y' + x^2\mathrm{e}^{x^2}\cdot 2x = 0,$$

可得 $y'=-\dfrac{2x^3\mathrm{e}^{x^2}}{\mathrm{e}^{y^2}}$.

5. 解答: 由于

$$\int \dfrac{1}{x^2-6x+5}\mathrm{d}x = \dfrac{1}{4}\int\left(\dfrac{1}{x-5}-\dfrac{1}{x-1}\right)\mathrm{d}x = \dfrac{1}{4}\ln\left|\dfrac{x-5}{x-1}\right|+C,$$

根据无穷积分的定义可得

$$\int_6^{+\infty} \dfrac{1}{x^2-6x+5}\mathrm{d}x = \dfrac{1}{4}\ln\left|\dfrac{x-5}{x-1}\right|\bigg|_6^{+\infty} = \dfrac{1}{4}\lim_{x\to+\infty}\ln\left|\dfrac{x-5}{x-1}\right| - \dfrac{1}{4}\ln\dfrac{1}{5} = \dfrac{1}{4}\ln 5.$$

6. 解答: 根据线性微分方程解的叠加原理,可知

$$y_2-y_1=\mathrm{e}^x, \quad y_3-y_2=1$$

为该非齐次方程对应齐次方程的两个线性无关解,因此特征方程的两个根分别为 $0,1$,这样对应的齐次方程可为 $y''-y'=0$,于是非齐次方程可设为 $y''-y'=f(x)$. 再根据 $y_1=x$ 为非齐次方程的解,所求方程为

$$y''-y'=-1.$$

三、计算与解答题

1. 解答: (1) 由已知可得 $f''(x)=g'(x)=x\mathrm{e}^x-f(x)$,故 $f(x)$ 满足的微分方程为
$$f''(x)+f(x)=x\mathrm{e}^x.$$

(2) 首先对应的齐次微分方程为 $f''(x)+f(x)=0$,其特征方程是
$$\lambda^2+1=0,$$
特征根为一对共轭复根 $\lambda=\pm i$,因此上述齐次方程的通解为
$$y=C_1\cos x+C_2\sin x.$$
设非齐次方程 $f''(x)+f(x)=xe^x$ 的特解为 $y^*=(Ax+B)e^x$,则
$$(y')^*=(Ax+A+B)e^x,\quad (y'')^*=(Ax+2A+B)e^x,$$
带入方程后可得
$$(Ax+2A+B)e^x+(Ax+B)e^x=xe^x,$$
故 $A=\dfrac{1}{2},B=-\dfrac{1}{2}$,可得特解为 $y^*=\dfrac{1}{2}(x-1)e^x$,于是非齐次方程的通解为
$$y=C_1\cos x+C_2\sin x+\dfrac{1}{2}(x-1)e^x.$$
根据 $f(0)=0,f'(0)=g(0)=2$,得 $C_1=\dfrac{1}{2},C_2=2$,因此所求的解为
$$y=\dfrac{1}{2}\cos x+2\sin x+\dfrac{1}{2}(x-1)e^x.$$

2. 解答: 令 $u=xt^2$,则 $t=\sqrt{\dfrac{u}{x}}$,$dt=\dfrac{1}{2\sqrt{xu}}du$,于是
$$\int_0^x \sin(xt^2)dt=\dfrac{1}{2\sqrt{x}}\int_0^{x^3}\dfrac{\sin u}{\sqrt{u}}du,$$
由洛必达法则可得
$$\lim_{x\to 0}\dfrac{\int_0^x\sin(xt^2)dt}{x^a}=\dfrac{1}{2}\lim_{x\to 0}\dfrac{\int_0^{x^3}\dfrac{\sin u}{\sqrt{u}}du}{x^{a+\frac{1}{2}}}=\dfrac{1}{2\left(a+\dfrac{1}{2}\right)}\lim_{x\to 0}\dfrac{3x^2\dfrac{\sin x^3}{\sqrt{x^3}}}{x^{a-\frac{1}{2}}}$$
$$=\dfrac{3}{2\left(a+\dfrac{1}{2}\right)}\lim_{x\to 0}\dfrac{\sin x^3}{x^{a-1}},$$
可知只有 $a=4$ 时上述极限存在且非零,此时极限为 $\dfrac{1}{3}$,因此 $a=4,b=\dfrac{1}{3}$.

3. 解答: 平面图形 $0\leqslant y\leqslant \sqrt{1-x^2}-\dfrac{1}{2}$ 是以 $\left(0,-\dfrac{1}{2}\right)$ 为圆心、半径为 1 的圆在 x 轴上方的部分,当计算其绕 y 轴旋转所得立体的体积时,只需考虑在 y 轴右侧的部分,此时 $0\leqslant x\leqslant \dfrac{\sqrt{3}}{2}$. 因此体积为
$$V=2\pi\int_0^{\frac{\sqrt{3}}{2}}x\left(\sqrt{1-x^2}-\dfrac{1}{2}\right)dx=\pi\int_0^{\frac{\sqrt{3}}{2}}\left(\sqrt{1-x^2}-\dfrac{1}{2}\right)dx^2$$
$$=\pi\left(-\dfrac{2}{3}\sqrt{(1-x^2)^3}-\dfrac{1}{2}x^2\right)\Bigg|_0^{\frac{\sqrt{3}}{2}}=\dfrac{5}{24}\pi.$$

注: 本题也可使用公式 $V=\pi\int_0^{\frac{1}{2}}\left[1-\left(y+\dfrac{1}{2}\right)^2\right]dy$ 求解.

4. 解答: 首先令 $u=x-t$,则
$$\int_0^x tf(x-t)dt=x\int_0^x f(u)du-\int_0^x uf(u)du,$$
再原式两边对 x 求导可得
$$f(x)+\int_0^x f(u)du+xf(x)-xf(x)=\cos x,$$

继续求导得到函数 $f(x)$ 满足的微分方程 $f'(x)+f(x)=-\sin x$. 该一阶线性微分方程的通解为
$$f(x)=\mathrm{e}^{-x}\left(-\int \mathrm{e}^x\sin x\mathrm{d}x+C\right)=C\mathrm{e}^{-x}-\frac{1}{2}(\sin x-\cos x),$$
又由于 $f(0)=1$,可得 $C=\frac{1}{2}$,因此 $f(x)=\frac{1}{2}(\mathrm{e}^{-x}-\sin x+\cos x)$.

5. 解答: 令 $x=\tan t$,则 $t=0$ 时 $x=0$, $t\to\frac{\pi}{2}$ 时 $x\to+\infty$,于是
$$\int_0^{+\infty}\frac{\arctan x}{(1+x^2)^{\frac{5}{2}}}\mathrm{d}x=\int_0^{\frac{\pi}{2}}\frac{t}{(1+\tan^2 t)^{\frac{5}{2}}}\sec^2 t\mathrm{d}t=\int_0^{\frac{\pi}{2}}t\cos^3 t\mathrm{d}t.$$
由于 $\int\cos^3 t\mathrm{d}t=\int(1-\sin^2 t)\mathrm{d}\sin t=\sin t-\frac{1}{3}\sin^3 t+C$,使用分部积分公式可得
$$\int_0^{\frac{\pi}{2}}t\cos^3 t\mathrm{d}t=\int_0^{\frac{\pi}{2}}t\mathrm{d}\left(\sin t-\frac{1}{3}\sin^3 t\right)=t\left(\sin t-\frac{1}{3}\sin^3 t\right)\Big|_0^{\frac{\pi}{2}}-\int_0^{\frac{\pi}{2}}\left(\sin t-\frac{1}{3}\sin^3 t\right)\mathrm{d}t$$
$$=\frac{\pi}{3}-\left(-\cos t+\frac{1}{3}\left(\cos t-\frac{1}{3}\cos^3 t\right)\right)\Big|_0^{\frac{\pi}{2}}=\frac{\pi}{3}-\frac{7}{9}.$$

6. 解答: 当 $-1<x<1$ 时,
$$F(x)=\int_{-1}^1|x-t|\mathrm{e}^{-t^2}\mathrm{d}t=x\left(\int_{-1}^x\mathrm{e}^{-t^2}\mathrm{d}t-\int_x^1\mathrm{e}^{-t^2}\mathrm{d}t\right)-\int_{-1}^x t\mathrm{e}^{-t^2}\mathrm{d}t+\int_x^1 t\mathrm{e}^{-t^2}\mathrm{d}t,$$
求导可得
$$F'(x)=\int_{-1}^x\mathrm{e}^{-t^2}\mathrm{d}t-\int_x^1\mathrm{e}^{-t^2}\mathrm{d}t+2x\mathrm{e}^{-x^2}-2x\mathrm{e}^{-x^2}=\int_{-1}^x\mathrm{e}^{-t^2}\mathrm{d}t-\int_x^1\mathrm{e}^{-t^2}\mathrm{d}t,\quad (*)$$
因此 $F'(0)=\int_{-1}^0\mathrm{e}^{-t^2}\mathrm{d}t-\int_0^1\mathrm{e}^{-t^2}\mathrm{d}t$,由于 e^{-t^2} 为偶函数,则 $F'(0)=0$.

继续对 $(*)$ 式求导可得 $F''(x)=\mathrm{e}^{-x^2}-(-\mathrm{e}^{-x^2})=2\mathrm{e}^{-x^2}$,故 $F''(0)=2$.

四、证明题

1. 解答: 由于 $f''(x)>0$,由泰勒公式,将 $f(x)$ 在 $\frac{a+b}{2}$ 处展开可得
$$f(x)=f\left(\frac{a+b}{2}\right)+f'\left(\frac{a+b}{2}\right)\left(x-\frac{a+b}{2}\right)+\frac{1}{2}f''(\xi)\left(x-\frac{a+b}{2}\right)^2$$
$$>f\left(\frac{a+b}{2}\right)+f'\left(\frac{a+b}{2}\right)\left(x-\frac{a+b}{2}\right)\quad(\xi\text{介于}x\text{和}\frac{a+b}{2}\text{之间}),$$
上式两边在区间 $[a,b]$ 上积分可得
$$0=\int_a^b f(x)\mathrm{d}x>f\left(\frac{a+b}{2}\right)\cdot(b-a)+f'\left(\frac{a+b}{2}\right)\int_a^b\left(x-\frac{a+b}{2}\right)\mathrm{d}x$$
$$=f\left(\frac{a+b}{2}\right)\cdot(b-a),$$
因此 $f\left(\frac{a+b}{2}\right)<0$.

2. 解答: 令 $F(x)=\int_0^x f(t)\mathrm{d}t$,则 $F(0)=F(2)=0$,且 $F'(x)=f(x)$.

又令 $G(x)=\mathrm{e}^{2x}F(x)$,则 $G(0)=G(2)=0$,且 $G'(x)=\mathrm{e}^{2x}(2F(x)+F'(x))$.

根据罗尔定理,存在 $\xi\in(0,2)$,使得
$$G'(\xi)=\mathrm{e}^{2\xi}\left(2\int_0^\xi f(x)\mathrm{d}x+f(\xi)\right)=0,$$
故 $2\int_0^\xi f(x)\mathrm{d}x+f(\xi)=0$.

综合检测卷 B

一、单项选择题

1. 解答: 对于 A, 若 $n=2k$, $x_n=(2k)^{(-1)^{2k}}=2k$, 若 $n=2k+1$, $x_n=(2k+1)^{(-1)^{2k+1}}=\dfrac{1}{2k+1}$, 故 $\{x_n\}$ 不为无穷大量;

对于 B, 由于 $\lim\limits_{x\to+\infty}\dfrac{\ln(1+x^2)}{x}=\lim\limits_{x\to+\infty}\dfrac{\frac{2x}{1+x^2}}{1}=\lim\limits_{x\to+\infty}\dfrac{2x}{1+x^2}=0$, 故 $\lim\limits_{n\to\infty}x_n=0$, $\{x_n\}$ 为无穷小量, 不为无穷大量;

对于 C, 由于 $\lim\limits_{x\to+\infty}\dfrac{e^x}{x}=\lim\limits_{x\to+\infty}\dfrac{e^x}{1}=+\infty$, 故 $\lim\limits_{n\to\infty}x_n=+\infty$, $\{x_n\}$ 为无穷大量;

对于 D, 由于 $|\sin(n^2)|\leqslant 1$, 故 $\{x_n\}$ 为有界量, 不为无穷大量.

综上可知答案为 C.

2. 解答: 对于 A, 由于 $\lim\limits_{x\to 0}\dfrac{f(x)-f(0)}{x}=\lim\limits_{x\to 0}|x|=0$, 故在 $x=0$ 处可导;

对于 B, 由于 $\lim\limits_{x\to 0}\dfrac{f(x)-f(0)}{x}=\lim\limits_{x\to 0}\cos x\cdot\dfrac{|x|}{x}$, 极限不存在, 故在 $x=0$ 处不可导;

对于 C, 由于 $\lim\limits_{x\to 0}\dfrac{f(x)-f(0)}{x}=\lim\limits_{x\to 0}(x-1)\cdot\dfrac{|\sin x|}{x}$, 极限不存在, 故在 $x=0$ 处不可导;

对于 D, 由于 $\lim\limits_{x\to 0}\dfrac{f(x)-f(0)}{x}=\lim\limits_{x\to 0}\sin\dfrac{1}{x}$, 极限不存在, 故在 $x=0$ 处不可导.

综上可知答案为 A.

3. 解答: 已知数列 $\{x_n\}$ 收敛, 设 $\lim\limits_{n\to\infty}x_n=a$.

对于 A, 若 $\lim\limits_{n\to\infty}\sin(x_n)=\sin a=0$, 则 $a=2k\pi$, 无法得出 $a=0$;

对于 B, 若 $\lim\limits_{n\to\infty}(x_n+\sqrt{|x_n|})=a+\sqrt{|a|}=0$, 则 $a=-1,0$, 无法得出 $a=0$;

对于 C, 若 $\lim\limits_{n\to\infty}(x_n+x_n^2)=a+a^2=0$, 则 $a=-1,0$, 无法得出 $a=0$;

对于 D, 若 $\lim\limits_{n\to\infty}(x_n+\sin(x_n))=a+\sin a=0$, 一都可以得出 $a=0$.

综上可知答案为 D.

4. 解答: 对于 A, 例如黎曼函数, 有无穷多个间断点(所有的非零有理点), 但黎曼函数为可积函数, 因此论述错误;

对于 B, 例如 $f(x)=\begin{cases}\dfrac{1}{b-x}, & a\leqslant x<b,\\ 0, & x=b\end{cases}$ 在 $[a,b]$ 上只有一个间断点, 但在 $[a,b]$ 上无界, 不是可积函数, 因此论述错误;

对于 C, 例如 $F(x)=\begin{cases}x^2\sin\dfrac{1}{x^2}, & x\neq 0,\\ 0, & x=0\end{cases}$ 在 $[-1,1]$ 上可导, 导函数为

$$f(x)=\begin{cases}2x\sin\dfrac{1}{x^2}-\dfrac{2}{x}\cos\dfrac{1}{x^2}, & x\neq 0,\\ 0, & x=0,\end{cases}$$

由于 $f(x)$ 在 $[-1,1]$ 上无界, 故不可积, 因此 C 的论述也错误;

对于 D, 只要 $f(x)$ 在 $[a,b]$ 上单调有界, 则一定可积, 因此答案为 D.

5. 解答：首先，根据奇偶对称性，$\int_{-1}^{1} \frac{2x}{1+x^2} dx = 0$，因此

$$M = \int_{-1}^{1} \frac{(1+x)^2}{1+x^2} dx = \int_{-1}^{1} \frac{1+2x+x^2}{1+x^2} dx = 2 + \int_{-1}^{1} \frac{2x}{1+x^2} dx = 2,$$

又由于 $e^{x^2} > 1 + x^2$，$1 + \sin^2 x \leqslant 1 + x^2$，同时 $\int_{-1}^{1} \frac{2x}{e^{x^2}} dx = \int_{-1}^{1} \frac{2x}{1+\sin^2 x} dx = 0$，则

$$N = \int_{-1}^{1} \frac{(1+x)^2}{e^{x^2}} dx = \int_{-1}^{1} \frac{1+2x+x^2}{e^{x^2}} dx = \int_{-1}^{1} \frac{1+x^2}{e^{x^2}} dx < \int_{-1}^{1} \frac{e^{x^2}}{e^{x^2}} dx = 2,$$

$$K = \int_{-1}^{1} \frac{(1+x)^2}{1+\sin^2 x} dx = \int_{-1}^{1} \frac{1+2x+x^2}{1+\sin^2 x} dx = \int_{-1}^{1} \frac{1+x^2}{1+\sin^2 x} dx > \int_{-1}^{1} \frac{1+x^2}{1+x^2} dx = 2,$$

因此答案为 B.

二、填空题

1. 解答：根据导数定义可得

$$f'(x) = \lim_{\Delta x \to 0} \frac{f(x+\Delta x) - f(x)}{\Delta x} = \lim_{\Delta x \to 0} \frac{x^2 f(x) \Delta x + o(\Delta x)}{\Delta x} = x^2 f(x),$$

即 $\frac{f'(x)}{f(x)} = x^2$，两边积分有 $\ln|f(x)| = \frac{1}{3}x^3 + C'$，故 $f(x) = Ce^{\frac{1}{3}x^3}$.

由 $f(0) = 3$ 可得 $C = 3$，因此 $f(x) = 3e^{\frac{1}{3}x^3}$.

2. 解答：由定积分的几何意义以及极坐标形式的面积公式，可得

$$S = \frac{1}{2} \int_0^{2\pi} \rho^2 d\theta = \frac{1}{2} \int_0^{2\pi} (1-\cos\theta)^2 d\theta = \frac{1}{2} \int_0^{2\pi} (1 - 2\cos\theta + \cos^2\theta) d\theta$$

$$= \frac{1}{2} \left(\theta + 2\sin\theta + \frac{1}{2}\theta + \frac{1}{4}\sin 2\theta\right) \Big|_0^{2\pi} = \frac{3\pi}{2}.$$

3. 解答：根据分部积分公式，可得

$$\int_0^1 x^2 f(x) dx = \frac{1}{3} \int_0^1 f(x) dx^3 = \frac{x^3}{3} f(x) \Big|_0^1 - \frac{1}{3} \int_0^1 x^3 f'(x) dx$$

$$= -\frac{1}{3} \int_0^1 x^3 \cdot \sqrt{1+x^4} dx = -\frac{1}{12} \cdot \frac{2}{3} (1+x^4)^{\frac{3}{2}} \Big|_0^1 = \frac{1}{18}(1 - 2\sqrt{2}).$$

4. 解答：根据函数 $\frac{x^3}{1+x^4}$ 在区间 $[0,1]$ 上可积以及定积分的定义，可得

$$\lim_{n \to \infty} \sum_{k=1}^{n} \frac{k^3}{n^4 + k^4} = \lim_{n \to \infty} \frac{1}{n} \sum_{k=1}^{n} \frac{\left(\frac{k}{n}\right)^3}{1+\left(\frac{k}{n}\right)^4} = \int_0^1 \frac{x^3}{1+x^4} dx = \frac{1}{4} \ln(1+x^4) \Big|_0^1 = \frac{\ln 2}{4}.$$

5. 解答：由已知可得 $f(0) = f(1) = 0$，$f'(1) = (\ln x)' \Big|_{x=1} = 1$，由分部积分公式可得

$$\int_0^1 x f''(x) dx = \int_0^1 x df'(x) = x f'(x) \Big|_0^1 - \int_0^1 f'(x) dx = f'(1) - f(x) \Big|_0^1 = 1.$$

三、计算与解答题

1. 解答：令 $x^2 - t^2 = u$，则 $-2t dt = du$，当 $t = 0$ 时 $u = x^2$，$t = x$ 时 $u = 0$，因此

$$F(x) = \int_0^x t f(x^2 - t^2) dt = \frac{1}{2} \int_0^{x^2} f(u) du,$$

上式求导可得

$$F'(x) = \frac{1}{2} \cdot 2x f(x^2) = x f(x^2),$$

因此

$$\lim_{x \to 0} \frac{F(x)}{x^4} = \lim_{x \to 0} \frac{F'(x)}{4x^3} = \lim_{x \to 0} \frac{f(x^2)}{4x^2} = \lim_{x \to 0} \frac{2xf'(x^2)}{8x} = \frac{1}{4} f'(0) = \frac{1}{4}.$$

2. 解答：令 $t = e^x$，则 $e^x dx = dt$，当 $x = 0$ 时 $t = 1$，$x = \ln 2$ 时 $t = 2$，于是

$$\int_0^{\ln 2} e^x \arctan \sqrt{e^{2x} - 1} \, dx = \int_1^2 \arctan \sqrt{t^2 - 1} \, dt = t \arctan \sqrt{t^2 - 1} \Big|_1^2 - \int_1^2 t \cdot \frac{2t}{t^2 \cdot 2\sqrt{t^2 - 1}} dt$$

$$= \frac{2\pi}{3} - \ln(t + \sqrt{t^2 - 1}) \Big|_1^2 = \frac{2\pi}{3} - \ln(2 + \sqrt{3}).$$

3. 解答：此方程为不含 y 的二阶微分方程，令 $y' = p(x)$，则方程化为

$$p' - \frac{2}{x} p = \frac{1}{x^2} p^2.$$

这是伯努利方程，令 $u = \frac{1}{p}$，上述方程化为一阶线性方程 $u' + \frac{2}{x} u = -\frac{1}{x^2}$，其通解为

$$u = e^{-\int \frac{2}{x} dx} \left(-\int \frac{1}{x^2} e^{\int \frac{2}{x} dx} dx + C_1 \right) = \frac{1}{x^2} (C_1 - x),$$

代入 $u = \frac{1}{p}$ 及 $p = y'$，可得一阶微分方程 $\frac{dy}{dx} = \frac{x^2}{C_1 - x}$，分离变量得 $dy = \frac{x^2}{C_1 - x} dx$，两边积分，通解为

$$y = \int \frac{x^2}{C_1 - x} dx = \int \frac{x^2 - C_1^2 + C_1^2}{C_1 - x} dx = \int \left[-(C_1 + x) + \frac{C_1^2}{C_1 - x} \right] dx$$

$$= -\frac{1}{2} (C_1 + x)^2 - C_1^2 \ln |C_1 - x| + C_2.$$

4. 解答：(1) 由 $\lim_{x \to 0} \frac{f(x)}{x} = A$ 知 $f(0) = 0$，故 $\varphi(0) = 0$。令 $u = xt$，由定积分换元法得

$$\varphi(x) = \frac{\int_0^x f(u) du}{x} \quad (x \neq 0),$$

从而当 $x \neq 0$ 时，$\varphi'(x) = \frac{xf(x) - \int_0^x f(u) du}{x^2}$。

(2) 根据导数定义，可得

$$\varphi'(0) = \lim_{x \to 0} \frac{\varphi(x)}{x} = \lim_{x \to 0} \frac{\int_0^x f(u) du}{x^2},$$

由洛必达法则以及 $\lim_{x \to 0} \frac{f(x)}{x} = A$，可得

$$\varphi'(0) = \lim_{x \to 0} \frac{\int_0^x f(u) du}{x^2} = \lim_{x \to 0} \frac{f(x)}{2x} = \frac{A}{2}.$$

(3) 为了讨论 $\varphi'(x)$ 在 $x = 0$ 处的连续性，需计算极限 $\lim_{x \to 0} \varphi'(x)$。由

$$\lim_{x \to 0} \varphi'(x) = \lim_{x \to 0} \frac{xf(x) - \int_0^x f(u) du}{x^2} = \lim_{x \to 0} \frac{f(x)}{x} - \lim_{x \to 0} \frac{\int_0^x f(u) du}{x^2},$$

根据 $\lim_{x \to 0} \frac{f(x)}{x} = A$ 以及(2) 中计算的极限 $\lim_{x \to 0} \frac{\int_0^x f(u) du}{x^2} = \frac{A}{2}$，可得

$$\lim_{x \to 0} \varphi'(x) = A - \frac{A}{2} = \frac{A}{2} = \varphi'(0),$$

从而 $\varphi'(x)$ 在 $x = 0$ 处连续。

5. 解答：(1) 所给方程为一阶齐次方程，令 $p = \frac{y}{x}$，则 $y' = p + xp'$，于是原方程化为

$$y' = p + xp' = p + \frac{1}{p},$$

化简后可得 $p \cdot p' = \frac{1}{x}$，两侧积分可得 $\frac{p^2}{2} = \ln|x| + C$，即 $\frac{y^2}{2x^2} = \ln|x| + C$.

根据 $f(1) = 0$ 可得 $C = 0$，故 $x \geqslant 1$ 时 $f(x) = \pm x\sqrt{2\ln x}$.

(2) 由旋转体的体积公式，可得

$$V = \pi \int_1^2 f^2(x)\mathrm{d}x = \pi \int_1^2 2x^2 \ln x \mathrm{d}x = \frac{2\pi}{3}\int_1^2 \ln x \mathrm{d}x^3$$

$$= \frac{2\pi}{3}\left(x^3 \ln x \Big|_1^2 - \int_1^2 x^2 \mathrm{d}x\right) = \frac{2\pi}{3}\left(8\ln 2 - \frac{7}{3}\right).$$

6. 解答： (1) 容器的上半部分为 $x^2 + y^2 = 2y\left(\frac{1}{2} \leqslant y \leqslant 2\right)$ 绕 y 轴旋转而成，下半部分为 $x^2 + y^2 = 1$ $\left(-1 \leqslant y \leqslant \frac{1}{2}\right)$ 绕 y 轴旋转，由对称性，可知

$$V = 2\int_{-1}^{\frac{1}{2}} \pi x^2 \mathrm{d}y = 2\pi \int_{-1}^{\frac{1}{2}}(1 - y^2)\mathrm{d}y = \frac{9\pi}{4}.$$

(2) 将面积为 πx^2，厚度为 $\mathrm{d}y$ 的水层抽至容器顶部移动的距离为 $2 - y$，因此将整个容器内的水从容器顶部全部抽出做功为

$$W = \pi\rho g \int_{-1}^{\frac{1}{2}} x^2(2-y)\mathrm{d}y + \pi\rho g \int_{\frac{1}{2}}^{2} x^2(2-y)\mathrm{d}y$$

$$= \pi\rho g \int_{-1}^{\frac{1}{2}}(1-y^2)(2-y)\mathrm{d}y + \pi\rho g \int_{\frac{1}{2}}^{2}(2y-y^2)(2-y)\mathrm{d}y$$

$$= \pi\rho g\left(2y - \frac{1}{2}y^2 - \frac{2}{3}y^3 + \frac{1}{4}y^4\right)\Big|_{-1}^{\frac{1}{2}} + \pi\rho g\left(2y^2 - \frac{4}{3}y^3 + \frac{1}{4}y^4\right)\Big|_{\frac{1}{2}}^{2}$$

$$= \pi\rho g\left[\left(\frac{19}{8} + \frac{1}{64}\right) + \left(1 - \frac{1}{64}\right)\right] = \frac{27\pi\rho g}{8}.$$

四、证明题

1. 解答： 由已知可得，当 $n \geqslant 2$ 时，存在 ξ 介于 x_{n-1} 和 x_n 之间，使得

$$|x_{n+1} - x_n| = |f(x_n) - f(x_{n-1})| = |f'(\xi)||x_n - x_{n-1}| \leqslant q|x_n - x_{n-1}|,$$

同时存在 $\eta \in (0,1)$ 使得 $|f(1) - f(0)| = |f'(\eta)| \leqslant q < 1$，因此

$$|x_{n+1} - x_n| \leqslant q|x_n - x_{n-1}| \leqslant q^2|x_{n-1} - x_{n-2}| \leqslant \cdots \leqslant q^{n-1}|x_2 - x_1| = q^{n-1}|f(1) - f(0)| \leqslant q^n,$$

进一步，对任意的 $m \geqslant 1$，有

$$|x_{n+m} - x_n| \leqslant |x_{n+m} - x_{n+m-1}| + \cdots + |x_{n+1} - x_n| \leqslant q^{n+m-1} + \cdots + q^n \leqslant \frac{q^n}{1-q}.$$

故对 $\forall \varepsilon > 0$，取 $N = [\log_q(1-q)\varepsilon]$，当 $n > N$ 时

$$|x_{n+m} - x_n| \leqslant \frac{q^n}{1-q} < \varepsilon$$

对任意的 $m \geqslant 1$ 成立. 根据数列收敛的柯西准则，得 $\{x_n\}$ 收敛.

2. 解答： (1) 根据泰勒公式，存在 ξ 介于 x 和 x_0 之间，使得

$$f(x) = f(x_0) + f'(x_0)(x - x_0) + \frac{(x-x_0)^2}{2}f''(\xi).$$

(2) 显然 $f(x)$ 在 $[a,b]$ 上不恒为零，由 $f(a) = f(b) = 0$，则存在 $x_0 \in (a,b)$，使得

$$|f(x_0)| = \max_{a \leqslant x \leqslant b}|f(x)|,$$

显然 $f'(x_0)=0$. 由(1)可知存在 ξ 介于 x 和 x_0 之间,使得
$$f(x)=f(x_0)+\frac{(x-x_0)^2}{2}f''(\xi),$$
由 $f''(x)\geqslant 1$ 可知 $|f(x_0)-f(x)|\geqslant \frac{1}{2}(x-x_0)^2$.

分别令 $x=a,x=b$,注意到 $f(a)=f(b)=0$,可得
$$|f(x_0)|\geqslant \frac{1}{2}(x_0-a)^2,\quad |f(x_0)|\geqslant \frac{1}{2}(b-x_0)^2,$$
从而
$$\max_{a\leqslant x\leqslant b}|f(x)|=|f(x_0)|\geqslant \frac{1}{2}\max\{(x_0-a)^2,(b-x_0)^2\}\geqslant \frac{1}{8}(b-a)^2.$$

综合检测卷 C

一、填空题

1. 解答:(1) 由于 $\lim\limits_{x\to 0^+}\dfrac{1}{\sqrt{x(x+1)^2}}\Big/\dfrac{1}{\sqrt{x}}=1$,$\lim\limits_{x\to +\infty}\dfrac{1}{\sqrt{x(x+1)^2}}\Big/\dfrac{1}{x^{3/2}}=1$,以及反常积分 $\int_0^1 \dfrac{1}{\sqrt{x}}\mathrm{d}x$ 与 $\int_1^{+\infty}\dfrac{1}{x^{3/2}}\mathrm{d}x$ 都收敛,可知反常积分 $\int_0^{+\infty}\dfrac{1}{\sqrt{x(x+1)^2}}\mathrm{d}x$ 收敛,又由于被积函数非负,可知为绝对收敛.

(2) $\left|\dfrac{\sin x}{x^2+\sqrt{x}}\right|\leqslant \dfrac{1}{x^2+\sqrt{x}}$,由于 $\lim\limits_{x\to 0^+}\dfrac{1}{x^2+\sqrt{x}}\Big/\dfrac{1}{\sqrt{x}}=1$,$\lim\limits_{x\to +\infty}\dfrac{1}{x^2+\sqrt{x}}\Big/\dfrac{1}{x^2}=1$,以及反常积分 $\int_0^1\dfrac{1}{\sqrt{x}}\mathrm{d}x$ 与 $\int_1^{+\infty}\dfrac{1}{x^2}\mathrm{d}x$ 都收敛,可知反常积分 $\int_0^{+\infty}\dfrac{1}{x^2+\sqrt{x}}\mathrm{d}x$ 收敛,因此原反常积分绝对收敛.

(3) 令 $t=\sqrt{x}$,则 $\int_0^{+\infty}\dfrac{\sin\sqrt{x}}{x}\mathrm{d}x=\int_0^{+\infty}\dfrac{\sin t}{t^2}\cdot 2t\mathrm{d}t=2\int_0^{+\infty}\dfrac{\sin t}{t}\mathrm{d}t$,根据狄利克雷审敛法,可知反常积分 $\int_0^{+\infty}\dfrac{\sin t}{t}\mathrm{d}t$ 收敛. 又由于 $\dfrac{|\sin x|}{x}\geqslant \dfrac{\sin^2 x}{x}=\dfrac{1}{2x}-\dfrac{\cos 2x}{2x}$,而 $\int_1^{+\infty}\dfrac{1}{2x}\mathrm{d}x$ 发散,$\int_1^{+\infty}\dfrac{\cos 2x}{2x}\mathrm{d}x$ 收敛,故 $\int_1^{+\infty}\dfrac{|\sin x|}{x}\mathrm{d}x$ 发散,则 $\int_0^{+\infty}\dfrac{|\sin x|}{x}\mathrm{d}x$ 发散,因此反常积分 $\int_0^{+\infty}\dfrac{\sin\sqrt{x}}{x}\mathrm{d}x$ 条件收敛.

2. 解答:由于 $f(0)=f'(0)=0, f''(0)=3$,根据泰勒公式可得
$$f(x)=0+0\cdot(x-0)+\dfrac{3}{2}\cdot(x-0)^2+o((x-0)^2)=\dfrac{3}{2}x^2+o(x^2),$$
于是 $f(1-\cos x)=\dfrac{3}{2}(1-\cos x)^2+o((1-\cos x)^2)$. 又由于 $1-\cos x=\dfrac{1}{2}x^2+o(x^2)$,故
$$(1-\cos x)^2=\left(\dfrac{1}{2}x^2+o(x^2)\right)^2=\dfrac{1}{4}x^4+o(x^4),$$
因此
$$\lim_{x\to 0}\dfrac{f(1-\cos x)}{x^4}=\lim_{x\to 0}\dfrac{\dfrac{3}{2}\left(\dfrac{1}{4}x^4+o(x^4)\right)+o\left(\dfrac{1}{4}x^4+o(x^4)\right)}{x^4}=\dfrac{3}{8}.$$

注:本题也可使用洛必达法则求解.

3. 解答:当 $\alpha>1$ 时,$f'_+(0)=\lim\limits_{x\to 0^+}\dfrac{f(x)-f(0)}{x}=\lim\limits_{x\to 0^+}x^{\alpha-1}\cos\dfrac{1}{x^\beta}=f'_-(0)=0$,故
$$f'(x)=\begin{cases}\alpha x^{\alpha-1}\cos\dfrac{1}{x^\beta}+\dfrac{\beta x^\alpha}{x^{\beta+1}}\sin\dfrac{1}{x^\beta}, & x>0,\\ 0, & x\leqslant 0.\end{cases}$$

若 $f'(x)$ 在 $x=0$ 处连续,则 $\lim\limits_{x\to 0^+}f'(x)=f'(0)=0$,即

$$\lim_{x\to 0^+}\left(\alpha x^{\alpha-1}\cos\frac{1}{x^\beta}+\frac{\beta x^\alpha}{x^{\beta+1}}\sin\frac{1}{x^\beta}\right)=0,$$

可得 $\alpha-1>0,\alpha>\beta+1$. 由于 $\alpha>0,\beta>0$,因此,α,β 满足的条件为 $\alpha>\beta+1$.

4. 解答: 令 $t=\arctan x$,则 $x=\tan t,\mathrm{d}x=\sec^2 t\mathrm{d}t$,故

$$\int_0^1\frac{\arctan x}{(1+x^2)^2}\mathrm{d}x=\int_0^{\frac{\pi}{4}}t\cos^2 t\mathrm{d}t=\frac{1}{2}\int_0^{\frac{\pi}{4}}t\mathrm{d}t+\frac{1}{2}\int_0^{\frac{\pi}{4}}t\cos 2t\mathrm{d}t$$

$$=\frac{\pi^2}{64}+\frac{1}{4}\left(t\sin 2t+\frac{1}{2}\cos 2t\right)\bigg|_0^{\frac{\pi}{4}}=\frac{\pi^2}{64}+\frac{\pi}{16}-\frac{1}{8}.$$

5. 解答: 原方程化为 $\dfrac{\mathrm{d}x}{\mathrm{d}y}-\dfrac{3}{y}x=-\dfrac{y}{2}$,这是关于函数 $x(y)$ 的一阶线性方程,通解为

$$x=\mathrm{e}^{\int\frac{3}{y}\mathrm{d}y}\left(-\int\frac{y}{2}\mathrm{e}^{-\int\frac{3}{y}\mathrm{d}y}\mathrm{d}y+C\right)=y^3\left(\frac{1}{2y}+C\right)=\frac{y^2}{2}(1+2Cy),$$

代入 $x=0,y=1$ 可得 $C=-\dfrac{1}{2}$,故特解为 $x=\dfrac{y^2}{2}(1-y)$.

6. 解答: 根据导数定义可得

$$f'(x)=\lim_{h\to 0}\frac{f(x+h)-f(x)}{h}=\lim_{h\to 0}\frac{\int_x^{x+h}\frac{t(t^2+1)}{f(t)}\mathrm{d}t+f(x)-f(x)}{h}=\frac{x(x^2+1)}{f(x)},$$

即 $f(x)f'(x)=x^3+x$,两边积分可得 $\dfrac{f^2(x)}{2}=\dfrac{x^4}{4}+\dfrac{x^2}{2}+C.$

由 $f(1)=\sqrt{2}$ 可得 $C=\dfrac{1}{4}$,因此 $f(x)=\sqrt{\dfrac{x^4}{2}+x^2+\dfrac{1}{2}}=\dfrac{1}{\sqrt{2}}(x^2+1)$.

7. 解答: 通过取对数将积式化为和式,可得

$$\ln\left(\frac{1}{n}\prod_{k=1}^n(n+k)^{\frac{1}{n}}\right)=\frac{1}{n}\sum_{k=1}^n\ln(n+k)-\ln n=\sum_{k=1}^n\frac{1}{n}\ln\left(1+\frac{k}{n}\right),$$

上述和式 $\sum\limits_{k=1}^n\dfrac{1}{n}\ln\left(1+\dfrac{k}{n}\right)$ 对应了 $a=0,b=1,f(x)=\ln(1+x)$ 的积分和,故

$$\lim_{n\to\infty}\frac{1}{n}\prod_{k=1}^n(n+k)^{\frac{1}{n}}=\exp\left(\int_0^1\ln(1+x)\mathrm{d}x\right)=\exp(2\ln 2-1)=\frac{4}{\mathrm{e}}.$$

8. 解答: 由已知,所围图形面积为

$$S=\int_0^1 y(x)\mathrm{d}x=\int_0^1(2x+ax^2)\mathrm{d}x=1+\frac{a}{3}=2,$$

于是 $a=3$.

上述图形绕 y 轴旋转所得旋转体的体积为

$$V=2\pi\int_0^1 xy(x)\mathrm{d}x=2\pi\int_0^1 x(2x+3x^2)\mathrm{d}x=\frac{17}{6}\pi.$$

二、计算与解答题

1. 解答: 令 $y=x^3-kx^2+1$,则 $y'=3x\left(x-\dfrac{2}{3}k\right)$,下面讨论 y' 的符号.

(1) $k=0$: 此时 $y=x^3+1,y'\geqslant 0$,方程只有一个实根.

(2) $k<0$: 当 $x\in\left(-\infty,\dfrac{2}{3}k\right)$ 时 $y'>0$,由于 $\lim\limits_{x\to-\infty}y=-\infty,y\left(\dfrac{2}{3}k\right)=1-\dfrac{4}{27}k^3>0$,因此在区间 $\left(-\infty,\dfrac{2}{3}k\right)$ 内有一个实根;当 $x\in\left(\dfrac{2}{3}k,0\right)$ 时 $y'<0$,当 $x\in(0,+\infty)$ 时 $y'>0$,因此在 $\left(\dfrac{2}{3}k,+\infty\right)$ 内

的最小值为 $y(0)=1$,故在区间 $\left(\frac{2}{3}k,+\infty\right)$ 内没有实根. 于是当 $k<0$ 时,方程只有一个实根.

(3) $k>0$:当 $x\in(-\infty,0)$ 时 $y'>0$,由于 $\lim\limits_{x\to-\infty}y=-\infty,y(0)=1$,故在区间 $(-\infty,0)$ 内有一个实根; 当 $x\in\left(0,\frac{2}{3}k\right)$ 时 $y'<0$,当 $x\in\left(\frac{2}{3}k,+\infty\right)$ 时 $y'>0$,故在 $(0,+\infty)$ 内的最小值为 $y\left(\frac{2}{3}k\right)=1-\frac{4}{27}k^3$,因此当 $y\left(\frac{2}{3}k\right)=1-\frac{4}{27}k^3>0$,即 $0<k<\frac{3\sqrt[3]{2}}{2}$ 时,在 $(0,+\infty)$ 内没有实根;当 $y\left(\frac{2}{3}k\right)=1-\frac{4}{27}k^3=0$,即 $k=\frac{3\sqrt[3]{2}}{2}$ 时,在 $(0,+\infty)$ 内有一个实根;当 $y\left(\frac{2}{3}k\right)=1-\frac{4}{27}k^3<0$,即 $k>\frac{3\sqrt[3]{2}}{2}$ 时,在 $(0,+\infty)$ 内有两个实根.

综上,当 $k<\frac{3\sqrt[3]{2}}{2}$ 时,方程有一个实根;$k=\frac{3\sqrt[3]{2}}{2}$ 时,方程有两个实根;$k>\frac{3\sqrt[3]{2}}{2}$ 时,方程有三个实根.

2. 解答:(1) 用反常积分表示旋转体的体积为

$$V(a)=\pi\int_0^{+\infty}y^2\mathrm{d}x=\pi\int_0^{+\infty}xa^{-\frac{x}{a}}\mathrm{d}x=-\frac{a\pi}{\ln a}\int_0^{+\infty}x\mathrm{d}a^{-\frac{x}{a}}$$

$$=-\frac{a\pi x}{\ln a}a^{-\frac{x}{a}}\bigg|_0^{+\infty}+\frac{a\pi}{\ln a}\int_0^{+\infty}a^{-\frac{x}{a}}\mathrm{d}x=\frac{a^2\pi}{\ln^2 a}.$$

(2) $V(a)$ 关于 a 求导可得

$$V'(a)=\frac{\pi 2a\ln^2 a-\pi a^2 2\ln a\frac{1}{a}}{\ln^4 a}=\frac{2\pi a(\ln a-1)}{\ln^3 a},$$

令 $V'(a)=0$,得 $a=\mathrm{e}$. 当 $a>\mathrm{e}$ 时,$V'(a)>0$,$V(a)$ 单调增加;当 $1<a<\mathrm{e}$ 时,$V'(a)<0$,$V(a)$ 单调减少. 所以 $V(a)$ 在 $a=\mathrm{e}$ 取得极小值,即为最小值,且最小值为 $V(\mathrm{e})=\pi\mathrm{e}^2$.

3. 解答:设所求曲线为 $y=y(x)$,由题意可得

$$\int_0^x y(x)\mathrm{d}x-\frac{1}{2}xy(x)=\sqrt[3]{x^4}\quad(0\leqslant x\leqslant 1),$$

两边对 x 求导可得微分方程

$$y'-\frac{1}{x}y=-\frac{8}{3}x^{-\frac{2}{3}}\quad(0<x\leqslant 1),$$

此为一阶线性方程,其通解为

$$y=\mathrm{e}^{\int\frac{1}{x}\mathrm{d}x}\left(-\frac{8}{3}\int x^{-\frac{2}{3}}\mathrm{e}^{-\int\frac{1}{x}\mathrm{d}x}\mathrm{d}x+C\right)=x\left(-\frac{8}{3}\int x^{-\frac{5}{3}}\mathrm{d}x+C\right)=Cx+4x^{\frac{1}{3}}.$$

由于 $y(1)=4$,代入上式可得 $C=0$,于是所求曲线为 $y=4x^{\frac{1}{3}}(0\leqslant x\leqslant 1)$.

4. 解答:曲线 $y=f(x)$ 在点 $P(x,f(x))$ 处的切线方程为

$$Y-f(x)=f'(x)(X-x),$$

令 $Y=0$,则有 $X=x-\frac{f(x)}{f'(x)}$,由此 $u=x-\frac{f(x)}{f'(x)}$,且有

$$\lim_{x\to 0}u=\lim_{x\to 0}\left(x-\frac{f(x)}{f'(x)}\right)=-\lim_{x\to 0}\frac{\frac{f(x)-f(0)}{x}}{\frac{f'(x)-f'(0)}{x}}=-\frac{f'(0)}{f''(0)}=0.$$

又函数 $y=f(x)$ 在 $x=0$ 处的二阶泰勒公式为

$$f(x)=f(0)+f'(0)x+\frac{f''(0)}{2}x^2+o(x^2)=\frac{f''(0)}{2}x^2+o(x^2),$$

因此

$$\lim_{x\to 0}\frac{u}{x}=1-\lim_{x\to 0}\frac{f(x)}{xf'(x)}=1-\lim_{x\to 0}\frac{\dfrac{f''(0)}{2}x^2+o(x^2)}{xf'(x)}$$

$$=1-\frac{1}{2}\lim_{x\to 0}\frac{f''(0)+2\dfrac{o(x^2)}{x^2}}{\dfrac{f'(x)-f'(0)}{x}}=1-\frac{1}{2}\frac{f''(0)}{f''(0)}=\frac{1}{2},$$

故 $\displaystyle\lim_{x\to 0}\frac{x^3 f(u)}{f(x)\sin^3 u}=\lim_{x\to 0}\frac{x^3\left(\dfrac{f''(0)}{2}u^2+o(u^2)\right)}{u^3\left(\dfrac{f''(0)}{2}x^2+o(x^2)\right)}=\lim_{x\to 0}\frac{x}{u}=2.$

三、证明题

1. 解答：(1) 由于

$$\lim_{x\to+\infty}\frac{\sqrt{\dfrac{1}{x}}-\sqrt{\ln\left(1+\dfrac{1}{x}\right)}}{\dfrac{1}{x^{3/2}}}=\lim_{t\to 0^+}\frac{\sqrt{t}-\sqrt{\ln(1+t)}}{t^{3/2}}=\lim_{t\to 0^+}\frac{t-\ln(1+t)}{t^{3/2}\cdot(\sqrt{t}+\sqrt{\ln(1+t)})}$$

$$=\frac{1}{2}\lim_{t\to 0^+}\frac{t^2+o(t^2)}{t^2+t^{3/2}\cdot\sqrt{\ln(1+t)}}$$

$$=\frac{1}{2}\lim_{t\to 0^+}\frac{1}{1+\sqrt{\dfrac{\ln(1+t)}{t}}}=\frac{1}{4}\neq 0,$$

以及反常积分 $\displaystyle\int_1^{+\infty}\frac{1}{x^{3/2}}dx$ 收敛，可知反常积分 $\displaystyle\int_1^{+\infty}\left[\sqrt{\frac{1}{x}}-\sqrt{\ln\left(1+\frac{1}{x}\right)}\right]dx$ 收敛.

(2) 由牛顿-莱布尼茨公式，有

$$f(x)-f(1)=\int_1^x f'(t)dt,$$

故当 $\displaystyle\int_1^{+\infty}f'(x)dx$ 收敛时，$\displaystyle\lim_{x\to+\infty}f(x)$ 存在. 显然，$|f'(x)|\leqslant\sqrt{\dfrac{1}{x}}-\sqrt{\ln\left(1+\dfrac{1}{x}\right)}$ $(1\leqslant x<+\infty)$，根据(1)的结论以及比较判别法，可得 $\displaystyle\int_1^{+\infty}f'(x)dx$ 收敛.

2. 解答：(1) 因为 $\displaystyle\int_a^b f(x)dx=0$，由积分中值定理可知，存在 $c\in(a,b)$，使得 $f(c)=0$.

设 $F(x)=e^{-x}f(x)$，则 $F(a)=F(c)=F(b)=0$，由罗尔定理，存在 $\xi\in(a,c),\zeta\in(c,b)$（显然 $\xi\neq\zeta$），使得 $F'(\xi)=F'(\zeta)=0$，即

$$f(\xi)=f'(\xi)\quad\text{且}\quad f(\zeta)=f'(\zeta).$$

(2) 设 $G(x)=e^x[f'(x)-f(x)]$，由(1)可得 $G(\xi)=G(\zeta)=0$. 根据罗尔定理，存在 $\eta\in(\xi,\zeta)\subset(a,b)$，使得 $G'(\eta)=0$，由于

$$G'(x)=e^x[f''(x)-f(x)],$$

可得 $f(\eta)=f''(\eta)$.

3. 解答：设 $x\in[-1,1]$，存在 η 介于 0 与 x 之间，由麦克劳林公式得

$$f(x)=f(0)+\frac{1}{2!}f''(0)x^2+\frac{1}{3!}f'''(\eta)x^3.$$

在上式中分别取 $x=1$ 和 $x=-1$，得

$$1=f(1)=f(0)+\frac{1}{2!}f''(0)+\frac{1}{3!}f'''(\eta_1)\quad(0<\eta_1<1),$$

$$0 = f(-1) = f(0) + \frac{1}{2!}f''(0) - \frac{1}{3!}f'''(\eta_2) \quad (-1 < \eta_2 < 0),$$

两式相减,得 $f'''(\eta_1) + f'''(\eta_2) = 6$.

由于 $f'''(x)$ 在闭区间 $[-1,1]$ 上连续,因此 $f'''(x)$ 在闭区间 $[\eta_2, \eta_1]$ 上有最大值 M 及最小值 m,从而

$$m \leqslant \frac{1}{2}(f'''(\eta_1) + f'''(\eta_2)) \leqslant M,$$

再由连续函数的介值定理,至少存在一点 $x_0 \in [\eta_2, \eta_1] \subset (-1, 1)$,使得

$$f'''(x_0) = \frac{1}{2}(f'''(\eta_1) + f'''(\eta_2)) = 3.$$

4. 解答: 令 $t = ax$,则 $\int_A^{+\infty} \frac{f(ax)}{x} dx = \int_{aA}^{+\infty} \frac{f(t)}{t} dt$;令 $t = bx$,则 $\int_A^{+\infty} \frac{f(bx)}{x} dx = \int_{bA}^{+\infty} \frac{f(t)}{t} dt$. 由于对任意 $A > 0$,无穷积分 $\int_A^{+\infty} \frac{f(x)}{x} dx$ 收敛,则对任意 $a, b > 0$,无穷积分 $\int_{aA}^{+\infty} \frac{f(t)}{t} dt$ 和 $\int_{bA}^{+\infty} \frac{f(t)}{t} dt$ 均收敛. 于是有

$$\int_A^{+\infty} \frac{f(ax) - f(bx)}{x} dx = \int_{aA}^{+\infty} \frac{f(t)}{t} dt - \int_{bA}^{+\infty} \frac{f(t)}{t} dt = \int_{aA}^{bA} \frac{f(t)}{t} dt.$$

由于 $f(t)$ 连续,$\frac{1}{t}$ 连续且不变号,根据积分中值定理,存在 ξ 介于 aA, bA 之间使得

$$\int_{aA}^{bA} \frac{f(t)}{t} dt = f(\xi) \int_{aA}^{bA} \frac{1}{t} dt = f(\xi) \ln \frac{b}{a}.$$

根据 $f(x)$ 在 $x = 0$ 点右连续以及 $A \to 0^+$ 时 $\xi \to 0^+$,有

$$\int_0^{+\infty} \frac{f(ax) - f(bx)}{x} dx = \lim_{A \to 0^+} \int_A^{+\infty} \frac{f(ax) - f(bx)}{x} dx = \lim_{A \to 0^+} \int_{aA}^{bA} \frac{f(t)}{t} dt$$

$$= \lim_{\xi \to 0^+} f(\xi) \ln \frac{b}{a} = f(0) \ln \frac{b}{a}.$$

第八章 向量代数与空间解析几何

同步检测卷 A

一、单项选择题

1. 下列向量为单位向量的是(其中 α,β,γ 为向量与三坐标正轴正向夹角) ( )

   A. $\boldsymbol{i}+\boldsymbol{j}+\boldsymbol{k}$
   B. $\dfrac{\boldsymbol{i}+\boldsymbol{j}+\boldsymbol{k}}{3}$
   C. $\{\cos\alpha,\cos\beta,\cos\gamma\}$
   D. $\{\cos^2\alpha,\cos^2\beta,\cos^2\gamma\}$

2. 平面 xOz 上的直线 $x=z-1$ 绕 z 轴旋转而成的圆锥面的方程是 ( )

   A. $x^2+y^2=(z-1)^2$
   B. $x^2+y^2=z^2-1$
   C. $x^2+y^2=z-1$
   D. $(x+1)^2=y^2+z^2$

3. 方程 $16x^2+4y^2-z^2=64$ 表示 ( )

   A. 锥面
   B. 椭球面
   C. 单叶双曲面
   D. 双叶双曲面

4. 已知平面 $\Pi_1:A_1x+B_1y+C_1z+D_1=0$ 与平面 $\Pi_2:A_2x+B_2y+C_2z+D_2=0$,则 $\Pi_1\perp\Pi_2$ 的充要条件是 ( )

   A. $\dfrac{A_1}{A_2}=\dfrac{B_1}{B_2}=\dfrac{C_1}{C_2}$
   B. $\dfrac{A_1}{A_2}=\dfrac{B_1}{B_2}=\dfrac{C_1}{C_2}=\dfrac{D_1}{D_2}$
   C. $A_1A_2+B_1B_2+C_1C_2=0$
   D. $A_1A_2+B_1B_2+C_1C_2+D_1D_2=0$

5. 直线 $l:\dfrac{x-1}{2}=\dfrac{y+2}{0}=\dfrac{z-6}{1}$ 与 xOz 坐标面的位置关系是 ( )

   A. l 与 xOz 坐标面垂直
   B. l 与 xOz 坐标面平行
   C. l 落在 xOz 坐标面上
   D. l 与 xOz 坐标面既不平行也不垂直

二、填空题

1. 过点 $(1,-2,3)$ 且与平面 $7x-3y+z-6=0$ 平行的平面方程是_____.

2. 已知向量 $\boldsymbol{a}=\{0,3,1\},\boldsymbol{b}=\{1,2,-1\}$,则 $\boldsymbol{a}\cdot\boldsymbol{b}=$ _____ ,$\boldsymbol{a}\times\boldsymbol{b}=$ _____.

3. 下列点在第六卦限的点为_____,在 xOz 坐标面上的点为_____,在 x 坐标轴上的点为_____,同时在 xOz 坐标面和 yOz 坐标面上的点为_____.

   $A(-1,-2,-3)$, $B(1,-2,-3)$, $C(-1,0,0)$,
   $D(-1,0,3)$, $E(0,0,-3)$, $F(-1,2,-3)$.

4. 过点 $(2,-3,5)$ 且与平面 $9x-4y+2z-1=0$ 垂直的直线方程是_____.

5. 直线 $\begin{cases} x+y+3z=0, \\ x-y-z=0 \end{cases}$ 与平面 $x-y+1=0$ 的夹角为_____.

三、计算与解答题

1. 用对称式方程及参数式方程表示直线 $\begin{cases} x-y+z=1, \\ 2x+y+z=4. \end{cases}$

2. 已知 $|\boldsymbol{a}|=3$，$|\boldsymbol{b}|=36$，$|\boldsymbol{a}\times\boldsymbol{b}|=72$，求 $|\boldsymbol{a}\cdot\boldsymbol{b}|$.

3. 求通过点 $(1,0,0)$ 和点 $(0,0,1)$ 且与 xOy 平面夹角为 $\dfrac{\pi}{3}$ 的平面的方程.

4. 求经过原点及点 $(6,-3,2)$,且与平面 $4x-y+2x=8$ 垂直的平面方程.

5. 求过点 $(1,0,-2)$,且与平面 $3x+4y-z+6=0$ 平行,又与直线 $\dfrac{x-3}{1}=\dfrac{y+2}{4}=\dfrac{z}{1}$ 垂直的直线方程.

四、证明题

证明:$A(1,-2,0)$,$B(2,1,5)$,$C(3,-3,3)$,$D(1,-9,-7)$ 四个点在一个平面上.

同步检测卷 B

一、单项选择题

1. 旋转曲面 $\dfrac{x^2}{4}+\dfrac{y^2+z^2}{9}=1$ 是 ( )

   A. xOy 平面上椭圆 $\dfrac{x^2}{4}+\dfrac{y^2}{9}=1$ 绕 y 轴旋转成的椭球面

   B. xOy 平面上椭圆 $\dfrac{x^2}{4}+\dfrac{y^2}{9}=1$ 绕 x 轴旋转成的椭球面

   C. xOz 平面上椭圆 $\dfrac{x^2}{4}+\dfrac{z^2}{9}=1$ 绕 y 轴旋转成的椭球面

   D. xOz 平面上椭圆 $\dfrac{x^2}{4}+\dfrac{z^2}{9}=1$ 绕 z 轴旋转成的椭球面

2. 关于向量运算,下列不成立的是 ( )

   A. $(a \times b) \cdot c = c \cdot (a \times b)$ B. $a \times b = -b \times a$

   C. $(a \cdot b)c = (a \cdot c)b$ D. $(a \times b) \cdot c = (b \times c) \cdot a$

3. 两直线 $x-1=\dfrac{5-y}{2}=z+8$ 与 $\begin{cases} x-y=8, \\ 2y+z=3 \end{cases}$ 的夹角为 ( )

   A. $\dfrac{\pi}{6}$ B. $\dfrac{\pi}{4}$ C. $\dfrac{\pi}{3}$ D. $\dfrac{\pi}{2}$

4. 已知直线 $l: \begin{cases} x+3y+2z+1=0, \\ 2x-y-10z+3=0 \end{cases}$ 及平面 $\Pi: 4x-2y+z-2=0$,则直线 l ( )

   A. 与平面 Π 平行   B. 在平面 Π 上

   C. 与平面 Π 垂直   D. 与平面 Π 不垂直但相交

5. 已知两直线 $\dfrac{x-x_1}{m_1}=\dfrac{y-y_1}{n_1}=\dfrac{z-z_1}{p_1}$ 和 $\dfrac{x-x_2}{m_2}=\dfrac{y-y_2}{n_2}=\dfrac{z-z_2}{p_2}$ 共面,则有 ( )

   A. $\dfrac{m_1}{m_2}=\dfrac{n_1}{n_2}=\dfrac{p_1}{p_2}$ B. $m_1 m_2 + n_1 n_2 + p_1 p_2 = 0$

   C. $x_1=x_2, y_1=y_2, z_1=z_2$ D. $\begin{vmatrix} x_2-x_1 & y_2-y_1 & z_2-z_1 \\ m_1 & n_1 & p_1 \\ m_2 & n_2 & p_2 \end{vmatrix}=0$

二、填空题

1. 已知直线 $\dfrac{x-3}{1}=\dfrac{y+2}{4}=\dfrac{z}{1}$ 与平面 $3x+\lambda y-z+6=0$ 平行,则 $\lambda=$ _____.

2. 已知直线 $l: \begin{cases} 3x-y+2z-6=0, \\ x+4y-z+d=0 \end{cases}$ 与 z 轴相交,则 $d=$ _____.

3. 已知平行四边形两邻边对应的向量分别为 $a = 2i + j - k, b = i - j + 2k$,则该平行四边形的面积为_____.

4. 两直线 $\dfrac{x}{1} = \dfrac{y}{2} = \dfrac{z}{-2}$ 与 $\dfrac{x-1}{1} = \dfrac{y-2}{2} = \dfrac{z-1}{-2}$ 的距离为_____.

5. 直线 $\dfrac{x-1}{2} = \dfrac{y}{1} = \dfrac{z}{-1}$ 绕 y 轴旋转一周的旋转曲面方程为_____.

三、计算与解答题

1. 求过点 $P(1,2,1)$ 且与两直线

$$L_1: \begin{cases} x + 2y - z + 1 = 0, \\ x - 4y + 3z - 3 = 0 \end{cases} \quad \text{和} \quad L_2: \begin{cases} 2x - y + z = 0, \\ 3x + y - z = 0 \end{cases}$$

平行的平面方程.

2. 求过直线 $L: \begin{cases} x + 2y - z = 6, \\ x - 2y + z = 0 \end{cases}$ 且垂直于平面 $x + 2y + z = 0$ 的平面方程.

3. 求过点 $M(2,1,3)$ 且与直线 $L: \dfrac{x+1}{3} = \dfrac{y-1}{2} = \dfrac{z}{-1}$ 垂直相交的直线方程.

4. 已知向量 $\boldsymbol{a} = \{3,5,-2\}, \boldsymbol{b} = \{2,1,4\}$.
  (1) 选取 λ 及 μ, 使 $\lambda\boldsymbol{a} + \mu\boldsymbol{b}$ 与 z 轴垂直;
  (2) 求与 $\boldsymbol{a}, \boldsymbol{b}$ 都垂直的单位向量.

5. 已知球面 $\Sigma: x^2+y^2+z^2-2x+4y-6z=0$ 与一通过球心且与直线 $L:\begin{cases} x=0, \\ y-z=0 \end{cases}$ 垂直的平面 Π 相交,求 Σ 与 Π 的交线在 xOy 面上的投影.

四、证明题

设直线 l_1 的方向矢为 $\boldsymbol{s}_1$,点 $P_1 \in l_1$,直线 l_2 的方向矢为 $\boldsymbol{s}_2$,点 $P_2 \in l_2$,l_1 与 l_2 间的最短距离为 d,证明:
$$|(\boldsymbol{s}_1 \times \boldsymbol{s}_2) \cdot \overrightarrow{P_1P_2}| = d \cdot |\boldsymbol{s}_1 \times \boldsymbol{s}_2|.$$

同步检测卷 C

一、填空题

1. 下列推断正确的有_____.
   A. 若 $a \cdot b = 0$,则 $a = 0$ 或 $b = 0$;
   B. 若 $a \cdot b = a \cdot c$ 且 $a \neq 0$,则 $b = c$;
   C. 若 $a \times b = 0$,则 $a = 0$ 或 $b = 0$;
   D. 若 $a \times b = a \times c$ 且 $a \neq 0$,则 $b = c$;
   E. 若 a, b 是非零向量且 $|a \cdot b| = |a| \cdot |b|$,则 a, b 平行;
   F. 若 a, b 是非零向量且 $|a \times b| = |a| \cdot |b|$,则 a, b 垂直.

2. 圆 $\begin{cases} 2x + 2y - z + 2 = 0, \\ x^2 + y^2 + z^2 - 4x - 2y + 2z \leqslant 19 \end{cases}$ 的面积是_____.

3. 曲线 $\begin{cases} \dfrac{x^2}{a^2} + \dfrac{y^2}{b^2} = 1, \\ Ax + By + Cz = 0 \end{cases}$ 所围成平面区域的面积为_____.

4. 已知 a 为单位向量,且 $a + 3b$ 垂直于 $7a - 5b$,$a - 4b$ 垂直于 $7a - 2b$,则向量 a 与 b 的夹角为_____.

5. 设直线 $\begin{cases} x + 2y - 3z = 2, \\ 2x - y + z = 3 \end{cases}$ 在平面 $z = 1$ 上的投影为直线 L,则点 $(1, 2, 1)$ 到直线 L 的距离为_____.

6. 已知直线 L 过点 $M(1, -2, 0)$ 且与两条直线
$$L_1: \begin{cases} 2x + z = 1, \\ x - y + 3z = 5 \end{cases} \quad \text{和} \quad L_2: \begin{cases} x = -2 + t, \\ y = 1 - 4t, \\ z = 3 \end{cases}$$
垂直,则直线 L 的参数方程为_____.

二、计算与解答题

1. 求直线 $L: \dfrac{x}{a} = \dfrac{y - b}{0} = \dfrac{z}{1}$ 绕 z 轴旋转一周而成的旋转曲面方程,并就 a, b 的取值讨论方程分别表示什么曲面.

2. 求母线平行于直线 $L: x = y = z$，准线为 $\Gamma: \begin{cases} x+y+z = 0, \\ x^2+y^2+z^2 = 1 \end{cases}$ 的柱面 Σ 方程.

3. 求直线 $L: \dfrac{x-1}{1} = \dfrac{y}{1} = \dfrac{z-1}{-1}$ 在平面 $\Pi: x-y+2z-1 = 0$ 上的投影 L_0 的方程，并求 L_0 绕 y 轴旋转一周所成曲面 S 的方程.

4. 求经过点 $P(2,3,1)$ 且与两直线 $L_1:\begin{cases} x+y=0, \\ x-y+z=-4, \end{cases}$ $L_2:\begin{cases} x+3y=1, \\ y+z=2 \end{cases}$ 相交的直线 L 的方程.

5. 若曲线 $\Gamma:\begin{cases} z=ky, \\ \dfrac{x^2}{2}+z^2=2y \end{cases}$ 在 xOy 平面上的投影为是圆,求参数 $k(>0)$ 的取值;若曲线 Γ 是圆,k 取值多少?

四、证明题

1. 已知 a, b 为非零向量,证明:$\lim\limits_{x \to 0} \dfrac{|a+xb|-|a|}{x} = \dfrac{a \cdot b}{|a|}$.

2. 设直线 $L_1: \dfrac{x-1}{-1} = \dfrac{y}{2} = \dfrac{z+1}{1}$ 和 $L_2: \dfrac{x+2}{0} = \dfrac{y-1}{1} = \dfrac{z-2}{-2}$,证明直线 L_1, L_2 异面,并求平行于 L_1, L_2 且与它们等距的平面方程 Π.

参考答案

同步检测卷 A

一、单项选择题

1. 解答: 对于 A, $i+j+k=\{1,0,0\}+\{0,1,0\}+\{0,0,1\}=\{1,1,1\}$, $|i+j+k|=\sqrt{3}$, 因此不是单位向量;

对于 B, $\dfrac{i+j+k}{3}=\left\{\dfrac{1}{3},\dfrac{1}{3},\dfrac{1}{3}\right\}$, $\left|\dfrac{i+j+k}{3}\right|=\dfrac{\sqrt{3}}{3}$, 因此不是单位向量;

对于 C 和 D, 由于 α,β,γ 为向量与三坐标正轴正向夹角即三个方向角, 可知
$$\cos^2\alpha+\cos^2\beta+\cos^2\gamma=1,$$
所以
$$|\{\cos\alpha,\cos\beta,\cos\gamma\}|=\sqrt{\cos^2\alpha+\cos^2\beta+\cos^2\gamma}=1,$$
$$|\{\cos^2\alpha,\cos^2\beta,\cos^2\gamma\}|=\sqrt{\cos^4\alpha+\cos^4\beta+\cos^4\gamma}\leqslant 1.$$

综上, 应选 C.

2. 解答: 求绕 z 轴旋转而成的曲面方程, 直线方程 $x=z-1$ 中的 z 不变, 将方程中的 x 换为 $\pm\sqrt{x^2+y^2}$, 故旋转曲面方程为 $\pm\sqrt{x^2+y^2}=z-1$, 即 $x^2+y^2=(z-1)^2$, 因此选 A.

3. 解答: 对于形如 $ax^2+by^2+cz^2=d>0$ 表示的曲面方程, 有如下结论:

(1) 若 a,b,c 均为正数, 表示椭球面;

(2) 若 a,b,c 为两个正数、一个负数, 表示单叶双曲面;

(3) 若 a,b,c 为一个正数、两个负数, 表示双叶双曲面.

故方程 $16x^2+4y^2-z^2=64$ 表示单叶双曲面, 因此应选 C.

4. 解答: 平面 $\Pi_1\perp\Pi_2$, 当且仅当 Π_1 的法向量 $\{A_1,B_1,C_1\}$ 与 Π_2 的法向量 $\{A_2,B_2,C_2\}$ 垂直, 即
$$\{A_1,B_1,C_1\}\cdot\{A_2,B_2,C_2\}=A_1A_2+B_1B_2+C_1C_2=0,$$
因此应选 C.

5. 解答: 直线 l 的方向向量为 $\{2,0,1\}$, xOz 坐标面的法向量为 $\{0,1,0\}$, 由于
$$\{2,0,1\}\cdot\{0,1,0\}=0,$$
故直线 l 的方向向量与 xOz 坐标面的法向量垂直, 可知直线 l 平行于 xOz 坐标面或者落在 xOz 坐标面上; 又由于直线 l 经过点 $\{1,-2,6\}$, 该点不在 xOz 坐标面上, 故 l 没有落在 xOz 坐标面上. 因此直线 l 与 xOz 坐标面平行, 即应选 B.

二、填空题

1. 解答: 平面 $7x-3y+z-6=0$ 的法向量为 $\{7,-3,1\}$, 过点 $(1,-2,3)$ 且以 $\{7,-3,1\}$ 为法向量的平面方程为 $7(x-1)-3(y+2)+(z-3)=0$, 即
$$7x-3y+z-16=0.$$

2. 解答: $a\cdot b=\{0,3,1\}\cdot\{1,2,-1\}=0\times 1+3\times 2+1\times(-1)=5$, 而
$$a\times b=\begin{vmatrix} i & j & k \\ 0 & 3 & 1 \\ 1 & 2 & -1 \end{vmatrix}=-5i+j-3k=\{-5,1,-3\}.$$

3. 解答: 点 $A(-1,-2,-3)$ 在第七卦限;点 $B(1,-2,-3)$ 在第八卦限;点 $C(-1,0,0)$ 在 x 坐标轴上,同时也在 xOy 坐标面和 xOz 坐标面上;点 $D(-1,0,3)$ 在 xOz 坐标面上;点 $E(0,0,-3)$ 在 z 坐标轴上,同时也在 xOz 坐标面和 yOz 坐标面上;点 $F(-1,2,-3)$ 在第六卦限.

因此,在第六卦限的点为 F;在 xOz 坐标面上的点为 C,D,E;在 x 坐标轴上的点为 C;同时在 xOz 坐标面和 yOz 坐标面上的点为 E.

4. 解答: 平面 $9x-4y+2z-1=0$ 的法向量为 $\{9,-4,2\}$,与平面 $9x-4y+2z-1=0$ 垂直的直线,其方向向量可以取为平面的法向量. 于是过点 $(2,-3,5)$ 且以 $\{9,-4,2\}$ 为方向向量的直线方程是

$$\frac{x-2}{9}=\frac{y+3}{-4}=\frac{z-5}{2}.$$

5. 解答: 直线 $\begin{cases} x+y+3z=0, \\ x-y-z=0 \end{cases}$ 与平面 $x+y+3z=0$ 和平面 $x-y-z=0$ 的法向量均垂直,因此直线的方向向量可为两个平面法向量 $\{1,1,3\}$ 和 $\{1,-1,-1\}$ 的外积,即方向向量为

$$\{1,1,3\}\times\{1,-1,-1\}=\begin{vmatrix} \boldsymbol{i} & \boldsymbol{j} & \boldsymbol{k} \\ 1 & 1 & 3 \\ 1 & -1 & -1 \end{vmatrix}=2\boldsymbol{i}+4\boldsymbol{j}-2\boldsymbol{k}=\{2,4,-2\}.$$

平面 $x-y+1=0$ 的法向量为 $\{1,-1,0\}$,其与 $\{2,4,-2\}$ 的夹角余弦为

$$\frac{|\{1,-1,0\}\cdot\{2,4,-2\}|}{|\{1,-1,0\}|\cdot|\{2,4,-2\}|}=\frac{2}{\sqrt{2}\cdot\sqrt{24}}=\frac{1}{2\sqrt{3}},$$

因此直线与平面的夹角为 $\arcsin\dfrac{1}{2\sqrt{3}}$.

三、计算与解答题

1. 解答: 直线 $\begin{cases} x-y+z=1, \\ 2x+y+z=4 \end{cases}$ 与平面 $x-y+z=1$ 和平面 $2x+y+z=4$ 的法向量均垂直,因此直线的方向向量可为两个平面法向量 $\{1,-1,1\}$ 和 $\{2,1,1\}$ 的外积,即方向向量为

$$\{1,-1,1\}\times\{2,1,1\}=\begin{vmatrix} \boldsymbol{i} & \boldsymbol{j} & \boldsymbol{k} \\ 1 & -1 & 1 \\ 2 & 1 & 1 \end{vmatrix}=-2\boldsymbol{i}+\boldsymbol{j}+3\boldsymbol{k}=\{-2,1,3\}.$$

由于直线 $\begin{cases} x-y+z=1, \\ 2x+y+z=4 \end{cases}$ 经过点 $(1,1,1)$,因此对称式方程为

$$\frac{x-1}{-2}=\frac{y-1}{1}=\frac{z-1}{3},$$

参数式方程为

$$\begin{cases} x=-2t+1, \\ y=t+1, \\ z=3t+1. \end{cases}$$

2. 解答: 设 θ 为向量 $\boldsymbol{a},\boldsymbol{b}$ 的夹角,由于 $|\boldsymbol{a}\times\boldsymbol{b}|=|\boldsymbol{a}|\cdot|\boldsymbol{b}|\cdot\sin\theta$,则

$$\sin\theta=\frac{|\boldsymbol{a}\times\boldsymbol{b}|}{|\boldsymbol{a}|\cdot|\boldsymbol{b}|}=\frac{72}{3\cdot 36}=\frac{2}{3},$$

可知 $|\cos\theta|=\sqrt{1-\sin^2\theta}=\dfrac{\sqrt{5}}{3}$,因此

$$|\boldsymbol{a}\cdot\boldsymbol{b}|=|\boldsymbol{a}|\cdot|\boldsymbol{b}|\cdot|\cos\theta|=3\cdot 36\cdot\frac{\sqrt{5}}{3}=36\sqrt{5}.$$

3. 解答:设平面与 y 轴的交点为 $(0,a,0)$,由于平面与 x 轴的交点为 $(1,0,0)$,与 z 轴的交点为 $(0,0,1)$,可得平面的截距式方程为

$$\frac{x}{1}+\frac{y}{a}+\frac{z}{1}=1,$$

因此该平面的法向量为 $\left\{1,\frac{1}{a},1\right\}$. 由于此平面与 xOy 平面夹角为 $\frac{\pi}{3}$,xOy 平面的法向量为 $\{0,0,1\}$,可知向量 $\left\{1,\frac{1}{a},1\right\}$ 和 $\{0,0,1\}$ 的夹角余弦绝对值为 $\cos\frac{\pi}{3}=\frac{1}{2}$,因此

$$\frac{\left|\left\{1,\frac{1}{a},1\right\}\cdot\{0,0,1\}\right|}{\left|\left\{1,\frac{1}{a},1\right\}\right|\cdot|\{0,0,1\}|}=\frac{1}{\sqrt{1+\frac{1}{a^2}+1}}=\frac{1}{2},$$

可得 $a=\pm\frac{\sqrt{2}}{2}$,因此所求平面方程为

$$x+\sqrt{2}y+z=1 \quad \text{或} \quad x-\sqrt{2}y+z=1.$$

4. 解答:设所求平面的法向量为 $\{a,b,c\}$,则该向量既垂直于平面上的向量 $\{6,-3,2\}$,又垂直于平面 $4x-y+2x=8$ 的法向量 $\{4,-1,2\}$,因此有

$$\{a,b,c\}\cdot\{6,-3,2\}=6a-3b+2c=0,$$
$$\{a,b,c\}\cdot\{4,-1,2\}=4a-b+2c=0,$$

可得 $a=b=-\frac{2}{3}c$. 于是可知平面的法向量 $\{a,b,c\}=\left\{-\frac{2}{3}c,-\frac{2}{3}c,c\right\}$,与向量 $\{2,2,-3\}$ 平行. 又平面经过原点,因此所求平面方程为

$$2x+2y-3z=0.$$

5. 解答:设所求直线的方向向量为 $\{a,b,c\}$,则该向量既垂直于平面 $3x+4y-z+6=0$ 的法向量 $\{3,4,-1\}$,又垂直于直线 $\frac{x-3}{1}=\frac{y+2}{4}=\frac{z}{1}$ 的方向向量 $\{1,4,1\}$,因此有

$$\{a,b,c\}\cdot\{3,4,-1\}=3a+4b-c=0,$$
$$\{a,b,c\}\cdot\{1,4,1\}=a+4b+c=0,$$

可得 $a=c=-2b$. 于是直线的方向向量 $\{a,b,c\}=\{-2b,b,-2b\}$,与向量 $\{2,-1,2\}$ 平行,故所求直线方程为

$$\frac{x-1}{2}=\frac{y}{-1}=\frac{z+2}{2}.$$

四、证明题

解答:A,B,C,D 四个点在一个平面上,等价于 $\overrightarrow{AB},\overrightarrow{AC},\overrightarrow{AD}$ 三个向量在一个平面上.
由于 $\overrightarrow{AB}=\{1,3,5\},\overrightarrow{AC}=\{2,-1,3\},\overrightarrow{AD}=\{0,-7,-7\}$,它们的混合积为

$$(\overrightarrow{AB}\times\overrightarrow{AC})\cdot\overrightarrow{AD}=\begin{vmatrix}1 & 3 & 5\\ 2 & -1 & 3\\ 0 & -7 & -7\end{vmatrix}=0,$$

因此 $\overrightarrow{AB},\overrightarrow{AC},\overrightarrow{AD}$ 三个向量共面,即 A,B,C,D 四个点共面.

同步检测卷 B

一、单项选择题

1. 解答:对于 A,$\frac{x^2}{4}+\frac{y^2}{9}=1$ 绕 y 轴旋转成的曲面为 $\frac{x^2+z^2}{4}+\frac{y^2}{9}=1$;

对于 B, $\dfrac{x^2}{4}+\dfrac{y^2}{9}=1$ 绕 x 轴旋转成的曲面为 $\dfrac{x^2}{4}+\dfrac{y^2+z^2}{9}=1$;

对于 C, $\dfrac{x^2}{4}+\dfrac{z^2}{9}=1$ 绕 y 轴旋转,无法形成椭球面;

对于 D, $\dfrac{x^2}{4}+\dfrac{z^2}{9}=1$ 绕 z 轴旋转成的曲面为 $\dfrac{x^2+y^2}{4}+\dfrac{z^2}{9}=1$.

因此应选 B.

2. 解答: 对于 A,由于向量内积具有交换律,因此成立;

对于 B,由于向量外积具有反交换律,因此成立;

对于 C, $(\boldsymbol{a}\cdot\boldsymbol{b})\boldsymbol{c}$ 与向量 $\boldsymbol{c}$ 平行, $(\boldsymbol{a}\cdot\boldsymbol{c})\boldsymbol{b}$ 与向量 $\boldsymbol{b}$ 平行,因此不成立;

对于 D,根据行列式的性质(两行互换,其值反号), $(\boldsymbol{a}\times\boldsymbol{b})\cdot\boldsymbol{c}$ 与 $(\boldsymbol{b}\times\boldsymbol{c})\cdot\boldsymbol{a}$ 具有相同的符号,因此成立.

因此应选 C.

3. 解答: 直线 $x-1=\dfrac{5-y}{2}=z+8$ 的方向向量为 $\{1,-2,1\}$,直线 $\begin{cases}x-y=8,\\2y+z=3\end{cases}$ 的方向向量为
$$\{1,-1,0\}\times\{0,2,1\}=\{-1,-1,2\},$$
因此两直线夹角的余弦为
$$\dfrac{|\{1,-2,1\}\cdot\{-1,-1,2\}|}{|\{1,-2,1\}|\cdot|\{-1,-1,2\}|}=\dfrac{3}{\sqrt{6}\cdot\sqrt{6}}=\dfrac{1}{2},$$
故两直线的夹角为 $\dfrac{\pi}{3}$,应选 C.

4. 解答: 直线 $l:\begin{cases}x+3y+2z+1=0,\\2x-y-10z+3=0\end{cases}$ 的方向向量为
$$\{1,3,2\}\times\{2,-1,-10\}=\{-28,14,-7\}=-7\{4,-2,1\},$$
平面 $\Pi:4x-2y+z-2=0$ 的法向量为 $\{4,-2,1\}$,故直线 l 与平面 Π 的法向量平行,因此直线 l 与平面 Π 垂直,应选 C.

5. 解答: 当两直线共面时,包含相交、平行及重合三种情况.

对于 A,表示向量 $\{m_1,n_1,p_1\}$ 与 $\{m_2,n_2,p_2\}$ 平行,此时两直线平行或重合;

对于 B,表示向量 $\{m_1,n_1,p_1\}$ 与 $\{m_2,n_2,p_2\}$ 垂直,此时两直线相交或异面;

对于 C,表示两条直线经过同一个点 (x_1,y_1,z_1),此时两直线相交或重合;

对于 D,表示三个向量 $\{x_2-x_1,y_2-y_1,z_2-z_1\}$, $\{m_1,n_1,p_1\}$ 与 $\{m_2,n_2,p_2\}$ 的混合积为零,也就是这三个向量共面,即两直线的上各取一点作成的向量与两直线的方向向量共面,这与两直线共面等价.

因此应选 D.

二、填空题

1. 解答: 直线 $\dfrac{x-3}{1}=\dfrac{y+2}{4}=\dfrac{z}{1}$ 的方向向量为 $\{1,4,1\}$,平面 $3x+\lambda y-z+6=0$ 的法向量为 $\{3,\lambda,-1\}$.若直线与平面平行,则直线的方向向量和平面的法向量垂直,因此
$$\{1,4,1\}\cdot\{3,\lambda,-1\}=3+4\lambda-1=0,$$
故 $\lambda=\dfrac{1}{2}$.

2. 解答: 设直线 $l:\begin{cases}3x-y+2z-6=0,\\x+4y-z+d=0\end{cases}$ 与 z 轴的交点为 $(0,0,z)$,则有
$$\begin{cases}2z-6=0,\\-z+d=0,\end{cases}$$

解得 $d=z=3$.

3. 解答：以 a,b 为邻边的平行四边形的面积等于 a,b 的向量积的模，由于
$$a \times b = \begin{vmatrix} i & j & k \\ 2 & 1 & -1 \\ 1 & -1 & 2 \end{vmatrix} = i - 5j - 3k = \{1, -5, -3\},$$
故以 a,b 为邻边的平行四边形的面积为
$$|\{1, -5, -3\}| = \sqrt{1+25+9} = \sqrt{35}.$$

4. 解答：两条直线上各取一点 $A(0,0,0)$ 和 $B(1,2,1)$. 由于两条直线的方向向量都为 $\tau = \{1,2,-2\}$，则它们平行，因此两条直线的距离为其中一条直线上的任意点到另一条直线的距离，也就是点 $A(0,0,0)$ 到直线 $\dfrac{x-1}{1} = \dfrac{y-2}{2} = \dfrac{z-1}{-2}$ 的距离.

由于 $\overrightarrow{AB} = \{1,2,1\}$，考虑以向量 $\overrightarrow{AB} = \{1,2,1\}$ 和 $\tau = \{1,2,-2\}$ 为邻边的平行四边形，则点 A 到直线 $\dfrac{x-1}{1} = \dfrac{y-2}{2} = \dfrac{z-1}{-2}$ 的距离相当于上述平行四边形中向量 τ 所在边上的高. 由于该平行四边形的面积为
$$S = |\overrightarrow{AB} \times \tau| = \left| \begin{vmatrix} i & j & k \\ 1 & 2 & 1 \\ 1 & 2 & -2 \end{vmatrix} \right| = |6i - 3j| = |\{6,-3,0\}| = 3\sqrt{5},$$
因此点 $(0,0,0)$ 到直线 $\dfrac{x-1}{1} = \dfrac{y-2}{2} = \dfrac{z-1}{-2}$ 的距离为
$$d = \dfrac{S}{|\tau|} = \dfrac{3\sqrt{5}}{\sqrt{1+4+4}} = \sqrt{5}.$$

5. 解答：设点 $P_0(x_0, y_0, z_0)$ 位于直线上，则 $\dfrac{x_0-1}{2} = \dfrac{y_0}{1} = \dfrac{z_0}{-1}$，可得
$$\begin{cases} x_0 = 2y_0 + 1, \\ z_0 = -y_0. \end{cases}$$
点 $P(x,y,z)$ 为点 $P_0(x_0, y_0, z_0)$ 绕 y 轴旋转后的点的位置，则
$$\begin{cases} y = y_0, \\ x^2 + z^2 = x_0^2 + z_0^2. \end{cases}$$
再将上面的式子联立后消去 x_0, y_0, z_0，可得 $P(x,y,z)$ 满足的方程为
$$x^2 + z^2 = (2y+1)^2 + y^2,$$
因此直线 $\dfrac{x-1}{2} = \dfrac{y}{1} = \dfrac{z}{-1}$ 绕 y 轴旋转一周的旋转曲面方程为
$$x^2 + z^2 = 5y^2 + 4y + 1.$$

三、计算与解答题

1. 解答：直线 $L_1: \begin{cases} x + 2y - z + 1 = 0, \\ x - 4y + 3z - 3 = 0 \end{cases}$ 的方向向量为
$$\{1, 2, -1\} \times \{1, -4, 3\} = \{2, -4, -6\},$$
直线 $L_2: \begin{cases} 2x - y + z = 0, \\ 3x + y - z = 0 \end{cases}$ 的方向向量为
$$\{2, -1, 1\} \times \{3, 1, -1\} = \{0, 5, 5\}.$$
由于所求平面与上述二直线均平行，故其法向量可取为
$$\{2, -4, -6\} \times \{0, 5, 5\} = \{10, -10, 10\} = 10\{1, -1, 1\},$$

因此过点 $P(1,2,1)$ 且以 $\{1,-1,1\}$ 为法向量的平面即为所求平面,其方程为
$$x-y+z=0.$$

2. 解答: 过直线 $L:\begin{cases} x+2y-z=6, \\ x-2y+z=0 \end{cases}$ 的平面可表示为
$$x+2y-z-6+\lambda(x-2y+z)=0.$$
若上述平面与 $x+2y+z=0$ 垂直,则
$$\{1+\lambda,2-2\lambda,-1+\lambda\}\cdot\{1,2,1\}=0,$$
解之可得 $\lambda=2$,因此平面方程为
$$3x-2y+z=6.$$

3. 解答: 直线 $L:\dfrac{x+1}{3}=\dfrac{y-1}{2}=\dfrac{z}{-1}$ 的参数方程为
$$x=3t-1,\quad y=2t+1,\quad z=-t,$$
因此 L 上点 P 的坐标可设为 $(3t-1,2t+1,-t)$.

若 MP 垂直于直线 L,由于 $\overrightarrow{MP}=\{3t-3,2t,-t-3\}$,则
$$\{3t-3,2t,-t-3\}\cdot\{3,2,-1\}=0,$$
解之可得 $t=\dfrac{3}{7}$. 于是所求直线的方向向量为
$$\overrightarrow{MP}=\left\{-\dfrac{12}{7},\dfrac{6}{7},-\dfrac{24}{7}\right\}=-\dfrac{6}{7}\{2,-1,4\},$$
从而所求直线方程为
$$\dfrac{x-2}{2}=\dfrac{y-1}{-1}=\dfrac{z-3}{4}.$$

4. 解答: (1) 由于
$$\lambda\boldsymbol{a}+\mu\boldsymbol{b}=\{3\lambda+2\mu,5\lambda+\mu,4\mu-2\lambda\},$$
则
$$(\lambda\boldsymbol{a}+\mu\boldsymbol{b})\cdot\{0,0,1\}=4\mu-2\lambda=0,$$
因此 $\lambda=2\mu$.

(2) 与 $\boldsymbol{a},\boldsymbol{b}$ 都垂直的向量可取为
$$\boldsymbol{a}\times\boldsymbol{b}=\{3,5,-2\}\times\{2,1,4\}=\{22,-16,-7\},$$
于是与 $\boldsymbol{a},\boldsymbol{b}$ 都垂直的单位向量为
$$\pm\dfrac{\boldsymbol{a}\times\boldsymbol{b}}{|\boldsymbol{a}\times\boldsymbol{b}|}=\pm\dfrac{\{22,-16,-7\}}{\sqrt{22^2+(-16)^2+(-7)^2}}=\pm\dfrac{1}{\sqrt{789}}\{22,-16,-7\}.$$

5. 解答: 设直线 $L:\begin{cases} x=0, \\ y-z=0 \end{cases}$ 的方向向量为 $\boldsymbol{s}$,则
$$\boldsymbol{s}=\{1,0,0\}\times\{0,1,-1\}=\{0,1,1\},$$
由于平面 Π 与直线 L 垂直,则 $\boldsymbol{s}$ 为 Π 的法向量.

球面 $\Sigma:x^2+y^2+z^2-2x+4y-6z=0$ 的球心坐标为 $(1,-2,3)$,则平面 Π 的方程为
$$y+z-1=0,$$
于是 Σ 与 Π 的交线方程为
$$\begin{cases} x^2+y^2+z^2-2x+4y-6z=0, \\ y+z-1=0, \end{cases}$$
消去上述方程中的 z,可得交线在 xOy 面上的投影为

$$\begin{cases} x^2+2y^2-2x+8y-5=0, \\ z=0. \end{cases}$$

四、证明题

解答：设 s 为 l_1 与 l_2 公垂线的方向向量，则 $s=s_1\times s_2$. 由于 l_1 与 l_2 间的最短距离为 l_1 与 l_2 公垂线段的长度，因此 d 为向量 $\overrightarrow{P_1P_2}$ 在 s 方向投影的绝对值. 由于 s 方向的单位向量 $s_0=\dfrac{s_1\times s_2}{|s_1\times s_2|}$，故

$$d=|\mathrm{Prj}_s\overrightarrow{P_1P_2}|=|\overrightarrow{P_1P_2}\cdot s_0|=\left|\left(\dfrac{s_1\times s_2}{|s_1\times s_2|}\right)\cdot\overrightarrow{P_1P_2}\right|,$$

因此

$$|(s_1\times s_2)\cdot\overrightarrow{P_1P_2}|=d\cdot|s_1\times s_2|.$$

同步检测卷 C

一、填空题

1. 解答：对于 A，当 $a\cdot b=0$ 时，a,b 垂直，未必有 $a=0$ 或 $b=0$，故 A 不正确；

对于 B，若 $a\cdot b=a\cdot c$，则 $a\cdot(b-c)=0$，此时有 a 和 $b-c$ 垂直，未必有 $b-c=0$，即 $b=c$，故 B 不正确；

对于 C，当 $a\times b=0$ 时，a,b 平行，未必有 $a=0$ 或 $b=0$，故 C 不正确；

对于 D，若 $a\times b=a\times c$，则 $a\times(b-c)=0$，此时有 a 和 $b-c$ 平行，未必有 $b-c=0$，即 $b=c$，故 D 不正确；

对于 E，由于 $|a\cdot b|=|a|\cdot|b|\cdot\cos\theta$（$\theta$ 为 a,b 的夹角），若 $|a\cdot b|=|a|\cdot|b|$，同时 a,b 是非零向量，则 $|\cos\theta|=1$，即 $\theta=0$ 或 $\theta=\pi$，故 a,b 平行，因此 E 正确；

对于 F，由于 $|a\times b|=|a|\cdot|b|\cdot\sin\theta$（$\theta$ 为 a,b 的夹角），若 $|a\times b|=|a|\cdot|b|$，同时 a,b 是非零向量，则 $|\sin\theta|=1$，即 $\theta=\dfrac{\pi}{2}$，故 a,b 垂直，因此 F 正确.

2. 解答：该圆为平面 $2x+2y-z+2=0$ 和球体 $x^2+y^2+z^2-4x-2y+2z\leqslant 19$ 的交面.

球体 $x^2+y^2+z^2-4x-2y+2z\leqslant 19$ 的标准方程为

$$(x-2)^2+(y-1)^2+(z+1)^2\leqslant 25,$$

即球心为 $(2,1,-1)$，半径 $R=5$. 球心 $(2,1,-1)$ 到平面 $2x+2y-z+2=0$ 的距离

$$d=\dfrac{|2\cdot 2+2\cdot 1+(-1)\cdot(-1)+2|}{\sqrt{2^2+2^2+1^2}}=\dfrac{9}{\sqrt{9}}=3,$$

因此平面 $2x+2y-z+2=0$ 和球体 $x^2+y^2+z^2-4x-2y+2z\leqslant 19$ 交圆的半径为

$$r=\sqrt{R^2-d^2}=\sqrt{25-9}=4,$$

从而所求圆的面积为 $\pi r^2=16\pi$.

3. 解答：设曲线 $\begin{cases}\dfrac{x^2}{a^2}+\dfrac{y^2}{b^2}=1, \\ Ax+By+Cz=0\end{cases}$ 所围成平面区域的面积为 S，该曲线在 xOy 面的投影的面积为 S_0.

由于该曲线位于平面 $Ax+By+Cz=0$ 上，平面的法向量为 $\{A,B,C\}$，设其与 xOy 面法向量 $\{0,0,1\}$ 的夹角为 θ，则

$$S=\dfrac{S_0}{|\cos\theta|}.$$

又曲线 $\begin{cases}\dfrac{x^2}{a^2}+\dfrac{y^2}{b^2}=1, \\ Ax+By+Cz=0\end{cases}$ 在 xOy 面的投影为椭圆 $\begin{cases}\dfrac{x^2}{a^2}+\dfrac{y^2}{b^2}=1, \\ z=0,\end{cases}$ 其面积 $S_0=\pi|ab|$，同时

$$\cos\theta = \frac{\{A,B,C\} \cdot \{0,0,1\}}{\sqrt{A^2+B^2+C^2}} = \frac{C}{\sqrt{A^2+B^2+C^2}},$$

于是所求面积为

$$S = \frac{S_0}{|\cos\theta|} = \pi \left|\frac{ab}{C}\right| \sqrt{A^2+B^2+C^2}.$$

4. 解答：由 $a+3b$ 垂直于 $7a-5b$ 可得 $(a+3b) \cdot (7a-5b) = 0$，由于 a 为单位向量，有

$$(a+3b) \cdot (7a-5b) = 7 + 16a \cdot b - 15|b|^2 = 0,$$

同时由 $a-4b$ 垂直于 $7a-2b$ 可得

$$(a-4b) \cdot (7a-2b) = 7 - 30a \cdot b + 8|b|^2 = 0,$$

上面两式联立可得

$$a \cdot b = \frac{1}{2}, \quad |b| = 1.$$

设 a 与 b 的夹角为 θ，由于 $a \cdot b = |a||b|\cos\theta$，知 $\cos\theta = \frac{1}{2}$，因此 $\theta = \frac{\pi}{3}$.

5. 解答：直线 $\begin{cases} x+2y-3z=2, \\ 2x-y+z=3 \end{cases}$ 在平面 $z=1$ 上的投影为

$$L: \begin{cases} 7x - y = 11, \\ z = 1, \end{cases}$$

直线 L 和点 $(1,2,1)$ 都在平面 $z=1$ 上，可利用平面上点到直线的距离公式计算点 $(1,2,1)$ 到直线 L 的距离，即

$$d = \frac{|7 \cdot 1 + (-1) \cdot 2 - 11|}{\sqrt{7^2+1^2}} = \frac{6}{\sqrt{50}} = \frac{3\sqrt{2}}{5}.$$

6. 解答：直线 $L_1: \begin{cases} 2x+z=1, \\ x-y+3z=5 \end{cases}$ 的方向向量为

$$\{2,0,1\} \times \{1,-1,3\} = \{1,-5,-2\},$$

直线 $L_2: \begin{cases} x=-2+t, \\ y=1-4t, \\ z=3 \end{cases}$ 的方向向量为 $\{1,-4,0\}$，因此直线 L 的方向向量为

$$\{1,-5,-2\} \times \{1,-4,0\} = \{-8,-2,1\},$$

因此直线 L 的参数方程为 $\begin{cases} x=1-8t, \\ y=-2-2t, \\ z=t. \end{cases}$

二、计算与解答题

1. 解答：直线 $L: \frac{x}{a} = \frac{y-b}{0} = \frac{z}{1}$ 的参数方程为 $\begin{cases} x=at, \\ y=b, \\ z=t, \end{cases}$ 设 $P_0(at_0, b, t_0)$ 为直线 L 上一点，绕 z 轴旋转后点的坐标为 $P(x,y,z)$，则 P_0 和 P 的 z 坐标保持不变，且 P_0 和 P 到 z 轴距离相等，于是有

$$\begin{cases} z = t_0, \\ x^2+y^2 = a^2 t_0^2 + b^2, \end{cases}$$

消去 t_0，可得旋转曲面方程为

$$x^2 + y^2 = a^2 z^2 + b^2.$$

(1) 当 $a=b=0$ 时，曲面方程为 $x^2+y^2=0$，表示 z 轴；

(2) 当 $a \neq 0, b=0$ 时，曲面方程 $x^2+y^2=a^2z^2$，表示原点为顶点的圆锥面；

(3) 当 $a=0, b\neq 0$ 时，曲面方程为 $x^2+y^2=b^2$，表示圆柱面；

(4) 当 $a\neq 0, b\neq 0$ 时，曲面方程为 $x^2+y^2-a^2z^2=b^2$，表示单叶双曲面.

2. 解答： 由柱面定义，对于柱面上的任一点，总存在准线上的点，使得两点连线平行于母线.

设 $P(x,y,z)$ 为柱面 Σ 上一点，则存在准线 Γ 上一点 $P_0(u,v,w)$，使得 $P_0P /\!/ L$. 由于 $L: x=y=z$ 的方向向量为 $\{1,1,1\}$，则

$$x-u=y-v=z-w.$$

设 $x-u=y-v=z-w=t$，则

$$u=x-t, \quad v=y-t, \quad w=z-t,$$

代入准线 Γ 的方程，可得 $P(x,y,z)$ 满足方程组

$$\begin{cases} x-t+y-t+z-t=0, \\ (x-t)^2+(y-t)^2+(z-t)^2=1. \end{cases}$$

由 $x-t+y-t+z-t=0$ 得 $t=\dfrac{x+y+z}{3}$，代入 $(x-t)^2+(y-t)^2+(z-t)^2=1$ 有

$$\left(x-\frac{x+y+z}{3}\right)^2+\left(y-\frac{x+y+z}{3}\right)^2+\left(z-\frac{x+y+z}{3}\right)^2=1,$$

化简后，可得柱面 Σ 的方程为

$$x^2+y^2+z^2-xy-yz-zx=\frac{3}{2}.$$

3. 解答： 直线 $L: \dfrac{x-1}{1}=\dfrac{y}{1}=\dfrac{z-1}{-1}$ 的一般式方程为 $\begin{cases} x-y-1=0, \\ y+z-1=0, \end{cases}$ 则过 L 的平面可表示为

$$x-y-1+\lambda(y+z-1)=0.$$

若上述平面与平面 $\Pi: x-y+2z-1=0$ 垂直，则二者法向量垂直，故

$$\{1, \lambda-1, \lambda\} \cdot \{1, -1, 2\}=0,$$

因此 $\lambda=-2$. 于是过直线 L 与平面 Π 垂直的平面方程为

$$x-3y-2z+1=0,$$

故投影 L_0 的方程为

$$L_0: \begin{cases} x-y+2z-1=0, \\ x-3y-2z+1=0. \end{cases}$$

将 L_0 化为参数式为

$$L_0: x=2t, y=t, z=\frac{1-t}{2},$$

因此 L_0 绕 y 轴旋转一周所成曲面 S 的方程为

$$\begin{cases} x^2+z^2=4t^2+\dfrac{(1-t)^2}{4}, \\ y=t, \end{cases}$$

消去参数 t，可得旋转曲面方程为

$$4x^2-17y^2+4z^2+2y-1=0.$$

4. 解答：（方法 1）直线 $L_1: \begin{cases} x+y=0, \\ x-y+z=-4, \end{cases} L_2: \begin{cases} x+3y=1, \\ y+z=2 \end{cases}$ 的参数式方程分别为

$$L_1: \begin{cases} x=-t, \\ y=t, \\ z=2t-4, \end{cases} \quad L_2: \begin{cases} x=1-3s, \\ y=s, \\ z=2-s. \end{cases}$$

设点 $P_1(-t,t,2t-4)$ 位于 L_1 上,为 L 与 L_1 的交点,点 $P_2(1-3s,s,2-s)$ 位于 L_2 上,为 L 与 L_2 的交点. 由于 P,P_1,P_2 三点均在直线 L 上,故向量 $\overrightarrow{PP_1}$ 和 $\overrightarrow{PP_2}$ 平行,可得

$$\frac{-t-2}{-3s-1} = \frac{t-3}{s-3} = \frac{2t-5}{-s+1},$$

解之得 $t = \frac{29}{13}, s = \frac{31}{17}$,故直线 L 的方向向量为

$$\left\{-\frac{29}{13}-2, \frac{29}{13}-3, 2 \cdot \frac{29}{13}-5\right\} = \left\{-\frac{55}{13}, -\frac{10}{13}, -\frac{7}{13}\right\} = -\frac{1}{13}\{55,10,7\},$$

从而直线 L 的方程为

$$L: \frac{x-2}{55} = \frac{y-3}{10} = \frac{z-1}{7}.$$

(方法 2)过直线 $L_1: \begin{cases} x+y=0, \\ x-y+z=-4 \end{cases}$ 的平面可表示为

$$x-y+z+4+\lambda(x+y)=0.$$

若上述平面经过点 $P(2,3,1)$,则 $\lambda = -\frac{4}{5}$,故经过直线 L_1 和点 $P(2,3,1)$ 的平面为

$$\Pi_1: x-9y+5z+20=0.$$

同理,过直线 $L_2: \begin{cases} x+3y=1, \\ y+z=2 \end{cases}$ 的平面可表示为

$$x+3y-1+\lambda(y+z-2)=0.$$

若上述平面经过点 $P(2,3,1)$,则 $\lambda = -5$,,故经过直线 L_2 和点 $P(2,3,1)$ 的平面为

$$\Pi_2: x-2y-5z+9=0.$$

于是平面 Π_1 和 Π_2 的交线方程为

$$L: \begin{cases} x-9y+5z+20=0, \\ x-2y-5z+9=0, \end{cases}$$

经检验,L 与 L_1 和 L_2 均不平行,故 L 与 L_1 和 L_2 均相交,即为所求直线.

5. 解答: 曲线 Γ 为椭圆抛物面 $S: \frac{x^2}{2} + z^2 = 2y$ 和平面 $\Pi: z = ky$ 的交线,为二次曲线. Γ 在 xOy 平面上的投影为

$$\begin{cases} x^2 + 2k^2\left(y - \frac{1}{k^2}\right)^2 = \frac{2}{k^2}, \\ z = 0, \end{cases}$$

它是 xOy 平面上中心为 $\left(0, \frac{1}{k^2}, 0\right)$ 的椭圆或圆,两个半轴分别与 x 轴和 y 轴平行或重合,长度分别为 $\frac{\sqrt{2}}{k}$, $\frac{1}{k^2}$. 若投影为圆,则 $\frac{\sqrt{2}}{k} = \frac{1}{k^2}$,故 $k = \frac{\sqrt{2}}{2}$.

显然 Γ 也可看作椭圆柱面 $x^2 + 2k^2\left(y - \frac{1}{k^2}\right)^2 = \frac{2}{k^2}$ 与平面 $z = ky$ 的交线,为一椭圆或圆. 注意 Γ 所在的平面 $z = ky$ 经过 x 轴,故 Γ 的一个半轴与 x 轴平行,且长度等于其投影的 x 半轴,即 $\frac{\sqrt{2}}{k}$. Γ 的另一个半轴与其投影的 y 半轴分别为夹角为 θ 的直角三角形的斜边和直角边(θ 为平面 $z = ky$ 的法向量和 z 轴的夹角),即

$$\cos\theta = \frac{1}{\sqrt{1+k^2}},$$

可得 Γ 的另一个半轴长为

$$\frac{1}{k^2} \Big/ \frac{1}{\sqrt{1+k^2}} = \frac{\sqrt{1+k^2}}{k^2}.$$

欲使 Γ 为圆，则 $\frac{\sqrt{2}}{k} = \frac{\sqrt{1+k^2}}{k^2}$，故 $k=1$.

三、证明题

1. 解答：由于

$$\frac{|\boldsymbol{a}+x\boldsymbol{b}|-|\boldsymbol{a}|}{x} = \frac{|\boldsymbol{a}+x\boldsymbol{b}|^2-|\boldsymbol{a}|^2}{x(|\boldsymbol{a}+x\boldsymbol{b}|+|\boldsymbol{a}|)} = \frac{(\boldsymbol{a}+x\boldsymbol{b})\cdot(\boldsymbol{a}+x\boldsymbol{b})-\boldsymbol{a}\cdot\boldsymbol{a}}{x(|\boldsymbol{a}+x\boldsymbol{b}|+|\boldsymbol{a}|)},$$

同时

$$(\boldsymbol{a}+x\boldsymbol{b})\cdot(\boldsymbol{a}+x\boldsymbol{b}) = \boldsymbol{a}\cdot\boldsymbol{a}+2x\boldsymbol{a}\cdot\boldsymbol{b}+x^2\boldsymbol{b}\cdot\boldsymbol{b},$$

故

$$\lim_{x\to 0}\frac{|\boldsymbol{a}+x\boldsymbol{b}|-|\boldsymbol{a}|}{x} = \lim_{x\to 0}\frac{2x\boldsymbol{a}\cdot\boldsymbol{b}+x^2|\boldsymbol{b}|^2}{x(|\boldsymbol{a}+x\boldsymbol{b}|+|\boldsymbol{a}|)} = \lim_{x\to 0}\frac{2\boldsymbol{a}\cdot\boldsymbol{b}+x|\boldsymbol{b}|^2}{|\boldsymbol{a}+x\boldsymbol{b}|+|\boldsymbol{a}|}.$$

又由于

$$\lim_{x\to 0}|\boldsymbol{a}+x\boldsymbol{b}| = \lim_{x\to 0}\sqrt{(\boldsymbol{a}+x\boldsymbol{b})\cdot(\boldsymbol{a}+x\boldsymbol{b})} = \lim_{x\to 0}\sqrt{\boldsymbol{a}\cdot\boldsymbol{a}+2x\boldsymbol{a}\cdot\boldsymbol{b}+x^2\boldsymbol{b}\cdot\boldsymbol{b}} = \sqrt{\boldsymbol{a}\cdot\boldsymbol{a}} = |\boldsymbol{a}|,$$

可得

$$\lim_{x\to 0}\frac{|\boldsymbol{a}+x\boldsymbol{b}|-|\boldsymbol{a}|}{x} = \lim_{x\to 0}\frac{2\boldsymbol{a}\cdot\boldsymbol{b}+x|\boldsymbol{b}|^2}{|\boldsymbol{a}+x\boldsymbol{b}|+|\boldsymbol{a}|} = \frac{2\boldsymbol{a}\cdot\boldsymbol{b}}{2|\boldsymbol{a}|} = \frac{\boldsymbol{a}\cdot\boldsymbol{b}}{|\boldsymbol{a}|}.$$

2. 解答：直线 $L_1: \frac{x-1}{-1} = \frac{y}{2} = \frac{z+1}{1}$ 经过点 $P_1(1,0,-1)$，方向向量为 $\boldsymbol{\tau}_1 = \{-1,2,1\}$；

直线 $L_2: \frac{x+2}{0} = \frac{y-1}{1} = \frac{z-2}{-2}$ 经过点 $P_2(-2,1,2)$，方向向量为 $\boldsymbol{\tau}_2 = \{0,1,-2\}$.

要证明直线 L_1, L_2 异面，只需证 $\overrightarrow{P_1P_2} = \{-3,1,3\}$ 与 L_1, L_2 的方向向量 $\boldsymbol{\tau}_1, \boldsymbol{\tau}_2$ 不共面即可. 由于

$$(\boldsymbol{\tau}_1 \times \boldsymbol{\tau}_2)\cdot \overrightarrow{P_1P_2} = \begin{vmatrix} -1 & 2 & 1 \\ 0 & 1 & -2 \\ -3 & 1 & 3 \end{vmatrix} = 10 \ne 0,$$

可知 $\overrightarrow{P_1P_2}, \boldsymbol{\tau}_1, \boldsymbol{\tau}_2$ 三向量不共面，因此直线 L_1, L_2 异面.

若平面 Π 平行于 L_1, L_2，则法向量可取为

$$\{-1,2,1\} \times \{0,1,-2\} = \{-5,-2,-1\} = -\{5,2,1\}.$$

设平面 Π 的方程为

$$5x+2y+z+k = 0,$$

由于 L_1, L_2 到平面 Π 的距离相等，则 $P_1(1,0,-1)$ 和 $P_2(-2,1,2)$ 到 Π 的距离相等.

点 $P_1(1,0,-1)$ 到 Π 的距离为

$$d_1 = \frac{|5\cdot 1+2\cdot 0+(-1)+k|}{\sqrt{5^2+2^2+1}} = \frac{|4+k|}{\sqrt{30}},$$

点 $P_2(-2,1,2)$ 到 Π 的距离为

$$d_2 = \frac{|5\cdot(-2)+2\cdot 1+2+k|}{\sqrt{5^2+2^2+1}} = \frac{|-6+k|}{\sqrt{30}},$$

因此 $|4+k| = |-6+k|$，可得 $k=1$，从而所求平面方程为

$$\Pi: 5x+2y+z+1 = 0.$$

第九章　多元函数微分法及其应用

同步检测卷 A

一、单项选择题

1. 设 $f(x,y) = e^{3x}\sin(x+2y)$,则 $\left.\dfrac{\partial f}{\partial x}\right|_{(0,\pi)} =$ 　　　　　　　　　　（　）

   A. 0　　　　　B. 1　　　　　C. 2　　　　　D. -2

2. 二元函数的极限 $\lim\limits_{\substack{x\to 0\\ y\to 0}} \dfrac{\sin(xy)}{x^2+y^2} =$ 　　　　　　　　　　（　）

   A. 0　　　　　B. 1　　　　　C. $\dfrac{1}{2}$　　　　　D. 不存在

3. 设 $f(x,y) = e^{x^2 y}$,则 $\left.\dfrac{\partial^3 f}{\partial x^2 \partial y}\right|_{(0,1)} =$ 　　　　　　　　　　（　）

   A. $2+e$　　　　　B. 0　　　　　C. 2　　　　　D. $1+e$

4. 对于函数 $f(x,y) = x^2 - y^2$,则点 $(0,0)$ 　　　　　　　　　　（　）

   A. 不是驻点　　　　　　　　　B. 是极大值点
   C. 是驻点却非极值点　　　　　D. 是极小值点

5. 函数 $f(x,y)$ 在点 (x_0, y_0) 处的两个偏导数 $f_x(x,y), f_y(x,y)$ 都存在是 $f(x,y)$ 在点 (x_0, y_0) 处可微的　　　　　　　　　　（　）

   A. 必要条件　　　　　　　　　B. 充要条件
   C. 充分条件　　　　　　　　　D. 非充分条件非必要条件

6. 设点 (x_0, y_0) 为函数 $z = f(x,y)$ 的极小值点,则 $f(x,y)$ 在该点处　（　）

   A. 偏导数未必存在　　　　　　B. 偏导数存在且不为 0
   C. 偏导数存在且为 0　　　　　D. 偏导数存在,是否为 0 不能确定

二、填空题

1. 函数 $z = \arcsin(x^2 + y^2 - 1)$ 的定义域为_____.

2. 极限 $\lim\limits_{\substack{x\to 0\\ y\to 0}} \dfrac{x^2 y}{x^2 + y^2} =$ _____.

3. 设 $z = e^x + e^{2y}$,则 $\left.\mathrm{d}z\right|_{(1,1)} =$ _____.

4. 设 $z = f(xy, x+y)$，则 $\dfrac{\partial z}{\partial y} =$ _____．

5. 设 $z = f(x-2y)$，则 $\dfrac{\partial^2 z}{\partial x \partial y} =$ _____．

6. 设 $z = z(x,y)$ 是方程 $xyz + x^3 + y^3 + z^3 = 0$ 确定的函数，则 $\dfrac{\partial z}{\partial x} =$ _____．

三、计算与解答题

1. 设 $z = z(x,y)$ 是方程 $f(x+y+z, xyz) + z = 0$ 确定的函数，求 $\dfrac{\partial z}{\partial x}, \dfrac{\partial z}{\partial y}$．

2. 求曲线 $\begin{cases} y = x, \\ z = x^2 \end{cases}$ 在点 $P(1,1,1)$ 处的切线方程和法平面方程．

3. 求二元函数 $z = x^2 + xy + y^2 - x - y$ 的极值．

4. 求函数 $z=2x-y$ 在由 $x+y=1, y=x+1$ 及 $y=0$ 所围闭域 D 上最大值和最小值.

5. 从点 $A(5,1,2)$ 到 $B(9,4,14)$ 做一有向线段 $\overrightarrow{AB}$, 求函数 $u=xyz$ 在 A 点的梯度, 以及在 A 点沿 $\overrightarrow{AB}$ 方向的方向导数.

四、证明题

证明: 函数 $f(x,y)=\begin{cases} \dfrac{xy}{\sqrt{x^2+y^2}}, & x^2+y^2\neq 0, \\ 0, & x^2+y^2=0 \end{cases}$ 在点 $(0,0)$ 处连续, 两个偏导数都存在, 但是不可微.

同步检测卷 B

一、单项选择题

1. 下列二元函数的极限 $\lim\limits_{\substack{x\to 0\\y\to 0}} f(x,y) = 0$ 的是 （   ）

   A. $f(x,y) = \dfrac{x^2 y}{x^4 + y^2}$
   B. $f(x,y) = \dfrac{\ln(x^2 y + 1)}{x^2 + y^2}$

   C. $f(x,y) = \dfrac{xy}{x+y}$
   D. $f(x,y) = \arcsin\dfrac{1+x}{1+y^2}$

2. 设 $f(x,y) = \begin{cases} \dfrac{xy}{x^2+y^2}, & x^2+y^2 \neq 0, \\ 0, & x^2+y^2 = 0, \end{cases}$ 下面说法不正确的是 （   ）

   A. $\lim\limits_{\substack{x\to 0\\y\to 0}} f(x,y)$ 不存在

   B. $f(x,y)$ 在点 $(0,0)$ 处不连续

   C. $f(x,y)$ 在点 $(0,0)$ 处的两个偏导数都不存在

   D. $f(x,y)$ 在点 $(0,0)$ 处的两个偏导数都存在,且都为 0

3. 设 $z = z(x,y)$ 是方程 $x + y - z = e^z$ 所确定的函数,则 $\dfrac{\partial z}{\partial x} + \dfrac{\partial z}{\partial y} =$ （   ）

   A. $-\dfrac{2}{1+e^z}$
   B. $\dfrac{2}{1+e^z}$
   C. 0
   D. $\dfrac{1}{1+e^z}$

4. 设 $f(x,y) = e^{x+y}(\sqrt[3]{x(y-1)} + \sqrt[3]{y(x-1)^2})$,则在点 $(0,1)$ 处的两个偏导数 $f_x(0,1)$ 和 $f_y(0,1)$ 的情况为 （   ）

   A. 两个偏导数均不存在
   B. $f_x(0,1)$ 不存在, $f_y(0,1) = \dfrac{4}{3}e$

   C. $f_x(0,1) = \dfrac{e}{3}, f_y(0,1) = \dfrac{4}{3}e$
   D. $f_x(0,1) = \dfrac{e}{3}, f_y(0,1)$ 不存在

5. 设 $f(x,y) = x^3 - 3x - y$,则它在点 $(1,0)$ 处 （   ）

   A. 取得极大值
   B. 取得极小值
   C. 无极值
   D. 无法判断是否有极值

6. 设曲线 $\begin{cases} x^2 + y^2 = 10, \\ y^2 + z^2 = 25, \end{cases}$ 在点 $(1,3,4)$ 处的法平面为 S,则原点到 S 的距离为 （   ）

   A. 12
   B. $\dfrac{1}{13}$
   C. $\dfrac{12}{13}$
   D. $\dfrac{12}{169}$

二、填空题

1. 设 $z = x^{y+1}$,则 $dz \Big|_{\substack{x=e\\y=0}} = $ _____ .

2. 设函数 $f(x,y)$ 可微,$f(1,2)=2,f_x(1,2)=3,f_y(1,2)=4$,记 $\varphi(x)=f(x,f(x,2x))$,则 $\varphi'(1)=$ _____.

3. 函数 $u=\ln(z+\sqrt{x^2+y^2})$ 在点 $(3,4,1)$ 处的方向导数的最大值为 _____.

4. 若曲线 $C:\begin{cases} x=t, \\ y=t^2, \\ z=t^3 \end{cases}$,在某点处的切线平行于平面 $x+2y+z=4$,则该点坐标为 _____.

5. 曲面 $2z=x^2+y^2$ 在点 $(1,1,1)$ 处的切平面方程为 _____.

三、计算与解答题

1. 设 $z=f\left(x^2+y^2,\dfrac{y}{x},x\right)$,其中 f 具有二阶连续偏导数,求 $\dfrac{\partial z}{\partial x}$ 及 $\dfrac{\partial^2 z}{\partial x \partial y}$.

2. 设曲线 $\begin{cases} 3x^2+2y^2=12, \\ z=0 \end{cases}$,绕 y 轴旋转一周所得的旋转曲面 S 在点 $M(0,\sqrt{3},\sqrt{2})$ 处的指向外侧的单位法向量为 $\boldsymbol{n}$,函数 $u=\dfrac{1}{x}\sqrt{3z^2+4y^2}$.

(1) 求函数 u 在点 $A(1,1,1)$ 处沿 $\boldsymbol{n}$ 方向的方向导数;

(2) 求函数 u 在点 $A(1,1,1)$ 处方向导数的最大值.

3. 求函数 $f(x,y) = x^3 + 2x^2 + y^2 - 2xy$ 的极值.

4. 设直线 $l: \begin{cases} x+y+b=0, \\ x+ay-z-3=0 \end{cases}$ 在平面 Π 上,而平面 Π 与曲面 $z = x^2 + y^2$ 相切于点 $(1,-2,5)$,求 a,b 的值.

5. 讨论函数 $f(x,y) = \begin{cases} y\sin\dfrac{1}{x^2+y^2}, & (x,y) \neq (0,0), \\ 0, & (x,y) = (0,0) \end{cases}$ 在点 $(0,0)$ 处的连续性与方向导数的存在性.

6. 求曲线 $\Gamma:\begin{cases} 2x-3y+z=0, \\ 2x^2+3y^2+z^2=30 \end{cases}$ 上竖坐标(z 坐标) 的最大值和最小值.

四、证明题

设 $f(x,y)=|x-y|g(x,y)$,其中 $g(x,y)$ 在点 $(0,0)$ 处连续,证明:$g(0,0)=0$ 是函数 $f(x,y)$ 在点 $(0,0)$ 处可微的充分必要条件.

同步检测卷 C

一、填空题

1. 设 $u = xyz\mathrm{e}^{x+y+z}$，则 $\dfrac{\partial^9 u}{\partial x^2 \partial y^3 \partial z^4} = $ _____．

2. 设函数 $z = f(x,y)$ 在点 $(1,1)$ 处可微，满足 $f(1,1) = 1, \left.\dfrac{\partial f}{\partial x}\right|_{(1,1)} = 2, \left.\dfrac{\partial f}{\partial y}\right|_{(1,1)} = 3$，并设 $\varphi(x) = f(x, f(x,x))$，则 $\left.\dfrac{\mathrm{d}}{\mathrm{d}x}\varphi^3(x)\right|_{x=1} = $ _____．

3. 设函数
$$f(x,y) = \begin{cases} \dfrac{xy}{x^2 + y^2}, & (x,y) \neq (0,0), \\ 0, & (x,y) = (0,0), \end{cases}$$
则 $f_x(0,0) = $ _____，$f_{xx}(0,0) = $ _____．

4. 函数 $f(x,y) = \mathrm{e}^{-x}(ax + b - y^2)$ 中的正数 a,b 满足条件 _____ 时，$f(-1,0)$ 为其极值，此时为 _____（选填"极大值"或"极小值"）．

5. 设函数 $z = z(x,y)$ 由方程 $F(x^2 - y^2, y^2 - z^2) = 0$ 所确定，其中 $F(u,v)$ 是可微函数，且 $zF_v \neq 0$，则 $y\dfrac{\partial z}{\partial x} + x\dfrac{\partial z}{\partial y} = $ _____．

6. 曲面 $\Sigma: \begin{cases} x = u\cos v, \\ y = u\sin v, \\ z = av \end{cases}$ 当 $u = 1, v = \dfrac{\pi}{4}$ 时的切平面方程为 _____．

二、计算与解答题

1. 设函数 $f(u,v)$ 具有二阶连续偏导数，满足 $\dfrac{\partial^2 f}{\partial u^2} + \dfrac{\partial^2 f}{\partial v^2} = 1$，求 $\dfrac{\partial^2 g}{\partial x^2} + \dfrac{\partial^2 g}{\partial y^2}$，其中
$$g(x,y) = f\left(xy, \dfrac{1}{2}(x^2 - y^2)\right).$$

2. 设 $y = f(x,t)$,而 t 是由方程 $F(x,y,t) = 0$ 所确定的 x,y 的函数,求 $\dfrac{\mathrm{d}y}{\mathrm{d}x}$.

3. 设 $z = z(x,y)$ 是由 $x^2 - 6xy + 10y^2 - 2yz - z^2 + 18 = 0$ 确定的函数,求 $z = z(x,y)$ 的极值点和极值.

4. 求椭球面 $\dfrac{x^2}{3} + \dfrac{y^2}{2} + z^2 = 1$ 被平面 $x + y + z = 0$ 所截得的椭圆的面积.

三、判断以下结论正确与否，正确的给出证明，错误的说明理由或举出反例

1. 若函数 $z = f(x,y)$ 在区域 D 内具有偏导数 $f_x(x,y), f_y(x,y)$，点 $(0,0) \in D$，则必有
$$\lim_{(x,y)\to(0,0)} f(x,y) = f(0,0).$$

2. 函数
$$f(x,y) = \begin{cases} \sqrt{x^2+y^2} \sin \dfrac{1}{\sqrt{x^2+y^2}}, & x^2+y^2 \neq 0, \\ 0, & x^2+y^2 = 0 \end{cases}$$
在点 $(0,0)$ 处连续，但在点 $(0,0)$ 处两个偏导数都不存在.

3. 二元函数 $z = f(x,y)$ 在点 $(0,0)$ 处连续，且 $f_x(0,0) = f_y(0,0) = 0$，则 $\mathrm{d}z \bigg|_{(0,0)} = 0$.

4. 若函数 $z=f(x,y)$ 在点 $(0,0)$ 处沿着任意方向的方向导数都存在,则偏导数 $f_x(0,0)$, $f_y(0,0)$ 一定存在.

四、证明题

1. 证明曲面 $\Sigma: z+\sqrt{x^2+y^2+z^2}=x^3 f\left(\dfrac{y}{x}\right)$ 上任意点的切平面在 z 轴上的截距与切点到坐标原点的距离之比为常数,并求出该常数.

2. 证明不等式: $abc^3 \leqslant 27\left(\dfrac{a+b+c}{5}\right)^5 (a>0, b>0, c>0)$.

参考答案

同步检测卷 A

一、单项选择题

1. 解答： 视 y 为常数，对 x 求导可得

$$\frac{\partial f}{\partial x} = 3e^{3x}\sin(x+2y) + e^{3x}\cos(x+2y),$$

于是 $\left.\dfrac{\partial f}{\partial x}\right|_{(0,\pi)} = 3e^0\sin(0+2\pi) + e^0\cos(0+2\pi) = 1$，因此选 B．

2. 解答： 当 $y=kx, x\to 0$ 时，

$$\lim_{\substack{x\to 0\\ y\to 0}}\frac{\sin(xy)}{x^2+y^2} = \lim_{\substack{x\to 0\\ y=kx}}\frac{\sin(xy)}{x^2+y^2} = \lim_{x\to 0}\frac{\sin(kx^2)}{x^2+k^2x^2} = \frac{k}{1+k^2}\lim_{x\to 0}\frac{\sin(kx^2)}{kx^2} = \frac{k}{1+k^2},$$

当 k 取不同值时，极限不一样，故极限不存在，因此选 D．

3. 解答： 求偏导数可得

$$\frac{\partial f}{\partial x} = 2xye^{x^2y}, \quad \frac{\partial^2 f}{\partial x^2} = 2ye^{x^2y} + 4x^2y^2e^{x^2y} = (2y+4x^2y^2)e^{x^2y},$$

$$\frac{\partial^3 f}{\partial x^2\partial y} = (2+8x^2y)e^{x^2y} + x^2(2y+4x^2y^2)e^{x^2y} = (2+10x^2y+4x^4y^2)e^{x^2y},$$

于是 $\left.\dfrac{\partial^3 f}{\partial x^2\partial y}\right|_{(0,1)} = (2+0+0)e^0 = 2$，因此选 C．

4. 解答： 由于 $f_x(x,y)=2x, f_y(x,y)=-2y$，可得

$$f_x(0,0) = f_y(0,0) = 0,$$

知点 $(0,0)$ 是函数 $f(x,y)$ 的驻点．再计算二阶偏导数，得

$$A = f_{xx}(0,0) = 2, \quad B = f_{xy}(0,0) = f_{yx}(0,0) = 0, \quad C = f_{yy}(0,0) = -2,$$

由于 $AC-B^2<0$，知点 $(0,0)$ 不是函数 $f(x,y)$ 的极值点，因此选 C．

5. 解答： 若 $f(x,y)$ 在点 (x_0,y_0) 处可微，则 $f(x,y)$ 在点 (x_0,y_0) 处的两个偏导数 $f_x(x,y), f_y(x,y)$ 都存在，但反之未必．

例如，$f(x,y) = \begin{cases} \dfrac{xy}{x^2+y^2}, & x^2+y^2\ne 0 \\ 0, & x^2+y^2=0, \end{cases}$ 可得

$$f_x(0,0) = \lim_{x\to 0}\frac{f(x,0)-f(0,0)}{x} = 0, \quad f_y(0,0) = \lim_{y\to 0}\frac{f(0,y)-f(0,0)}{y} = 0,$$

故 $f(x,y)$ 在点 $(0,0)$ 的两个偏导数都存在．又由于极限 $\lim\limits_{\substack{x\to 0\\ y\to 0}}\dfrac{xy}{x^2+y^2}$ 不存在（理由同选择题2解答），知 $f(x,y)$ 在点 $(0,0)$ 处不连续，故 $f(x,y)$ 在点 $(0,0)$ 处不可微．

因此选 A．

6. 解答： 若点 (x_0,y_0) 为函数 $z=f(x,y)$ 的极小值点，则有以下两种情形：

(1) 点 (x_0,y_0) 为函数 $z=f(x,y)$ 的驻点（即两个偏导数存在且为 0）；

(2) $z=f(x,y)$ 在点 (x_0,y_0) 处偏导数不存在（例如 $f(x,y)=\sqrt{x^2+y^2}$，$(0,0)$ 为 $f(x,y)$ 的极小值

点,但是 $f_x(0,0)$ 和 $f_y(0,0)$ 都不存在).

因此选 A.

二、填空题

1. 解答:函数 $\arcsin x$ 的定义域为 $-1 \leqslant x \leqslant 1$,因此 $z = \arcsin(x^2+y^2-1)$ 的定义域为
$$-1 \leqslant x^2+y^2-1 \leqslant 1,$$
即 $x^2+y^2 \leqslant 2$.

2. 解答:由于
$$\left|\frac{x^2 y}{x^2+y^2}\right| = |x| \cdot \frac{|xy|}{x^2+y^2} \leqslant \frac{1}{2}|x|,$$
又因为 $\lim\limits_{x \to 0} \frac{1}{2}|x| = 0$,根据迫敛性(夹逼准则),可得 $\lim\limits_{\substack{x \to 0 \\ y \to 0}} \frac{x^2 y}{x^2+y^2} = 0$.

3. 解答:由于 $\frac{\partial z}{\partial x} = e^x, \frac{\partial z}{\partial y} = 2e^{2y}$,可得
$$\frac{\partial z}{\partial x}\bigg|_{(1,1)} = e, \quad \frac{\partial z}{\partial y}\bigg|_{(1,1)} = 2e^2,$$
因此 $dz\big|_{(1,1)} = e\,dx + 2e^2\,dy$.

4. 解答:记
$$u = xy, \quad v = x+y, \quad f_1' = \frac{\partial f(u,v)}{\partial u}, \quad f_2' = \frac{\partial f(u,v)}{\partial v},$$
则
$$\frac{\partial z}{\partial y} = \frac{\partial z}{\partial u} \cdot \frac{\partial u}{\partial y} + \frac{\partial z}{\partial v} \cdot \frac{\partial v}{\partial y} = f_1' \frac{\partial(xy)}{\partial y} + f_2' \frac{\partial(x+y)}{\partial y} = x f_1' + f_2'.$$

5. 解答:记 $u = x-2y$,则
$$\frac{\partial z}{\partial x} = \frac{dz}{du} \cdot \frac{\partial u}{\partial x} = f'(u) \cdot \frac{\partial(x-2y)}{\partial x} = f'(x-2y),$$
再对 y 求偏导可得(仍记 $u = x-2y$)
$$\frac{\partial^2 z}{\partial x \partial y} = \frac{\partial f'(x-2y)}{\partial y} = \frac{df'(u)}{du} \cdot \frac{\partial u}{\partial y} = f''(u) \cdot \frac{\partial(x-2y)}{\partial y} = -2f''(x-2y).$$

6. 解答:记 $F(x,y,z) = xyz + x^3 + y^3 + z^3$,根据隐函数求导法则,有 $\frac{\partial z}{\partial x} = -\frac{F_x}{F_z}$,因此
$$\frac{\partial z}{\partial x} = -\frac{F_x}{F_z} = -\frac{yz + 3x^2}{xy + 3z^2}.$$

三、计算与解答题

1. 解答:记 $F(x,y,z) = f(x+y+z, xyz) + z$,再记
$$u = x+y+z, \quad v = xyz, \quad f_1' = \frac{\partial f(u,v)}{\partial u}, \quad f_2' = \frac{\partial f(u,v)}{\partial v},$$
计算 $F(x,y,z)$ 的偏导数可得
$$F_x = \frac{\partial f}{\partial x} = \frac{\partial f}{\partial u} \cdot \frac{\partial u}{\partial x} + \frac{\partial f}{\partial v} \cdot \frac{\partial v}{\partial x} = f_1' + yz f_2',$$
$$F_y = \frac{\partial f}{\partial y} = \frac{\partial f}{\partial u} \cdot \frac{\partial u}{\partial y} + \frac{\partial f}{\partial v} \cdot \frac{\partial v}{\partial y} = f_1' + xz f_2',$$
$$F_z = \frac{\partial f}{\partial z} + 1 = \frac{\partial f}{\partial u} \cdot \frac{\partial u}{\partial z} + \frac{\partial f}{\partial v} \cdot \frac{\partial v}{\partial z} + 1 = f_1' + xy f_2' + 1,$$
于是,根据隐函数求导法则,有

$$\frac{\partial z}{\partial x}=-\frac{F_x}{F_z}=-\frac{f'_1+yzf'_2}{f'_1+xyf'_2+1}, \quad \frac{\partial z}{\partial y}=-\frac{F_y}{F_z}=-\frac{f'_1+xzf'_2}{f'_1+xyf'_2+1}.$$

2. 解答: 曲线 $\begin{cases} y=x, \\ z=x^2 \end{cases}$ 的参数式方程为 $\begin{cases} x=t, \\ y=t, \\ z=t^2, \end{cases}$ 因此其切线的方向向量为

$$\{x'(t),y'(t),z'(t)\}=\{1,1,2t\},$$

在点 $P(1,1,1)$ 处 $t=1$,故曲线在点 $P(1,1,1)$ 处的切线方程为

$$\frac{x-1}{1}=\frac{y-1}{1}=\frac{z-1}{2}.$$

法平面方程为

$$(x-1)+(y-1)+2(z-1)=0,$$

即 $x+y+2z=4$.

3. 解答: 首先求驻点,解方程组

$$\begin{cases} z_x=2x+y-1=0, \\ z_y=x+2y-1=0, \end{cases}$$

可得 $x=y=\frac{1}{3}$,故驻点坐标为 $\left(\frac{1}{3},\frac{1}{3}\right)$. 再计算二阶偏导数,有

$$A=z_{xx}=2, \quad B=z_{xy}=1, \quad C=z_{yy}=2,$$

由于

$$A=2>0, \quad AC-B^2=3>0,$$

因此 $\left(\frac{1}{3},\frac{1}{3}\right)$ 为 $z=x^2+xy+y^2-x-y$ 的极小值点,且极小值为 $z\left(\frac{1}{3},\frac{1}{3}\right)=-\frac{1}{3}$.

4. 解答: 由于 $z_x=2, z_y=-1$,可知函数 $z=2x-y$ 没有驻点,因此 $z=2x-y$ 在闭域 D 上的最大值和最小值一定在 D 的边界取到.

D 的边界包括三部分,分别讨论 $z=2x-y$ 在其上的最值:

(1) $y=0(-1\leqslant x\leqslant 1)$,此时 $z=2x$,最大值和最小值分别为 $z(1,0)=2, z(-1,0)=-2$;

(2) $y=x+1(-1\leqslant x\leqslant 0)$,此时 $z=x-1$,最大值和最小值分别为 $z(0,1)=-1, z(-1,0)=-2$;

(3) $y=-x+1(0\leqslant x\leqslant 1)$,此时 $z=3x-1$,最大值和最小值分别为 $z(1,0)=2, z(0,1)=-1$.

综上可得函数 $z=2x-y$ 在闭域 D 上最大值为 $z(1,0)=2$,最小值为 $z(-1,0)=-2$.

5. 解答: 函数 $u=xyz$ 的偏导数为

$$u_x=yz, \quad u_y=xz, \quad u_z=xy,$$

因此函数 $u=xyz$ 在 A 点的梯度为

$$\mathbf{grad}(u)\bigg|_{(5,1,2)}=\{u_x,u_y,u_z\}\bigg|_{(5,1,2)}=\{2,10,5\}.$$

函数 $u=xyz$ 在 A 点沿 $\overrightarrow{AB}$ 方向的方向导数等于 u 在 A 点的梯度向量与 $\overrightarrow{AB}$ 方向单位向量的内积,又因为 $\overrightarrow{AB}=\{4,3,12\}$,故方向导数为

$$\mathbf{grad}(u)\bigg|_{(5,1,2)}\cdot\frac{\overrightarrow{AB}}{|\overrightarrow{AB}|}=\{2,10,5\}\cdot\frac{\{4,3,12\}}{\sqrt{4^2+3^2+12^2}}=\frac{98}{13}.$$

四、证明题

解答: 由于 $\left|\dfrac{xy}{\sqrt{x^2+y^2}}\right|\leqslant\dfrac{1}{2}\sqrt{x^2+y^2}$,故极限

$$\lim_{\substack{x\to 0 \\ y\to 0}}\frac{xy}{\sqrt{x^2+y^2}}=0=f(0,0),$$

因此 $f(x,y)$ 在点 $(0,0)$ 处连续.

由于
$$f_x(0,0) = \lim_{x \to 0} \frac{f(x,0) - f(0,0)}{x} = \lim_{x \to 0} \frac{0-0}{x} = 0,$$
$$f_y(0,0) = \lim_{y \to 0} \frac{f(0,y) - f(0,0)}{y} = \lim_{y \to 0} \frac{0-0}{y} = 0,$$

因此 $f(x,y)$ 在点 $(0,0)$ 处的两个偏导数都存在,且都为 0.

由于
$$\Delta f - [f_x(0,0) \cdot \Delta x + f_y(0,0) \cdot \Delta y] = f(\Delta x, \Delta y) = \frac{\Delta x \Delta y}{\sqrt{(\Delta x)^2 + (\Delta y)^2}},$$

同时极限
$$\lim_{\substack{\Delta x \to 0 \\ \Delta y \to 0}} \frac{\Delta f - [f_x(0,0) \cdot \Delta x + f_y(0,0) \cdot \Delta y]}{\sqrt{(\Delta x)^2 + (\Delta y)^2}} = \lim_{\substack{\Delta x \to 0 \\ \Delta y \to 0}} \frac{\Delta x \cdot \Delta y}{(\Delta x)^2 + (\Delta y)^2}$$

不存在,因此
$$\Delta f - [f_x(0,0) \cdot \Delta x + f_y(0,0) \cdot \Delta y] \neq o(\rho),$$

故 $f(x,y)$ 在点 $(0,0)$ 处不可微.

同步检测卷 B

一、单项选择题

1. 解答:对于 A,当 $y = kx^2$ 时,
$$\lim_{\substack{x \to 0 \\ y = kx^2}} f(x,y) = \lim_{\substack{x \to 0 \\ y = kx^2}} \frac{x^2 y}{x^4 + y^2} = \frac{k}{1 + k^2},$$

当 k 不同时结果不一样,故极限 $\lim_{\substack{x \to 0 \\ y \to 0}} f(x,y)$ 不存在.

对于 B,
$$\lim_{\substack{x \to 0 \\ y \to 0}} f(x,y) = \lim_{\substack{x \to 0 \\ y \to 0}} \frac{\ln(x^2 y + 1)}{x^2 + y^2} = \lim_{\substack{x \to 0 \\ y \to 0}} \frac{\ln(x^2 y + 1)}{x^2 y} \cdot \frac{x^2 y}{x^2 + y^2} = 1 \cdot 0 = 0,$$
极限 $\lim_{\substack{x \to 0 \\ y \to 0}} f(x,y) = 0$ 成立.

对于 C,当 $y = x$ 时,$\lim_{\substack{x \to 0 \\ y = x}} \frac{xy}{x+y} = \lim_{x \to 0} \frac{x}{2} = 0$,而当 $y = x^2 - x$ 时,
$$\lim_{\substack{x \to 0 \\ y = x^2 - x}} \frac{xy}{x+y} = \lim_{x \to 0} \frac{x(x^2 - x)}{x^2} = \lim_{x \to 0}(x-1) = -1,$$

两个结果不一样,故极限 $\lim_{\substack{x \to 0 \\ y \to 0}} f(x,y)$ 不存在.

对于 D,由于 $\lim_{\substack{x \to 0 \\ y \to 0}} \frac{1+x}{1+y^2} = \frac{1+0}{1+0} = 1$,则
$$\lim_{\substack{x \to 0 \\ y \to 0}} f(x,y) = \lim_{\substack{x \to 0 \\ y \to 0}} \arcsin \frac{1+x}{1+y^2} = \arcsin\left(\lim_{\substack{x \to 0 \\ y \to 0}} \frac{1+x}{1+y^2}\right) = \arcsin 1 = \frac{\pi}{2},$$

故 $\lim_{\substack{x \to 0 \\ y \to 0}} f(x,y) = 0$ 不成立.

因此选 B.

2. 解答:当 $y = kx$ 时,
$$\lim_{\substack{x \to 0 \\ y = kx}} f(x,y) = \lim_{\substack{x \to 0 \\ y = kx}} \frac{xy}{x^2 + y^2} = \frac{k}{1 + k^2},$$

当 k 不同时结果不一样,故极限 $\lim\limits_{\substack{x\to 0\\y\to 0}}f(x,y)$ 不存在,因此 A,B 说法正确.

又由于
$$f_x(0,0)=\lim_{x\to 0}\frac{f(x,0)-f(0,0)}{x}=0,\quad f_y(x,y)=\lim_{y\to 0}\frac{f(0,y)-f(0,0)}{y}=0,$$

故 D 说法正确,因此选 C.

3. 解答:令 $F(x,y,z)=x+y-z-\mathrm{e}^z$,则
$$F_x=1,\quad F_y=1,\quad F_z=-1-\mathrm{e}^z,$$

由隐函数求导法则,可得
$$\frac{\partial z}{\partial x}+\frac{\partial z}{\partial y}=-\frac{F_x}{F_z}-\frac{F_y}{F_z}=-\frac{1}{-1-\mathrm{e}^z}-\frac{1}{-1-\mathrm{e}^z}=\frac{2}{1+\mathrm{e}^z}.$$

因此选 B.

4. 解答:由于 $f(0,1)=\mathrm{e}$,则
$$f_x(0,1)=\lim_{x\to 0}\frac{f(x,1)-f(0,1)}{x}=\lim_{x\to 0}\frac{\mathrm{e}^{1+x}\cdot\sqrt[3]{(x-1)^2}-\mathrm{e}}{x}=\frac{\mathrm{e}}{3},$$
$$f_y(0,1)=\lim_{y\to 0}\frac{f(0,1+y)-f(0,1)}{y}=\lim_{y\to 0}\frac{\mathrm{e}^{1+y}\cdot\sqrt[3]{1+y}-\mathrm{e}}{y}=\frac{4}{3}\mathrm{e},$$

因此选 C.

5. 解答:由于
$$f_x(1,0)=3x^2-3\Big|_{(1,0)}=0,\quad f_y(1,0)=-1\neq 0,$$

则 $(1,0)$ 不是 $f(x,y)$ 的驻点,故 $f(x,y)$ 在点 $(1,0)$ 处无极值,因此选 C.

6. 解答:曲线 $\begin{cases}x^2+y^2=10,\\y^2+z^2=25\end{cases}$ 上任一点 (x,y,z) 处的切线的方向向量为
$$\{2x,2y,0\}\times\{0,2y,2z\}=\{4yz,-4xz,4xy\},$$

可得点 $(1,3,4)$ 处的切线的方向向量为 $4\{12,-4,3\}$,故法平面 S 的方程为
$$12(x-1)-4(y-3)+3(z-4)=0,$$

即 $12x-4y+3z-12=0$,可得原点到 S 的距离为
$$d=\frac{|-12|}{\sqrt{12^2+4^2+3^2}}=\frac{12}{13},$$

因此选 C.

二、填空题

1. 解答:由于
$$\mathrm{d}z=\frac{\partial z}{\partial x}\mathrm{d}x+\frac{\partial z}{\partial y}\mathrm{d}y=(y+1)x^y\cdot\mathrm{d}x+x^{y+1}\ln x\cdot\mathrm{d}y,$$

故 $\mathrm{d}z\Big|_{\substack{x=\mathrm{e}\\y=0}}=\mathrm{d}x+\mathrm{e}\mathrm{d}y.$

2. 解答:由于 $\varphi(x)=f(x,f(x,2x))$,则
$$\varphi'(x)=f_1'(x,f(x,2x))+f_2'(x,f(x,2x))\cdot\frac{\mathrm{d}f(x,2x)}{\mathrm{d}x}$$
$$=f_1'(x,f(x,2x))+f_2'(x,f(x,2x))\cdot[f_1'(x,2x)+2f_2'(x,2x)],$$

于是

$$\varphi'(1) = f_1'(1, f(1,2)) + f_2'(1, f(1,2)) \cdot [f_1'(1,2) + 2f_2'(1,2)]$$
$$= f_1'(1,2) + f_2'(1,2) \cdot [f_1'(1,2) + 2f_2'(1,2)]$$
$$= 3 + 4 \cdot (3 + 2 \cdot 4) = 47.$$

3. 解答： 在某点方向导数的最大值为在该点梯度的模，$u = \ln(z + \sqrt{x^2 + y^2})$ 在点 $(3,4,1)$ 处的梯度为

$$\mathbf{grad}\, u \bigg|_{(3,4,1)} = \left\{\frac{\partial u}{\partial x}, \frac{\partial u}{\partial y}, \frac{\partial u}{\partial z}\right\}\bigg|_{(3,4,1)} = \frac{1}{z + \sqrt{x^2 + y^2}}\left\{\frac{x}{\sqrt{x^2+y^2}}, \frac{y}{\sqrt{x^2+y^2}}, 1\right\}\bigg|_{(3,4,1)}$$
$$= \frac{1}{6}\left\{\frac{3}{5}, \frac{4}{5}, 1\right\},$$

则 u 在点 $(3,4,1)$ 处的方向导数的最大值为

$$\left|\mathbf{grad}\, u\bigg|_{(3,4,1)}\right| = \frac{1}{6}\left|\left\{\frac{3}{5}, \frac{4}{5}, 1\right\}\right| = \frac{1}{6}\sqrt{2}.$$

4. 解答： 曲线 C 在 t 处的切线的方向向量为 $\{1, 2t, 3t^2\}$，若切线平行于平面 $x + 2y + z = 4$，则切线的方向向量与平面法向量垂直. 由于平面 $x + 2y + z = 4$ 的法向量为 $\{1, 2, 1\}$，故

$$\{1, 2t, 3t^2\} \cdot \{1, 2, 1\} = 1 + 4t + 3t^2 = 0,$$

解之可得 $t = -\frac{1}{3}$ 或 $t = -1$，故点的坐标为 $\left(-\frac{1}{3}, \frac{1}{9}, -\frac{1}{27}\right)$ 或 $(-1, 1, -1)$.

5. 解答： 设 $F(x, y, z) = x^2 + y^2 - 2z$，则曲面 $2z = x^2 + y^2$ 在点 $(1,1,1)$ 处的法向量为

$$\left\{\frac{\partial F}{\partial x}, \frac{\partial F}{\partial y}, \frac{\partial F}{\partial z}\right\}\bigg|_{(1,1,1)} = \{2x, 2y, -2\}\bigg|_{(1,1,1)} = \{2, 2, -2\},$$

因此，在点 $(1,1,1)$ 处的切平面方程为

$$2(x-1) + 2(y-1) - 2(z-1) = 0,$$

即 $x + y - z = 1$.

三、计算与解答题

1. 解答： 记

$$u = x^2 + y^2, \quad v = \frac{y}{x}, \quad w = x,$$
$$f_1' = \frac{\partial f(u,v,w)}{\partial u}, \quad f_2' = \frac{\partial f(u,v,w)}{\partial v}, \quad f_3' = \frac{\partial f(u,v,w)}{\partial w},$$

则

$$\frac{\partial z}{\partial x} = \frac{\partial z}{\partial u} \cdot \frac{\partial u}{\partial x} + \frac{\partial z}{\partial v} \cdot \frac{\partial v}{\partial x} + \frac{\partial z}{\partial w} \cdot \frac{\mathrm{d} w}{\mathrm{d} x} = 2xf_1' - \frac{y}{x^2}f_2' + f_3'.$$

对上式关于 y 求导可得

$$\frac{\partial^2 z}{\partial x \partial y} = \frac{\partial \left(2xf_1' - \frac{y}{x^2}f_2' + f_3'\right)}{\partial y} = 2x\frac{\partial f_1'}{\partial y} - \frac{1}{x^2}f_2' - \frac{y}{x^2}\frac{\partial f_2'}{\partial y} + \frac{\partial f_3'}{\partial y},$$

其中 f_1', f_2', f_3' 与 f 具有相同的函数结构. 继续记 f 的二阶偏导数为

$$f_{11}'' = \frac{\partial^2 f(u,v,w)}{\partial u^2}, \quad f_{12}'' = \frac{\partial^2 f(u,v,w)}{\partial u \partial v}, \quad \cdots,$$

因此有

$$\frac{\partial^2 z}{\partial x \partial y} = 2x\frac{\partial f_1'}{\partial y} - \frac{1}{x^2}f_2' - \frac{y}{x^2}\frac{\partial f_2'}{\partial y} + \frac{\partial f_3'}{\partial y}$$
$$= 2x\left(2yf_{11}'' + \frac{1}{x}f_{12}''\right) - \frac{1}{x^2}f_2' - \frac{y}{x^2}\left(2yf_{21}'' + \frac{1}{x}f_{22}''\right) + \left(2yf_{31}'' + \frac{1}{x}f_{32}''\right),$$

由于 f 具有二阶连续偏导数，可知 $f_{12}'' = f_{21}''$，化简后得

$$\frac{\partial^2 z}{\partial x \partial y} = 4xy f''_{11} + 2\left(1 - \frac{y^2}{x^2}\right) f''_{12} - \frac{y}{x^3} f''_{22} + 2y f''_{31} + \frac{1}{x} f''_{32} - \frac{1}{x^2} f'_2.$$

2. 解答:曲线 $\begin{cases} 3x^2 + 2y^2 = 12, \\ z = 0 \end{cases}$ 绕 y 轴旋转一周所得的旋转曲面 S 的方程为

$$3x^2 + 2y^2 + 3z^2 = 12,$$

曲面 S 在点 $M(0, \sqrt{3}, \sqrt{2})$ 处指向外侧的法向量为

$$\{6x, 4y, 6z\}\Big|_{(0,\sqrt{3},\sqrt{2})} = \{0, 4\sqrt{3}, 6\sqrt{2}\},$$

故指向外侧的单位法向量为

$$\boldsymbol{n} = \frac{\{0, 4\sqrt{3}, 6\sqrt{2}\}}{|\{0, 4\sqrt{3}, 6\sqrt{2}\}|} = \left\{0, \sqrt{\frac{2}{5}}, \sqrt{\frac{3}{5}}\right\}.$$

又由于函数 $u = \frac{1}{x}\sqrt{3z^2 + 4y^2}$ 在点 $A(1,1,1)$ 处的梯度为

$$\left\{\frac{\partial u}{\partial x}, \frac{\partial u}{\partial y}, \frac{\partial u}{\partial z}\right\}\Big|_{(1,1,1)} = \left\{-\frac{\sqrt{3z^2 + 4y^2}}{x^2}, \frac{4y}{x\sqrt{3z^2 + 4y^2}}, \frac{3z}{x\sqrt{3z^2 + 4y^2}}\right\}\Big|_{(1,1,1)}$$

$$= \left\{-\sqrt{7}, \frac{4}{\sqrt{7}}, \frac{3}{\sqrt{7}}\right\},$$

因此函数 u 在点 $A(1,1,1)$ 处沿 $\boldsymbol{n}$ 方向的方向导数为

$$\left\{\frac{\partial u}{\partial x}, \frac{\partial u}{\partial y}, \frac{\partial u}{\partial z}\right\}\Big|_{(1,1,1)} \cdot \boldsymbol{n} = \left\{-\sqrt{7}, \frac{4}{\sqrt{7}}, \frac{3}{\sqrt{7}}\right\} \cdot \left\{0, \sqrt{\frac{2}{5}}, \sqrt{\frac{3}{5}}\right\} = \frac{4\sqrt{2} + 3\sqrt{3}}{\sqrt{35}},$$

函数 u 在点 $A(1,1,1)$ 处方向导数的最大值为

$$\left|\left\{\frac{\partial u}{\partial x}, \frac{\partial u}{\partial y}, \frac{\partial u}{\partial z}\right\}\Big|_{(1,1,1)}\right| = \left|\left\{-\sqrt{7}, \frac{4}{\sqrt{7}}, \frac{3}{\sqrt{7}}\right\}\right| = \sqrt{7 + \frac{16}{7} + \frac{9}{7}} = \sqrt{\frac{74}{7}}.$$

3. 解答:首先求函数 $f(x,y)$ 的驻点,解方程组

$$\begin{cases} f_x(x,y) = 3x^2 + 4x - 2y = 0, \\ f_y(x,y) = 2y - 2x = 0, \end{cases}$$

可得函数 $f(x,y)$ 的两个驻点分别为 $(0,0)$, $\left(-\frac{2}{3}, -\frac{2}{3}\right)$;再计算 $f(x,y)$ 的二阶偏导数,可得

$$f_{xx}(x,y) = 6x + 4, \quad f_{xy}(x,y) = -2, \quad f_{yy}(x,y) = 2.$$

对于驻点 $(0,0)$,有

$$A = f_{xx}(0,0) = 4, \quad B = f_{xy}(0,0) = -2, \quad C = f_{yy}(0,0) = 2,$$

由于 $A = 4 > 0, AC - B^2 = 4 > 0$,故 $(0,0)$ 为 $f(x,y)$ 极小值点,极小值为 $f(0,0) = 0$.

对于驻点 $\left(-\frac{2}{3}, -\frac{2}{3}\right)$,有

$$A = f_{xx}\left(-\frac{2}{3}, -\frac{2}{3}\right) = 0, \quad B = f_{xy}\left(-\frac{2}{3}, -\frac{2}{3}\right) = -2, \quad C = f_{yy}\left(-\frac{2}{3}, -\frac{2}{3}\right) = 2,$$

由于 $AC - B^2 = -4 < 0$,故 $\left(-\frac{2}{3}, -\frac{2}{3}\right)$ 不是 $f(x,y)$ 极值点.

4. 解答:设平面 Π 的方程为

$$x + ay - z - 3 + \lambda(x + y + b) = 0,$$

其法向量为 $\{1+\lambda, a+\lambda, -1\}$;曲面 $z = x^2 + y^2$ 在点 $(1,-2,5)$ 处的法向量为

$$\{2x, 2y, -1\}\Big|_{(1,-2,5)} = \{2, -4, -1\}.$$

由于 Π 与曲面 $z = x^2 + y^2$ 相切于点$(1, -2, 5)$,则二者法向量平行,因此

$$\frac{1+\lambda}{2} = \frac{a+\lambda}{-4} = \frac{-1}{-1},$$

可得 $\lambda = 1, a = -5$. 再由平面经过点$(1, -2, 5)$,可得

$$1 - 2a - 5 - 3 + \lambda(1 - 2 + b) = 0,$$

解之可得 $a = -5, b = -2$.

5. 解答: 首先,由于 $\left| y\sin\dfrac{1}{x^2+y^2} \right| \leqslant |y|$,故

$$\lim_{\substack{x \to 0 \\ y \to 0}} f(x, y) = 0 = f(0, 0),$$

因此 $f(x, y)$ 在点$(0, 0)$ 处连续.

其次,考虑 $f(x, y)$ 在点$(0, 0)$ 处沿方向 $l = \{\cos\alpha, \cos\beta\}$ 的方向导数. 由于

$$\left.\frac{\partial f}{\partial l}\right|_{(0,0)} = \lim_{\rho \to 0^+} \frac{f(\rho\cos\alpha, \rho\cos\beta) - f(0, 0)}{\rho} = \lim_{\rho \to 0^+} \frac{\rho\cos\beta \sin\dfrac{1}{\rho^2}}{\rho} = \cos\beta \lim_{\rho \to 0^+} \sin\frac{1}{\rho^2},$$

当 $\cos\beta = 0$ 时,极限存在且为 0,当 $\cos\beta \neq 0$ 时,极限不存在. 故 $f(x, y)$ 在点$(0, 0)$ 处沿 x 轴正方向或负方向的方向导数为 0,沿其它任意方向的方向导数不存在.

6. 解答: 求竖坐标的最大值和最小值,则目标函数为 z,约束条件为曲线方程. 设拉格朗日函数为

$$L(x, y, z, \lambda, \mu) = z + \lambda(2x - 3y + z) + \mu(2x^2 + 3y^2 + z^2 - 30),$$

可得方程组:

$$\begin{cases} L_x = 2\lambda + 4x\mu = 0, \\ L_y = -3\lambda + 6y\mu = 0, \\ L_z = 1 + \lambda + 2z\mu = 0, \\ L_\lambda = 2x - 3y + z = 0, \\ L_\mu = 2x^2 + 3y^2 + z^2 - 30 = 0. \end{cases}$$

在前两个方程中消去 λ 和 μ,可得 $x = -y$,再结合后两个方程,得两组解:

$$x = 1, y = -1, z = -5; \quad x = -1, y = 1, z = 5.$$

注意到曲线 $\Gamma: \begin{cases} 2x - 3y + z = 0, \\ 2x^2 + 3y^2 + z^2 = 30 \end{cases}$ 为椭球面和平面的交线(为一椭圆或圆),因此在 Γ 上一定存在竖坐标的最大值点和最小值的点,故上述两组解即为所求的最值点,即 Γ 上竖坐标的最大值为 5,最小值为 -5.

四、证明题

解答: 首先,若 $f(x, y)$ 在点$(0, 0)$ 处可微,则偏导数 $f_x(0, 0)$ 一定存在.

由于 $g(x, y)$ 在点$(0, 0)$ 处连续,同时 $f(0, 0) = 0$,则极限

$$f_x(0, 0) = \lim_{x \to 0} \frac{f(x, 0) - f(0, 0)}{x} = \lim_{x \to 0} \frac{|x|}{x} g(x, 0) = g(0, 0) \cdot \lim_{x \to 0} \frac{|x|}{x}$$

一定存在,因此必有 $g(0, 0) = 0$.

其次,若 $g(0, 0) = 0$,则由上可知 $f_x(0, 0) = 0$,同理 $f_y(0, 0) = 0$. 此时极限

$$\lim_{\rho \to 0^+} \frac{f(x, y) - f(0, 0) - f_x(0, 0)x - f_y(0, 0)y}{\rho} = \lim_{\substack{x \to 0 \\ y \to 0}} \frac{|x - y| g(x, y)}{\sqrt{x^2 + y^2}} = 0,$$

$\left(\text{这是由于} \lim\limits_{\substack{x \to 0 \\ y \to 0}} g(x, y) = 0 \text{ 且 } \dfrac{|x-y|}{\sqrt{x^2+y^2}} \leqslant \sqrt{2}\right)$ 故 $f(x, y)$ 在点$(0, 0)$ 处可微.

同步检测卷 C

一、填空题

1. 解答: 注意到 $u = xyz\mathrm{e}^{x+y+z}$ 中的 x, y, z 是对称的,由于

$$\frac{\partial u}{\partial x} = yz\mathrm{e}^{x+y+z} + xyz\mathrm{e}^{x+y+z} = (x+1)yz\mathrm{e}^{x+y+z},$$

$$\frac{\partial^2 u}{\partial x^2} = yz\mathrm{e}^{x+y+z} + (x+1)yz\mathrm{e}^{x+y+z} = (x+2)yz\mathrm{e}^{x+y+z},$$

归纳可以得到

$$\frac{\partial^k u}{\partial x^k} = (x+k)yz\mathrm{e}^{x+y+z}.$$

再对 y, z 继续求导,有

$$\frac{\partial^{k+m+n} u}{\partial x^k \partial y^m \partial z^n} = (x+k)(y+m)(z+n)\mathrm{e}^{x+y+z},$$

因此

$$\frac{\partial^9 u}{\partial x^2 \partial y^3 \partial z^4} = (x+2)(y+3)(z+4)\mathrm{e}^{x+y+z}.$$

2. 解答: 计算全导数可得

$$\frac{\mathrm{d}}{\mathrm{d}x}\varphi^3(x) = 3f^2(x, f(x,x)) \cdot \frac{\mathrm{d}f(x, f(x,x))}{\mathrm{d}x}$$

$$= 3f^2(x, f(x,x))[f_1'(x, f(x,x)) + f_2'(x, f(x,x))(f_1'(x,x) + f_2'(x,x))],$$

由已知 $f(1,1) = 1, f_1'(1,1) = 2, f_2'(1,1) = 3$,故

$$\frac{\mathrm{d}}{\mathrm{d}x}\varphi^3(x)\bigg|_{x=1} = 3f^2(1, f(1,1))[f_1'(1, f(1,1)) + f_2'(1, f(1,1))(f_1'(1,1) + f_2'(1,1))]$$

$$= 3f^2(1,1)[f_1'(1,1) + f_2'(1,1)(f_1'(1,1) + f_2'(1,1))]$$

$$= 3[2 + 3(2+3)] = 51.$$

3. 解答: 首先

$$f_x(0,0) = \lim_{x \to 0} \frac{f(x,0) - f(0,0)}{x} = 0,$$

则

$$f_x(x,y) = \begin{cases} \dfrac{y(y^2 - x^2)}{(x^2 + y^2)^2}, & (x,y) \neq (0,0), \\ 0, & (x,y) = (0,0), \end{cases}$$

于是

$$f_{xx}(0,0) = \lim_{x \to 0} \frac{f_x(x,0) - f_x(0,0)}{x} = 0.$$

4. 解答: 首先求 $f(x,y)$ 的偏导数,可得

$$\begin{cases} f_x(x,y) = \mathrm{e}^{-x}(-ax + a - b + y^2), \\ f_y(x,y) = -2y\mathrm{e}^{-x}. \end{cases}$$

由于 $f(-1, 0)$ 为其极值,故 $(-1, 0)$ 为驻点,因此

$$\begin{cases} f_x(-1, 0) = \mathrm{e}(a + a - b) = 0, \\ f_y(-1, 0) = 0, \end{cases}$$

可得 $b = 2a$.

再计算二阶偏导数,可得
$$\begin{cases} f_{xx}(x,y) = e^{-x}(ax-2a+b-y^2), \\ f_{xy}(x,y) = f_{yx}(x,y) = 2ye^{-x}, \\ f_{yy}(x,y) = -2e^{-x}, \end{cases}$$

可得
$$A = f_{xx}(-1,0) = (b-3a)e, \quad B = f_{xy}(-1,0) = 0, \quad C = f_{yy}(-1,0) = -2e,$$
由于 $b=2a$,且 $a>0$,故
$$A = (b-3a)e = -ae < 0, \quad AC - B^2 = 2ae^2 > 0,$$
因此 $f(-1,0)$ 为极大值.

5. 解答: 设 $u = x^2 - y^2, v = y^2 - z^2$,由于
$$\frac{\partial F}{\partial x} = \frac{\partial F}{\partial u} \cdot \frac{\partial u}{\partial x} + \frac{\partial F}{\partial v} \cdot \frac{\partial v}{\partial x} = 2xF_u,$$
$$\frac{\partial F}{\partial y} = \frac{\partial F}{\partial u} \cdot \frac{\partial u}{\partial y} + \frac{\partial F}{\partial v} \cdot \frac{\partial v}{\partial y} = -2yF_u + 2yF_v,$$
$$\frac{\partial F}{\partial z} = \frac{\partial F}{\partial u} \cdot \frac{\partial u}{\partial z} + \frac{\partial F}{\partial v} \cdot \frac{\partial v}{\partial z} = -2zF_v,$$

故
$$y\frac{\partial z}{\partial x} + x\frac{\partial z}{\partial y} = -y\frac{\frac{\partial F}{\partial x}}{\frac{\partial F}{\partial z}} - x\frac{\frac{\partial F}{\partial y}}{\frac{\partial F}{\partial z}} = -y\frac{2xF_u}{-2zF_v} - x\frac{-2yF_u + 2yF_v}{-2zF_v} = \frac{xy}{z}.$$

6. 解答: 曲面 Σ 在 $u=1, v=\dfrac{\pi}{4}$ 时的法向量,可取为曲线
$$\Gamma_u: x = u\cos\frac{\pi}{4}, y = u\sin\frac{\pi}{4}, z = a\frac{\pi}{4}$$
和
$$\Gamma_v: x = \cos v, y = \sin v, z = av$$
方向向量的外积$\left(\text{分别取 } u=1, v=\dfrac{\pi}{4}\right)$,即
$$\left\{\frac{\sqrt{2}}{2}, \frac{\sqrt{2}}{2}, 0\right\} \times \left\{-\frac{\sqrt{2}}{2}, \frac{\sqrt{2}}{2}, a\right\} = \left\{\frac{\sqrt{2}}{2}a, -\frac{\sqrt{2}}{2}a, 1\right\}.$$
由于 $u=1, v=\dfrac{\pi}{4}$ 时,$x=\dfrac{\sqrt{2}}{2}, y=\dfrac{\sqrt{2}}{2}, z=\dfrac{a\pi}{4}$,因此切平面方程为
$$\frac{\sqrt{2}}{2}a\left(x - \frac{\sqrt{2}}{2}\right) - \frac{\sqrt{2}}{2}a\left(y - \frac{\sqrt{2}}{2}\right) + \left(z - \frac{a\pi}{4}\right) = 0,$$
化简后可得
$$x - y + \frac{\sqrt{2}}{a}z - \frac{\pi}{2\sqrt{2}} = 0.$$

二、计算与解答题

1. 解答: 设 $u = xy, v = \dfrac{1}{2}(x^2 - y^2)$,则
$$\frac{\partial g}{\partial x} = y\frac{\partial f}{\partial u} + x\frac{\partial f}{\partial v}, \quad \frac{\partial g}{\partial y} = x\frac{\partial f}{\partial u} - y\frac{\partial f}{\partial v},$$
再计算二阶偏导,可得

$$\frac{\partial^2 g}{\partial x^2} = y\left(y\frac{\partial^2 f}{\partial u^2} + x\frac{\partial^2 f}{\partial u\partial v}\right) + \frac{\partial f}{\partial v} + x\left(y\frac{\partial^2 f}{\partial u\partial v} + x\frac{\partial^2 f}{\partial v^2}\right)$$

$$= y^2\frac{\partial^2 f}{\partial u^2} + x^2\frac{\partial^2 f}{\partial v^2} + 2xy\frac{\partial^2 f}{\partial u\partial v} + \frac{\partial f}{\partial v},$$

$$\frac{\partial^2 g}{\partial y^2} = x\left(x\frac{\partial^2 f}{\partial u^2} - y\frac{\partial^2 f}{\partial u\partial v}\right) - \frac{\partial f}{\partial v} - y\left(x\frac{\partial^2 f}{\partial u\partial v} - y\frac{\partial^2 f}{\partial v^2}\right)$$

$$= x^2\frac{\partial^2 f}{\partial u^2} + y^2\frac{\partial^2 f}{\partial v^2} - 2xy\frac{\partial^2 f}{\partial u\partial v} - \frac{\partial f}{\partial v},$$

因此有

$$\frac{\partial^2 g}{\partial x^2} + \frac{\partial^2 g}{\partial y^2} = (x^2+y^2)\left(\frac{\partial^2 f}{\partial u^2} + \frac{\partial^2 f}{\partial v^2}\right) = x^2+y^2.$$

2. 解答：(方法 1) 在 $y=f(x,t)$ 和 $F(x,y,t)=0$ 两式两边分别对 x 求导,视 y,t 均为 x 的函数,可得

$$\frac{dy}{dx} = \frac{\partial f}{\partial x} + \frac{\partial f}{\partial t} \cdot \frac{dt}{dx}, \quad \frac{\partial F}{\partial x} + \frac{\partial F}{\partial y} \cdot \frac{dy}{dx} + \frac{\partial F}{\partial t} \cdot \frac{dt}{dx} = 0,$$

上面两式中消去 $\dfrac{dt}{dx}$,可得

$$\frac{dy}{dx} = \frac{\dfrac{\partial f}{\partial x} \cdot \dfrac{\partial F}{\partial t} - \dfrac{\partial f}{\partial t} \cdot \dfrac{\partial F}{\partial x}}{\dfrac{\partial f}{\partial t} \cdot \dfrac{\partial F}{\partial y} + \dfrac{\partial F}{\partial t}}.$$

(方法 2) 隐函数组 $\begin{cases} y - f(x,t) = 0, \\ F(x,y,t) = 0 \end{cases}$ 的 Jacobi 矩阵为 $\begin{bmatrix} -f'_x & 1 & -f'_t \\ F'_x & F'_y & F'_t \end{bmatrix}$,根据隐函数组求导公式,可得

$$\frac{dy}{dx} = -\frac{\begin{vmatrix} -f'_x & -f'_t \\ F'_x & F'_t \end{vmatrix}}{\begin{vmatrix} 1 & -f'_t \\ F'_y & F'_t \end{vmatrix}} = \frac{f'_x F'_t - f'_t F'_x}{F'_t + f'_t F'_y} = \frac{\dfrac{\partial f}{\partial x} \cdot \dfrac{\partial F}{\partial t} - \dfrac{\partial f}{\partial t} \cdot \dfrac{\partial F}{\partial x}}{\dfrac{\partial f}{\partial t} \cdot \dfrac{\partial F}{\partial y} + \dfrac{\partial F}{\partial t}}.$$

3. 解答：首先求驻点坐标,计算一阶偏导数可得

$$\frac{\partial z}{\partial x} = \frac{x-3y}{y+z}, \quad \frac{\partial z}{\partial y} = \frac{10y-3x-z}{y+z},$$

因此驻点坐标满足如下方程组：

$$\begin{cases} x-3y = 0, \\ 10y-3x-z = 0, \\ x^2 - 6xy + 10y^2 - 2yz - z^2 + 18 = 0, \end{cases}$$

得驻点为 $(9,3,3)$ 和 $(-9,-3,-3)$.

下面继续求二阶偏导数,有

$$\frac{\partial^2 z}{\partial x^2} = \frac{(y+z)^2 - (x-3y)^2}{(y+z)^3},$$

$$\frac{\partial^2 z}{\partial x \partial y} = \frac{-3(y+z)^2 - (x-3y)(11y-3x)}{(y+z)^3},$$

$$\frac{\partial^2 z}{\partial y^2} = \frac{(11z+3x)(y+z) - (10y-3x-z)(11y-3x)}{(y+z)^3}.$$

对于驻点 $(9,3,3)$,

$$A = \left.\frac{\partial^2 z}{\partial x^2}\right|_{(9,3,3)} = \frac{1}{6}, \quad B = \left.\frac{\partial^2 z}{\partial x \partial y}\right|_{(9,3,3)} = -\frac{1}{2}, \quad C = \left.\frac{\partial^2 z}{\partial y^2}\right|_{(9,3,3)} = \frac{5}{3},$$

由于 $A > 0, AC - B^2 > 0$,故 $(9,3,3)$ 为极小值点,极小值为 3；

对于驻点 $(-9,-3,-3)$,
$$A = \frac{\partial^2 z}{\partial x^2}\bigg|_{(-9,-3,-3)} = -\frac{1}{6}, \quad B = \frac{\partial^2 z}{\partial x \partial y}\bigg|_{(-9,-3,-3)} = \frac{1}{2}, \quad C = \frac{\partial^2 z}{\partial y^2}\bigg|_{(-9,-3,-3)} = -\frac{5}{3},$$
由于 $A < 0, AC - B^2 > 0$,故 $(-9,-3,-3)$ 为极大值点,极大值为 -3.

4. 解答:由于椭球面中心为原点,平面 $x+y+z=0$ 也经过原点,故二者交线(椭圆)中心为原点,因此椭圆长半轴长等于椭圆上的点与原点距离的极大值,椭圆短半轴长等于椭圆上的点与原点距离的极小值.

取目标函数为 $d^2 = x^2 + y^2 + z^2$,约束条件为 $\begin{cases} \dfrac{x^2}{3} + \dfrac{y^2}{2} + z^2 = 1, \\ x+y+z=0, \end{cases}$ 建立拉格朗日函数:

$$L(x,y,z,\lambda,\mu) = x^2 + y^2 + z^2 + \lambda\left(\frac{x^2}{3} + \frac{y^2}{2} + z^2 - 1\right) + \mu(x+y+z),$$

得到如下方程组:

$$\begin{cases} L_x = 2x + \dfrac{2}{3}\lambda x + \mu = 0, \\ L_y = 2y + \lambda y + \mu = 0, \\ L_z = 2z + 2\lambda z + \mu = 0, \\ L_\lambda = \dfrac{x^2}{3} + \dfrac{y^2}{2} + z^2 - 1 = 0, \\ L_\mu = x + y + z = 0. \end{cases}$$

将方程组中前三个式子分别乘以 x,y,z 后相加,即 $xL_x + yL_y + zL_z = 0$,化简可得

$$2(x^2+y^2+z^2) + 2\lambda\left(\frac{x^2}{3} + \frac{y^2}{2} + z^2\right) + \mu(x+y+z) = 0,$$

再结合后两个式子,有

$$\lambda = -(x^2+y^2+z^2) = -d^2.$$

因此 λ 为目标函数极值的负值,若 λ 有两个解,设为 λ_1, λ_2,则二者分别为椭圆长、短半轴平方的负数,椭圆面积为 $S = \pi\sqrt{(-\lambda_1)(-\lambda_2)} = \pi\sqrt{\lambda_1 \cdot \lambda_2}$,故只需求 $\lambda_1 \cdot \lambda_2$.

在方程组的前三个式子中消去 μ,可得

$$2x + \frac{2}{3}\lambda x = 2y + \lambda y = 2z + 2\lambda z,$$

再结合最后一个式子 $x+y+z=0$,得 x,y,z 满足线性齐次方程组:

$$\begin{cases} \left(2+\dfrac{2}{3}\lambda\right)x - (2+\lambda)y = 0, \\ (2+\lambda)y - (2+2\lambda)z = 0, \\ x+y+z=0. \end{cases}$$

由上述齐次线性方程组一定存在非零解可知其系数行列式为零,即

$$\begin{vmatrix} 2+\dfrac{2}{3}\lambda & -(2+\lambda) & 0 \\ 0 & 2+\lambda & -(2+2\lambda) \\ 1 & 1 & 1 \end{vmatrix} = 0,$$

计算行列式可得

$$12\lambda^2 + 44\lambda + 36 = 0,$$

因此 $\lambda_1 \cdot \lambda_2 = \dfrac{36}{12} = 3$,故椭圆面积 $S = \pi\sqrt{\lambda_1 \cdot \lambda_2} = \sqrt{3}\pi$.

三、判断以下结论正确与否,正确的给出证明,错误的说明理由或举出反例.

1. 解答:错误,反例如下:设
$$f(x,y) = \begin{cases} \dfrac{xy}{x^2+y^2}, & x^2+y^2 \neq 0, \\ 0, & x^2+y^2 = 0, \end{cases}$$
则
$$f_x(0,0) = \lim_{x \to 0} \frac{f(x,0) - f(0,0)}{x} = 0, \quad f_y(0,0) = \lim_{y \to 0} \frac{f(0,y) - f(0,0)}{y} = 0,$$
但当 $y = kx$ 时,$\lim\limits_{\substack{y = kx \\ x \to 0}} \dfrac{xy}{x^2+y^2} = \dfrac{k}{1+k^2}$ 与 k 的值有关,故 $\lim\limits_{(x,y) \to (0,0)} f(x,y)$ 不存在,因此结论不成立.

2. 解答:正确. 首先,由于 $\left| \sqrt{x^2+y^2} \sin \dfrac{1}{\sqrt{x^2+y^2}} \right| \leqslant \sqrt{x^2+y^2}$,可知
$$\lim_{(x,y) \to (0,0)} f(x,y) = \lim_{(x,y) \to (0,0)} \sqrt{x^2+y^2} \sin \frac{1}{\sqrt{x^2+y^2}} = 0 = f(0,0),$$
故 $f(x,y)$ 在点 $(0,0)$ 处连续.

然后,根据偏导数定义,有
$$f_x(0,0) = \lim_{x \to 0} \frac{f(x,0) - f(0,0)}{x} = \lim_{x \to 0} \frac{|x|}{x} \sin \frac{1}{|x|},$$
$$f_y(0,0) = \lim_{y \to 0} \frac{f(0,y) - f(0,0)}{y} = \lim_{y \to 0} \frac{|y|}{y} \sin \frac{1}{|y|},$$
即偏导数都不存在,因此结论成立.

3. 解答:错误,反例如下:设
$$f(x,y) = \begin{cases} \dfrac{x^2 y}{x^2+y^2}, & x^2+y^2 \neq 0, \\ 0, & x^2+y^2 = 0. \end{cases}$$
首先,$\lim\limits_{(x,y) \to (0,0)} f(x,y) = \lim\limits_{(x,y) \to (0,0)} \dfrac{x^2 y}{x^2+y^2} = 0 = f(0,0)$,$f(x,y)$ 在点 $(0,0)$ 处连续.

其次,$f_x(0,0) = \lim\limits_{x \to 0} \dfrac{f(x,0) - f(0,0)}{x} = 0$,同样 $f_y(0,0) = 0$.

最后,由于 $f(x,y)$ 在点 $(0,0)$ 处可微的充要条件是
$$\lim_{\substack{x \to 0 \\ y \to 0}} \frac{f(x,y) - f(0,0) - [f_x(0,0)x + f_y(0,0)y]}{\sqrt{x^2+y^2}} = \lim_{\substack{x \to 0 \\ y \to 0}} \frac{x^2 y}{(x^2+y^2)^{\frac{3}{2}}} = 0$$
成立,但是,若令 $y = kx (|k| < +\infty)$,则有
$$\lim_{\substack{x \to 0^+ \\ y = kx}} \frac{x^2 y}{(x^2+y^2)^{\frac{3}{2}}} = \lim_{x \to 0^+} \frac{kx^3}{(x^2+k^2 x^2)^{\frac{3}{2}}} = \frac{k}{(1+k^2)^{\frac{3}{2}}},$$
此极限因 k 而异,故不存在. 因此 $f(x,y)$ 在点 $(0,0)$ 处不可微,也就不成立 $\mathrm{d}z \big|_{(0,0)} = 0$.

4. 解答:错误,反例如下:设 $f(x,y) = \sqrt{x^2+y^2}$.

首先,考虑 $f(x,y)$ 在点 $(0,0)$ 处沿方向 $\boldsymbol{l} = (\cos\alpha, \cos\beta)$ 的方向导数,由于
$$\frac{\partial f}{\partial \boldsymbol{l}} \bigg|_{(0,0)} = \lim_{\rho \to 0^+} \frac{f(\rho\cos\alpha, \rho\cos\beta) - f(0,0)}{\rho} = \lim_{\rho \to 0^+} \frac{\sqrt{\rho^2}}{\rho} = 1,$$
故函数 $z = f(x,y)$ 在点 $(0,0)$ 处沿着任意方向的方向导数都为 1.

其次,由于

$$f_x(0,0) = \lim_{x \to 0} \frac{f(x,0) - f(0,0)}{x} = \lim_{x \to 0} \frac{|x|}{x}, \quad f_y(0,0) = \lim_{y \to 0} \frac{f(0,y) - f(0,0)}{y} = \lim_{y \to 0} \frac{|y|}{y},$$

显然两个极限都不存在，即偏导数 $f_x(0,0), f_y(0,0)$ 都不存在.

四、证明题

1. 解答： 设 $F(x,y,z) = z + \sqrt{x^2+y^2+z^2} - x^3 f\left(\dfrac{y}{x}\right)$，曲面 Σ 的法向量为

$$\{F_x, F_y, F_z\} = \left\{\frac{x}{\sqrt{x^2+y^2+z^2}} - 3x^2 f + xyf',\ \frac{y}{\sqrt{x^2+y^2+z^2}} - x^2 f',\ 1 + \frac{z}{\sqrt{x^2+y^2+z^2}}\right\}.$$

又设 (X,Y,Z) 为 Σ 的切平面上一点（切点为 (x,y,z)），则切平面方程为

$$\left(\frac{x}{\sqrt{x^2+y^2+z^2}} - 3x^2 f + xyf'\right)(X-x) + \left(\frac{y}{\sqrt{x^2+y^2+z^2}} - x^2 f'\right)(Y-y)$$

$$+ \left(1 + \frac{z}{\sqrt{x^2+y^2+z^2}}\right)(Z-z) = 0,$$

其在 z 轴上的截距为

$$\frac{\dfrac{x^2}{\sqrt{x^2+y^2+z^2}} - 3x^3 f + \dfrac{y^2}{\sqrt{x^2+y^2+z^2}}}{1 + \dfrac{z}{\sqrt{x^2+y^2+z^2}}} + z = \frac{-2z\sqrt{x^2+y^2+z^2} - 2(x^2+y^2+z^2)}{z + \sqrt{x^2+y^2+z^2}}$$

$$= -2\sqrt{x^2+y^2+z^2},$$

即上述截距与切点到坐标原点的距离 $\sqrt{x^2+y^2+z^2}$ 之比为常数 -2.

2. 解答： 首先求 $f(a,b,c) = abc^3$ 在约束条件 $a+b+c = R$ 下的极值.

定义拉格朗日函数 $L(a,b,c,\lambda) = abc^3 + \lambda(a+b+c-R)$，解方程组

$$\begin{cases} L_a = bc^3 + \lambda = 0, \\ L_b = ac^3 + \lambda = 0, \\ L_c = 3abc^2 + \lambda = 0, \end{cases}$$

可得 $a = b, c = 3a$，再代入 $a+b+c = R$，则

$$a = b = \frac{R}{5}, \quad c = \frac{3R}{5},$$

可知 $a = b = \dfrac{R}{5}, c = \dfrac{3R}{5}$ 为 abc^3 在约束条件 $a+b+c = R$ 下的极大值点. 因此

$$abc^3 \leqslant \frac{R}{5} \cdot \frac{R}{5} \cdot \left(\frac{3R}{5}\right)^3 = \frac{27}{5^5} R^5 = 27 \left(\frac{a+b+c}{5}\right)^5.$$

第十章　重积分

同步检测卷 A

一、单项选择题

1. 设环形域 $D: 1 \leqslant x^2 + y^2 \leqslant 4$,$I_1 = \iint\limits_{D}(x^2+y^2)\mathrm{d}\sigma$,$I_2 = \iint\limits_{D}(x^2+y^2)^2\mathrm{d}\sigma$,则（　　）

   A. $I_1 < \dfrac{1}{2}$　　　　B. $I_1 \leqslant I_2$　　　　C. $I_2 < 1$　　　　D. $I_1 \geqslant I_2$

2. 设 $D: x^2+y^2 \leqslant y$,积分 $\iint\limits_{D} f(x^2+y^2)\mathrm{d}\sigma =$ （　　）

   A. $\int_0^\pi \mathrm{d}\theta \int_0^1 f(\rho^2)\mathrm{d}\rho$　　　　　　B. $\int_0^\pi \mathrm{d}\theta \int_0^{\sin\theta} f(\rho^2)\mathrm{d}\rho$

   C. $\int_0^\pi \mathrm{d}\theta \int_0^1 f(\rho^2)\cdot\rho\mathrm{d}\rho$　　　D. $\int_0^\pi \mathrm{d}\theta \int_0^{\sin\theta} f(\rho^2)\cdot\rho\mathrm{d}\rho$

3. 设 $D: x^2+y^2 \leqslant 1$,$D_1: x^2+y^2 \leqslant 1(x>0, y>0)$,下列结论正确的是（　　）

   A. $\iint\limits_{D}(x^4+y^4)\mathrm{d}\sigma = 2\iint\limits_{D_1}(x^4+y^4)\mathrm{d}\sigma$　　B. $\iint\limits_{D}(x^4+y^4)\mathrm{d}\sigma = 4\iint\limits_{D_1}(x^4+y^4)\mathrm{d}\sigma$

   C. $\iint\limits_{D}(x^3+y^3)\mathrm{d}\sigma = 2\iint\limits_{D_1}(x^3+y^3)\mathrm{d}\sigma$　　D. $\iint\limits_{D}(x^3+y^3)\mathrm{d}\sigma = 4\iint\limits_{D_1}(x^3+y^3)\mathrm{d}\sigma$

4. 曲面 $z = 2x^2+3y^2$ 和平面 $z = 1$ 围成的立体体积为（　　）

   A. $\iint\limits_{2x^2+3y^2 \leqslant 1}(2x^2+3y^2)\mathrm{d}\sigma$　　B. $\iint\limits_{x^2+y^2 \leqslant 1}(2x^2+3y^2)\mathrm{d}\sigma$

   C. $\iint\limits_{2x^2+3y^2 \leqslant 1}(1-2x^2-3y^2)\mathrm{d}\sigma$　　D. $\iint\limits_{x^2+y^2 \leqslant 1}(1-2x^2-3y^2)\mathrm{d}\sigma$

5. $\int_0^1 \mathrm{d}y \int_0^{2y} f(x,y)\mathrm{d}x + \int_1^3 \mathrm{d}y \int_0^{3-y} f(x,y)\mathrm{d}x$ 的积分区域为（　　）

   A. $0 \leqslant x \leqslant 1, \dfrac{x}{2} \leqslant y \leqslant 3-x$　　B. $0 \leqslant x \leqslant 2, \dfrac{x}{2} \leqslant y \leqslant 3-x$

   C. $0 \leqslant x \leqslant 1, 2x \leqslant y \leqslant 3-x$　　D. $0 \leqslant x \leqslant 2, 2x \leqslant y \leqslant 3-x$

6. 设 $\Omega_1: x^2+y^2+z^2 \leqslant 1, z \geqslant 0, \Omega_2: x^2+y^2+z^2 \leqslant 1, x \geqslant 0, y \geqslant 0, z \geqslant 0$,则（　　）

   A. $\iiint\limits_{\Omega_1} x\mathrm{d}x\mathrm{d}y\mathrm{d}z = 4\iiint\limits_{\Omega_2} x\mathrm{d}x\mathrm{d}y\mathrm{d}z$
   B. $\iiint\limits_{\Omega_1} y\mathrm{d}x\mathrm{d}y\mathrm{d}z = 4\iiint\limits_{\Omega_2} y\mathrm{d}x\mathrm{d}y\mathrm{d}z$
   C. $\iiint\limits_{\Omega_1} z\mathrm{d}x\mathrm{d}y\mathrm{d}z = 4\iiint\limits_{\Omega_2} z\mathrm{d}x\mathrm{d}y\mathrm{d}z$
   D. $\iiint\limits_{\Omega_1} xyz\mathrm{d}x\mathrm{d}y\mathrm{d}z = 4\iiint\limits_{\Omega_2} xyz\mathrm{d}x\mathrm{d}y\mathrm{d}z$

二、填空题

1. $\int_1^e \mathrm{d}x \int_0^{\ln x} f(x,y)\mathrm{d}y$ 交换积分次序为_____.

2. 设矩形域 $D: a \leqslant x \leqslant b, 0 \leqslant y \leqslant 1$,又已知 $\iint\limits_D yf(x)\mathrm{d}x\mathrm{d}y = 1$,则 $\int_a^b f(x)\mathrm{d}x =$ _____.

3. 设 D 由直线 $y=x, y=2x, x=1$ 围成,则 $\iint\limits_D xy\mathrm{d}x\mathrm{d}y =$ _____.

4. 设环形域 $D: 1 \leqslant x^2+y^2 \leqslant 4$,则 $\iint\limits_D \sqrt{(x^2+y^2)^3}\mathrm{d}x\mathrm{d}y =$ _____.

5. 设空间区域 $\Omega: x^2+y^2+z^2 \leqslant 4, z \geqslant 0$,则 $\iiint\limits_\Omega f(\sqrt{x^2+y^2+z^2})\mathrm{d}x\mathrm{d}y\mathrm{d}z$ 化为球坐标形式为_____.

三、计算与解答题

1. 计算 $\iint\limits_D x\sin y^3 \mathrm{d}x\mathrm{d}y$,其中 D 由直线 $y=x, x=0, y=1$ 围成.

2. 计算积分 $\int_1^2 \mathrm{d}y \int_y^2 \frac{\sin x}{x-1}\mathrm{d}x$.

3. 计算 $\iint\limits_{D} \dfrac{x+y}{x^2+y^2} \mathrm{d}x\mathrm{d}y$,其中 $D: x^2+y^2 \leqslant 1, x+y \geqslant 0$.

4. 计算 $\iiint\limits_{\Omega} z \mathrm{d}x\mathrm{d}y\mathrm{d}z$,其中 Ω 是由三坐标面及平面 $x+y+z=1$ 所围成的区域.

5. 计算密度均匀的平面图形 $D: y \leqslant x^2 + y^2 \leqslant 2y, x \geqslant 0$ 的质心坐标.

四、证明题

设 $D: 1 \leqslant x \leqslant 2, 0 \leqslant y \leqslant 2-x$,证明: $0 \leqslant \iint\limits_{D} \ln(x^2+y^2) \mathrm{d}x\mathrm{d}y \leqslant \ln 2$.

同步检测卷 B

一、单项选择题

1. 设 $D:(x-2)^2+(y-1)^2\leqslant 2$,下列结论正确的是 （   ）

   A. $\iint\limits_{D}(x+y)^2\mathrm{d}\sigma\leqslant\iint\limits_{D}(x+y)^3\mathrm{d}\sigma$

   B. $\iint\limits_{D}(x+y)^2\mathrm{d}\sigma\geqslant\iint\limits_{D}(x+y)^3\mathrm{d}\sigma$

   C. $\iint\limits_{D}(x+y)^2\mathrm{d}\sigma=\iint\limits_{D}(x+y)^3\mathrm{d}\sigma$

   D. $\iint\limits_{D}(x+y)^2\mathrm{d}\sigma$ 与 $\iint\limits_{D}(x+y)^3\mathrm{d}\sigma$ 的大小无法确定

2. 二次积分 $\int_{\frac{\pi}{2}}^{\pi}\mathrm{d}x\int_{\sin x}^{1}f(x,y)\mathrm{d}y$ 交换积分次序为 （   ）

   A. $\int_{0}^{1}\mathrm{d}y\int_{\pi+\arcsin y}^{\pi}f(x,y)\mathrm{d}x$ B. $\int_{0}^{1}\mathrm{d}y\int_{\pi-\arcsin y}^{\pi}f(x,y)\mathrm{d}x$

   C. $\int_{0}^{1}\mathrm{d}y\int_{\frac{\pi}{2}}^{\pi+\arcsin y}f(x,y)\mathrm{d}x$ D. $\int_{0}^{1}\mathrm{d}y\int_{\frac{\pi}{2}}^{\pi-\arcsin y}f(x,y)\mathrm{d}x$

3. 圆柱 $x^2+y^2\leqslant 2x$ 和球 $x^2+y^2+z^2\leqslant 4$ 的公共部分的体积为 （   ）

   A. $\iint\limits_{x^2+y^2\leqslant 4}\sqrt{4-x^2-y^2}\,\mathrm{d}\sigma$ B. $2\iint\limits_{x^2+y^2\leqslant 4}\sqrt{4-x^2-y^2}\,\mathrm{d}\sigma$

   C. $\iint\limits_{x^2+y^2\leqslant 2x}\sqrt{4-x^2-y^2}\,\mathrm{d}\sigma$ D. $2\iint\limits_{x^2+y^2\leqslant 2x}\sqrt{4-x^2-y^2}\,\mathrm{d}\sigma$

4. 设 Ω 是由 $z=x^2+y^2, y=x, y=0, z=1$ 在第一卦限所围成的区域,若 $f(x,y,z)$ 在 Ω 上连续,则 $\iiint\limits_{\Omega}f(x,y,z)\mathrm{d}x\mathrm{d}y\mathrm{d}z=$ （   ）

   A. $\int_{0}^{1}\mathrm{d}y\int_{y}^{\sqrt{1-y^2}}\mathrm{d}x\int_{x^2+y^2}^{1}f(x,y,z)\mathrm{d}z$ B. $\int_{0}^{\frac{\sqrt{2}}{2}}\mathrm{d}x\int_{y}^{\sqrt{1-y^2}}\mathrm{d}y\int_{x^2+y^2}^{1}f(x,y,z)\mathrm{d}z$

   C. $\int_{0}^{\frac{\sqrt{2}}{2}}\mathrm{d}y\int_{y}^{\sqrt{1-y^2}}\mathrm{d}x\int_{x^2+y^2}^{1}f(x,y,z)\mathrm{d}z$ D. $\int_{0}^{\frac{\sqrt{2}}{2}}\mathrm{d}x\int_{y}^{\sqrt{1-y^2}}\mathrm{d}y\int_{0}^{1}f(x,y,z)\mathrm{d}z$

5. 设 $D=\{(x,y)\mid (x+1)^2+(y-3)^2\leqslant 4\}$,则 $\iint\limits_{D}x\mathrm{d}x\mathrm{d}y=$ （   ）

   A. 2π B. 4π C. -2π D. -4π

二、填空题

1. 若 D 由 $x^2+y^2=x$ 围成,则 $\iint\limits_{D}\sqrt{x}\,\mathrm{d}x\mathrm{d}y=$ _____.

2. $\int_0^2 \mathrm{d}x \int_x^2 \mathrm{e}^{-y^2}\mathrm{d}y = $ _____.

3. 螺线 $\rho = \theta$ 上一段弧 ($0 \leqslant \theta \leqslant \pi$) 与 x 轴所围成的区域面积为 _____.

4. 交换二次积分的次序: $\int_{-6}^2 \mathrm{d}x \int_{\frac{1}{4}x^2-1}^{2-x} f(x,y)\mathrm{d}y = $ _____.

5. 设 $\Omega: \pi^2 \leqslant x^2+y^2+z^2 \leqslant 4\pi^2$, 则 $\iiint\limits_{\Omega} \dfrac{\cos\sqrt{x^2+y^2+z^2}}{\sqrt{x^2+y^2+z^2}}\mathrm{d}x\mathrm{d}y\mathrm{d}z = $ _____.

6. 已知 $\varphi(x) = \int_0^x \dfrac{\ln(1+xy)}{y}\mathrm{d}y$, 则 $\varphi'(x) = $ _____.

三、计算与解答题

1. 设函数 $f(x)$ 连续, $f(0)=1$, 令 $F(t) = \iint\limits_{x^2+y^2 \leqslant t^2} f(x^2+y^2)\mathrm{d}x\mathrm{d}y\,(t \geqslant 0)$, 求 $F''(0)$.

2. 设 $D = \{(x,y) \mid |x|+|y| \leqslant 2\}$, 计算二重积分 $\iint\limits_{D} f(x,y)\mathrm{d}x\mathrm{d}y$, 其中函数

$$f(x,y) = \begin{cases} x^2, & |x|+|y| \leqslant 1, \\ \dfrac{1}{\sqrt{x^2+y^2}}, & 1 < |x|+|y| \leqslant 2. \end{cases}$$

3. 曲线 $\begin{cases} x^2 = 2z, \\ y = 0 \end{cases}$ 绕 z 轴旋转一周形成的曲面与平面 $z = 1, z = 2$ 所围成的立体区域记为 Ω，求 $\iiint\limits_{\Omega} \dfrac{1}{x^2 + y^2 + z^2} \mathrm{d}x \mathrm{d}y \mathrm{d}z$.

4. 计算累次积分 $I = \displaystyle\int_{-1}^{1} \mathrm{d}x \int_{0}^{\sqrt{1-x^2}} \mathrm{d}y \int_{1}^{1+\sqrt{1-x^2-y^2}} \dfrac{1}{\sqrt{x^2 + y^2 + z^2}} \mathrm{d}z$.

5. 求曲面 $z = x^2 + y^2$ 和 $z = 2 - \sqrt{x^2 + y^2}$ 所围立体的表面积.

四、证明题

1. 设 $f(z)$ 连续,$\Omega: x^2 + y^2 + z^2 \leqslant 1$,证明:$\iiint\limits_{\Omega} f(z) \mathrm{d}V = \pi \int_{-1}^{1} f(z)(1-z^2) \mathrm{d}z$.

2. 设 x 轴 $[0,1]$ 上有两细杆,线密度分别为 $f(x)$ 和 $f^2(x)$,质心坐标分别为 x_1 和 x_2,若 $f(x)$ 为单调减少的正连续函数,写出 x_1 和 x_2 的积分形式,并证明 $x_1 \geqslant x_2$.

同步检测卷 C

一、填空题

1. 设 $D = \{(x,y) \mid 2y \leqslant x^2 + y^2 \leqslant 4y\}$,则 $\iint\limits_{D} (x+y)^2 \mathrm{d}x\mathrm{d}y =$ _____.

2. 若 $f(r)$ 连续,D 由 $y = x^3, y = 1, x = -1$ 围成,则 $\iint\limits_{D} x[1 + yf(x^2 + y^2)]\mathrm{d}x\mathrm{d}y =$ _____.

3. 设 $\Omega: x^2 + y^2 + z^2 \leqslant 2z, 1 \leqslant z \leqslant 2$,则 $\iiint\limits_{\Omega} (x^2 + y^2 + z^2)\mathrm{d}x\mathrm{d}y\mathrm{d}z =$ _____.

4. 设 $\Omega: \dfrac{x^2}{a^2} + \dfrac{y^2}{b^2} + \dfrac{z^2}{c^2} \leqslant 1$,则 $\iiint\limits_{\Omega} (x^2 + y^2 + z^2)\mathrm{d}x\mathrm{d}y\mathrm{d}z =$ _____.

5. 若 $f(r)$ 连续,$F(t) = \iiint\limits_{x^2+y^2+z^2 \leqslant t^2} f(x^2 + y^2 + z^2)\mathrm{d}x\mathrm{d}y\mathrm{d}z$,则 $F'(2) =$ _____.

二、计算与解答题

1. 设 $f(x,y)$ 在区域 $D: 0 \leqslant x \leqslant 1, 0 \leqslant y \leqslant 1$ 上连续,$f(0,0) = 0$,且在点 $(0,0)$ 处 $f(x,y)$ 可微,求极限 $I = \lim\limits_{x \to 0^+} \dfrac{\int_0^{x^2} \mathrm{d}t \int_{\sqrt{t}}^{x} f(t,u)\mathrm{d}u}{1 - \mathrm{e}^{-\frac{x^4}{4}}}$.

2. 计算二重积分 $I = \iint\limits_{D} \dfrac{(x+y)\ln\left(1 + \dfrac{y}{x}\right)}{\sqrt{1-x-y}}\mathrm{d}x\mathrm{d}y$,其中区域 D 是由直线 $x + y = 1$ 与两个坐标轴所围三角形区域.

3. 计算极限 $I = \lim\limits_{t \to +\infty} \dfrac{1}{2\pi} \int_0^t \mathrm{d}z \iint\limits_{D} \dfrac{\sin(z\sqrt{x^2+y^2})}{\sqrt{x^2+y^2}} \mathrm{d}x\mathrm{d}y$,其中 $D: 1 \leqslant x^2 + y^2 \leqslant 4$.

4. 计算 $\iiint\limits_{\Omega} xyz \,\mathrm{d}x\mathrm{d}y\mathrm{d}z$,其中 $\Omega: x \leqslant yz \leqslant 2x, y \leqslant zx \leqslant 2y, z \leqslant xy \leqslant 2z$.

5. 求曲面 $\Sigma: (x^2+y^2)^2 + z^4 = y$ 所围成的空间立体体积 V.

6. 设 l 是过原点,方向为 $\{\alpha,\beta,\gamma\}$ ($\alpha^2+\beta^2+\gamma^2=1$) 的直线,均匀椭球 $\dfrac{x^2}{a^2}+\dfrac{y^2}{b^2}+\dfrac{z^2}{c^2}\leqslant 1$ (其中 $0<c<b<a$,密度为 1) 绕 l 旋转.

(1) 求转动惯量 I;

(2) 求转动惯量 I 关于方向 $\{\alpha,\beta,\gamma\}$ 的最大值和最小值.

7. 求定积分 $\displaystyle\int_0^{\frac{\pi}{2}} \ln(a^2-\sin^2 x)\,\mathrm{d}x$ ($a>1$).

三、证明题

1. 证明：$\dfrac{3}{2}\pi < \iiint\limits_{\Omega} \sqrt[3]{x+2y-2z+5}\,\mathrm{d}V < 3\pi$，其中 Ω 为 $x^2+y^2+z^2 \leqslant 1$.

2. 设函数 $f(x)$ 连续且恒大于零，且
$$F(t) = \dfrac{\iiint\limits_{\Omega(t)} f(x^2+y^2+z^2)\,\mathrm{d}V}{\iint\limits_{D(t)} f(x^2+y^2)\,\mathrm{d}\sigma}, \quad G(t) = \dfrac{\iint\limits_{D(t)} f(x^2+y^2)\,\mathrm{d}\sigma}{\int_{-t}^{t} f(x^2)\,\mathrm{d}x},$$

其中 $\Omega(t) = \{(x,y,z) \mid x^2+y^2+z^2 \leqslant t^2\}$，$D(t) = \{(x,y) \mid x^2+y^2 \leqslant t^2\}$. 证明：当 $t > 0$ 时，$F(t) > \dfrac{2}{\pi} G(t)$.

参考答案

同步检测卷 A

一、单项选择题

1. 解答: 当 $1 \leqslant x^2+y^2 \leqslant 4$ 时,$x^2+y^2 \leqslant (x^2+y^2)^2$,可得

$$I_1 = \iint\limits_{D}(x^2+y^2)\mathrm{d}\sigma \leqslant I_2 = \iint\limits_{D}(x^2+y^2)^2\mathrm{d}\sigma,$$

因此答案为 B.

2. 解答: 区域 $D: x^2+y^2 \leqslant y$ 用极坐标形式表示为 $\begin{cases} 0 \leqslant \rho \leqslant \sin\theta, \\ 0 \leqslant \theta \leqslant \pi, \end{cases}$ 从而

$$\iint\limits_{D}f(x^2+y^2)\mathrm{d}\sigma = \int_0^\pi \mathrm{d}\theta \int_0^{\sin\theta} f(\rho^2)\cdot \rho\mathrm{d}\rho,$$

因此答案为 D.

3. 解答: 由于区域 $D: x^2+y^2 \leqslant 1$ 关于 x 轴和 y 轴都对称,同时 x^4+y^4 是偶函数,可知

$$\iint\limits_{D}(x^4+y^4)\mathrm{d}\sigma = 4\iint\limits_{D_1}(x^4+y^4)\mathrm{d}\sigma.$$

又由于 x^3+y^3 是奇函数,可知 $\iint\limits_{D}(x^3+y^3)\mathrm{d}\sigma = 0$. 因此答案为 B.

4. 解答: 曲面 $z=2x^2+3y^2$ 和平面 $z=1$ 围成的立体,以平面 $z=1$ 为顶面,曲面 $z=2x^2+3y^2$ 为底面,它们的交线为 $2x^2+3y^2=1$. 由于体积为"顶面-底面"在交线围成区域的积分,故体积为

$$\iint\limits_{2x^2+3y^2 \leqslant 1}(1-2x^2-3y^2)\mathrm{d}\sigma,$$

因此答案为 C.

5. 解答: 第一个积分式 $\int_0^1 \mathrm{d}y \int_0^{2y} f(x,y)\mathrm{d}x$ 的积分区域为 $\{(x,y) \mid 0 \leqslant y \leqslant 1, 0 \leqslant x \leqslant 2y\}$,这是 Y 型域的形式,表示为 X 型域的形式为 $\left\{(x,y) \;\middle|\; 0 \leqslant x \leqslant 2, \dfrac{x}{2} \leqslant y \leqslant 1\right\}$;

第二个积分式 $\int_1^3 \mathrm{d}y \int_0^{3-y} f(x,y)\mathrm{d}x$ 的积分区域为 $\{(x,y) \mid 1 \leqslant y \leqslant 3, 0 \leqslant x \leqslant 3-y\}$,这是 Y 型域的形式,表示为 X 型域的形式为 $\{(x,y) \mid 0 \leqslant x \leqslant 2, 1 \leqslant y \leqslant 3-x\}$.

于是,这个积分区域为

$$\left\{(x,y) \;\middle|\; 0 \leqslant x \leqslant 2, \dfrac{x}{2} \leqslant y \leqslant 1\right\} \cup \{(x,y) \mid 0 \leqslant x \leqslant 2, 1 \leqslant y \leqslant 3-x\}$$

$$= \left\{(x,y) \;\middle|\; 0 \leqslant x \leqslant 2, \dfrac{x}{2} \leqslant y \leqslant 3-x\right\},$$

因此答案为 B.

6. 解答: 由于区域 $\Omega_1: x^2+y^2+z^2 \leqslant 1, z \geqslant 0$ 关于 $x=0$ 和 $y=0$ 都对称,同时 x 可看作 x 的奇函数,y 可看作 y 的奇函数,xyz 可看作 x 或 y 的奇函数,因此

$$\iiint\limits_{\Omega_1} x\mathrm{d}x\mathrm{d}y\mathrm{d}z = 0, \quad \iiint\limits_{\Omega_1} y\mathrm{d}x\mathrm{d}y\mathrm{d}z = 0, \quad \iiint\limits_{\Omega_1} xyz\mathrm{d}x\mathrm{d}y\mathrm{d}z = 0.$$

又由于 z 既可看作 x 的偶函数,也可看作 y 的偶函数,故

$$\iiint\limits_{\Omega_1} z\mathrm{d}x\mathrm{d}y\mathrm{d}z = 4\iiint\limits_{\Omega_2} z\mathrm{d}x\mathrm{d}y\mathrm{d}z.$$

因此答案为 C.

二、填空题

1. 解答: $\int_1^{\mathrm{e}} \mathrm{d}x \int_0^{\ln x} f(x,y)\mathrm{d}y$ 的积分区域为 $\{(x,y) \mid 1 \leqslant x \leqslant \mathrm{e}, 0 \leqslant y \leqslant \ln x\}$,这是 X 型域的形式,表示为 Y 型域的形式为 $\{(x,y) \mid 0 \leqslant y \leqslant 1, \mathrm{e}^y \leqslant x \leqslant \mathrm{e}\}$,因此交换积分次序为

$$\int_1^{\mathrm{e}} \mathrm{d}x \int_0^{\ln x} f(x,y)\mathrm{d}y = \int_0^1 \mathrm{d}y \int_{\mathrm{e}^y}^{\mathrm{e}} f(x,y)\mathrm{d}x.$$

2. 解答: 将二重积分化为二次积分可得 $\iint\limits_D yf(x)\mathrm{d}x\mathrm{d}y = \int_0^1 \mathrm{d}y \int_a^b yf(x)\mathrm{d}x$.

由于积分 $\int_a^b yf(x)\mathrm{d}x = y\int_a^b f(x)\mathrm{d}x$,其中 $\int_a^b f(x)\mathrm{d}x$ 为常数,因此

$$\iint\limits_D yf(x)\mathrm{d}x\mathrm{d}y = \int_0^1 \mathrm{d}y \int_a^b yf(x)\mathrm{d}x = \int_0^1 y\mathrm{d}y \cdot \int_a^b f(x)\mathrm{d}x = \frac{1}{2}\int_a^b f(x)\mathrm{d}x.$$

根据已知 $\iint\limits_D yf(x)\mathrm{d}x\mathrm{d}y = 1$,可得 $\int_a^b f(x)\mathrm{d}x = 2$.

3. 解答: 积分区域 D 可以表示为 $\{(x,y) \mid 0 \leqslant x \leqslant 1, x \leqslant y \leqslant 2x\}$,因此

$$\iint\limits_D xy\mathrm{d}x\mathrm{d}y = \int_0^1 \mathrm{d}x \int_x^{2x} xy\mathrm{d}y = \frac{1}{2}\int_0^1 x(4x^2 - x^2)\mathrm{d}x = \frac{3}{2}\int_0^1 x^3\mathrm{d}x = \frac{3}{8}.$$

4. 解答: 积分区域 $D: 1 \leqslant x^2 + y^2 \leqslant 4$ 用极坐标表示为 $\begin{cases} 1 \leqslant \rho \leqslant 2, \\ 0 \leqslant \theta \leqslant 2\pi, \end{cases}$ 因此

$$\iint\limits_D \sqrt{(x^2+y^2)^3}\mathrm{d}x\mathrm{d}y = \int_0^{2\pi}\mathrm{d}\theta \int_1^2 \rho^{\frac{3}{2}} \cdot \rho\mathrm{d}\rho = 2\pi\int_1^2 \rho^{\frac{5}{2}}\mathrm{d}\rho = \frac{4\pi}{7}(8\sqrt{2} - 1).$$

5. 解答: 根据球坐标公式 $\begin{cases} x = r\sin\varphi\cos\theta, \\ y = r\sin\varphi\sin\theta, \\ z = r\cos\varphi, \end{cases}$ 可知区域 Ω 用球坐标表示为

$$\left\{(r,\theta,\varphi) \,\middle|\, 0 \leqslant r \leqslant 2, 0 \leqslant \theta \leqslant 2\pi, 0 \leqslant \varphi \leqslant \frac{\pi}{2}\right\},$$

因此

$$\iiint\limits_{\Omega} f(\sqrt{x^2+y^2+z^2})\mathrm{d}x\mathrm{d}y\mathrm{d}z = \int_0^{2\pi}\mathrm{d}\theta \int_0^{\frac{\pi}{2}}\mathrm{d}\varphi \int_0^2 f(r) \cdot r^2\sin\varphi\mathrm{d}r.$$

三、计算与解答题

1. 解答: 由于 $\sin y^3$ 关于 y 的原函数不易求出,考虑先对 x 再对 y 的积分次序.

区域 D 表示为 Y 型域的形式为 $\{(x,y) \mid 0 \leqslant y \leqslant 1, 0 \leqslant x \leqslant y\}$,因此

$$\iint\limits_D x\sin y^3\mathrm{d}x\mathrm{d}y = \int_0^1 \mathrm{d}y \int_0^y x\sin y^3\mathrm{d}x.$$

由于 $\sin y^3$ 关于 x 为常函数,可知 $\int_0^y x\sin y^3\mathrm{d}x = \frac{y^2}{2}\sin y^3$,于是

$$\iint_D x\sin y^3 \mathrm{d}x\mathrm{d}y = \int_0^1 \frac{y^2}{2}\sin y^3 \mathrm{d}y = \frac{1}{6}\int_0^1 \sin y^3 \mathrm{d}(y^3) = -\frac{1}{6}\cos y^3 \Big|_0^1 = \frac{1}{6}(1-\cos 1).$$

2. 解答: 由于 $\frac{\sin x}{x-1}$ 关于 x 的原函数无法求出,考虑先交换积分次序.

因为 $\int_1^2 \mathrm{d}y \int_y^2 \frac{\sin x}{x-1}\mathrm{d}x$ 的积分区域为 $\{(x,y) \mid 1 \leqslant y \leqslant 2, y \leqslant x \leqslant 2\}$,这是 Y 型域的形式,表示为 X 型域的形式为 $\{(x,y) \mid 1 \leqslant x \leqslant 2, 1 \leqslant y \leqslant x\}$,所以

$$\int_1^2 \mathrm{d}y \int_y^2 \frac{\sin x}{x-1}\mathrm{d}x = \int_1^2 \mathrm{d}x \int_1^x \frac{\sin x}{x-1}\mathrm{d}y.$$

由于 $\frac{\sin x}{x-1}$ 关于 y 为常函数,可知 $\int_1^x \frac{\sin x}{x-1}\mathrm{d}y = \frac{\sin x}{x-1} \cdot (x-1) = \sin x$,于是

$$\int_1^2 \mathrm{d}y \int_y^2 \frac{\sin x}{x-1}\mathrm{d}x = \int_1^2 \sin x\mathrm{d}x = \cos 1 - \cos 2.$$

3. 解答: 积分区域 $D: x^2 + y^2 \leqslant 1, x+y \geqslant 0$ 用极坐标表示为

$$0 \leqslant \rho \leqslant 1, \quad -\frac{\pi}{4} \leqslant \theta \leqslant \frac{3\pi}{4},$$

因此

$$\iint_D \frac{x+y}{x^2+y^2}\mathrm{d}x\mathrm{d}y = \int_{-\frac{\pi}{4}}^{\frac{3\pi}{4}} \mathrm{d}\theta \int_0^1 \frac{\rho\cos\theta + \rho\sin\theta}{\rho^2} \cdot \rho\mathrm{d}\rho = \int_{-\frac{\pi}{4}}^{\frac{3\pi}{4}} (\cos\theta + \sin\theta)\mathrm{d}\theta$$

$$= (\sin\theta - \cos\theta)\Big|_{-\frac{\pi}{4}}^{\frac{3\pi}{4}} = 2\sqrt{2}.$$

4. 解答: 将三重积分化为先对 x 再对 y 后对 z 的积分次序,区域 Ω 表示为 $\begin{cases} 0 \leqslant z \leqslant 1, \\ 0 \leqslant y \leqslant 1-z, \\ 0 \leqslant x \leqslant 1-y-z, \end{cases}$ 则

$$\iiint_\Omega z\mathrm{d}V = \int_0^1 \mathrm{d}z \int_0^{1-z} \mathrm{d}y \int_0^{1-z-y} z\mathrm{d}x = \int_0^1 \mathrm{d}z \int_0^{1-z} z(1-z-y)\mathrm{d}y$$

$$= \frac{1}{2}\int_0^1 z(1-z)^2\mathrm{d}z = \frac{1}{2}\left(\frac{z^2}{2} - \frac{2z^3}{3} + \frac{z^4}{4}\right)\Big|_0^1 = \frac{1}{24}.$$

5. 解答: 平面区域 $D: y \leqslant x^2 + y^2 \leqslant 2y, x \geqslant 0$ 用极坐标表示为

$$\sin\theta \leqslant \rho \leqslant 2\sin\theta, \quad 0 \leqslant \theta \leqslant \frac{\pi}{2}.$$

设 D 的质心坐标为 $(\bar{x}, \bar{y})$,由于 $\bar{x} = \dfrac{\iint_D x\mathrm{d}x\mathrm{d}y}{\iint_D \mathrm{d}x\mathrm{d}y}$, $\bar{y} = \dfrac{\iint_D y\mathrm{d}x\mathrm{d}y}{\iint_D \mathrm{d}x\mathrm{d}y}$,其中

$$\iint_D \mathrm{d}x\mathrm{d}y = \int_0^{\frac{\pi}{2}} \mathrm{d}\theta \int_{\sin\theta}^{2\sin\theta} \rho\mathrm{d}\rho = \frac{1}{2}\int_0^{\frac{\pi}{2}} 3\sin^2\theta\mathrm{d}\theta = \frac{3}{2} \cdot \frac{1}{2} \cdot \frac{\pi}{2} = \frac{3}{8}\pi,$$

$$\iint_D x\mathrm{d}x\mathrm{d}y = \int_0^{\frac{\pi}{2}} \mathrm{d}\theta \int_{\sin\theta}^{2\sin\theta} \rho^2\cos\theta\mathrm{d}\rho = \frac{7}{3}\int_0^{\frac{\pi}{2}} \sin^3\theta\cos\theta\mathrm{d}\theta = \frac{7}{12},$$

$$\iint_D y\mathrm{d}x\mathrm{d}y = \int_0^{\frac{\pi}{2}} \mathrm{d}\theta \int_{\sin\theta}^{2\sin\theta} \rho^2\sin\theta\mathrm{d}\rho = \frac{7}{3}\int_0^{\frac{\pi}{2}} \sin^4\theta\mathrm{d}\theta = \frac{7}{3} \cdot \frac{3}{8} \cdot \frac{\pi}{2} = \frac{7}{16}\pi,$$

因此 $\bar{x} = \dfrac{\frac{7}{12}}{\frac{3}{8}\pi} = \dfrac{14}{9\pi}$, $\bar{y} = \dfrac{\frac{7}{16}\pi}{\frac{3}{8}\pi} = \dfrac{7}{6}$,从而 D 的质心坐标为 $\left(\dfrac{14}{9\pi}, \dfrac{7}{6}\right)$.

四、证明题

解答: 首先考虑在区域 $D:1\leqslant x\leqslant 2,0\leqslant y\leqslant 2-x$ 上 x^2+y^2 的最大值和最小值. 当 $x=1,y=0$ 时, x^2+y^2 取得最小值 1, 当 $x=2,y=0$ 时, x^2+y^2 取得最大值 4. 根据二重积分的不等式性质, 可得

$$\iint\limits_D \ln 1 \mathrm{d}x\mathrm{d}y \leqslant \iint\limits_D \ln(x^2+y^2)\mathrm{d}x\mathrm{d}y \leqslant \iint\limits_D \ln 4 \mathrm{d}x\mathrm{d}y.$$

又由于区域 D 为三角形, 它的面积为 $\dfrac{1}{2}$, 故 $\iint\limits_D \mathrm{d}x\mathrm{d}y = \dfrac{1}{2}$, 因此

$$0 \leqslant \iint\limits_D \ln(x^2+y^2)\mathrm{d}x\mathrm{d}y \leqslant 2\ln 2 \cdot \dfrac{1}{2} = \ln 2.$$

同步检测卷 B

一、单项选择题

1. 解答: 区域 $D:(x-2)^2+(y-1)^2\leqslant 2$ 为圆心在 $(2,1)$, 半径为 $\sqrt{2}$ 的圆.

由于圆心 $(2,1)$ 到直线 $x+y=1$ 的距离为 $\dfrac{|2+1-1|}{\sqrt{2}}=\sqrt{2}$, 说明直线 $x+y=1$ 为圆 D 的切线, 且圆 D 位于切线 $x+y=1$ 的上方. 因此当 $(x,y)\in D$ 时, $x+y\geqslant 1$, 可得 $(x+y)^2\leqslant (x+y)^3$, 故

$$\iint\limits_D (x+y)^2\mathrm{d}\sigma \leqslant \iint\limits_D (x+y)^3\mathrm{d}\sigma,$$

于是答案为 A.

2. 解答: 二次积分 $\int_{\frac{\pi}{2}}^{\pi}\mathrm{d}x\int_{\sin x}^{1}f(x,y)\mathrm{d}y$ 的积分区域为

$$\dfrac{\pi}{2}\leqslant x\leqslant \pi, \quad \sin x\leqslant y\leqslant 1.$$

注意到 $\dfrac{\pi}{2}\leqslant x\leqslant \pi$, 故 $y=\sin x$ 时 $x=\pi-\arcsin y$, 于是积分域写成 Y 型域的形式为

$$0\leqslant y\leqslant 1, \quad \pi-\arcsin y\leqslant x\leqslant \pi,$$

因此

$$\int_{\frac{\pi}{2}}^{\pi}\mathrm{d}x\int_{\sin x}^{1}f(x,y)\mathrm{d}y = \int_{0}^{1}\mathrm{d}y\int_{\pi-\arcsin y}^{\pi}f(x,y)\mathrm{d}x,$$

答案为 B.

3. 解答: 所围立体的顶面为 $z=\sqrt{4-x^2-y^2}$, 底面为 $z=-\sqrt{4-x^2-y^2}$, 投影域为 $x^2+y^2\leqslant 2x$, 故体积为

$$\iint\limits_{x^2+y^2\leqslant 2x}[\sqrt{4-x^2-y^2}-(-\sqrt{4-x^2-y^2})]\mathrm{d}\sigma = 2\iint\limits_{x^2+y^2\leqslant 2x}\sqrt{4-x^2-y^2}\mathrm{d}\sigma,$$

答案为 D.

4. 解答: 空间区域 Ω 的底面为 $z=x^2+y^2$, 顶面为 $z=1$, 投影域 D 由 $x^2+y^2=1,y=x,y=0$ 围成, 可以表示为

$$D:0\leqslant y\leqslant \dfrac{\sqrt{2}}{2}, y\leqslant x\leqslant \sqrt{1-y^2},$$

因此三重积分

$$\iiint\limits_{\Omega}f(x,y,z)\mathrm{d}x\mathrm{d}y\mathrm{d}z = \int_{0}^{\frac{\sqrt{2}}{2}}\mathrm{d}y\int_{y}^{\sqrt{1-y^2}}\mathrm{d}x\int_{x^2+y^2}^{1}f(x,y,z)\mathrm{d}z,$$

答案为 C.

5. 解答:设 D 密度均匀,其质心坐标为 $(\bar{x},\bar{y})$,由于 $\bar{x}=\dfrac{\iint\limits_{D}x\mathrm{d}x\mathrm{d}y}{\iint\limits_{D}\mathrm{d}x\mathrm{d}y}$,则 $\iint\limits_{D}x\mathrm{d}x\mathrm{d}y=\bar{x}\cdot\iint\limits_{D}\mathrm{d}x\mathrm{d}y$. 注意到区域 D 为以 $(-1,3)$ 为圆心,半径为 2 的圆,故 $\bar{x}=-1$,$\iint\limits_{D}\mathrm{d}x\mathrm{d}y=4\pi$,因此

$$\iint\limits_{D}x\mathrm{d}x\mathrm{d}y=\bar{x}\cdot\iint\limits_{D}\mathrm{d}x\mathrm{d}y=-4\pi.$$

答案为 D.

二、填空题

1. 解答:将 D 表示为极坐标的形式为 $-\dfrac{\pi}{2}\leqslant\theta\leqslant\dfrac{\pi}{2},0\leqslant\rho\leqslant\cos\theta$,则所求二重积分为

$$\iint\limits_{D}\sqrt{x}\,\mathrm{d}x\mathrm{d}y=\int_{-\frac{\pi}{2}}^{\frac{\pi}{2}}\mathrm{d}\theta\int_{0}^{\cos\theta}\sqrt{\rho\cos\theta}\cdot\rho\mathrm{d}\rho=\int_{-\frac{\pi}{2}}^{\frac{\pi}{2}}\sqrt{\cos\theta}\,\mathrm{d}\theta\int_{0}^{\cos\theta}\rho^{\frac{3}{2}}\mathrm{d}\rho$$

$$=\frac{2}{5}\int_{-\frac{\pi}{2}}^{\frac{\pi}{2}}\cos^{3}\theta\mathrm{d}\theta=\frac{2}{5}\cdot 2\cdot\frac{2}{3}=\frac{8}{15}.$$

2. 解答:由于 $\mathrm{e}^{-y^{2}}$ 关于 y 的原函数无法求出,考虑先交换积分次序.

二次积分 $\int_{0}^{2}\mathrm{d}x\int_{x}^{2}\mathrm{e}^{-y^{2}}\mathrm{d}y$ 的积分区域为 $\{(x,y)\mid 0\leqslant x\leqslant 2,x\leqslant y\leqslant 2\}$,这是 X 型域的形式,表示为 Y 型域的形式为 $\{(x,y)\mid 0\leqslant y\leqslant 2,0\leqslant x\leqslant y\}$,因此

$$\int_{0}^{2}\mathrm{d}x\int_{x}^{2}\mathrm{e}^{-y^{2}}\mathrm{d}y=\int_{0}^{2}\mathrm{d}y\int_{0}^{y}\mathrm{e}^{-y^{2}}\mathrm{d}x=\int_{0}^{2}y\mathrm{e}^{-y^{2}}\mathrm{d}y=-\frac{1}{2}\mathrm{e}^{-y^{2}}\bigg|_{0}^{2}=\frac{1}{2}(1-\mathrm{e}^{-4}).$$

3. 解答:用极坐标表示所求区域为

$$\{(\rho,\theta)\mid 0\leqslant\theta\leqslant\pi,0\leqslant\rho\leqslant\theta\},$$

因此区域面积为

$$\int_{0}^{\pi}\mathrm{d}\theta\int_{0}^{\theta}\rho\mathrm{d}\rho=\frac{1}{2}\int_{0}^{\pi}\theta^{2}\mathrm{d}\theta=\frac{1}{6}\pi^{3}.$$

4. 解答:积分区域为

$$D=\left\{(x,y)\,\bigg|\,-6\leqslant x\leqslant 2,\frac{1}{4}x^{2}-1\leqslant y\leqslant 2-x\right\},$$

这是 X 型域的形式,将其表示为 Y 型域的形式为

$$D=\{(x,y)\mid -1\leqslant y\leqslant 0,-2\sqrt{y+1}\leqslant x\leqslant 2\sqrt{y+1}\}$$
$$\cup\{(x,y)\mid 0\leqslant y\leqslant 8,-2\sqrt{y+1}\leqslant x\leqslant 2-y\},$$

因此

$$\int_{-6}^{2}\mathrm{d}x\int_{\frac{1}{4}x^{2}-1}^{2-x}f(x,y)\mathrm{d}y=\int_{-1}^{0}\mathrm{d}y\int_{-2\sqrt{y+1}}^{2\sqrt{y+1}}f(x,y)\mathrm{d}x+\int_{0}^{8}\mathrm{d}y\int_{-2\sqrt{y+1}}^{2-y}f(x,y)\mathrm{d}x.$$

5. 解答:使用球坐标,即

$$x=r\sin\varphi\cos\theta,\quad y=r\sin\varphi\sin\theta,\quad z=r\cos\varphi,$$

则区域 Ω 表示为 $\pi\leqslant r\leqslant 2\pi,0\leqslant\theta\leqslant 2\pi,0\leqslant\varphi\leqslant\pi$,同时 $\mathrm{d}x\mathrm{d}y\mathrm{d}z=r^{2}\sin\varphi\mathrm{d}\theta\mathrm{d}\varphi\mathrm{d}r$. 因此所求三重积分为

$$\iiint\limits_{\Omega}\frac{\cos\sqrt{x^{2}+y^{2}+z^{2}}}{\sqrt{x^{2}+y^{2}+z^{2}}}\mathrm{d}x\mathrm{d}y\mathrm{d}z=\int_{0}^{2\pi}\mathrm{d}\theta\int_{0}^{\pi}\mathrm{d}\varphi\int_{\pi}^{2\pi}\frac{\cos r}{r}\cdot r^{2}\sin\varphi\mathrm{d}r$$

$$=2\pi\int_{0}^{\pi}\sin\varphi\mathrm{d}\varphi\cdot\int_{\pi}^{2\pi}r\cos r\mathrm{d}r=4\pi(r\sin r+\cos r)\bigg|_{\pi}^{2\pi}=8\pi.$$

6. 解答: 由含参量积分求导公式,可得

$$\varphi'(x) = \frac{\ln(1+x^2)}{x} + \int_0^x \frac{1}{y}\frac{\partial \ln(1+xy)}{\partial x}\mathrm{d}y = \frac{\ln(1+x^2)}{x} + \int_0^x \frac{1}{1+xy}\mathrm{d}y$$

$$= \frac{\ln(1+x^2)}{x} + \frac{1}{x}\ln(1+xy)\bigg|_0^x = \frac{2\ln(1+x^2)}{x}.$$

三、计算与解答题

1. 解答: 由极坐标变换,有

$$F(t) = \iint_{x^2+y^2 \leqslant t^2} f(x^2+y^2)\mathrm{d}x\mathrm{d}y = \int_0^{2\pi}\mathrm{d}\theta\int_0^t rf(r^2)\mathrm{d}r = 2\pi\int_0^t rf(r^2)\mathrm{d}r,$$

则 $F'(t) = 2\pi t f(t^2)$. 又由 $f(0) = 1$,可得

$$F''(0) = \lim_{x \to 0}\frac{F'(x) - F'(0)}{x} = \lim_{x \to 0}\frac{2\pi x f(x^2)}{x} = 2\pi.$$

2. 解答: 设 $D_1 = \{(x,y) \mid |x|+|y| \leqslant 1\}$, $D_2 = \{(x,y) \mid 1 \leqslant |x|+|y| \leqslant 2\}$,则

$$\iint_D f(x,y)\mathrm{d}x\mathrm{d}y = \iint_{D_1} x^2 \mathrm{d}x\mathrm{d}y + \iint_{D_2} \frac{1}{\sqrt{x^2+y^2}}\mathrm{d}x\mathrm{d}y,$$

其中

$$\iint_{D_1} x^2 \mathrm{d}x\mathrm{d}y = 4\int_0^1 \mathrm{d}x\int_0^{1-x} x^2 \mathrm{d}y = 4\int_0^1 x^2(1-x)\mathrm{d}x = \frac{1}{3},$$

$$\iint_{D_2} \frac{1}{\sqrt{x^2+y^2}}\mathrm{d}x\mathrm{d}y = 4\int_0^{\frac{\pi}{2}}\mathrm{d}\theta\int_{\frac{1}{\sin\theta+\cos\theta}}^{\frac{2}{\sin\theta+\cos\theta}} \frac{1}{r}r\mathrm{d}r$$

$$= 4\int_0^{\frac{\pi}{2}} \frac{1}{\sin\theta+\cos\theta}\mathrm{d}\theta = 4\int_0^{\frac{\pi}{2}} \frac{1}{\sqrt{2}\sin\left(\theta+\frac{\pi}{4}\right)}\mathrm{d}\theta$$

$$= \frac{4}{\sqrt{2}}\ln\left(\csc\left(\theta+\frac{\pi}{4}\right) - \cot\left(\theta+\frac{\pi}{4}\right)\right)\bigg|_0^{\frac{\pi}{2}} = 4\sqrt{2}\ln(\sqrt{2}+1),$$

因此所求积分为

$$\iint_D f(x,y)\mathrm{d}x\mathrm{d}y = \iint_{D_1} x^2 \mathrm{d}x\mathrm{d}y + \iint_{D_2} \frac{1}{\sqrt{x^2+y^2}}\mathrm{d}x\mathrm{d}y = \frac{1}{3} + 4\sqrt{2}\ln(\sqrt{2}+1).$$

3. 解答: 曲线 $\begin{cases} x^2 = 2z \\ y = 0 \end{cases}$ 绕 z 轴旋转一周形成的曲面方程为 $x^2+y^2 = 2z$. 使用截面法计算三重积分,当竖坐标固定为 z 时,截面为 $D_z : x^2+y^2 \leqslant 2z$,因此

$$\iiint_\Omega \frac{1}{x^2+y^2+z^2}\mathrm{d}x\mathrm{d}y\mathrm{d}z = \int_1^2 \mathrm{d}z \iint_{D_z} \frac{1}{x^2+y^2+z^2}\mathrm{d}x\mathrm{d}y$$

$$= \int_1^2 \mathrm{d}z \int_0^{2\pi}\mathrm{d}\theta\int_0^{\sqrt{2z}} \frac{\rho}{\rho^2+z^2}\mathrm{d}\rho = \pi\int_1^2 \left(\ln(\rho^2+z^2)\bigg|_0^{\sqrt{2z}}\right)\mathrm{d}z$$

$$= \pi\int_1^2 \ln\frac{2+z}{z}\mathrm{d}z = \pi\left(z\ln\frac{2+z}{z} + 2\ln(2+z)\right)\bigg|_1^2 = 3\pi\ln\frac{4}{3}.$$

4. 解答: 积分区域 Ω 为四分之一球: $x^2+y^2+(z-1)^2 \leqslant 1$ (满足 $y \geqslant 0, z \geqslant 1$),将积分区域用球坐标表示为 $\Omega : 0 \leqslant \theta \leqslant \pi, 0 \leqslant \varphi \leqslant \frac{\pi}{4}, \frac{1}{\cos\varphi} \leqslant r \leqslant 2\cos\varphi$,于是所求积分为

$$I = \int_0^\pi d\theta \int_0^{\frac{\pi}{4}} d\varphi \int_{\frac{1}{\cos\varphi}}^{2\cos\varphi} \frac{1}{r} \cdot r^2 \sin\varphi dr$$

$$= \frac{\pi}{2} \int_0^{\frac{\pi}{4}} \left(4\cos^2\varphi - \frac{1}{\cos^2\varphi}\right) \sin\varphi d\varphi \quad (\diamondsuit\ t = \cos\varphi)$$

$$= \frac{\pi}{2} \int_{\frac{\sqrt{2}}{2}}^1 \left(4t^2 - \frac{1}{t^2}\right) dt = \frac{\pi}{2} \left(\frac{4}{3}t^3 + \frac{1}{t}\right) \bigg|_{\frac{\sqrt{2}}{2}}^1$$

$$= \frac{2}{3}\pi \left(1 - \frac{1}{2\sqrt{2}}\right) - \frac{\pi}{2}(\sqrt{2} - 1) = \pi\left(\frac{7}{6} - \frac{2\sqrt{2}}{3}\right).$$

5. 解答：曲面 $z = x^2 + y^2$ 和 $z = 2 - \sqrt{x^2 + y^2}$ 的交线为 $\begin{cases} x^2 + y^2 = 1, \\ z = 1, \end{cases}$ 因此所围立体表面由两部分组成，分别为

$$\Sigma_1: z = x^2 + y^2 \ (x^2 + y^2 \leqslant 1), \quad \Sigma_2: z = 2 - \sqrt{x^2 + y^2} \ (x^2 + y^2 \leqslant 1).$$

对于 Σ_1，$\sqrt{1 + z_x^2 + z_y^2} = \sqrt{1 + 4x^2 + 4y^2}$；

对于 Σ_2，$\sqrt{1 + z_x^2 + z_y^2} = \sqrt{1 + \frac{x^2}{x^2+y^2} + \frac{y^2}{x^2+y^2}} = \sqrt{2}$.

于是所求立体的表面积为

$$S = \iint_{x^2+y^2 \leqslant 1} (\sqrt{1 + 4x^2 + 4y^2} + \sqrt{2}) dxdy$$

$$= \int_0^{2\pi} d\theta \int_0^1 \sqrt{1 + 4r^2} \cdot r dr + \sqrt{2}\pi = \left[\frac{1}{6}(5\sqrt{5} - 1) + \sqrt{2}\right]\pi.$$

四、证明题

1. 解答：使用截面法，当竖坐标固定为 z 时，截面为 $D_z: x^2 + y^2 \leqslant 1 - z^2$，其面积为

$$\iint_{D_z} dxdy = \pi(1 - z^2),$$

因此

$$\iiint_\Omega f(z) dV = \int_{-1}^1 f(z) dz \iint_{D_z} dxdy = \pi \int_{-1}^1 f(z)(1 - z^2) dz.$$

2. 解答：由质心坐标计算公式，有 $x_1 = \dfrac{\int_0^1 xf(x)dx}{\int_0^1 f(x)dx}$，$x_2 = \dfrac{\int_0^1 xf^2(x)dx}{\int_0^1 f^2(x)dx}$.

将定积分的乘积化为二重积分，并利用区域对称性可得

$$\int_0^1 xf(x)dx \int_0^1 f^2(x)dx = \iint_D xf(x)f^2(y)dxdy = \iint_D yf(y)f^2(x)dxdy,$$

$$\int_0^1 xf^2(x)dx \int_0^1 f(x)dx = \iint_D xf^2(x)f(y)dxdy = \iint_D yf^2(y)f(x)dxdy,$$

因此有

$$\int_0^1 xf(x)dx \int_0^1 f^2(x)dx = \frac{1}{2}\iint_D f(x)f(y)[xf(y) + yf(x)]dxdy,$$

$$\int_0^1 xf^2(x)dx \int_0^1 f(x)dx = \frac{1}{2}\iint_D f(x)f(y)[xf(x) + yf(y)]dxdy.$$

由于 $f(x)$ 单调减少且为正值，可知 $(f(y) - f(x)) \cdot (x - y) \geqslant 0$，因此

$$f(x)f(y)[xf(y)+yf(x)] \geqslant f(x)f(y)[xf(x)+yf(y)],$$

于是

$$\int_0^1 xf(x)\mathrm{d}x \int_0^1 f^2(x)\mathrm{d}x \geqslant \int_0^1 xf^2(x)\mathrm{d}x \int_0^1 f(x)\mathrm{d}x,$$

即得 $x_1 \geqslant x_2$.

同步检测卷 C

一、填空题

1. 解答: 积分区域 $D = \{(x,y) \mid 2y \leqslant x^2+y^2 \leqslant 4y\}$ 用极坐标表示为
$$D = \{(\rho,\theta) \mid 0 \leqslant \theta \leqslant \pi, 2\sin\theta \leqslant \rho \leqslant 4\sin\theta\}.$$

由于
$$\iint_D (x+y)^2 \mathrm{d}x\mathrm{d}y = \iint_D (x^2+y^2)\mathrm{d}x\mathrm{d}y + 2\iint_D xy\mathrm{d}x\mathrm{d}y,$$

根据区域 D 关于 $x=0$ 对称,可知 $\iint_D xy\mathrm{d}x\mathrm{d}y = 0$,因此

$$\iint_D (x+y)^2\mathrm{d}x\mathrm{d}y = \iint_D (x^2+y^2)\mathrm{d}x\mathrm{d}y = \int_0^\pi \mathrm{d}\theta \int_{2\sin\theta}^{4\sin\theta} \rho^3\mathrm{d}\rho = \frac{1}{4}\int_0^\pi 240\sin^4\theta\mathrm{d}\theta$$

$$= 120\int_0^{\frac{\pi}{2}} \sin^4\theta\mathrm{d}\theta = 120 \cdot \frac{3}{4 \cdot 2} \cdot \frac{\pi}{2} = \frac{45}{2}\pi.$$

2. 解答: 由于 $D = \{(x,y) \mid -1 \leqslant x \leqslant 1, x^3 \leqslant y \leqslant 1\}$,如图,分别记
$$D_1 = \{(x,y) \mid -1 \leqslant x \leqslant 0, x^3 \leqslant y \leqslant -x^3\},$$
$$D_2 = \{(x,y) \mid 0 \leqslant y \leqslant 1, -\sqrt[3]{y} \leqslant x \leqslant \sqrt[3]{y}\},$$

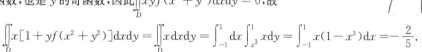

则 $D = D_1 \bigcup D_2$,其中 D_1 关于 x 轴对称,D_2 关于 y 轴对称. 由于 $xyf(x^2+y^2)$ 既是 x 的奇函数,也是 y 的奇函数,因此 $\iint_D xyf(x^2+y^2)\mathrm{d}x\mathrm{d}y = 0$,故

$$\iint_D x[1+yf(x^2+y^2)]\mathrm{d}x\mathrm{d}y = \iint_D x\mathrm{d}x\mathrm{d}y = \int_{-1}^1 \mathrm{d}x \int_{x^3}^1 x\mathrm{d}y = \int_{-1}^1 x(1-x^3)\mathrm{d}x = -\frac{2}{5}.$$

3. 解答: Ω 为球心在 $(0,0,1)$,半径为 1 的上半球,使用球坐标,即
$$x = r\sin\varphi\cos\theta, \quad y = r\sin\varphi\sin\theta, \quad z = r\cos\varphi,$$

则区域 Ω 表示为
$$\frac{1}{\cos\varphi} \leqslant r \leqslant 2\cos\varphi, \quad 0 \leqslant \theta \leqslant 2\pi, \quad 0 \leqslant \varphi \leqslant \frac{\pi}{4},$$

同时 $\mathrm{d}x\mathrm{d}y\mathrm{d}z = r^2\sin\varphi\mathrm{d}\theta\mathrm{d}\varphi\mathrm{d}r$. 因此所求三重积分为

$$\iiint_\Omega (x^2+y^2+z^2)\mathrm{d}x\mathrm{d}y\mathrm{d}z = \int_0^{2\pi}\mathrm{d}\theta \int_0^{\frac{\pi}{4}}\mathrm{d}\varphi \int_{\frac{1}{\cos\varphi}}^{2\cos\varphi} r^2 \cdot r^2\sin\varphi\mathrm{d}r = \frac{2\pi}{5}\int_0^{\frac{\pi}{4}}\left(32\cos^5\varphi - \frac{1}{\cos^5\varphi}\right)\sin\varphi\mathrm{d}\varphi$$

$$= \frac{2\pi}{5}\left(-\frac{32}{6}\cos^6\varphi - \frac{1}{4\cos^4\varphi}\right)\bigg|_0^{\frac{\pi}{4}} = \frac{47\pi}{30}.$$

4. 解答: 使用广义球坐标,即
$$\begin{cases} x = ar\sin\varphi\cos\theta, \\ y = br\sin\varphi\sin\theta, \\ z = cr\cos\varphi, \end{cases}$$

则区域 Ω 表示为 $0 \leqslant r \leqslant 1, 0 \leqslant \theta \leqslant 2\pi, 0 \leqslant \varphi \leqslant \pi$,同时 $\mathrm{d}x\mathrm{d}y\mathrm{d}z = abcr^2\sin\varphi\mathrm{d}\theta\mathrm{d}\varphi\mathrm{d}r$.因此所求三重积分为

$$\iiint_\Omega (x^2 + y^2 + z^2)\mathrm{d}x\mathrm{d}y\mathrm{d}z$$

$$= abc\int_0^{2\pi}\mathrm{d}\theta\int_0^\pi\mathrm{d}\varphi\int_0^1(a^2\sin^2\varphi\cos^2\theta + b^2\sin^2\varphi\sin^2\theta + c^2\cos^2\varphi)\cdot r^4\sin\varphi\mathrm{d}r$$

$$= \frac{abc}{5}\int_0^{2\pi}\mathrm{d}\theta\int_0^\pi(a^2\sin^2\varphi\cos^2\theta + b^2\sin^2\varphi\sin^2\theta + c^2\cos^2\varphi)\cdot\sin\varphi\mathrm{d}\varphi$$

$$= \frac{abc}{5}\int_0^{2\pi}\left(\frac{4a^2}{3}\cos^2\theta + \frac{4b^2}{3}\sin^2\theta + \frac{2c^2}{3}\right)\mathrm{d}\theta$$

$$= \frac{abc}{5}\left(\frac{4a^2}{3}\cdot\pi + \frac{4b^2}{3}\cdot\pi + \frac{2c^2}{3}\cdot 2\pi\right) = \frac{4\pi}{15}abc(a^2 + b^2 + c^2).$$

5. 解答:首先使用球坐标变换将 $F(t)$ 化为定积分,可得

$$F(t) = \iiint_{x^2+y^2+z^2 \leqslant t^2} f(x^2+y^2+z^2)\mathrm{d}x\mathrm{d}y\mathrm{d}z = \int_0^{2\pi}\mathrm{d}\theta\int_0^\pi\mathrm{d}\varphi\int_0^t f(r^2)\cdot r^2\sin\varphi\mathrm{d}r$$

$$= \int_0^{2\pi}\mathrm{d}\theta\cdot\int_0^\pi\sin\varphi\mathrm{d}\varphi\cdot\int_0^t r^2f(r^2)\mathrm{d}r = 4\pi\int_0^t r^2f(r^2)\mathrm{d}r,$$

求导可得 $F'(t) = 4\pi t^2 f(t^2)$,因此 $F'(2) = 16\pi f(4)$.

二、计算与解答题

1. 解答:交换积分次序,可得 $\int_0^{x^2}\mathrm{d}t\int_{\sqrt{t}}^x f(t,u)\mathrm{d}u = \int_0^x \mathrm{d}u\int_0^{u^2} f(t,u)\mathrm{d}t$,则由洛必达法则,

$$I = \lim_{x\to 0^+}\frac{\int_0^x \mathrm{d}u\int_0^{u^2} f(t,u)\mathrm{d}t}{1 - \mathrm{e}^{\frac{-x^4}{4}}} = \lim_{x\to 0^+}\frac{\int_0^{x^2} f(t,x)\mathrm{d}t}{x^3\mathrm{e}^{\frac{-x^2}{4}}} = \lim_{x\to 0^+}\frac{\int_0^{x^2} f(t,x)\mathrm{d}t}{x^3}.$$

根据积分中值定理,存在 $\xi \in (0, x^2)$,使得 $\int_0^{x^2} f(t,x)\mathrm{d}t = x^2 f(\xi, x)$,于是

$$I = \lim_{x\to 0^+}\frac{x^2 f(\xi, x)}{x^3} = \lim_{x\to 0^+}\frac{f(\xi, x)}{x}.$$

根据 $f(x, y)$ 在点 $(0,0)$ 处可微的定义以及 $f(0,0) = 0$,有

$$f(\xi, x) = \xi f_x(0,0) + x f_y(0,0) + o(\sqrt{\xi^2 + x^2}),$$

由于 $\xi \in (0, x^2)$,知 $\lim_{x\to 0^+}\frac{\xi}{x} = 0$,同时 $\lim_{x\to 0^+}\frac{o(\sqrt{\xi^2+x^2})}{x} = 0$,因此

$$I = \lim_{x\to 0^+}\frac{f(\xi,x)}{x} = \lim_{x\to 0^+}\frac{\xi f_x(0,0) + x f_y(0,0) + o(\sqrt{\xi^2+x^2})}{x} = f_y(0,0).$$

2. 解答:使用换元法,令 $u = y+x, v = x$,则 $\mathrm{d}x\mathrm{d}y = \mathrm{d}u\mathrm{d}v$,区域 D 的三条边界

$$x = 0, \quad y = 0, \quad x + y = 1$$

在 uv 坐标系下的形式分别为

$$v = 0, \quad u = v, \quad u = 1,$$

于是

$$I = \iint_D \frac{(x+y)\ln\left(1+\frac{y}{x}\right)}{\sqrt{1-x-y}}\mathrm{d}x\mathrm{d}y = \iint_D \frac{u(\ln u - \ln v)}{\sqrt{1-u}}\mathrm{d}u\mathrm{d}v$$

$$= \int_0^1 \mathrm{d}u\int_0^u \frac{u(\ln u - \ln v)}{\sqrt{1-u}}\mathrm{d}v = \int_0^1 \frac{u}{\sqrt{1-u}}(u\ln u - u(\ln u - 1))\mathrm{d}u$$

$$= \int_0^1 \frac{u^2}{\sqrt{1-u}}\mathrm{d}u = \frac{16}{15}.$$

3. 解答: 对区域 D 上的二重积分使用极坐标变换,可得

$$\iint\limits_{D} \frac{\sin(z\sqrt{x^2+y^2})}{\sqrt{x^2+y^2}} \mathrm{d}x\mathrm{d}y = \int_0^{2\pi} \mathrm{d}\theta \int_1^2 \frac{\sin(z\rho)}{\rho}\rho \mathrm{d}\rho = 2\pi \int_1^2 \sin(z\rho) \mathrm{d}\rho,$$

因此

$$I = \lim_{t\to+\infty} \int_0^t \mathrm{d}z \int_1^2 \sin(z\rho) \mathrm{d}\rho = \lim_{t\to+\infty} \int_1^2 \mathrm{d}\rho \int_0^t \sin(z\rho) \mathrm{d}z = \lim_{t\to+\infty} \int_1^2 \frac{1-\cos(t\rho)}{\rho} \mathrm{d}\rho.$$

由于无穷积分 $\int_1^{+\infty} \frac{\cos x}{x} \mathrm{d}x$ 收敛,根据收敛无穷积分的柯西收敛准则,可知

$$\lim_{t\to+\infty} \int_1^2 \frac{\cos(t\rho)}{\rho} \mathrm{d}\rho \xrightarrow{\diamondsuit x = t\rho} \lim_{t\to+\infty} \int_t^{2t} \frac{\cos x}{x} \mathrm{d}x = 0,$$

因此

$$I = \lim_{t\to+\infty} \int_1^2 \frac{1-\cos(t\rho)}{\rho} \mathrm{d}\rho = \int_1^2 \frac{1}{\rho} \mathrm{d}\rho = \ln 2.$$

4. 解答: 使用换元法,令 $u = \frac{yz}{x}, v = \frac{zx}{y}, w = \frac{xy}{z}$,则

$$x = \sqrt{vw}, \quad y = \sqrt{uw}, \quad z = \sqrt{uv},$$

积分域 Ω 在 uvw 坐标系下变换为 $\Omega': 1 \leqslant u \leqslant 2, 1 \leqslant v \leqslant 2, 1 \leqslant w \leqslant 2$,体积元为

$$\mathrm{d}x\mathrm{d}y\mathrm{d}z = \left\| \frac{\partial(x,y,z)}{\partial(u,v,w)} \right\| \mathrm{d}u\mathrm{d}v\mathrm{d}w = \left\| \begin{matrix} 0 & \frac{\sqrt{w}}{2\sqrt{v}} & \frac{\sqrt{v}}{2\sqrt{w}} \\ \frac{\sqrt{w}}{2\sqrt{u}} & 0 & \frac{\sqrt{u}}{2\sqrt{w}} \\ \frac{\sqrt{v}}{2\sqrt{u}} & \frac{\sqrt{u}}{2\sqrt{v}} & 0 \end{matrix} \right\| \mathrm{d}u\mathrm{d}v\mathrm{d}w = \frac{1}{4}\mathrm{d}u\mathrm{d}v\mathrm{d}w,$$

因此所求积分为

$$\iiint\limits_{\Omega} xyz\,\mathrm{d}x\mathrm{d}y\mathrm{d}z = \frac{1}{4}\iiint uvw\,\mathrm{d}u\mathrm{d}v\mathrm{d}w = \frac{1}{4}\int_1^2 u\mathrm{d}u \int_1^2 v\mathrm{d}v \int_1^2 w\mathrm{d}w = \frac{1}{4}\left(\frac{3}{2}\right)^3 = \frac{27}{32}.$$

5. 解答: 使用球坐标计算体积 $V = \iiint\limits_{\Omega} \mathrm{d}V$.

在球坐标下曲面 Σ 表示为 $r^4(\sin^4\varphi + \cos^4\varphi) = r\sin\varphi\sin\theta$, Σ 围成的空间体 Ω 为

$$0 \leqslant \theta \leqslant \pi, \quad 0 \leqslant \varphi \leqslant \pi, \quad 0 \leqslant r \leqslant \sqrt[3]{\frac{\sin\varphi\sin\theta}{\sin^4\varphi + \cos^4\varphi}},$$

于是体积为

$$V = \iiint\limits_{\Omega} \mathrm{d}V = \int_0^\pi \mathrm{d}\theta \int_0^\pi \sin\varphi \mathrm{d}\varphi \int_0^{\sqrt[3]{\frac{\sin\varphi\sin\theta}{\sin^4\varphi+\cos^4\varphi}}} r^2 \mathrm{d}r$$

$$= \frac{1}{3}\int_0^\pi \sin\theta \mathrm{d}\theta \int_0^\pi \frac{\sin^2\varphi}{\sin^4\varphi + \cos^4\varphi} \mathrm{d}\varphi = \frac{4}{3}\int_0^{\frac{\pi}{2}} \frac{\sin^2\varphi}{\sin^4\varphi + \cos^4\varphi} \mathrm{d}\varphi.$$

令 $t = \tan\varphi$,则

$$\int_0^{\frac{\pi}{2}} \frac{\sin^2\varphi}{\sin^4\varphi + \cos^4\varphi} \mathrm{d}\varphi = \int_0^{+\infty} \frac{t^2}{t^4+1} \mathrm{d}t = \frac{1}{2}\left(\int_0^{+\infty} \frac{t^2-1}{t^4+1} \mathrm{d}t + \int_0^{+\infty} \frac{t^2+1}{t^4+1} \mathrm{d}t\right),$$

其中

$$\int_0^{+\infty} \frac{t^2-1}{t^4+1} \mathrm{d}t = \int_0^1 \frac{t^2-1}{t^4+1} \mathrm{d}t + \int_1^{+\infty} \frac{t^2-1}{t^4+1} \mathrm{d}t = \int_0^1 \frac{t^2-1}{t^4+1} \mathrm{d}t + \int_1^0 \frac{\frac{1}{s^2}-1}{\frac{1}{s^4}+1}\left(-\frac{1}{s^2}\right) \mathrm{d}s = 0,$$

$$\int_0^{+\infty} \frac{t^2+1}{t^4+1}dt = \int_0^{+\infty} \frac{1+\frac{1}{t^2}}{t^2+\frac{1}{t^2}}dt = \int_0^{+\infty} \frac{d\left(t-\frac{1}{t}\right)}{\left(t-\frac{1}{t}\right)^2+2} = \frac{1}{\sqrt{2}}\arctan\left[\frac{t-\frac{1}{t}}{\sqrt{2}}\right]\Bigg|_0^{+\infty} = \frac{\pi}{\sqrt{2}},$$

因此体积 $V = \frac{4}{3}\int_0^{+\infty} \frac{t^2}{t^4+1}dt = \frac{2}{3}\int_0^{+\infty} \frac{t^2+1}{t^4+1}dt = \frac{\sqrt{2}\pi}{3}$.

6. 解答：(1) 设旋转轴 l 的方向向量为 $\boldsymbol{l} = \{\alpha,\beta,\gamma\}$，椭球内任意一点 $P(x,y,z)$ 的径向量为 $\boldsymbol{r}$，则点 P 到旋转轴 l 的距离的平方为

$$d^2 = |\boldsymbol{r}|^2 - (\boldsymbol{r}\cdot\boldsymbol{l})^2 = (1-\alpha^2)x^2 + (1-\beta^2)y^2 + (1-\gamma^2)z^2 - 2\alpha\beta xy - 2\beta\gamma yz - 2\alpha\gamma xz.$$

记 $\Omega = \left\{(x,y,z) \;\Big|\; \frac{x^2}{a^2}+\frac{y^2}{b^2}+\frac{z^2}{c^2} \leqslant 1\right\}$，可知绕 l 旋转的转动惯量为

$$I = \iiint_\Omega d^2 dxdydz.$$

由积分区域的对称性可知

$$\iiint_\Omega (2\alpha\beta xy + 2\beta\gamma yz + 2\alpha\gamma xz) dxdydz = 0,$$

同时

$$\iiint_\Omega x^2 dxdydz = \int_{-a}^{a} x^2 dx \iint_{\frac{y^2}{b^2}+\frac{z^2}{c^2}\leqslant 1-\frac{x^2}{a^2}} dydz = \int_{-a}^{a} x^2 \cdot \pi bc\left(1-\frac{x^2}{a^2}\right)dx = \frac{4a^3 bc\pi}{15},$$

同理亦有

$$\iiint_\Omega y^2 dxdydz = \frac{4ab^3 c\pi}{15}, \quad \iiint_\Omega z^2 dxdydz = \frac{4abc^3\pi}{15},$$

因此转动惯量为

$$I = \iiint_\Omega d^2 dxdydz = \frac{4abc\pi}{15}[(1-\alpha^2)a^2 + (1-\beta^2)b^2 + (1-\gamma^2)c^2].$$

(2) 考虑目标函数

$$f(\alpha,\beta,\gamma) = (1-\alpha^2)a^2 + (1-\beta^2)b^2 + (1-\gamma^2)c^2$$

在约束条件 $\alpha^2+\beta^2+\gamma^2 = 1$ 下的条件极值. 设拉格朗日函数为

$$L(\alpha,\beta,\gamma,\lambda) = (1-\alpha^2)a^2 + (1-\beta^2)b^2 + (1-\gamma^2)c^2 + \lambda(\alpha^2+\beta^2+\gamma^2-1),$$

令

$$L_\alpha = 2\alpha(\lambda-a^2) = 0, \quad L_\beta = 2\beta(\lambda-b^2) = 0, \quad L_\gamma = 2\gamma(\lambda-c^2) = 0,$$

同时注意到 $\alpha^2+\beta^2+\gamma^2 = 1$，可得拉格朗日函数的驻点为

$$Q_1(\pm 1, 0, 0, a^2), \quad Q_2(0, \pm 1, 0, b^2), \quad Q_3(0, 0, \pm 1, c^2),$$

因为 $0 < c < b < a$，所以绕 z 轴（短轴）的转动惯量最大，为 $J_{\max} = \frac{4abc\pi}{15}(a^2+b^2)$，绕 x 轴（长轴）的转动惯量最小，为 $J_{\min} = \frac{4abc\pi}{15}(b^2+c^2)$.

7. 解答：设 $I(a) = \int_0^{\frac{\pi}{2}} \ln(a^2 - \sin^2 x) dx (a > 1)$，则

$$I'(a) = \int_0^{\frac{\pi}{2}} \frac{2a\,dx}{a^2-\sin^2 x} = 2a\int_0^{\frac{\pi}{2}} \frac{d\tan x}{a^2(\tan^2 x+1)-\tan^2 x}$$

$$= 2a\int_0^{\frac{\pi}{2}} \frac{d\tan x}{(a^2-1)\tan^2 x + a^2} = \frac{\pi}{\sqrt{a^2-1}}.$$

由于 $I(1) = 2\int_0^{\frac{\pi}{2}} \ln\cos x \mathrm{d}x$,设 $J = \int_0^{\frac{\pi}{2}} \ln\cos x \mathrm{d}x$,则

$$2J = \int_0^{\frac{\pi}{2}} \ln\cos x \mathrm{d}x + \int_0^{\frac{\pi}{2}} \ln\sin x \mathrm{d}x = \int_0^{\frac{\pi}{2}} \ln\sin 2x \mathrm{d}x - \int_0^{\frac{\pi}{2}} \ln 2 \mathrm{d}x.$$

又由于

$$\int_0^{\frac{\pi}{2}} \ln\sin 2x \mathrm{d}x = \frac{1}{2}\int_0^{\pi} \ln\sin x \mathrm{d}x = \int_0^{\frac{\pi}{2}} \ln\sin x \mathrm{d}x = J,$$

故 $J = -\int_0^{\frac{\pi}{2}} \ln 2 \mathrm{d}x = -\frac{\pi \ln 2}{2}$,因此 $I(1) = -\pi \ln 2$. 于是

$$I(a) = \int_1^a I'(t) \mathrm{d}t + I(1) = \int_1^a \frac{\pi}{\sqrt{t^2-1}} \mathrm{d}t - \pi \ln 2 = \pi \ln(a + \sqrt{a^2-1}) - \pi \ln 2.$$

三、证明题

1. 解答: 首先求 $f = x + 2y - 2z + 5$ 在 $x^2 + y^2 + z^2 \leqslant 1$ 上的最大值与最小值.

由于 $f_x = 1 \neq 0, f_y = 2 \neq 0, f_z = -2 \neq 0$,可知 f 无驻点,因此 f 的最值在 Ω 的边界取到. 下面考虑 f 在 $x^2 + y^2 + z^2 = 1$ 上的极值,用拉格朗日乘数法,定义

$$F(x,y,z,\lambda) = x + 2y - 2z + 5 + \lambda(x^2 + y^2 + z^2 - 1),$$

令

$$\begin{cases} F'_x = 1 + 2\lambda x = 0, \\ F'_y = 2 + 2\lambda y = 0, \\ F'_z = -2 + 2\lambda z = 0, \\ F'_\lambda = x^2 + y^2 + z^2 - 1 = 0, \end{cases}$$

解得条件极值点为 $P_1\left(\frac{1}{3}, \frac{2}{3}, -\frac{2}{3}\right), P_2\left(-\frac{1}{3}, -\frac{2}{3}, \frac{2}{3}\right)$.

由于连续函数 f 在有界闭集 $x^2 + y^2 + z^2 = 1$ 有最大值和最小值,所以

$$f(P_1) = 8, \quad f(P_2) = 2$$

分别是 f 的最大值与最小值. 又由于 f 与 $f^{\frac{1}{3}}$ 有相同的极值点,故

$$\sqrt[3]{2} \leqslant \sqrt[3]{f} = \sqrt[3]{x + 2y - 2z + 5} \leqslant \sqrt[3]{8} = 2,$$

再由积分的性质可得

$$\sqrt[3]{2} \iiint\limits_{\Omega} \mathrm{d}V \leqslant \iiint\limits_{\Omega} \sqrt[3]{x + 2y - 2z + 5} \mathrm{d}V \leqslant 2 \iiint\limits_{\Omega} \mathrm{d}V$$

由于 $\iiint\limits_{\Omega} \mathrm{d}V = \frac{4}{3}\pi \cdot 1^3 = \frac{4}{3}\pi$,因此

$$\frac{3}{2}\pi < \sqrt[3]{2} \cdot \frac{4}{3}\pi \leqslant \iiint\limits_{\Omega} \sqrt[3]{x + 2y - 2z + 5} \mathrm{d}V \leqslant 2 \cdot \frac{4}{3}\pi = \frac{8}{3}\pi < 3\pi.$$

2. 解答: 分别使用球坐标和极坐标,可得

$$\iiint\limits_{\Omega(t)} f(x^2+y^2+z^2) \mathrm{d}V = \int_0^{2\pi} \mathrm{d}\theta \int_0^{\pi} \sin\varphi \mathrm{d}\varphi \int_0^t r^2 f(r^2) \mathrm{d}r = 4\pi \int_0^t r^2 f(r^2) \mathrm{d}r,$$

$$\iint\limits_{D(t)} f(x^2+y^2) \mathrm{d}\sigma = \int_0^{2\pi} \mathrm{d}\theta \int_0^t \rho f(\rho^2) \mathrm{d}\rho = 2\pi \int_0^t \rho f(\rho^2) \mathrm{d}\rho.$$

所证结论等价于,当 $t > 0$ 时

$$\pi \int_{-t}^t f(x^2) \mathrm{d}x \cdot \iiint\limits_{\Omega(t)} f(x^2+y^2+z^2) \mathrm{d}V > 2\left(\iint\limits_{D(t)} f(x^2+y^2) \mathrm{d}\sigma\right)^2,$$

即 $\int_0^t f(x^2)\mathrm{d}x \cdot \int_0^t r^2 f(r^2)\mathrm{d}r > \left(\int_0^t \rho f(\rho^2)\mathrm{d}\rho\right)^2$.

令
$$H(t) = \int_0^t f(x^2)\mathrm{d}x \cdot \int_0^t r^2 f(r^2)\mathrm{d}r - \left(\int_0^t \rho f(\rho^2)\mathrm{d}\rho\right)^2,$$

求导可得
$$H'(t) = f(t^2)\int_0^t r^2 f(r^2)\mathrm{d}r + t^2 f(t^2)\int_0^t f(x^2)\mathrm{d}x - 2tf(t^2)\int_0^t \rho f(\rho^2)\mathrm{d}\rho$$
$$= f(t^2)\left[\int_0^t r^2 f(r^2)\mathrm{d}r + t^2\int_0^t f(x^2)\mathrm{d}x - 2t\int_0^t \rho f(\rho^2)\mathrm{d}\rho\right];$$

继续令 $L(t) = \int_0^t r^2 f(r^2)\mathrm{d}r + t^2\int_0^t f(x^2)\mathrm{d}x - 2t\int_0^t \rho f(\rho^2)\mathrm{d}\rho$, 则

$$L'(t) = 2t^2 f(t^2) + 2t\int_0^t f(x^2)\mathrm{d}x - 2\int_0^t \rho f(\rho^2)\mathrm{d}\rho - 2t^2 f(t^2)$$
$$= 2t\int_0^t f(x^2)\mathrm{d}x - 2\int_0^t x f(x^2)\mathrm{d}x = 2\int_0^t (t-x)f(x^2)\mathrm{d}x > 0.$$

由于 $L(0) = 0$, 故当 $t > 0$ 时, $L(t) > 0$, 则当 $t > 0$ 时 $H'(t) > 0$; 又由于 $H(0) = 0$, 故当 $t > 0$ 时 $H(t) > 0$, 结论成立.

第十一章 曲线积分与曲面积分

同步检测卷 A

一、单项选择题

1. 线密度为 $\rho(x,y)$ 的平面曲线弧段 L 关于 y 轴的转动惯量为　　　　（　）

   A. $\int_L x^2 \rho(x,y) dx$ 　　　　　　B. $\int_L y^2 \rho(x,y) dy$

   C. $\int_L x^2 \rho(x,y) ds$ 　　　　　　D. $\int_L y^2 \rho(x,y) ds$

2. 设 $S: x^2+y^2+z^2=a^2$，则曲面积分 $\iint\limits_S (x^2+z^2)dS$ 化为二重积分为　　（　）

   A. $2\iint\limits_{x^2+y^2\leqslant a^2}(a^2-y^2)dxdy$ 　　　　B. $2a\iint\limits_{x^2+y^2\leqslant a^2}\dfrac{a^2-y^2}{\sqrt{a^2-x^2-y^2}}dxdy$

   C. $\iint\limits_{x^2+y^2\leqslant a^2}(a^2-y^2)dxdy$ 　　　　D. $a\iint\limits_{x^2+y^2\leqslant a^2}\dfrac{a^2-y^2}{\sqrt{a^2-x^2-y^2}}dxdy$

3. 圆柱面 $x^2+y^2=2x$ 夹在平面 $z=0$ 和曲面 $z=f(x,y)(>0)$ 之间部分的面积为

   　　　　　　　　　　　　　　　　　　　　　　　　　　　　　　　　（　）

   A. $\oint_{x^2+y^2=2x} f(x,y)ds$ 　　　　B. $\iint\limits_{x^2+y^2\leqslant 2x} f(x,y)dxdy$

   C. $\iint\limits_{x^2+y^2=2x} f(x,y)dS$ 　　　　D. $\iint\limits_{x^2+y^2\leqslant 2x} f(x,y)dS$

4. 若曲线积分 $\int_L xy^2 dx + x^a y dy$ 与路径无关，则 $a=$　　　　　　　　（　）

   A. 0 　　　　　　　　　　　　B. 1

   C. 2 　　　　　　　　　　　　D. 3

5. 平面 xOy 上任何简单闭曲线 L 所围区域的面积 $A=$　　　　　　　　（　）

   A. $\oint_L xdy-ydx$ 　　　　　　　B. $\oint_L ydx-xdy$

   C. $\dfrac{1}{2}\oint_L ydx-xdy$ 　　　　　D. $\dfrac{1}{2}\oint_L xdy-ydx$

6. 若等式 $\oiint_{\Sigma} P\mathrm{d}y\mathrm{d}z + Q\mathrm{d}z\mathrm{d}x + R\mathrm{d}x\mathrm{d}y = -\oiint_{\Sigma}(P\cos\alpha + Q\cos\beta + R\cos\gamma)\mathrm{d}S$ 成立，则 $\cos\alpha$，$\cos\beta$，$\cos\gamma$ 是光滑闭曲面 Σ 的 （　　）

   A. 法线方向余弦　　　　　　B. 外法线方向余弦
   C. 内法线方向余弦　　　　　　D. Σ 上曲线的切线方向余弦

二、填空题

1. 设 L 为从 $(0,0,0)$ 到 $(-2,-3,6)$ 的直线段，则 $\int_L (x+y+z)^3 \mathrm{d}s = $ _____．

2. $\int_{(0,0)}^{(1,2)} 3x(x+2y)\mathrm{d}x + (3x^2 - y^3)\mathrm{d}y = $ _____．

3. 若 Σ 为球面 $x^2 + y^2 + z^2 = a^2$，则 $\oiint_{\Sigma} x\mathrm{d}S = $ _____，$\oiint_{\Sigma_{外}} x\mathrm{d}y\mathrm{d}z = $ _____．

4. 向量场 $\boldsymbol{u}(x,y,z) = xy^2\boldsymbol{i} + y\mathrm{e}^z\boldsymbol{j} + x\ln(1+z^2)\boldsymbol{k}$ 在点 $P(1,1,0)$ 处散度 $\mathrm{div}\boldsymbol{u}\big|_P = $ _____，旋度 $\mathrm{rot}(\boldsymbol{u})\big|_P = $ _____．

三、计算与解答题

1. 已知 L 是由 $x=1, y=0, 2x+y=4$ 所围成区域的边界，L^+ 表示该边界的正向．计算：(1) $\int_L xy\mathrm{d}s$；(2) $\int_{L^+} xy\mathrm{d}x$.

2. 设 $L:\begin{cases} x = t - \sin t, \\ y = 1 - \cos t \end{cases}$ 从 $(0,0)$ 到 $(2\pi,0)$，求 $I = \int_L (2xy + 3x\sin x)\mathrm{d}x + (x^2 - y\mathrm{e}^y)\mathrm{d}y$.

3. 设 Σ 为 $x^2 + y^2 + z^2 = a^2$ 上 $z \geqslant h(0 < h < a)$ 的部分,求 $I = \iint\limits_{\Sigma}(x+y+z)\mathrm{d}S$.

4. 设 Σ 为 $z = x^2 + y^2$ 满足 $z \leqslant 1$ 的部分,法向量与 z 轴的夹角为钝角,计算曲面积分
$$I = \iint\limits_{\Sigma} xy\mathrm{d}y\mathrm{d}z + y^2\mathrm{d}z\mathrm{d}x.$$

5. 设 Σ 为 $z = \sqrt{x^2+y^2}$ 被柱面 $x^2+y^2 = 2x$ 所截得的部分,其面密度 $\rho(x,y,z) = zx$,求 Σ 对 z 轴的转动惯量 I_z.

同步检测卷 B

一、单项选择题

1. 若 $P(x,y), Q(x,y)$ 在 D 内有一阶连续偏导数,则曲线积分 $\int_L P\mathrm{d}x + Q\mathrm{d}y$ 与路径无关的充分必要条件是 (　　)

   A. 在 D 内处处有 $\dfrac{\partial Q}{\partial x} = \dfrac{\partial P}{\partial y}$

   B. 在 D 内存在可微函数 $u(x,y)$,使 $P = \dfrac{\partial u}{\partial x}, Q = \dfrac{\partial u}{\partial y}$

   C. 在 D 内存在可微函数 $u(x,y)$,使 $\mathrm{d}u = P\mathrm{d}x + Q\mathrm{d}y$

   D. D 是单连通域,在 D 上处处有 $\dfrac{\partial Q}{\partial x} = \dfrac{\partial P}{\partial y}$

2. 设 $I = \int_L \dfrac{-y\mathrm{d}x + x\mathrm{d}y}{x^2 + y^2}$,其中 L 是自 $A(-1,0)$ 沿 $y = x^2 - 1$ 至 $B(2,3)$ 的弧段,则下列式子成立的是 (　　)

   A. 因为 $\dfrac{\partial Q}{\partial x} = \dfrac{\partial P}{\partial y}$,故 $I = \int_{\overline{AB}} \dfrac{-y\mathrm{d}x + x\mathrm{d}y}{x^2 + y^2}$

   B. 因为 $\dfrac{\partial Q}{\partial x} = \dfrac{\partial P}{\partial y}$,取 $C(0,1)$,有 $I = \int_{\overline{AC}} \dfrac{-y\mathrm{d}x + x\mathrm{d}y}{x^2 + y^2} + \int_{\overline{CB}} \dfrac{-y\mathrm{d}x + x\mathrm{d}y}{x^2 + y^2}$

   C. 因为 $\dfrac{\partial Q}{\partial x} = \dfrac{\partial P}{\partial y}$,取 $D(0,3)$,有 $I = \int_{\overline{AD}} \dfrac{-y\mathrm{d}x + x\mathrm{d}y}{x^2 + y^2} + \int_{\overline{DB}} \dfrac{-y\mathrm{d}x + x\mathrm{d}y}{x^2 + y^2}$

   D. 因为 $\dfrac{\partial Q}{\partial x} = \dfrac{\partial P}{\partial y}$,取 $E(0,-1)$,有 $I = \int_{\overline{AE}} \dfrac{-y\mathrm{d}x + x\mathrm{d}y}{x^2 + y^2} + \int_{\overline{EB}} \dfrac{-y\mathrm{d}x + x\mathrm{d}y}{x^2 + y^2}$

3. 设 Σ 为 $z = 2 - (x^2 + y^2)$ 在 xOy 平面上方部分的曲面,则 $\iint\limits_\Sigma \mathrm{d}S =$ (　　)

   A. $\int_0^{2\pi} \mathrm{d}\theta \int_0^2 \sqrt{1 + 4r^2}\, r\mathrm{d}r$　　　　B. $\int_0^{2\pi} \mathrm{d}\theta \int_0^2 (2 - r^2)\sqrt{1 + 4r^2}\, r\mathrm{d}r$

   C. $\int_0^{2\pi} \mathrm{d}\theta \int_0^{\sqrt{2}} \sqrt{1 + 4r^2}\, r\mathrm{d}r$　　　　D. $\int_0^{2\pi} \mathrm{d}\theta \int_0^{\sqrt{2}} (2 - r^2)\mathrm{d}r$

4. 设 Σ 为球面 $x^2 + y^2 + z^2 = a^2$ 的外侧,Ω 为球体 $x^2 + y^2 + z^2 \leqslant a^2$,则有 (　　)

   A. $\iiint\limits_\Omega (x^2 + y^2 + z^2)\mathrm{d}V = \iiint\limits_\Omega a^2 \mathrm{d}V = \dfrac{4}{3}\pi a^5$

   B. $\oiint\limits_\Sigma x^2 \mathrm{d}S = \dfrac{1}{3}\oiint\limits_\Sigma (x^2 + y^2 + z^2)\mathrm{d}S = \dfrac{1}{3}\oiint\limits_\Sigma a^2 \mathrm{d}S = \dfrac{4}{3}\pi a^4$

   C. 由于 Σ 关于 yOz 平面对称,所以 $\oiint\limits_\Sigma x\mathrm{d}y\mathrm{d}z = 0$

   D. $\oiint\limits_\Sigma x^2 \mathrm{d}x\mathrm{d}y = \dfrac{1}{3}\oiint\limits_\Sigma (x^2 + y^2 + z^2)\mathrm{d}x\mathrm{d}y = \dfrac{1}{3}\oiint\limits_\Sigma a^2 \mathrm{d}x\mathrm{d}y = \dfrac{1}{3}\pi a^4$

5. 设 Σ 为圆柱面 $x^2+y^2=a^2$ 及两个平面 $z=0,z=1$ 所围成立体的外侧,则曲面积分
$I = \iint\limits_{\Sigma} x^3 \mathrm{d}y\mathrm{d}z + y^3 \mathrm{d}z\mathrm{d}x + xy \mathrm{d}x\mathrm{d}y =$ (   )

A. 0   B. $3\pi a^2$ C. πa D. $\dfrac{3}{2}\pi a^4$

二、填空题

1. 记 L 为从点 $A(1,1,1)$ 到点 $B(2,3,4)$ 的直线段,则 $\int_L x\mathrm{d}x + y\mathrm{d}y + z\mathrm{d}z =$ _____.

2. 设 $C:(x-1)^2+(y+2)^2=16$,取逆时针方向,则 $\oint_C (2y-x^3)\mathrm{d}x + (4x+y^2)\mathrm{d}y =$ _____.

3. 已知 $\dfrac{(3y-x)\mathrm{d}x + (y-3x)\mathrm{d}y}{(x+y)^3} = \mathrm{d}u$,则原函数 $u(x,y) =$ _____.

4. 已知数量场 $u(x,y,z) = \ln\sqrt{x^2+y^2+z^2}$,则 $\mathrm{div}(\mathbf{grad}u) =$ _____.

5. 已知向量场 $\mathbf{A} = \{2x^2+6xy, ax^2-y^2, 3z^2\}$ 为有势场,则 $a =$ _____.

三、计算与解答题

1. 计算曲线积分 $\oint_C |x|\mathrm{d}s$,其中 C 是双纽线 $(x^2+y^2)^2 = a^2(x^2-y^2)(a>0)$.

2. 计算 $\iint\limits_{\Sigma} |xyz|\mathrm{d}S$,其中 Σ 是旋转抛物面 $z = \dfrac{1}{2}(x^2+y^2)$ 在 $z \leqslant 1$ 的部分.

3. 设曲线 C 为 $x^2+y^2+z^2=R^2$ 与 $x+z=R(R>0)$ 的交线,从原点看去 C 的方向为顺时针方向,求曲线积分 $I=\int_C y\mathrm{d}x+z\mathrm{d}y+x\mathrm{d}z$.

4. 若 $\varphi(y)$ 的导数连续,$\varphi(0)=0$,曲线 $\widehat{AB}$ 的极坐标方程为 $\rho=a(1-\cos\theta)$,其中 $a>0$,$0\leqslant\theta\leqslant\pi$,$A$ 与 B 分别对应于 $\theta=0$ 与 $\theta=\pi$,求曲线积分
$$I=\int_{\widehat{AB}}(\varphi(y)\mathrm{e}^x-\pi y)\mathrm{d}x+(\varphi'(y)\mathrm{e}^x-\pi)\mathrm{d}y.$$

5. 计算 $I=\iint\limits_{\Sigma}y\mathrm{d}y\mathrm{d}z-x\mathrm{d}z\mathrm{d}x+z^2\mathrm{d}x\mathrm{d}y$,其中 Σ 为锥面 $z=\sqrt{x^2+y^2}$ 被平面 $z=1$,$z=2$ 所截的部分,其法向量与 z 轴的正向成钝角.

6. 设 Σ 是密度为 ρ_0 的均匀圆锥面 $z = \sqrt{x^2+y^2}$ 满足 $0 \leqslant b \leqslant z \leqslant a$ 的部分,求 Σ 对位于锥面顶点 $(0,0,0)$ 的质量为 m 的质点的引力.

四、证明题

设 $P(x,y), Q(x,y)$ 在光滑曲线 L 上连续,l 为 L 的长度,令
$$M = \max_{(x,y) \in L} \sqrt{P^2(x,y) + Q^2(x,y)},$$
证明:$\left| \int_L P(x,y) \mathrm{d}x + Q(x,y) \mathrm{d}y \right| \leqslant lM.$

同步检测卷 C

一、填空题

1. 线密度为 1 的曲线 $L:\begin{cases} x^2+y^2+z^2=a^2, \\ x+y+z=0 \end{cases}$ 关于 z 轴的转动惯量为 _____.

2. 若 Σ 为曲面 $z=x^2+y^2(0\leqslant z\leqslant 1)$ 的下侧，则 $\iint\limits_{\Sigma}(xy+z^2)\mathrm{d}y\mathrm{d}z+x^2z^2\mathrm{d}x\mathrm{d}y=$ _____.

3. 曲线积分 $\int_L(\mathrm{e}^x\sin y+8y)\mathrm{d}x+(\mathrm{e}^x\cos y-7x)\mathrm{d}y=$ _____, 其中 L 是从 $O(0,0)$ 到 $A(6,0)$ 的上半圆周.

4. 圆柱面 $x^2+y^2=2y$ 介于 $z=0$ 和 $z=\sqrt{x^2+y^2}$ 之间部分的面积为 _____.

5. 设函数 $\theta(x,y)$ 在 xOy 面上一阶连续可微，曲线积分 $\int_L 2xy\mathrm{d}x+\theta(x,y)\mathrm{d}y$ 与路径无关，且对任意 t 恒有 $\int_{(0,0)}^{(t,1)}2xy\mathrm{d}x+\theta(x,y)\mathrm{d}y=\int_{(0,0)}^{(1,t)}2xy\mathrm{d}x+\theta(x,y)\mathrm{d}y$，则 $\theta(x,y)=$ _____.

6. 设函数 $f(x)$ 具有连续导数，满足 $f(x)>0, f(1)=\dfrac{1}{2}$，且在平面区域 $x>1$ 内的任一闭曲线 C 上的积分 $\oint_C\left(y\mathrm{e}^x f(x)-\dfrac{y}{x}\right)\mathrm{d}x-\ln f(x)\mathrm{d}y=0$，则 $f(x)=$ _____.

二、计算与解答题

1. 设曲面 Σ 是由曲线 $\Gamma: x=t, y=2t, z=t^2(0\leqslant t\leqslant 1)$ 绕 z 轴旋转而成的曲面，其法向量与 z 轴正向成钝角，已知连续函数 $f(x,y,z)$ 满足
$$f(x,y,z)=(x+y+z)^2+\iint\limits_{\Sigma}f(x,y,z)\mathrm{d}y\mathrm{d}z+x^2\mathrm{d}x\mathrm{d}y,$$
求 $f(x,y,z)$ 的表达式.

2. 设 $0<a<2$，计算球面 $\Sigma_a:x^2+y^2+(z-1)^2=a^2$ 在球面 $\Sigma_0:x^2+y^2+z^2=1$ 内的部分面积 S_a，并求当 a 为何值时 S_a 最大.

3. 设 S 为椭球面 $\dfrac{x^2}{2}+\dfrac{y^2}{2}+z^2=1$ 的上半部分，点 $P(x,y,z)\in S$，Π 为 S 在点 P 处的切平面，$\rho(x,y,z)$ 为原点到平面 Π 的距离，求 $\displaystyle\iint_S \dfrac{z}{\rho(x,y,z)}\mathrm{d}S$.

4. 计算 $\displaystyle\oint_L (y^2-z^2)\mathrm{d}x+(2z^2-x^2)\mathrm{d}y+(3x^2-y^2)\mathrm{d}z$，其中 L 是平面 $x+y+z=2$ 与柱面 $|x|+|y|=1$ 的交线，从 z 轴正向往负向看去（即从上往下看）L 为逆时针方向.

5. 求由曲线 $\left(\dfrac{x^2}{a^2}+\dfrac{y^2}{b^2}\right)^2 = x^2+y^2$ 所围成的平面图形的面积.

6. 设 Σ 为一光滑闭曲面,$\boldsymbol{n}$ 为 Σ 上点 (x,y,z) 处的外法向量,$\boldsymbol{r}=x\boldsymbol{i}+y\boldsymbol{j}+z\boldsymbol{k}$. 在下述两种情况下分别计算 $I=\oiint\limits_{\Sigma}\dfrac{\cos(\boldsymbol{r},\boldsymbol{n})}{r^2}\mathrm{d}S$(其中 $r=|\boldsymbol{r}|$):

(1) 曲面 Σ 不包括原点;(2) 曲面 Σ 包围原点.

三、证明题

1. 已知平面区域 $D=\{(x,y)\mid 0\leqslant x\leqslant \pi, 0\leqslant y\leqslant \pi\}$,$L$ 为 D 的正向边界,试证:

(1) $\oint_L x\mathrm{e}^{\sin y}\mathrm{d}y - y\mathrm{e}^{-\sin x}\mathrm{d}x = \oint_L x\mathrm{e}^{-\sin y}\mathrm{d}y - y\mathrm{e}^{\sin x}\mathrm{d}x$;

(2) $\oint_L x\mathrm{e}^{\sin y}\mathrm{d}y - y\mathrm{e}^{-\sin x}\mathrm{d}x \geqslant 2\pi^2$.

2. 设函数 $f(x,y)$ 在全平面二阶连续可微,$f(0,0)=0$,且
$$\left|\frac{\partial f}{\partial x}\right| \leqslant 2|x-y|, \quad \left|\frac{\partial f}{\partial y}\right| \leqslant 2|x-y|,$$
求证:$|f(5,4)| \leqslant 1$.

3. 设函数 $f(x)$ 连续,a,b,c 为常数,$\Sigma: x^2+y^2+z^2=1$,证明:
$$I = \iint\limits_{\Sigma} f(ax+by+cz)\mathrm{d}S = 2\pi\int_{-1}^{1} f(\sqrt{a^2+b^2+c^2}\,u)\mathrm{d}u.$$

参考答案

同步检测卷 A

一、单项选择题

1. 解答: 计算曲线状物体的转动惯量,需要用到第一类的曲线积分,根据转动惯量的计算公式,可得 L 关于 y 轴的转动惯量为 $\int_L x^2 \rho(x,y) \mathrm{d}s$,因此答案为 C.

2. 解答: 首先,曲面 $S: x^2+y^2+z^2=a^2$ 分为两部分 $z=\pm\sqrt{a^2-x^2-y^2}$,二者的投影均为 $x^2+y^2\leqslant a^2$,同时二者的面积微元均为

$$\mathrm{d}S = \sqrt{1+z_x^2+z_y^2}\,\mathrm{d}x\mathrm{d}y = \sqrt{1+\left(\frac{\pm x}{\sqrt{a^2-x^2-y^2}}\right)^2 + \left(\frac{\pm y}{\sqrt{a^2-x^2-y^2}}\right)^2}\,\mathrm{d}x\mathrm{d}y$$

$$= \frac{a}{\sqrt{a^2-x^2-y^2}}\,\mathrm{d}x\mathrm{d}y,$$

因此,根据第一类曲面积分的计算公式,有

$$\iint_S (x^2+z^2)\,\mathrm{d}S = 2a\iint_{x^2+y^2\leqslant a^2} \frac{a^2-y^2}{\sqrt{a^2-x^2-y^2}}\,\mathrm{d}x\mathrm{d}y,$$

答案为 B.

3. 解答: 根据第一类曲线积分的几何意义,如果 $f(x,y)\geqslant 0$,L 为 xOy 平面上的一段曲线,则曲线积分 $\int_L f(x,y)\,\mathrm{d}s$ 表示投影为 L,高度为 $f(x,y)$ 的柱面面积. 因此圆柱面 $x^2+y^2=2x$ 夹在平面 $z=0$ 和曲面 $z=f(x,y)(>0)$ 之间部分的面积为 $\oint_{x^2+y^2=2x} f(x,y)\,\mathrm{d}s$,答案为 A.

4. 解答: 若曲线积分 $\int_L xy^2\,\mathrm{d}x + x^a y\,\mathrm{d}y$ 与路径无关,则有 $\frac{\partial xy^2}{\partial y} = \frac{\partial x^a y}{\partial x}$,即 $2xy = ax^{a-1}y$,可得 $a=2$,答案为 C.

5. 解答: 设简单闭曲线 L 所围区域为 D,根据格林公式,

$$\frac{1}{2}\oint_L x\mathrm{d}y - y\mathrm{d}x = \frac{1}{2}\iint_D \left(\frac{\partial x}{\partial x} - \frac{\partial (-y)}{\partial y}\right)\mathrm{d}x\mathrm{d}y = \iint_D \mathrm{d}x\mathrm{d}y = A,$$

因此答案为 D.

6. 解答: 根据第一类曲面积分和第二类曲面积分之间的关系,

$$\{\mathrm{d}y\mathrm{d}z, \mathrm{d}z\mathrm{d}x, \mathrm{d}x\mathrm{d}y\} = \{\cos\alpha, \cos\beta, \cos\gamma\}\mathrm{d}S,$$

其中 $\{\cos\alpha, \cos\beta, \cos\gamma\}$ 是光滑闭曲面 Σ 指向外侧的单位法向量,因此答案为 C.

二、填空题

1. 解答: 直线 L 的参数方程为

$$x=-2t, \quad y=-3t, \quad z=6t \quad (0\leqslant t\leqslant 1),$$

根据第一类曲线积分的计算公式,有

$$\int_L (x+y+z)^3\,\mathrm{d}s = \int_0^1 (-2t-3t+6t)^3 \cdot \sqrt{2^2+3^2+6^2}\,\mathrm{d}t$$

$$= 7\int_0^1 t^3\,\mathrm{d}t = \frac{7}{4}.$$

2. 解答： 由于 $\dfrac{\partial(3x(x+2y))}{\partial y}=6x=\dfrac{\partial(3x^2-y^3)}{\partial x}$，故所求积分与路径无关，故

$$\int_{(0,0)}^{(1,2)}3x(x+2y)\mathrm{d}x+(3x^2-y^3)\mathrm{d}y$$

$$=\int_{(0,0)}^{(1,0)}3x(x+2y)\mathrm{d}x+(3x^2-y^3)\mathrm{d}y+\int_{(1,0)}^{(1,2)}3x(x+2y)\mathrm{d}x+(3x^2-y^3)\mathrm{d}y$$

$$=\int_0^1 3x^2\mathrm{d}x+\int_0^2(3-y^3)\mathrm{d}y=x^3\Big|_0^1+\left(3y-\dfrac{1}{4}y^4\right)\Big|_0^2=3.$$

3. 解答： 由于球面 Σ 关于平面 $x=0$ 对称，根据第一类曲面积分的奇偶对称性，可知 $\displaystyle\oiint_\Sigma x\mathrm{d}S=0$.

记 Ω 为球体 $x^2+y^2+z^2\leqslant a^2$，根据高斯公式，可得 $\displaystyle\oiint_{\Sigma_{外}} x\mathrm{d}y\mathrm{d}z=\iiint_\Omega \mathrm{d}x\mathrm{d}y\mathrm{d}z=\dfrac{4}{3}\pi a^3.$

4. 解答： 根据向量场散度和旋度的计算公式，可得

$$\mathrm{div}\boldsymbol{u}\Big|_P=\left(\dfrac{\partial xy^2}{\partial x}+\dfrac{\partial ye^z}{\partial y}+\dfrac{\partial x\ln(1+z^2)}{\partial z}\right)\Big|_{(1,1,0)}=\left(y^2+e^z+\dfrac{2xz}{1+z^2}\right)\Big|_{(1,1,0)}=2,$$

$$\mathrm{rot}(\boldsymbol{u})\Big|_P=\begin{vmatrix}\boldsymbol{i}&\boldsymbol{j}&\boldsymbol{k}\\\dfrac{\partial}{\partial x}&\dfrac{\partial}{\partial y}&\dfrac{\partial}{\partial z}\\xy^2&ye^z&x\ln(1+z^2)\end{vmatrix}=\{-ye^z,-\ln(1+z^2),-2xy\}\Big|_{(1,1,0)}$$

$$=\{-1,0,-2\}=-\boldsymbol{i}-2\boldsymbol{k}.$$

三、计算与解答题

1. 解答：（1）L 分为三部分，分别为

$$L_1:x=1(0\leqslant y\leqslant 2),\quad L_2:y=0(1\leqslant x\leqslant 2),\quad L_3:y=4-2x(1\leqslant x\leqslant 2),$$

于是

$$\int_L xy\mathrm{d}s=\int_{L_1}xy\mathrm{d}s+\int_{L_2}xy\mathrm{d}s+\int_{L_3}xy\mathrm{d}s$$

$$=\int_0^2 y\cdot\sqrt{1+0}\,\mathrm{d}y+0+\int_1^2 x(4-2x)\cdot\sqrt{1+2^2}\,\mathrm{d}x$$

$$=\dfrac{1}{2}y^2\Big|_0^2+\sqrt{5}\left(2x^2-\dfrac{2}{3}x^3\right)\Big|_1^2=2+\dfrac{4}{3}\sqrt{5}.$$

（2）记 L 围成的区域为 D，则

$$D=\{(x,y)\mid 1\leqslant x\leqslant 2,0\leqslant y\leqslant 4-2x\},$$

根据格林公式，有

$$\int_{L^+}xy\mathrm{d}x=-\iint_D x\mathrm{d}x\mathrm{d}y=-\int_1^2 x\mathrm{d}x\int_0^{4-2x}\mathrm{d}y=-\int_1^2 x(4-2x)\mathrm{d}x$$

$$=-\left(2x^2-\dfrac{2}{3}x^3\right)\Big|_1^2=-\dfrac{4}{3}.$$

2. 解答： 令 $P(x,y)=2xy+3x\sin x,Q(x,y)=x^2-ye^y$，由于

$$\dfrac{\partial P(x,y)}{\partial y}=2x=\dfrac{\partial Q(x,y)}{\partial x},$$

同时 P,Q 在整个实平面连续可微，故曲线积分 I 与路径无关.

记 $L_1:y=0$ 从 $(0,0)$ 到 $(2\pi,0)$，则

$$I=\int_{L_1}(2xy+3x\sin x)\mathrm{d}x+(x^2-ye^y)\mathrm{d}y$$

$$=\int_0^{2\pi}3x\sin x\mathrm{d}x=3(\sin x-x\cos x)\Big|_0^{2\pi}=-6\pi.$$

3. 解答:由于曲面 Σ 关于 $x=0$ 和 $y=0$ 对称,根据第一类曲面积分的奇偶对称性,可知

$$\iint_{\Sigma} x\mathrm{d}S = \iint_{\Sigma} y\mathrm{d}S = 0,$$

因此 $I = \iint_{\Sigma} z\mathrm{d}S$.

Σ 的方程为 $z = \sqrt{a^2-x^2-y^2}$,在 xOy 面的投影为 $D: x^2+y^2 \leqslant a^2-h^2$,且

$$\sqrt{1+z_x^2+z_y^2} = \sqrt{1+\left(\frac{-x}{\sqrt{a^2-x^2-y^2}}\right)^2+\left(\frac{-y}{\sqrt{a^2-x^2-y^2}}\right)^2} = \frac{a}{\sqrt{a^2-x^2-y^2}},$$

根据第一类曲面积分的计算公式,可得

$$I = \iint_{\Sigma} z\mathrm{d}S = \iint_{D} \sqrt{a^2-x^2-y^2}\,\frac{a}{\sqrt{a^2-x^2-y^2}}\mathrm{d}x\mathrm{d}y = a\iint_{D} \mathrm{d}x\mathrm{d}y = \pi a(a^2-h^2).$$

4. 解答:记 Σ_1 为平面 $z=1$ 满足 $x^2+y^2 \leqslant 1$ 的部分,取上侧,Ω 为 Σ 和 Σ_1 围成的区域,则 $\Sigma \cup \Sigma_1$ 为 Ω 的正向边界曲面,由高斯公式,可得

$$\oiint_{\Sigma \cup \Sigma_1} xy\mathrm{d}y\mathrm{d}z + y^2\mathrm{d}z\mathrm{d}x = 3\iiint_{\Omega} y\mathrm{d}x\mathrm{d}y\mathrm{d}z.$$

由于区域 Ω 关于平面 $y=0$ 对称,而三重积分的被积函数是 y 的奇函数,根据三重积分的奇偶对称性,可得 $\iiint_{\Omega} y\mathrm{d}x\mathrm{d}y\mathrm{d}z = 0$. 又由于 $z=1$ 时,$\mathrm{d}y\mathrm{d}z = \mathrm{d}z\mathrm{d}x = 0$,故 $\iint_{\Sigma_1} xy\mathrm{d}y\mathrm{d}z + y^2\mathrm{d}z\mathrm{d}x = 0$. 因此

$$I = \oiint_{\Sigma \cup \Sigma_1} xy\mathrm{d}y\mathrm{d}z + y^2\mathrm{d}z\mathrm{d}x - \iint_{\Sigma_1} xy\mathrm{d}y\mathrm{d}z + y^2\mathrm{d}z\mathrm{d}x = 0.$$

5. 解答:根据转动惯量的计算公式,有

$$I_z = \iint_{\Sigma} \rho(x,y,z)(x^2+y^2)\mathrm{d}S.$$

又 Σ 在 xOy 面的投影为 $D: x^2+y^2 \leqslant 2x$,同时

$$\mathrm{d}S = \sqrt{1+z_x^2+z_y^2}\mathrm{d}x\mathrm{d}y = \sqrt{1+\frac{x^2}{x^2+y^2}+\frac{y^2}{x^2+y^2}} = \sqrt{2}\mathrm{d}x\mathrm{d}y,$$

因此

$$I_z = \iint_{\Sigma} xz(x^2+y^2)\mathrm{d}S = \iint_{\Sigma} x(x^2+y^2)^{\frac{3}{2}}\mathrm{d}S = \sqrt{2}\iint_{D} x(x^2+y^2)^{\frac{3}{2}}\mathrm{d}x\mathrm{d}y.$$

使用极坐标变换,可得 $D: 0 \leqslant \rho \leqslant 2\cos\theta, -\frac{\pi}{2} \leqslant \theta \leqslant \frac{\pi}{2}$,于是

$$I_z = \sqrt{2}\int_{-\frac{\pi}{2}}^{\frac{\pi}{2}} \cos\theta\mathrm{d}\theta \int_0^{2\cos\theta} \rho^5\mathrm{d}\rho = \frac{64\sqrt{2}}{3}\int_0^{\frac{\pi}{2}} \cos^7\theta\mathrm{d}\theta,$$

其中

$$\int_0^{\frac{\pi}{2}} \cos^7\theta\mathrm{d}\theta \xrightarrow{t=\sin\theta} \int_0^1 (1-t^2)^3\mathrm{d}t = \int_0^1 (1-3t^2+3t^4-t^6)\mathrm{d}t = \frac{16}{35},$$

最终可得

$$I_z = \frac{64\sqrt{2}}{3}\int_0^{\frac{\pi}{2}} \cos^7\theta\mathrm{d}\theta = \frac{1024\sqrt{2}}{105}.$$

注:亦可利用沃利斯公式计算积分 $\int_0^{\frac{\pi}{2}} \cos^7\theta\mathrm{d}\theta$,即 $\int_0^{\frac{\pi}{2}} \cos^7\theta\mathrm{d}\theta = \frac{6!!}{7!!} = \frac{6 \cdot 4 \cdot 2}{7 \cdot 5 \cdot 3} = \frac{16}{35}$.

第十一章 曲线积分与曲面积分

同步检测卷 B

一、单项选择题

1. 解答: 当平面区域 D 是单连通域,且 $P(x,y),Q(x,y)$ 在 D 内有一阶连续偏导数时,$\int_L P\mathrm{d}x+Q\mathrm{d}y$ 与路径无关的充分必要条件为以下三个:

(1) $\dfrac{\partial Q(x,y)}{\partial x}=\dfrac{\partial P(x,y)}{\partial y}$,对任意的 $(x,y)\in D$;

(2) 对 D 内任意的分段光滑闭曲线 $C,\oint_C P\mathrm{d}x+Q\mathrm{d}y=0$;

(3) 存在 D 内可微函数 $u(x,y)$,使 $\mathrm{d}u=P\mathrm{d}x+Q\mathrm{d}y$.

由于 A,B,C 三个选项都没有说明 D 是单连通域,因此答案为 D.

2. 解答: 注意到 $I=\int_L \dfrac{-y\mathrm{d}x+x\mathrm{d}y}{x^2+y^2}$ 的被积函数在 $(0,0)$ 点不连续,因此虽然 $\dfrac{\partial Q}{\partial x}=\dfrac{\partial P}{\partial y}$,但 I 只能在不含 $(0,0)$ 的单连通区域内与路径无关. 由于 $(0,0)$ 点含在曲线 $L\cup\overline{AB}$ 包围的区域内,含在曲线 $L\cup\overline{AC}\cup\overline{CB}$ 包围的区域内,也含在曲线 $L\cup\overline{AD}\cup\overline{DB}$ 包围的区域内,所以 I 在上述三个区域内都不能与路径无关. 由于 $(0,0)$ 点不含在曲线 $L\cup\overline{AE}\cup\overline{EB}$ 包围的区域内,所以 I 可以在包含此区域的单连通域内与路径无关,因此答案为 D.

3. 解答: 曲面 Σ 在 xOy 平面的投影为 $D:x^2+y^2\leqslant 2$,同时曲面面积微元为

$$\mathrm{d}S=\sqrt{1+z_x^2+z_y^2}\mathrm{d}x\mathrm{d}y=\sqrt{1+(-2x)^2+(-2y)^2}\mathrm{d}x\mathrm{d}y=\sqrt{1+4x^2+4y^2}\mathrm{d}x\mathrm{d}y,$$

因此 $\iint\limits_\Sigma \mathrm{d}S=\iint\limits_D \sqrt{1+4x^2+4y^2}\mathrm{d}x\mathrm{d}y$. 根据极坐标变换,可得

$$\iint\limits_\Sigma \mathrm{d}S=\iint\limits_D \sqrt{1+4x^2+4y^2}\mathrm{d}x\mathrm{d}y=\int_0^{2\pi}\mathrm{d}\theta\int_0^{\sqrt{2}}\sqrt{1+4r^2}\,r\mathrm{d}r,$$

因此答案为 C.

4. 解答: 对于 A,由于 Ω 为球体 $x^2+y^2+z^2\leqslant a^2$,不能将 $x^2+y^2+z^2$ 化为 a^2 再计算,因此错误;

对于 C,第二类曲面积分无法使用奇偶对称性,因此错误;

对于 D,第二类曲面积分在使用轮换对称性时需要兼顾积分元的轮换,故等式

$$\oiint\limits_\Sigma x^2\mathrm{d}y\mathrm{d}z=\dfrac{1}{3}\oiint\limits_\Sigma (x^2+y^2+z^2)\mathrm{d}x\mathrm{d}y$$

不成立,因此错误;

对于 B,第一类曲面积分可以使用轮换对称性,解答正确,因此答案为 B.

5. 解答: 记 Ω 为 Σ 所围成的立体,根据高斯公式,有

$$I=\oiint\limits_\Sigma x^3\mathrm{d}y\mathrm{d}z+y^3\mathrm{d}z\mathrm{d}x+xy\mathrm{d}x\mathrm{d}y=\iiint\limits_\Omega (3x^2+3y^2)\mathrm{d}x\mathrm{d}y\mathrm{d}z,$$

再利用柱坐标变换计算三重积分,可得

$$I=\iiint\limits_\Omega (3x^2+3y^2)\mathrm{d}x\mathrm{d}y\mathrm{d}z=3\int_0^1\mathrm{d}z\int_0^{2\pi}\mathrm{d}\theta\int_0^a \rho^3\mathrm{d}\rho=\dfrac{3}{2}\pi a^4,$$

因此答案为 D.

二、填空题

1. 解答: 曲线 L 的参数方程为 $\begin{cases}x=1+t,\\ y=1+2t,\\ z=1+3t\end{cases}(0\leqslant t\leqslant 1)$,则曲线积分

$$\int_L x\,\mathrm{d}x + y\mathrm{d}y + z\mathrm{d}z = \int_0^1 [(1+t) + 2(1+2t) + 3(1+3t)]\mathrm{d}t$$
$$= (6t + 7t^2)\Big|_0^1 = 13.$$

2. 解答: 记 $P = 2y - x^3, Q = 4x + y^2$,由格林公式,可得
$$\oint_C (2y - x^3)\mathrm{d}x + (4x + y^2)\mathrm{d}y = \iint_D \left(\frac{\partial Q}{\partial x} - \frac{\partial P}{\partial y}\right)\mathrm{d}x\mathrm{d}y = 2\iint_D \mathrm{d}x\mathrm{d}y$$
$$= 2 \cdot 16\pi = 32\pi.$$

3. 解答: 使用偏积分的方法求原函数 $u(x,y)$,由于 $\dfrac{\partial u(x,y)}{\partial x} = \dfrac{3y-x}{(x+y)^3}$,则
$$u(x,y) = \int \frac{3y-x}{(x+y)^3}\mathrm{d}x = 4y\int \frac{1}{(x+y)^3}\mathrm{d}x - \int \frac{1}{(x+y)^2}\mathrm{d}x$$
$$= \frac{-2y}{(x+y)^2} + \frac{1}{x+y} + C(y) = \frac{x-y}{(x+y)^2} + C(y),$$

又由于
$$\frac{\partial \left[\dfrac{x-y}{(x+y)^2} + C(y)\right]}{\partial y} = \frac{y-3x}{(x+y)^3} + C'(y),$$

同时 $\dfrac{\partial u(x,y)}{\partial y} = \dfrac{y-3x}{(x+y)^3}$,可得 $C'(y) = 0$,故 $u(x,y) = \dfrac{x-y}{(x+y)^2} + C.$

4. 解答: 根据数量场梯度与向量场散度的计算公式,有
$$\mathrm{div}(\mathbf{grad}u) = \mathrm{div}\left\{\frac{\partial u}{\partial x}, \frac{\partial u}{\partial y}, \frac{\partial u}{\partial z}\right\} = \frac{\partial^2 u}{\partial x^2} + \frac{\partial^2 u}{\partial y^2} + \frac{\partial^2 u}{\partial z^2}.$$

由于
$$\frac{\partial u}{\partial x} = \frac{x}{x^2+y^2+z^2}, \quad \frac{\partial u}{\partial y} = \frac{y}{x^2+y^2+z^2}, \quad \frac{\partial u}{\partial z} = \frac{z}{x^2+y^2+z^2},$$
$$\frac{\partial^2 u}{\partial x^2} = \frac{y^2+z^2-x^2}{(x^2+y^2+z^2)^2}, \quad \frac{\partial^2 u}{\partial y^2} = \frac{x^2+z^2-y^2}{(x^2+y^2+z^2)^2}, \quad \frac{\partial^2 u}{\partial z^2} = \frac{x^2+y^2-z^2}{(x^2+y^2+z^2)^2},$$

则 $\mathrm{div}(\mathbf{grad}u) = \dfrac{\partial^2 u}{\partial x^2} + \dfrac{\partial^2 u}{\partial y^2} + \dfrac{\partial^2 u}{\partial z^2} = \dfrac{1}{x^2+y^2+z^2}.$

5. 解答: 向量场 $\mathbf{A}$ 为有势场,等价于向量场 $\mathbf{A}$ 为无旋场,即 $\mathbf{rot}(\mathbf{A}) = \mathbf{0}$. 由于
$$\mathbf{rot}(\mathbf{A}) = \begin{vmatrix} \mathbf{i} & \mathbf{j} & \mathbf{k} \\ \dfrac{\partial}{\partial x} & \dfrac{\partial}{\partial y} & \dfrac{\partial}{\partial z} \\ 2x^2+6xy & ax^2-y^2 & 3z^2 \end{vmatrix} = \{0, 0, 2ax - 6x\},$$

当 $\{0, 0, 2ax - 6x\} = \mathbf{0}$ 时,可得 $a = 3$.

三、计算与解答题

1. 解答: 将双纽线 C 表示为极坐标方程 $\rho^2 = a^2\cos 2\theta$,那么
$$\mathrm{d}s = \sqrt{\rho^2(\theta) + [\rho'(\theta)]^2}\,\mathrm{d}\theta = \frac{a^2}{\rho}\mathrm{d}\theta.$$

设 C 在第一象限的部分为 C_1,则由对称性,有
$$\oint_C |x|\,\mathrm{d}s = 4\int_{C_1} x\mathrm{d}s = 4\int_0^{\frac{\pi}{4}} \rho\cos\theta \sqrt{\rho^2(\theta) + [\rho'(\theta)]^2}\,\mathrm{d}\theta$$
$$= 4\int_0^{\frac{\pi}{4}} a^2\cos\theta\,\mathrm{d}\theta = 2\sqrt{2}\,a^2.$$

2. 解答： 由于旋转抛物面 Σ 关于平面 $x=0$ 和 $y=0$ 对称，被积函数关于自变量 x 和 y 是偶函数，由对称性，有
$$\iint_\Sigma |xyz|\,dS = 4\iint_{\Sigma_1} xyz\,dS,$$
其中 Σ_1 为 Σ 在第一卦限部分的曲面. Σ_1 在 xOy 面上的投影区域为
$$D_{xy} = \{(x,y) \mid x^2+y^2 \leqslant 2, x \geqslant 0, y \geqslant 0\},$$
因为 $\sqrt{1+z_x^2+z_y^2} = \sqrt{1+x^2+y^2}$，所以利用极坐标，可得
$$\iint_\Sigma |xyz|\,dS = 4\iint_{\Sigma_1} xyz\,dS = 2\iint_{D_{xy}} xy(x^2+y^2)\sqrt{1+x^2+y^2}\,dxdy$$
$$= 2\int_0^{\frac{\pi}{2}} d\theta \int_0^{\sqrt{2}} r^2\cos\theta\sin\theta \cdot r^2\sqrt{1+r^2}\,rdr$$
$$= \int_0^{\frac{\pi}{2}} \sin 2\theta\,d\theta \int_0^{\sqrt{2}} r^5\sqrt{1+r^2}\,dr = \int_0^{\sqrt{2}} r^5\sqrt{1+r^2}\,dr,$$
继续令 $\sqrt{1+r^2}=t$，则
$$\iint_\Sigma |xyz|\,dS = \int_0^{\sqrt{2}} r^5\sqrt{1+r^2}\,dr = \int_1^{\sqrt{3}} (t^2-1)^2 t^2\,dt$$
$$= \left(\frac{1}{7}t^7 - \frac{2}{5}t^5 + \frac{1}{3}t^3\right)\Big|_1^{\sqrt{3}} = \frac{44}{35}\sqrt{3} - \frac{8}{105}.$$

3. 解答：（方法1）将 $z=R-x$ 代入曲线积分，可将空间曲线积分化为平面曲线积分，即
$$I = \int_C y\,dx + z\,dy + x\,dz = \int_{C_1} y\,dx + (R-x)\,dy + x\,d(R-x)$$
$$= \int_{C_1} (y-x)\,dx + (R-x)\,dy,$$
其中 C_1 为平面曲线 $x^2+y^2+(R-x)^2=R^2$，即 $2\left(x-\dfrac{R}{2}\right)^2+y^2=\dfrac{R^2}{2}$. 由于从原点看去曲线 C 的方向为顺时针，则在 xOy 平面上，C_1 的方向为逆时针.

记 D 为椭圆 $2\left(x-\dfrac{R}{2}\right)^2+y^2 \leqslant \dfrac{R^2}{2}$，其面积为 $\dfrac{\pi R^2}{2\sqrt{2}}$，根据格林公式可得
$$I = \int_{C_1} (y-x)\,dx + (R-x)\,dy = \iint_D -2\,dxdy = -\frac{\pi R^2}{\sqrt{2}}.$$

（方法2）记 $S: x+z=R\left(2\left(x-\dfrac{R}{2}\right)^2+y^2 \leqslant \dfrac{R^2}{2}\right)$（取上侧），则由斯托克斯公式，
$$I = \int_C y\,dx + z\,dy + x\,dz = \iint_S \begin{vmatrix} dydz & dzdx & dxdy \\ \dfrac{\partial}{\partial x} & \dfrac{\partial}{\partial y} & \dfrac{\partial}{\partial z} \\ y & z & x \end{vmatrix} = -\iint_S dydz + dzdx + dxdy.$$
由于 $S: x+z=R$ 的法向量为 $\{1,0,1\}$，故 $\dfrac{dydz}{1}=\dfrac{dzdx}{0}=\dfrac{dxdy}{1}$. 记 D 为椭圆 $2\left(x-\dfrac{R}{2}\right)^2+y^2 \leqslant \dfrac{R^2}{2}$，其面积为 $\dfrac{\pi R^2}{2\sqrt{2}}$，因此
$$I = -\iint_S dydz + dzdx + dxdy = -2\iint_S dxdy = -2\iint_D dxdy = -\frac{\pi R^2}{\sqrt{2}}.$$

4. 解答： 记 $L: y=0$，起点为 $B(-2a,0)$，终点为 $A(0,0)$，D 为闭曲线 $\overset{\frown}{AB} \cup L$ 围成的区域，则

$$D = \{(\rho,\theta) \mid 0 \leqslant \rho \leqslant a(1-\cos\theta), 0 \leqslant \theta \leqslant \pi\}.$$

根据格林公式,可得

$$\oint_{\widehat{AB} \cup L} (\varphi(y)e^x - \pi y)dx + (\varphi'(y)e^x - \pi)dy$$

$$= \iint_D \pi dxdy = \pi \int_0^\pi d\theta \int_0^{a(1-\cos\theta)} \rho d\rho = \frac{\pi}{2}a^2 \int_0^\pi (1-\cos\theta)^2 d\theta = \frac{3}{4}\pi^2 a^2,$$

又由于

$$\int_L (\varphi(y)e^x - \pi y)dx + (\varphi'(y)e^x - \pi)dy = \int_L \varphi(0)e^x dx = 0,$$

故

$$I = \int_{\widehat{AB}} (\varphi(y)e^x - \pi y)dx + (\varphi'(y)e^x - \pi)dy = \frac{3}{4}\pi^2 a^2 - 0 = \frac{3}{4}\pi^2 a^2.$$

5. 解答:设 $\Sigma_1: z = 1(x^2+y^2 \leqslant 1)$,取下侧, $\Sigma_2: z = 2(x^2+y^2 \leqslant 4)$,取上侧. 令 Ω 为 Σ, Σ_1, Σ_2 围成的区域,则曲面 $\Sigma \cup \Sigma_1 \cup \Sigma_2$ 构成 Ω 的外侧边界,根据高斯公式,有

$$\oiint_{\Sigma \cup \Sigma_1 \cup \Sigma_2} ydydz - xdzdx + z^2 dxdy = \iiint_\Omega 2zdxdydz,$$

使用截面法计算上述三重积分,有

$$\iiint_\Omega 2zdxdydz = 2\int_1^2 zdz \iint_{x^2+y^2 \leqslant z^2} dydx = 2\pi \int_1^2 z^3 dz = \frac{15}{2}\pi.$$

分别记 $D_1: x^2+y^2 \leqslant 1$, $D_2: x^2+y^2 \leqslant 4$,由第二类曲面积分计算公式,可得

$$\iint_{\Sigma_1} ydydz - xdzdx + z^2 dxdy = \iint_{\Sigma_1} dxdy = -\iint_{D_1} dxdy = -\pi,$$

$$\iint_{\Sigma_2} ydydz - xdzdx + z^2 dxdy = 4\iint_{\Sigma_2} dxdy = 4\iint_{D_2} dxdy = 16\pi,$$

因此

$$I = \iint_\Sigma ydydz - xdzdx + z^2 dxdy = \frac{15}{2}\pi - (-\pi) - 16\pi = -\frac{15}{2}\pi.$$

6. 解答:设引力为 $\boldsymbol{F} = \{F_x, F_y, F_z\}$,根据对称性可知 $F_x = F_y = 0$,因此只需要求 $\boldsymbol{F}$ 在 z 轴的分力 F_z. 记 $\Sigma: z = \sqrt{x^2+y^2}(0 \leqslant b \leqslant z \leqslant a)$ 在 xOy 面的投影为 $D: b^2 \leqslant x^2+y^2 \leqslant a^2$,则

$$F_z = km\rho_0 \iint_\Sigma \frac{z}{(x^2+y^2+z^2)^{\frac{3}{2}}} dS = km\rho_0 \sqrt{2}\iint_D \frac{\sqrt{x^2+y^2}}{[2(x^2+y^2)]^{\frac{3}{2}}} dxdy$$

$$= \frac{km\rho_0}{2} \iint_D \frac{1}{x^2+y^2} dxdy = \frac{km\rho_0}{2} \int_0^{2\pi} d\theta \int_b^a \frac{1}{r} dr = \pi km\rho_0 \ln \frac{a}{b}.$$

四、证明题

解答:根据第一类曲线积分和第二类曲线积分的关系,可知

$$\int_L Pdx + Qdy = \int_L (P\cos\alpha + Q\sin\alpha) ds,$$

其中 $(\cos\alpha, \sin\alpha)$ 为曲线 L 上的正向单位切向量. 由于

$$(P\cos\alpha + Q\sin\alpha)^2 = P^2\cos^2\alpha + Q^2\sin^2\alpha + 2PQ\cos\alpha\sin\alpha$$
$$\leqslant P^2\cos^2\alpha + Q^2\sin^2\alpha + P^2\sin^2\alpha + Q^2\cos^2\alpha = P^2 + Q^2,$$

因此

$$\left|\int_L Pdx + Qdy\right| \leqslant \int_L |P\cos\alpha + Q\sin\alpha| ds \leqslant \int_L \sqrt{P^2+Q^2} ds \leqslant lM.$$

同步检测卷 C

一、填空题

1. 解答: 曲线 L 关于 z 轴的转动惯量为

$$I_z = \oint_L (x^2 + y^2) \mathrm{d}s.$$

根据曲线 L 方程中的 x, y, z 彼此对称,由第一类曲线积分的轮换对称性,可知

$$\oint_L x^2 \mathrm{d}s = \oint_L y^2 \mathrm{d}s = \oint_L z^2 \mathrm{d}s = \frac{1}{3}\oint_L (x^2 + y^2 + z^2) \mathrm{d}s.$$

由于曲线 L 为球面 $x^2 + y^2 + z^2 = a^2$ 上的大圆,其长度为 $2\pi a$,因此

$$I_z = \frac{2}{3}\oint_L (x^2 + y^2 + z^2) \mathrm{d}s = \frac{2a^2}{3}\oint_L \mathrm{d}s = \frac{4}{3}\pi a^3.$$

2. 解答: 设 Σ_1 为平面 $z = 1(x^2 + y^2 \leqslant 1)$ 的上侧,Ω 为 Σ 和 Σ_1 围成的空间区域,则 $\Sigma \cup \Sigma_1$ 构成了 Ω 的外侧边界曲面,根据高斯公式,有

$$\oiint_{\Sigma \cup \Sigma_1} (xy + z^2) \mathrm{d}y\mathrm{d}z + x^2 z^2 \mathrm{d}x\mathrm{d}y = \iiint_\Omega (y + 2x^2 z) \mathrm{d}x\mathrm{d}y\mathrm{d}z.$$

由于 Ω 关于平面 $y = 0$ 对称,则 $\iiint_\Omega y \mathrm{d}x\mathrm{d}y\mathrm{d}z = 0$. 再使用投影法计算三重积分可得

$$\iiint_\Omega 2x^2 z \mathrm{d}x\mathrm{d}y\mathrm{d}z = \iint_{x^2+y^2 \leqslant 1} 2x^2 \mathrm{d}x\mathrm{d}y \int_{x^2+y^2}^1 z \mathrm{d}z = \iint_{x^2+y^2 \leqslant 1} x^2 [1 - (x^2 + y^2)^2] \mathrm{d}x\mathrm{d}y$$

$$= \int_0^{2\pi} \cos^2\theta \mathrm{d}\theta \cdot \int_0^1 \rho^3(1 - \rho^4) \mathrm{d}\rho = \frac{\pi}{8}.$$

因此 $\oiint_{\Sigma \cup \Sigma_1} (xy + z^2) \mathrm{d}y\mathrm{d}z + x^2 z^2 \mathrm{d}x\mathrm{d}y = \frac{\pi}{8}$. 又由于

$$\iint_{\Sigma_1} (xy + z^2) \mathrm{d}y\mathrm{d}z + x^2 z^2 \mathrm{d}x\mathrm{d}y = \iint_{x^2+y^2 \leqslant 1} x^2 \mathrm{d}x\mathrm{d}y = \int_0^{2\pi} \cos^2\theta \mathrm{d}\theta \cdot \int_0^1 \rho^3 \mathrm{d}\rho = \frac{\pi}{4},$$

故

$$\iint_\Sigma (xy + z^2) \mathrm{d}y\mathrm{d}z + x^2 z^2 \mathrm{d}x\mathrm{d}y = \frac{\pi}{8} - \frac{\pi}{4} = -\frac{\pi}{8}.$$

3. 解答: 记 L_1 为直线 $y = 0$,从 $A(6, 0)$ 到 $O(0, 0)$,$D: 0 \leqslant y \leqslant \sqrt{6x - x^2}, 0 \leqslant x \leqslant 6$,则 $L \cup L_1$ 构成了 D 的负向边界(顺时针). 根据格林公式,有

$$\oint_{L \cup L_1} (e^x \sin y + 8y) \mathrm{d}x + (e^x \cos y - 7x) \mathrm{d}y = 15 \iint_D \mathrm{d}x\mathrm{d}y = \frac{135}{2}\pi.$$

又由于

$$\int_{L_1} (e^x \sin y + 8y) \mathrm{d}x + (e^x \cos y - 7x) \mathrm{d}y = \int_{L_1} 0 \mathrm{d}x = 0,$$

故 $\int_L (e^x \sin y + 8y) \mathrm{d}x + (e^x \cos y - 7x) \mathrm{d}y = \frac{135}{2}\pi.$

4. 解答: 记 L 为 xOy 面上的曲线 $x^2 + y^2 = 2y$,其参数方程为 $\begin{cases} x = \cos t, \\ y = 1 + \sin t \end{cases} (0 \leqslant t \leqslant 2\pi).$

根据第一类曲线积分的几何意义,所求的柱面面积为

$$S = \oint_L \sqrt{x^2+y^2}\,ds = \int_0^{2\pi} \sqrt{2(1+\sin t)}\,dt = \sqrt{2}\int_0^{2\pi}\left|\sin\frac{t}{2}+\cos\frac{t}{2}\right|dt$$

$$= \sqrt{2}\int_0^{\frac{3\pi}{2}}\left(\sin\frac{t}{2}+\cos\frac{t}{2}\right)dt - \sqrt{2}\int_{\frac{3\pi}{2}}^{2\pi}\left(\sin\frac{t}{2}+\cos\frac{t}{2}\right)dt$$

$$= 2\sqrt{2}\left(\sin\frac{t}{2}-\cos\frac{t}{2}\right)\Big|_0^{\frac{3\pi}{2}} - 2\sqrt{2}\left(\sin\frac{t}{2}-\cos\frac{t}{2}\right)\Big|_{\frac{3\pi}{2}}^{2\pi} = 8.$$

5. 解答: 因为积分与路径无关,所以 $\dfrac{\partial \theta}{\partial x} = 2x$,即 $\theta(x,y) = x^2 + c(y)$.

根据路径无关性计算曲线积分可得

$$\int_{(0,0)}^{(t,1)} 2xy\,dx + \theta(x,y)\,dy = \int_0^1 [t^2 + c(y)]\,dy = t^2 + \int_0^1 c(y)\,dy,$$

$$\int_{(0,0)}^{(1,t)} 2xy\,dx + \theta(x,y)\,dy = \int_0^t [1 + c(y)]\,dy = t + \int_0^t c(y)\,dy,$$

即 $t^2 + \int_0^1 c(y)\,dy = t + \int_0^t c(y)\,dy$. 左式两边同时求导可得 $2t = 1 + c(t)$,故 $c(y) = 2y - 1$,因此

$$\theta(x,y) = x^2 + 2y - 1.$$

6. 解答: 在任一闭曲线上曲线积分为零,可知曲线积分与路径无关. 令

$$P(x,y) = ye^x f(x) - \frac{y}{x}, \quad Q(x,y) = -\ln f(x),$$

根据曲线积分与路径无关的充要条件,有

$$\frac{\partial P(x,y)}{\partial y} = e^x f(x) - \frac{1}{x} = \frac{\partial Q(x,y)}{\partial x} = -\frac{f'(x)}{f(x)},$$

于是得到函数 $f(x)$ 满足的微分方程

$$f'(x) - \frac{1}{x}f(x) = -e^x f^2(x).$$

这是一个伯努利方程,令 $p(x) = \dfrac{1}{f(x)}$,可得一阶线性方程 $p' + \dfrac{1}{x}p = e^x$,其通解为

$$p(x) = \frac{1}{x}\left(\int xe^x\,dx + C\right) = \frac{(x-1)e^x + C}{x},$$

再由 $p(x) = \dfrac{1}{f(x)}$ 以及 $f(1) = \dfrac{1}{2}$,可得 $f(x) = \dfrac{x}{(x-1)e^x + 2}$.

二、计算与解答题

1. 解答: Γ 绕 z 轴旋转一周而成的旋转曲面为 $\Sigma: x^2 + y^2 = 5z(0 \leqslant z \leqslant 1)$.

首先, $\iint\limits_{\Sigma} x^2\,dx\,dy = -\iint\limits_{x^2+y^2\leqslant 5} x^2\,dx\,dy = -\dfrac{25}{4}\pi$, 再令 $\iint\limits_{\Sigma} f(x,y,z)\,dy\,dz = A$, 可得

$$f(x,y,z) = (x+y+z)^2 + A - \frac{25}{4}\pi.$$

记 $S: z = 1(x^2+y^2 \leqslant 5)$,取上侧,$\Omega$ 为 Σ 与 S 围成的区域,根据高斯公式,有

$$A = \iint\limits_{\Sigma} f(x,y,z)\,dy\,dz = \iint\limits_{\Sigma}\left((x+y+z)^2 + A - \frac{25}{4}\pi\right)dy\,dz$$

$$= \oiint\limits_{\Sigma \cup S}\left((x+y+z)^2 + A - \frac{25}{4}\pi\right)dy\,dz - \iint\limits_{S}\left((x+y+z)^2 + A - \frac{25}{4}\pi\right)dy\,dz$$

$$= 2\iiint\limits_{\Omega}(x+y+z)\,dx\,dy\,dz = \frac{10}{3}\pi,$$

于是 $f(x,y,z) = (x+y+z)^2 - \dfrac{35}{12}\pi$.

2. 解答: Σ_a 与球面 Σ_0 的交线在 xOy 面投影为

$$\begin{cases} x^2 + y^2 = a^2 - \dfrac{a^4}{4}, \\ z = 0, \end{cases}$$

又 Σ_a 在球面 Σ_0 内的部分为 Σ_a 的下半部分,其方程为 $z = 1 - \sqrt{a^2 - x^2 - y^2}$,有

$$z_x = \frac{x}{\sqrt{a^2 - x^2 - y^2}}, \quad z_y = \frac{y}{\sqrt{a^2 - x^2 - y^2}}.$$

记 $D: x^2 + y^2 \leqslant a^2 - \dfrac{a^4}{4}$,由曲面面积计算公式,可得

$$S_a = \iint_D \sqrt{1 + z_x^2 + z_y^2}\,\mathrm{d}x\mathrm{d}y = \iint_D \frac{a}{\sqrt{a^2 - x^2 - y^2}}\mathrm{d}x\mathrm{d}y$$

$$= a\int_0^{2\pi}\mathrm{d}\theta\int_0^{\sqrt{a^2 - a^4/4}} \frac{\rho}{\sqrt{a^2 - \rho^2}}\mathrm{d}\rho = 2\pi a^2 - \pi a^3.$$

由于 $S_a' = 4\pi a - 3\pi a^2$,当 $S_a' = 0$ 可得 $a = \dfrac{4}{3}$,又 $S_a''\left(\dfrac{4}{3}\right) = -4\pi < 0$,故 $a = \dfrac{4}{3}$ 时,Σ_a 在球面 Σ_0 内的部分面积最大.

3. 解答:设 (X, Y, Z) 为 Π 上任意一点,则 Π 的方程 $\dfrac{xX}{2} + \dfrac{yY}{2} + zZ = 1$,于是

$$\rho(x, y, z) = \frac{1}{\sqrt{\left(\dfrac{x}{2}\right)^2 + \left(\dfrac{y}{2}\right)^2 + z^2}} = \left(\frac{x^2}{4} + \frac{y^2}{4} + z^2\right)^{-\frac{1}{2}}.$$

由曲面方程 $z = \sqrt{1 - \left(\dfrac{x^2}{2} + \dfrac{y^2}{2}\right)}$,可得

$$\mathrm{d}S = \sqrt{1 + z_x^2 + z_y^2} = \frac{\sqrt{4 - x^2 - y^2}}{2\sqrt{1 - \left(\dfrac{x^2}{2} + \dfrac{y^2}{2}\right)}}\mathrm{d}x\mathrm{d}y,$$

因此

$$\iint_S \frac{z}{\rho(x, y, z)}\mathrm{d}S = \frac{1}{4}\iint_D (4 - x^2 - y^2)\mathrm{d}x\mathrm{d}y = \frac{1}{4}\int_0^{2\pi}\mathrm{d}\theta\int_0^{\sqrt{2}} (4 - r^2)r\mathrm{d}r = \frac{3}{2}\pi.$$

4. 解答:记 $\Sigma: x + y + z = 2(|x| + |y| \leqslant 1)$,取上侧,则根据斯托克斯公式,

$$\oint_L (y^2 - z^2)\mathrm{d}x + (2z^2 - x^2)\mathrm{d}y + (3x^2 - y^2)\mathrm{d}z$$

$$= \iint_\Sigma \begin{vmatrix} \mathrm{d}y\mathrm{d}z & \mathrm{d}z\mathrm{d}x & \mathrm{d}x\mathrm{d}y \\ \dfrac{\partial}{\partial x} & \dfrac{\partial}{\partial y} & \dfrac{\partial}{\partial z} \\ y^2 - z^2 & 2z^2 - x^2 & 3x^2 - y^2 \end{vmatrix}$$

$$= -2\iint_\Sigma (y + 2z)\mathrm{d}y\mathrm{d}z + (3x + z)\mathrm{d}z\mathrm{d}x + (x + y)\mathrm{d}x\mathrm{d}y.$$

由于 $\Sigma: x + y + z = 2$ 的法向量为 $\{1, 1, 1\}$,故 $\dfrac{\mathrm{d}y\mathrm{d}z}{1} = \dfrac{\mathrm{d}z\mathrm{d}x}{1} = \dfrac{\mathrm{d}x\mathrm{d}y}{1}$,因此

$$\oint_L (y^2 - z^2)\mathrm{d}x + (2z^2 - x^2)\mathrm{d}y + (3x^2 - y^2)\mathrm{d}z$$

$$= -2\iint_\Sigma (y + 2z)\mathrm{d}y\mathrm{d}z + (3x + z)\mathrm{d}z\mathrm{d}x + (x + y)\mathrm{d}x\mathrm{d}y = -2\iint_\Sigma (4x + 2y + 3z)\mathrm{d}x\mathrm{d}y$$

$$= -2\iint_{|x| + |y| \leqslant 1} (6 + x - y)\mathrm{d}x\mathrm{d}y = -12\iint_{|x| + |y| \leqslant 1} \mathrm{d}x\mathrm{d}y = -24.$$

5. 解答: 将曲线化为参数方程为

$$\begin{cases} x = a\cos t \sqrt{a^2\cos^2 t + b^2\sin^2 t}, \\ y = b\sin t \sqrt{a^2\cos^2 t + b^2\sin^2 t} \end{cases} \quad (0 \leqslant t \leqslant 2\pi),$$

则根据格林公式,曲线所围成的平面图形的面积为

$$S = \oint_C x\,dy = \int_0^{2\pi} a\cos t \sqrt{a^2\cos^2 t + b^2\sin^2 t}\, d(b\sin t \sqrt{a^2\cos^2 t + b^2\sin^2 t})$$

$$= \int_0^{2\pi} a\cos t \sqrt{a^2\cos^2 t + b^2\sin^2 t} \cdot \left[b\cos t \sqrt{a^2\cos^2 t + b^2\sin^2 t} + \frac{b\sin t \cdot (-a^2\cos t\sin t + b^2\sin t\cos t)}{\sqrt{a^2\cos^2 t + b^2\sin^2 t}} \right] dt$$

$$= ab\int_0^{2\pi} \left[\cos^2 t (a^2\cos^2 t + b^2\sin^2 t) + \sin^2 t\cos^2 t(b^2 - a^2) \right] dt$$

$$= ab\left[a^2 \int_0^{2\pi} \cos^4 t\, dt + (2b^2 - a^2) \int_0^{2\pi} \sin^2 t\cos^2 t\, dt \right] = ab\left[a^2 \cdot \frac{3}{4}\pi + (2b^2 - a^2) \cdot \frac{\pi}{4} \right] = \frac{1}{2}ab\pi(a^2 + b^2).$$

6. 解答: 设 $\boldsymbol{n} = (\cos\alpha, \cos\beta, \cos\gamma)$,则 $\cos(\boldsymbol{r},\boldsymbol{n}) = \dfrac{x\cos\alpha + y\cos\beta + z\cos\gamma}{\sqrt{x^2 + y^2 + z^2}}$,于是

$$I = \oiint_\Sigma \frac{x\cos\alpha + y\cos\beta + z\cos\gamma}{(x^2 + y^2 + z^2)^{\frac{3}{2}}}\, dS = \oiint_\Sigma \frac{x\,dy\,dz + y\,dz\,dx + z\,dx\,dy}{(x^2 + y^2 + z^2)^{\frac{3}{2}}}.$$

(1) 记 $\boldsymbol{F} = \{P, Q, R\}$,其中

$$P = \frac{x}{(x^2 + y^2 + z^2)^{\frac{3}{2}}}, \quad Q = \frac{y}{(x^2 + y^2 + z^2)^{\frac{3}{2}}}, \quad R = \frac{z}{(x^2 + y^2 + z^2)^{\frac{3}{2}}},$$

由于

$$\frac{\partial P}{\partial x} = \frac{y^2 + z^2 - 2x^2}{(x^2 + y^2 + z^2)^{\frac{5}{2}}}, \quad \frac{\partial Q}{\partial y} = \frac{x^2 + z^2 - 2y^2}{(x^2 + y^2 + z^2)^{\frac{5}{2}}}, \quad \frac{\partial R}{\partial z} = \frac{x^2 + y^2 - 2z^2}{(x^2 + y^2 + z^2)^{\frac{5}{2}}},$$

故 $\dfrac{\partial P}{\partial x} + \dfrac{\partial Q}{\partial y} + \dfrac{\partial R}{\partial z} = 0$,即 $\text{div}\boldsymbol{F} = 0$.

若曲面 Σ 围成的区域 Ω 不包含原点,则由高斯公式,可得

$$I = \oiint_\Sigma \frac{\cos(\boldsymbol{r},\boldsymbol{n})}{r^2}\, dS = \iiint_\Omega \text{div}\boldsymbol{F}\, dx\,dy\,dz = 0.$$

(2) 记 $\Sigma_1: x^2 + y^2 + z^2 = \varepsilon^2$(取内侧),$\varepsilon$ 充分小使得 Σ_1 含在 Σ 内。在闭曲面 $\Sigma \cup \Sigma_1$ 围成的区域 Ω 内被积函数连续可微,由高斯公式,可得

$$I = \oiint_{\Sigma \cup \Sigma_1} \frac{\cos(\boldsymbol{r},\boldsymbol{n})}{r^2}\, dS - \oiint_{\Sigma_1} \frac{\cos(\boldsymbol{r},\boldsymbol{n})}{r^2}\, dS = \iiint_\Omega \text{div}\boldsymbol{F}\, dx\,dy\,dz - \oiint_{\Sigma_1} \frac{\cos(\boldsymbol{r},\boldsymbol{n})}{r^2}\, dS$$

$$= -\oiint_{\Sigma_1} \frac{\cos(\boldsymbol{r},\boldsymbol{n})}{r^2}\, dS = -\oiint_{\Sigma_1} \frac{x\,dy\,dz + y\,dz\,dx + z\,dx\,dy}{(x^2+y^2+z^2)^{\frac{3}{2}}} = -\frac{1}{\varepsilon^3} \oiint_{\Sigma_1} x\,dy\,dz + y\,dz\,dx + z\,dx\,dy$$

$$= \frac{1}{\varepsilon^3} \cdot \iiint_{x^2+y^2+z^2 \leqslant \varepsilon^2} 3\,dx\,dy\,dz = \frac{3}{\varepsilon^3} \cdot \frac{4}{3}\pi\varepsilon^3 = 4\pi.$$

三、证明题

1. 解答:(1) 根据格林公式,得

$$\oint_L xe^{\sin y}\,dy - ye^{-\sin x}\,dx = \iint_D (e^{\sin y} + e^{-\sin x})\,dx\,dy,$$

$$\oint_L xe^{-\sin y}\,dy - ye^{\sin x}\,dx = \iint_D (e^{-\sin y} + e^{\sin x})\,dx\,dy.$$

由于 D 关于 $y = x$ 对称,根据二重积分的轮换对称性,可得

$$\iint\limits_{D}(e^{\sin y}+e^{-\sin x})dxdy = \iint\limits_{D}(e^{-\sin y}+e^{\sin x})dxdy,$$

因此 $\oint_{L}xe^{\sin y}dy - ye^{-\sin x}dx = \oint_{L}xe^{-\sin y}dy - ye^{\sin x}dx.$

(2) 由(1)知

$$\oint_{L}xe^{\sin y}dy - ye^{-\sin x}dx = \iint\limits_{D}(e^{\sin y}+e^{-\sin x})dxdy = \iint\limits_{D}e^{\sin y}dxdy + \iint\limits_{D}e^{-\sin x}dxdy,$$

又由二重积分的轮换对称性可知 $\iint\limits_{D}e^{\sin y}dxdy = \iint\limits_{D}e^{\sin x}dxdy$，故

$$\oint_{L}xe^{\sin y}dy - ye^{-\sin x}dx = \iint\limits_{D}(e^{\sin x}+e^{-\sin x})dxdy \geqslant \iint\limits_{D}2dxdy = 2\pi^2.$$

2. 解答：因为函数 $f(x,y)$ 有二阶连续偏导数，故曲线积分 $\int_{L}\frac{\partial f}{\partial x}dx + \frac{\partial f}{\partial y}dy$ 与路径无关.

设 $O(0,0), A(4,4), B(5,4)$，由条件

$$\left|\frac{\partial f}{\partial x}\right| \leqslant 2|x-y|, \quad \left|\frac{\partial f}{\partial y}\right| \leqslant 2|x-y|$$

知在直线 $OA: y = x$ 上，$\frac{\partial f}{\partial x} = \frac{\partial f}{\partial y} = 0$，所以

$$f(5,4) - f(0,0) = \int_{(0,0)}^{(5,4)} df(x,y) = \int_{(0,0)}^{(5,4)} \frac{\partial f}{\partial x}dx + \frac{\partial f}{\partial y}dy$$

$$= \int_{\overline{OA}}\frac{\partial f}{\partial x}dx + \frac{\partial f}{\partial y}dy + \int_{\overline{AB}}\frac{\partial f}{\partial x}dx + \frac{\partial f}{\partial y}dy$$

$$= 0 + \int_{4}^{5}\frac{\partial f(x,4)}{\partial x}dx = \int_{4}^{5}\frac{\partial f(x,4)}{\partial x}dx,$$

又 $f(0,0) = 0$，故

$$|f(5,4)| = \left|\int_{4}^{5}\frac{\partial f(x,4)}{\partial x}dx\right| \leqslant \int_{4}^{5}2|x-4|dx = 1.$$

3. 解答：曲面 $\Sigma: x^2 + y^2 + z^2 = 1$ 的面积为 4π，下面考虑两种情形.

(1) 当 a,b,c 都为零时，$\iint\limits_{\Sigma}f(ax+by+cz)dS = \iint\limits_{\Sigma}f(0)dS = 4\pi f(0)$，同时

$$2\pi\int_{-1}^{1}f(\sqrt{a^2+b^2+c^2}\,u)du = 2\pi\int_{-1}^{1}f(0)du = 4\pi f(0),$$

故等式成立.

(2) 当 a,b,c 不全为零时，可知原点到平面 $ax+by+cz+d = 0$ 的距离为 $\frac{|d|}{\sqrt{a^2+b^2+c^2}}$. 取固定的实数 u，作平面 $P_u: ax+by+cz-u\sqrt{a^2+b^2+c^2} = 0$ 去截已知球面，因为球的半径为 1，而原点到平面的距离为 $|u|$，因此 $|u| \leqslant 1$.

现在用平面 P_u, P_{u+du} 去截单位球面 $\Sigma: x^2+y^2+z^2 = 1$，可得一微元，在此微元上，被积函数 $f(ax+by+cz)$ 可以看作 $f(\sqrt{a^2+b^2+c^2}\,u)$. 将此微元摊开可以看成一个细长条，这个细长条的长是 $2\pi\sqrt{1-u^2}$，又因为 $u = \sqrt{1-x^2-y^2}$，则 $\cos\gamma = \frac{1}{\sqrt{1+u_x^2+u_y^2}} = u$，即得 $\sin\gamma = \sqrt{1-u^2}$，从而宽为 $\frac{du}{\sin\gamma} = \frac{du}{\sqrt{1-u^2}}$，因此微元的表面积为 $2\pi\sqrt{1-u^2} \cdot \frac{du}{\sqrt{1-u^2}} = 2\pi du$，故

$$I = \iint\limits_{\Sigma}f(ax+by+cz)dS = 2\pi\int_{-1}^{1}f(\sqrt{a^2+b^2+c^2}\,u)du.$$

第十二章　无穷级数

同步检测卷 A

一、单项选择题

1. 级数 $\sum_{n=1}^{\infty}(-1)^n \dfrac{n}{2^n}$ 的收敛情况为　　　　　　　　　　　　　　　　　　　(　　)

   A. 绝对收敛　　　B. 条件收敛　　　C. 发散　　　D. 无法确定

2. 幂级数 $\sum_{n=1}^{\infty} \dfrac{(x-1)^n}{n}$ 的收敛域为　　　　　　　　　　　　　　　　　　　(　　)

   A. $[0,2]$　　　B. $[0,2)$　　　C. $(0,2)$　　　D. $(0,2]$

3. 下列级数收敛的是　　　　　　　　　　　　　　　　　　　　　　　　　　　(　　)

   A. $\sum_{n=1}^{\infty} \dfrac{1}{2n}$　　　　　　　　　　B. $\sum_{n=1}^{\infty}\left(\dfrac{1}{2n}+\dfrac{1}{2^n}\right)$

   C. $\sum_{n=1}^{\infty}(\sqrt{n+1}-\sqrt{n})$　　　　　D. $\sum_{n=1}^{\infty} \dfrac{1}{n(n+1)}$

4. 下列级数发散的是　　　　　　　　　　　　　　　　　　　　　　　　　　　(　　)

   A. $\sum_{n=1}^{\infty} \dfrac{1}{n+3\sqrt{n}}$　　　　　　　B. $\sum_{n=1}^{\infty} \dfrac{1}{n^2-n+1}$

   C. $\sum_{n=1}^{\infty} \dfrac{\sqrt{n+1}}{n^2}$　　　　　　　D. $\sum_{n=1}^{\infty}(\sqrt{n^3+1}-\sqrt{n^3})$

5. 级数 $\sum_{n=1}^{\infty}(-1)^n \dfrac{1}{2\sqrt{n}+1}$ 的收敛情况为　　　　　　　　　　　　　　　(　　)

   A. 绝对收敛　　　B. 条件收敛　　　C. 发散　　　D. 无法确定

6. 若幂级数 $\sum_{n=0}^{\infty} a_n x^n$ 在 $x=-2$ 处条件收敛,则在 $x=e$ 处　　　　　　　(　　)

   A. 绝对收敛　　　B. 条件收敛　　　C. 发散　　　D. 无法确定

二、填空题

1. 幂级数 $\sum_{n=1}^{\infty} \dfrac{x^n}{n^2}$ 的收敛域为_____.

2. 幂级数 $\sum_{n=1}^{\infty} \dfrac{(x+2)^n}{n \cdot 2^n}$ 的收敛区间为_____,收敛域为_____.

3. 函数 $\dfrac{1}{1+x^2}$ 展开为幂级数的形式为_____.

4. 设函数 $f(x)=\begin{cases} x, -\pi<x\leqslant 0, \\ 1, 0<x\leqslant \pi, \end{cases}$ 若 $s(x)$ 为 $f(x)$ 的以 2π 为周期的傅里叶级数的和函数,则 $s(0)=$ _____, $s(3)=$ _____.

三、计算与解答题

1. 判断下列级数的敛散性,若收敛,请说明是绝对收敛还是条件收敛.

(1) $\displaystyle\sum_{n=1}^{\infty} n\tan\dfrac{\pi}{2^{n+1}}$;

(2) $\displaystyle\sum_{n=1}^{\infty}(-1)^n\dfrac{\sin^2 n}{n\sqrt{n}}$;

(3) $\displaystyle\sum_{n=1}^{\infty}(-1)^{n-1}\dfrac{\sqrt{n}}{n+1}$;

(4) $\displaystyle\sum_{n=1}^{\infty}\dfrac{1}{1+a^n}(a>0)$.

2. 求幂级数 $\displaystyle\sum_{n=1}^{\infty} nx^{2n-1}$ 的收敛域与和函数.

3. 将函数 $\dfrac{1}{(2-x)^2}$ 展开为麦克劳林级数.

4. 求数项级数 $\sum\limits_{n=1}^{\infty} \dfrac{n^2}{2^{n-1}}$ 的和.

5. 将函数 $f(x)=\begin{cases}1, x\in[-\pi,0),\\ 0, x\in[0,\pi]\end{cases}$ 展开为傅里叶级数.

同步检测卷 B

一、单项选择题

1. 若级数 $\sum_{n=1}^{\infty} a_n$ 收敛，则下列级数一定收敛的是 （　　）

   A. $\sum_{n=1}^{\infty} \frac{|a_n|}{n}$　　B. $\sum_{n=1}^{\infty} \frac{|a_n|}{n^2}$　　C. $\sum_{n=1}^{\infty} (-1)^n a_n$　　D. $\sum_{n=1}^{\infty} \frac{(-1)^n a_n}{n}$

2. 级数 $\sum_{n=2}^{\infty} \frac{(-1)^n}{n - \ln n}$ 的收敛情况为 （　　）

   A. 绝对收敛　　B. 条件收敛　　C. 发散　　D. 无法确定

3. 已知 $\lim\limits_{n \to \infty} \frac{a_n}{b_n} = 1$，下列结论正确的是 （　　）

   A. 若 $\sum_{n=1}^{\infty} a_n$ 收敛，则 $\sum_{n=1}^{\infty} b_n$ 也收敛

   B. 若 $\sum_{n=1}^{\infty} a_n$ 发散，则 $\sum_{n=1}^{\infty} b_n$ 也发散

   C. 若 $\sum_{n=1}^{\infty} a_n$ 条件收敛，则 $\sum_{n=1}^{\infty} |b_n|$ 一定发散

   D. 若 $\sum_{n=1}^{\infty} a_n$ 条件收敛，则 $\sum_{n=1}^{\infty} |b_n|$ 可能收敛，也可能发散

4. 若正项级数 $\sum_{n=1}^{\infty} a_n$ 收敛，对于下列条件，正项级数 $\sum_{n=1}^{\infty} b_n$ 不一定收敛的是 （　　）

   A. 存在常数 $k > 0, b_n \leqslant k a_n$　　　　B. 存在常数 $k > 0, k b_n \leqslant a_n$

   C. $\lim\limits_{n \to \infty} \frac{a_n}{b_n} = A > 0$　　　　D. $\lim\limits_{n \to \infty} \frac{a_n}{b_n} = 0$

5. 若幂级数 $\sum_{n=0}^{\infty} a_n x^n$ 和 $\sum_{n=0}^{\infty} b_n x^n$ 的收敛半径分别为 $r_1, r_2 (r_1 < r_2)$，则 $\sum_{n=0}^{\infty} (a_n + b_n) x^n$ 的收敛半径为 （　　）

   A. $r_1 + r_2$　　B. $r_2 - r_1$　　C. r_1　　D. r_2

6. 若级数 $\sum_{n=1}^{\infty} a_n (x+2)^n$ 在 $x = 0$ 处条件收敛，则此级数在 $x = -4$ 处 （　　）

   A. 发散　　B. 条件收敛　　C. 绝对收敛　　D. 无法确定

二、填空题

1. 函数 $\cosh x = \dfrac{\mathrm{e}^x + \mathrm{e}^{-x}}{2}$ 在 $x = 0$ 处展开为幂级数为 _____.

2. 设 $\lim\limits_{n \to \infty} \left| \dfrac{a_{n+1}}{a_n} \right| = 3$，则幂级数 $\sum_{n=1}^{\infty} (-1)^{n-1} \dfrac{a_n x^{3n}}{2^n}$ 的收敛半径为 _____.

3. 函数 $f(x) = \ln(1-x-2x^2)$ 关于 x 的幂级数展开式中,x^{99} 的系数为 _____.

4. 设函数 $f(x) = x^2 (0 \leqslant x \leqslant \pi)$,$s(x) = \sum\limits_{n=1}^{\infty} b_n \sin nx$,其中 $b_n = \dfrac{2}{\pi}\int_0^\pi f(x)\sin nx\,\mathrm{d}x$,则 $s(\pi) + s(5) =$ _____.

三、计算与解答题

1. 下列级数中,指出哪些满足莱布尼茨定理条件,哪些绝对收敛,哪些条件收敛.

   (1) $1 - \dfrac{1}{2^2} + \dfrac{1}{3^3} - \dfrac{1}{4^2} + \dfrac{1}{5^3} - \dfrac{1}{6^2} + \dfrac{1}{7^3} - \dfrac{1}{8^2} + \cdots$;

   (2) $1 - \dfrac{1}{2^2} + \dfrac{1}{3} - \dfrac{1}{4^2} + \dfrac{1}{5} - \dfrac{1}{6^2} + \dfrac{1}{7} - \dfrac{1}{8^2} + \cdots$;

   (3) $-\dfrac{1}{2\ln 2} + \dfrac{1}{3\ln 3} - \dfrac{1}{4\ln 4} + \dfrac{1}{5\ln 5} - \dfrac{1}{6\ln 6} + \dfrac{1}{7\ln 7} - \dfrac{1}{8\ln 8} + \cdots$;

   (4) $-1 + \dfrac{1}{2^2} - \dfrac{1}{3^3} + \dfrac{1}{4^4} - \dfrac{1}{5^5} + \dfrac{1}{6^6} - \dfrac{1}{7^7} + \dfrac{1}{8^8} + \cdots$.

2. 判断下列级数的敛散性,若收敛,请说明绝对收敛还是条件收敛.

   (1) $\sum\limits_{n=2}^{\infty} \sin\left(n\pi + \dfrac{1}{\ln n}\right)$;   (2) $\sum\limits_{n=1}^{\infty}(\sqrt{n+2} - 2\sqrt{n+1} + \sqrt{n})$.

3. 求幂级数 $\sum_{n=0}^{\infty} \dfrac{n^2+1}{n!\,3^n} x^n$ 的收敛区间及和函数.

4. 若数项级数 $\sum_{n=1}^{\infty} \ln[n(n+1)^a(n+2)^b]$ 收敛,求 a,b 的值.

5. 将函数 $f(x)=1-x$ 在 $[0,\pi]$ 上展开为余弦级数,并证明 $\sum_{k=1}^{\infty}\dfrac{1}{(2k-1)^2}=\dfrac{\pi^2}{8}$.

四、证明题

1. 设 $u_n, v_n > 0 (n=1,2,\cdots)$,记 $a_n = \dfrac{u_n}{u_{n+1}} v_n - v_{n+1}$,若 $\lim\limits_{n\to\infty} a_n = a > 0$,证明:级数 $\sum\limits_{n=1}^{\infty} u_n$ 收敛.

2. 设 $(1-x-x^2)f(x) = 1$ 且 $a_n = \dfrac{f^{(n)}(0)}{n!} (n=0,1,2,\cdots)$,证明:

   (1) $\{a_n\}$ 为斐波那契(Fibonacci)数列,即 $a_0 = a_1 = 1, a_{n+2} = a_n + a_{n+1}$;

   (2) 级数 $\sum\limits_{n=0}^{\infty} \dfrac{a_{n+1}}{a_n \cdot a_{n+2}}$ 收敛.

同步检测卷 C

一、填空题

1. 幂级数 $\sum\limits_{n=1}^{\infty} \dfrac{x^{n^2}}{n!}$ 的收敛域为 _____ .

2. 级数 $\sum\limits_{n=1}^{\infty} (-1)^{n-1} \dfrac{1}{2^{\ln n}}$ 收敛情况为 _____ .

3. 使级数 $\sum\limits_{n=1}^{\infty} (-1)^{n-1} \dfrac{\sqrt{n+1}-\sqrt{n}}{n^p}$ 条件收敛的 p 的取值范围为 _____ .

4. 函数 $f(x) = \dfrac{\mathrm{e}^x}{1-x}$ 在 $x=0$ 处展开为幂级数为 _____ .

5. 幂级数 $\sum\limits_{n=1}^{\infty} \dfrac{x^n}{n(n+1)}$ 的收敛域为 _____ ,和函数为 _____ .

6. 数项级数 $\sum\limits_{n=2}^{\infty} \dfrac{1}{(n^2-1)2^n}$ 的和为 _____ .

7. 幂级数 $\left(\sum\limits_{n=1}^{\infty} x^n \right)^3$ 中 x^{20} 的系数为 _____ .

二、计算与解答题

1. 设 $x > 0$,判断下列级数的敛散性:

    (1) $\sum\limits_{n=1}^{\infty} \dfrac{x^n}{(1+x)(1+x^2)\cdots(1+x^n)}$;

    (2) $\sum\limits_{n=1}^{\infty} \dfrac{x^{\frac{n(n+1)}{2}}}{(1+x)(1+x^2)\cdots(1+x^n)}$.

2. 讨论下列级数的敛散性：

(1) $\sum\limits_{n=2}^{\infty} \dfrac{(-1)^n}{\sqrt{n}+(-1)^n}$；

(2) $\sum\limits_{n=1}^{\infty} \sin(\sqrt{n^2+1}\,\pi)$；

(3) $\sum\limits_{n=2}^{\infty} \dfrac{1}{\ln(n!)}$；

(4) $\sum\limits_{n=1}^{\infty} (-1)^{[\sqrt{n}]} \dfrac{1}{n}$（$[\sqrt{n}]$ 表示不超过 $\sqrt{n}$ 的最大整数）.

3. 将函数 $f(x)=x(x\in[0,\pi])$ 展开为余弦级数,并计算 $\sum\limits_{n=1}^{\infty}\dfrac{1}{n^4}$.

三、证明题

1. 设 $a_n>0, s_n=\sum\limits_{k=1}^{n}a_k$,证明:当 $\mu>1$ 时 $\sum\limits_{n=1}^{\infty}\dfrac{a_n}{s_n^{\mu}}$ 收敛.

2. 设 $f(x) = \sum_{n=1}^{\infty} \frac{x^n}{n^2} (0 \leqslant x \leqslant 1)$，记 $H(x) = f(x) + f(1-x) + \ln x \cdot \ln(1-x)$.

   (1) 证明：$H(x)$ 在 $(0,1)$ 上恒为常数；

   (2) 求级数 $\sum_{n=1}^{\infty} \frac{1}{n^2 \cdot 2^n}$ 的和.

3. 设正项级数 $\sum_{n=1}^{\infty} a_n$ 收敛，证明 $\lim_{n \to \infty} \frac{\sum_{k=1}^{n} k a_k}{n} = 0$，并考虑 $\lim_{n \to \infty} n a_n = 0$ 是否成立.

参考答案

同步检测卷 A

一、单项选择题

1. 解答: 令 $a_n = \left|(-1)^n \dfrac{n}{2^n}\right| = \dfrac{n}{2^n}$, 由于

$$\lim_{n\to\infty}\dfrac{a_{n+1}}{a_n}=\lim_{n\to\infty}\left(\dfrac{n+1}{2^{n+1}}\Big/\dfrac{n}{2^n}\right)=\lim_{n\to\infty}\dfrac{n+1}{2n}=\dfrac{1}{2},$$

根据比值审敛法,可知级数 $\sum\limits_{n=1}^{\infty}a_n$ 收敛,故原级数绝对收敛,答案为 A.

2. 解答: 由于 $a_n = \dfrac{1}{n}$,且

$$\rho=\lim_{n\to\infty}\left|\dfrac{a_{n+1}}{a_n}\right|=\lim_{n\to\infty}\dfrac{n}{n+1}=1,$$

故幂级数的收敛半径为 1,收敛区间为 $(0,2)$. 当 $x=0$ 时,级数 $\sum\limits_{n=1}^{\infty}\dfrac{(-1)^n}{n}$ 收敛;当 $x=2$ 时,级数 $\sum\limits_{n=1}^{\infty}\dfrac{1}{n}$ 发散. 故幂级数的收敛域为 $[0,2)$,答案为 B.

3. 解答: 对于 A,$\sum\limits_{n=1}^{\infty}\dfrac{1}{n}$ 发散,因此 $\sum\limits_{n=1}^{\infty}\dfrac{1}{2n}$ 发散;

对于 B,$\sum\limits_{n=1}^{\infty}\dfrac{1}{2n}$ 发散,$\sum\limits_{n=1}^{\infty}\dfrac{1}{2^n}$ 收敛,因此 $\sum\limits_{n=1}^{\infty}\left(\dfrac{1}{2n}+\dfrac{1}{2^n}\right)$ 发散;

对于 C,由于

$$(\sqrt{2}-\sqrt{1})+(\sqrt{3}-\sqrt{2})+\cdots+(\sqrt{n+1}-\sqrt{n})=\sqrt{n+1}-1\to\infty,$$

因此 $\sum\limits_{n=1}^{\infty}(\sqrt{n+1}-\sqrt{n})$ 发散;

对于 D,由于

$$\dfrac{1}{1\cdot 2}+\dfrac{1}{2\cdot 3}+\cdots+\dfrac{1}{n(n+1)}=\left(1-\dfrac{1}{2}\right)+\left(\dfrac{1}{2}-\dfrac{1}{3}\right)+\cdots+\left(\dfrac{1}{n}-\dfrac{1}{n+1}\right)=1-\dfrac{1}{n+1}\to 1,$$

因此 $\sum\limits_{n=1}^{\infty}\dfrac{1}{n(n+1)}$ 收敛.

综上可知答案为 D.

4. 解答: 对于 A,由于 $\dfrac{1}{n+3\sqrt{n}}\geqslant\dfrac{1}{4n}$,$\sum\limits_{n=1}^{\infty}\dfrac{1}{4n}$ 发散,故 $\sum\limits_{n=1}^{\infty}\dfrac{1}{n+3\sqrt{n}}$ 发散;

对于 B,由于 $\dfrac{1}{n^2-n+1}\leqslant\dfrac{2}{n^2}$,$\sum\limits_{n=1}^{\infty}\dfrac{2}{n^2}$ 收敛,故 $\sum\limits_{n=1}^{\infty}\dfrac{1}{n^2-n+1}$ 收敛;

对于 C,由于 $\dfrac{\sqrt{n+1}}{n^2}\leqslant\dfrac{\sqrt{2n}}{n^2}=\sqrt{2}\dfrac{1}{n^{\frac{3}{2}}}$,$\sum\limits_{n=1}^{\infty}\dfrac{1}{n^{\frac{3}{2}}}$ 收敛,故 $\sum\limits_{n=1}^{\infty}\dfrac{\sqrt{n+1}}{n^2}$ 收敛;

对于 D,由于

$$\sqrt{n^3+1}-\sqrt{n^3}=\dfrac{1}{\sqrt{n^3+1}+\sqrt{n^3}}\leqslant\dfrac{1}{2}\dfrac{1}{n^{\frac{3}{2}}},$$

$\sum_{n=1}^{\infty}\dfrac{1}{n^{\frac{3}{2}}}$ 收敛,故 $\sum_{n=1}^{\infty}(\sqrt{n^3+1}-\sqrt{n^3})$ 收敛.

综上可知答案为 A.

5. 解答: 记 $a_n=\left|(-1)^n\dfrac{1}{2\sqrt{n}+1}\right|=\dfrac{1}{2\sqrt{n}+1}$,则 $a_n\geqslant\dfrac{1}{2(n+1)}$,由于 $\sum_{n=1}^{\infty}\dfrac{1}{n+1}$ 发散,故 $\sum_{n=1}^{\infty}a_n$ 发散,

因此级数 $\sum_{n=1}^{\infty}(-1)^n\dfrac{1}{2\sqrt{n}+1}$ 非绝对收敛;

又 $\lim_{n\to\infty}a_n=\lim_{n\to\infty}\dfrac{1}{2\sqrt{n}+1}=0$,且 $a_n=\dfrac{1}{2\sqrt{n}+1}>\dfrac{1}{2\sqrt{n+1}+1}=a_{n+1}$,故 $\{a_n\}$ 单调减少趋于 0,根据莱布尼茨审敛法,可知交错级数 $\sum_{n=1}^{\infty}(-1)^n a_n$ 收敛.

因此级数 $\sum_{n=1}^{\infty}(-1)^n a_n$ 条件收敛,答案为 B.

6. 解答: 幂级数条件收敛的点只能是收敛区间的端点,$\sum_{n=0}^{\infty}a_n x^n$ 在 $x=-2$ 处条件收敛,故收敛半径为 2,既然 $|e-0|>2$,故幂级数 $\sum_{n=0}^{\infty}a_n x^n$ 在 $x=e$ 处发散.因此答案为 C.

二、填空题

1. 解答: 由于 $a_n=\dfrac{1}{n^2}$,且
$$\rho=\lim_{n\to\infty}\left|\dfrac{a_{n+1}}{a_n}\right|=\lim_{n\to\infty}\left(\dfrac{n}{n+1}\right)^2=1,$$
故幂级数的收敛半径为 1,收敛区间为 $(-1,1)$.

当 $x=\pm 1$ 时,级数 $\sum_{n=1}^{\infty}\left|\dfrac{(\pm 1)^n}{n^2}\right|=\sum_{n=1}^{\infty}\dfrac{1}{n^2}$ 收敛,故幂级数的收敛域为 $[-1,1]$.

2. 解答: 由于 $a_n=\dfrac{1}{n\cdot 2^n}$,又
$$\rho=\lim_{n\to\infty}\left|\dfrac{a_{n+1}}{a_n}\right|=\lim_{n\to\infty}\left(\dfrac{1}{(n+1)\cdot 2^{n+1}}\bigg/\dfrac{1}{n\cdot 2^n}\right)=\lim_{n\to\infty}\dfrac{n}{2(n+1)}=\dfrac{1}{2},$$
故幂级数的收敛半径为 2,收敛区间为 $(-4,0)$.

当 $x=-4$ 时,级数 $\sum_{n=1}^{\infty}\dfrac{(-1)^n}{n}$ 收敛,当 $x=0$ 时,级数 $\sum_{n=1}^{\infty}\dfrac{1}{n}$ 发散,故幂级数的收敛域为 $[-4,0)$.

3. 解答: 当 $-1<x<1$ 时,有
$$\dfrac{1}{1+x}=1-x+x^2-x^3+\cdots+(-1)^n x^n+\cdots=\sum_{n=0}^{\infty}(-1)^n x^n,$$
因此 $\dfrac{1}{1+x^2}=\sum_{n=0}^{\infty}(-1)^n x^{2n}$.

4. 解答: 根据狄利克雷收敛定理,当 $-\pi<x<0$ 和 $0<x<\pi$ 时 $s(x)=f(x)$,并且
$$s(0)=\dfrac{f(0+0)+f(0-0)}{2}=\dfrac{1}{2}.$$
又由于 $0<3<\pi$,则 $s(3)=1$.

三、计算与解答题

1. 解答: (1) 首先,因为
$$\lim_{n\to\infty}\sqrt[n]{n\dfrac{\pi}{2^{n+1}}}=\dfrac{1}{2}\lim_{n\to\infty}\sqrt[n]{n}\cdot\sqrt[n]{\dfrac{\pi}{2}}=\dfrac{1}{2},$$

由根值审敛法,可知级数 $\sum\limits_{n=1}^{\infty} n \dfrac{\pi}{2^{n+1}}$ 收敛;其次,

$$\lim_{n \to \infty} \dfrac{n \tan \dfrac{\pi}{2^{n+1}}}{n \dfrac{\pi}{2^{n+1}}} = \lim_{n \to \infty} \dfrac{\tan \dfrac{\pi}{2^{n+1}}}{\dfrac{\pi}{2^{n+1}}} = 1,$$

由比较审敛法,可知级数 $\sum\limits_{n=1}^{\infty} n \tan \dfrac{\pi}{2^{n+1}}$ 收敛,而且是绝对收敛.

(2) 由于

$$\left| (-1)^n \dfrac{\sin^2 n}{n \sqrt{n}} \right| \leqslant \dfrac{1}{n \sqrt{n}} = \dfrac{1}{n^{\frac{3}{2}}},$$

级数 $\sum\limits_{n=1}^{\infty} \dfrac{1}{n^{\frac{3}{2}}}$ 收敛,因此级数 $\sum\limits_{n=1}^{\infty} (-1)^n \dfrac{\sin^2 n}{n \sqrt{n}}$ 绝对收敛.

(3) 首先,因为

$$\left| (-1)^{n-1} \dfrac{\sqrt{n}}{n+1} \right| = \dfrac{\sqrt{n}}{n+1} \geqslant \dfrac{1}{n+1},$$

级数 $\sum\limits_{n=1}^{\infty} \dfrac{1}{n+1}$ 发散,因此级数 $\sum\limits_{n=1}^{\infty} (-1)^{n-1} \dfrac{\sqrt{n}}{n+1}$ 非绝对收敛.

其次,记 $a_n = \dfrac{\sqrt{n}}{n+1}$,显然 $\lim\limits_{n \to \infty} a_n = 0$. 设 $f(x) = \dfrac{\sqrt{x}}{x+1}$,则

$$f'(x) = \dfrac{\dfrac{1}{2\sqrt{x}}(x+1) - \sqrt{x}}{(x+1)^2} = \dfrac{1-x}{2\sqrt{x}(x+1)^2} \leqslant 0 \quad (x \geqslant 1),$$

即 $f(x)$ 在 $x \geqslant 1$ 时单调减少,故 $f(n) \geqslant f(n+1)$,因此数列 $\{a_n\}$ 单调减少趋于 0,根据莱布尼茨审敛法,知级数 $\sum\limits_{n=1}^{\infty} (-1)^{n-1} a_n$ 收敛.

因此级数 $\sum\limits_{n=1}^{\infty} (-1)^{n-1} \dfrac{\sqrt{n}}{n+1}$ 条件收敛.

(4) 记 $u_n = \dfrac{1}{1+a^n}$,当 $0 < a < 1$ 时,$\lim\limits_{n \to \infty} u_n = 1$,当 $a = 1$ 时,$\lim\limits_{n \to \infty} u_n = \dfrac{1}{2}$,即当 $0 < a \leqslant 1$ 时,$\lim\limits_{n \to \infty} u_n \neq 0$,故级数 $\sum\limits_{n=1}^{\infty} u_n = \sum\limits_{n=1}^{\infty} \dfrac{1}{1+a^n}$ 发散;

当 $a > 1$ 时,因为

$$\lim_{n \to \infty} \dfrac{u_{n+1}}{u_n} = \lim_{n \to \infty} \dfrac{1+a^n}{1+a^{n+1}} = \dfrac{1}{a} < 1,$$

根据比值审敛法,可知级数 $\sum\limits_{n=1}^{\infty} u_n = \sum\limits_{n=1}^{\infty} \dfrac{1}{1+a^n}$ 收敛,且为绝对收敛.

2. 解答:由于 $\lim\limits_{n \to \infty} \dfrac{(n+1)x^{2n+1}}{nx^{2n-1}} = x^2$,根据比值审敛法,当 $|x^2| < 1$ 时,即 $x \in (-1,1)$ 时,$\sum\limits_{n=1}^{\infty} nx^{2n-1}$ 收敛,又由于当 $x = \pm 1$ 时,$\sum\limits_{n=1}^{\infty} nx^{2n-1}$ 发散,故收敛域为 $(-1,1)$.

设幂级数 $\sum\limits_{n=1}^{\infty} nx^{2n-1}$ 的和函数为 $s(x)$,由逐项求导公式,可得

$$s(x) = \sum_{n=1}^{\infty} nx^{2n-1} = \dfrac{1}{2} \left(\sum_{n=1}^{\infty} x^{2n} \right)' = \dfrac{1}{2} \left(\dfrac{x^2}{1-x^2} \right)' = \dfrac{x}{(1-x^2)^2},$$

其定义域为 $x \in (-1,1)$.

3. 解答：当 $|x| < 2$ 时，$\left|\dfrac{x}{2}\right| < 1$，由 $\dfrac{1}{1-\dfrac{x}{2}} = \sum\limits_{n=0}^{\infty} \left(\dfrac{x}{2}\right)^n$ 可知

$$\frac{1}{2-x} = \frac{1}{2} \cdot \frac{1}{1-\dfrac{x}{2}} = \frac{1}{2} \sum_{n=0}^{\infty} \left(\frac{x}{2}\right)^n = \sum_{n=0}^{\infty} \frac{x^n}{2^{n+1}}.$$

由于 $\left(\dfrac{1}{2-x}\right)' = \dfrac{1}{(2-x)^2}$，故

$$\frac{1}{(2-x)^2} = \left(\sum_{n=0}^{\infty} \frac{x^n}{2^{n+1}}\right)' = \sum_{n=1}^{\infty} \frac{nx^{n-1}}{2^{n+1}}.$$

4. 解答：考虑幂级数 $\sum\limits_{n=1}^{\infty} n^2 x^{n-1}$，并设 $s(x) = \sum\limits_{n=1}^{\infty} n^2 x^{n-1}$，则 $\sum\limits_{n=1}^{\infty} \dfrac{n^2}{2^{n-1}} = s\left(\dfrac{1}{2}\right)$.

当 $x \in (-1,1)$ 时，由逐项求导公式，可得

$$s(x) = \left(\sum_{n=1}^{\infty} nx^n\right)' = \left(x\left(\sum_{n=1}^{\infty} x^n\right)'\right)' = \left(x\left(\frac{x}{1-x}\right)'\right)' = \left(\frac{x}{(1-x)^2}\right)' = \frac{1+x}{(1-x)^3},$$

因此 $\sum\limits_{n=1}^{\infty} \dfrac{n^2}{2^{n-1}} = s\left(\dfrac{1}{2}\right) = 12$.

5. 解答：根据傅里叶系数公式，可得

$$a_0 = \frac{1}{\pi} \int_{-\pi}^{\pi} f(x)\,dx = \frac{1}{\pi} \int_{-\pi}^{0} dx = 1,$$

$$a_n = \frac{1}{\pi} \int_{-\pi}^{\pi} f(x)\cos nx\,dx = \frac{1}{\pi} \int_{-\pi}^{0} \cos nx\,dx = \frac{1}{n\pi} \sin nx \Big|_{-\pi}^{0} = 0 \quad (n=1,2,\cdots),$$

$$b_n = \frac{1}{\pi} \int_{-\pi}^{\pi} f(x)\sin nx\,dx = \frac{1}{\pi} \int_{-\pi}^{0} \sin nx\,dx = -\frac{1}{n\pi} \cos nx \Big|_{-\pi}^{0} = \frac{(-1)^n - 1}{n\pi} \quad (n=1,2,\cdots),$$

从而 $f(x)$ 的傅里叶级数为

$$f(x) \sim \frac{1}{2} + \frac{1}{\pi} \sum_{n=1}^{\infty} \frac{(-1)^n - 1}{n} \sin nx = \frac{1}{2} - \frac{2}{\pi} \sum_{k=1}^{\infty} \frac{\sin(2k-1)x}{2k-1}.$$

同步检测卷 B

一、单项选择题

1. 解答：若级数 $\sum\limits_{n=1}^{\infty} a_n$ 收敛，则数列 $\{a_n\}$ 有界，设 $|a_n| \leqslant M$，则 $\dfrac{|a_n|}{n^2} \leqslant \dfrac{M}{n^2}$，由于级数 $\sum\limits_{n=1}^{\infty} \dfrac{M}{n^2}$ 收敛，故级数 $\sum\limits_{n=1}^{\infty} \dfrac{|a_n|}{n^2}$ 收敛；又取 $a_n = (-1)^n \dfrac{1}{\ln(n+1)}$，则 $\sum\limits_{n=1}^{\infty} a_n$ 收敛，由于

$$\frac{|a_n|}{n} = \frac{(-1)^n a_n}{n} = \frac{1}{n\ln(n+1)}, \quad (-1)^n a_n = \frac{1}{\ln(n+1)},$$

而级数 $\sum\limits_{n=1}^{\infty} \dfrac{1}{n\ln(n+1)}$ 和 $\sum\limits_{n=1}^{\infty} \dfrac{1}{\ln(n+1)}$ 都发散，因此 $\sum\limits_{n=1}^{\infty} \dfrac{|a_n|}{n}$，$\sum\limits_{n=1}^{\infty} (-1)^n a_n$，$\sum\limits_{n=1}^{\infty} \dfrac{(-1)^n a_n}{n}$ 都发散.

因此答案为 B.

2. 解答：首先，$\left|\dfrac{(-1)^n}{n - \ln n}\right| = \dfrac{1}{n - \ln n} \geqslant \dfrac{1}{n}$，由于 $\sum\limits_{n=2}^{\infty} \dfrac{1}{n}$ 发散，故 $\sum\limits_{n=2}^{\infty} \dfrac{(-1)^n}{n - \ln n}$ 非绝对收敛；

其次，令 $a_n = \dfrac{1}{n - \ln n}$，则 $\lim\limits_{n\to\infty} a_n = \lim\limits_{n\to\infty} \dfrac{1}{n - \ln n} = 0$，且

$$a_n - a_{n+1} = \frac{1}{n - \ln n} - \frac{1}{(n+1) - \ln(n+1)} = \frac{1 - \ln\left(1 + \dfrac{1}{n}\right)}{(n - \ln n)((n+1) - \ln(n+1))} \geqslant 0,$$

即数列 $\{a_n\}$ 单调减少收敛于 0,根据莱布尼茨审敛法可知 $\sum\limits_{n=2}^{\infty} \dfrac{(-1)^n}{n-\ln n}$ 收敛.

由于其非绝对收敛,因此为条件收敛,答案为 B.

3. 解答:取 $a_n = \dfrac{(-1)^n}{\sqrt{n}}$, $b_n = \dfrac{(-1)^n}{\sqrt{n}} + \dfrac{1}{n}$,则根据莱布尼茨审敛法可知 $\sum\limits_{n=1}^{\infty} a_n$ 收敛,而 $\sum\limits_{n=1}^{\infty} b_n$ 为收敛级数 $\sum\limits_{n=1}^{\infty} \dfrac{(-1)^n}{\sqrt{n}}$ 与发散级数 $\sum\limits_{n=1}^{\infty} \dfrac{1}{n}$ 的和,因此 $\sum\limits_{n=1}^{\infty} b_n$ 发散,但是

$$\lim_{n\to\infty} \frac{a_n}{b_n} = \lim_{n\to\infty} \frac{\dfrac{(-1)^n}{\sqrt{n}}}{\dfrac{(-1)^n}{\sqrt{n}} + \dfrac{1}{n}} = \lim_{n\to\infty} \frac{1}{1 + \dfrac{(-1)^n}{\sqrt{n}}} = 1,$$

这就说明选项 A 和 B 都不正确.

若 $\sum\limits_{n=1}^{\infty} a_n$ 条件收敛,则 $\sum\limits_{n=1}^{\infty} |a_n|$ 发散,由 $\lim\limits_{n\to\infty} \dfrac{a_n}{b_n} = 1$ 可知 $\lim\limits_{n\to\infty} \dfrac{|a_n|}{|b_n|} = 1$,根据正项级数比较审敛法的极限形式,级数 $\sum\limits_{n=1}^{\infty} |b_n|$ 一定发散,因此答案为 C.

4. 解答:对于 A,若 $\sum\limits_{n=1}^{\infty} a_n$ 收敛,则 $\sum\limits_{n=1}^{\infty} k a_n$ 也收敛,根据比较审敛法,$\sum\limits_{n=1}^{\infty} b_n$ 一定收敛;

对于 B,若 $\sum\limits_{n=1}^{\infty} a_n$ 收敛,根据比较审敛法,$\sum\limits_{n=1}^{\infty} k b_n$ 则 $\sum\limits_{n=1}^{\infty} b_n$ 一定收敛;

对于 C,可以直接利用比较审敛法的极限形式说明 $\sum\limits_{n=1}^{\infty} b_n$ 一定收敛;

对于 D,若 $\lim\limits_{n\to\infty} \dfrac{a_n}{b_n} = 0$,例如 $a_n = \dfrac{1}{n^2}$, $b_n = \dfrac{1}{n}$,则 $\sum\limits_{n=1}^{\infty} a_n$ 收敛,$\sum\limits_{n=1}^{\infty} b_n$ 发散.

综上可知答案为 D.

5. 解答:由于 $r_1 < r_2$,当 $|x| < r_1$ 时,幂级数 $\sum\limits_{n=0}^{\infty} a_n x^n$ 和 $\sum\limits_{n=0}^{\infty} b_n x^n$ 都收敛,因此 $\sum\limits_{n=0}^{\infty} (a_n + b_n) x^n$ 也收敛;当 $r_1 < |x| < r_2$ 时,$\sum\limits_{n=0}^{\infty} a_n x^n$ 发散,$\sum\limits_{n=0}^{\infty} b_n x^n$ 收敛,因此 $\sum\limits_{n=0}^{\infty} (a_n + b_n) x^n$ 发散.由此可知 $\sum\limits_{n=0}^{\infty} (a_n + b_n) x^n$ 的收敛半径为 r_1,因此答案为 C.

注:事实上,当幂级数 $\sum\limits_{n=0}^{\infty} a_n x^n$ 和 $\sum\limits_{n=0}^{\infty} b_n x^n$ 的收敛半径分别为 r_1, r_2 $(r_1 \neq r_2)$ 时,幂级数 $\sum\limits_{n=0}^{\infty} (a_n + b_n) x^n$ 的收敛半径为 $\min\{r_1, r_2\}$.

6. 解答:若 $\sum\limits_{n=1}^{\infty} a_n (x+2)^n$ 在 $x=0$ 处条件收敛,则收敛半径 $r = |0+2| = 2$. 又 $|-4+2| = 2 = r$,即 $x=-4$ 位于收敛区间的另一个端点处,故此级数在 $x=-4$ 处无法确定是否收敛,因此答案为 D.

二、填空题

1. 解答:由于当 $x \in (-\infty, +\infty)$ 时,$\mathrm{e}^x = \sum\limits_{n=0}^{\infty} \dfrac{x^n}{n!}$,可得 $\mathrm{e}^{-x} = \sum\limits_{n=0}^{\infty} \dfrac{(-x)^n}{n!}$,因此

$$\cosh x = \frac{\mathrm{e}^x + \mathrm{e}^{-x}}{2} = \sum_{n=0}^{\infty} \frac{1+(-1)^n}{2} \cdot \frac{x^n}{n!} = \sum_{n=0}^{\infty} \frac{x^{2n}}{(2n)!}.$$

2. 解答:记 $u_n(x) = (-1)^{n-1} \dfrac{a_n x^{3n}}{2^n}$,则

$$\lim_{n\to\infty} \left| \frac{u_{n+1}(x)}{u_n(x)} \right| = \lim_{n\to\infty} \left| \frac{(-1)^n \dfrac{a_{n+1} x^{3(n+1)}}{2^{n+1}}}{(-1)^{n-1} \dfrac{a_n x^{3n}}{2^n}} \right| = \frac{|x|^3}{2} \lim_{n\to\infty} \left| \frac{a_{n+1}}{a_n} \right| = \frac{3}{2} |x|^3,$$

根据比值审敛法,当 $\frac{3}{2}|x|^3 < 1$ 时,即 $|x| < \sqrt[3]{\frac{2}{3}}$ 时,$\sum_{n=1}^{\infty} u_n(x)$ 收敛;当 $\frac{3}{2}|x|^3 > 1$ 时,即 $|x| > \sqrt[3]{\frac{2}{3}}$ 时,$\sum_{n=1}^{\infty} u_n(x)$ 收敛. 因此幂级数的收敛半径为 $\sqrt[3]{\frac{2}{3}}$.

3. 解答: 当 $x \in (-1, 1]$ 时,有 $\ln(1+x) = \sum_{n=1}^{\infty} \frac{(-1)^{n-1}}{n} x^n$, 因此

$$\ln(1-2x) = \sum_{n=1}^{\infty} \frac{(-1)^{n-1}}{n}(-2x)^n = -\sum_{n=1}^{\infty} \frac{2^n}{n} x^n, \quad x \in \left[-\frac{1}{2}, \frac{1}{2}\right).$$

根据 $f(x) = \ln(1-x-2x^2) = \ln(1+x) + \ln(1-2x)$, 可得

$$f(x) = \sum_{n=1}^{\infty} \frac{(-1)^{n-1} - 2^n}{n} x^n, \quad x \in \left[-\frac{1}{2}, \frac{1}{2}\right),$$

因此展开式中 x^{99} 的系数为 $\frac{(-1)^{99-1} - 2^{99}}{99} = \frac{1 - 2^{99}}{99}$.

4. 解答: 由于 $s(x)$ 是函数 $f(x)$ 展开为正弦级数的和函数,因此需要将 $f(x)$ 在 $[0, \pi]$ 上延拓为 $(-\pi, \pi]$ 上的奇函数,并以 2π 为周期进行周期延拓. 由于 $0 < 2\pi - 5 < \pi$, 则

$$s(5) = s(5 - 2\pi) = -s(2\pi - 5) = -(2\pi - 5)^2,$$

又根据狄利克雷收敛定理,可得

$$s(\pi) = \frac{f(-\pi + 0) + f(\pi - 0)}{2} = \frac{-\pi^2 + \pi^2}{2} = 0,$$

因此 $s(\pi) + s(5) = -(2\pi - 5)^2$.

三、计算与解答题

1. 解答: (1) 级数可表示为 $\sum_{n=1}^{\infty} (-1)^{n-1} u_n$, 其中

$$u_n = \begin{cases} \dfrac{1}{(2k-1)^3}, & n = 2k-1, \\ \dfrac{1}{(2k)^2}, & n = 2k \end{cases} \quad (k = 1, 2, \cdots),$$

由于 $\frac{1}{2^2} > \frac{1}{3^3}, \frac{1}{3^3} < \frac{1}{4^2}, \cdots$, 即 $\{u_n\}$ 不单调,因此不满足莱布尼茨定理条件;但是 $|(-1)^{n-1} u_n| \leqslant \frac{1}{n^2}$, 可知级数 $\sum_{n=1}^{\infty} (-1)^{n-1} u_n$ 收敛,且为绝对收敛.

(2) 级数可表示为 $\sum_{n=1}^{\infty} (-1)^{n-1} u_n$, 其中

$$u_n = \begin{cases} \dfrac{1}{2k-1}, & n = 2k-1, \\ \dfrac{1}{(2k)^2}, & n = 2k \end{cases} \quad (k = 1, 2, \cdots),$$

由于 $\frac{1}{2^2} < \frac{1}{3}, \frac{1}{3} > \frac{1}{4^2}, \cdots$, 即 $\{u_n\}$ 不单调,因此不满足莱布尼茨定理条件;同时

$$\sum_{n=1}^{\infty} (-1)^{n-1} u_n = \sum_{k=1}^{\infty} \left(\frac{1}{2k-1} - \frac{1}{(2k)^2} \right),$$

由于 $\sum_{k=1}^{\infty} \frac{1}{2k-1}$ 发散,$\sum_{k=1}^{\infty} \frac{1}{(2k)^2}$ 收敛,可知 $\sum_{n=1}^{\infty} (-1)^{n-1} u_n$ 发散.

(3) 级数可表示为 $\sum_{n=2}^{\infty} \frac{(-1)^{n-1}}{n \ln n}$, 由于 $\lim_{n \to \infty} \frac{1}{n \ln n} = 0$, 且 $\frac{1}{n \ln n} > \frac{1}{(n+1)\ln(n+1)}$, 满足莱布尼茨定理条

件,因此收敛;但是由于级数 $\sum_{n=2}^{\infty}\dfrac{1}{n\ln n}$ 发散,因此为条件收敛.

(4) 级数可表示为 $\sum_{n=1}^{\infty}\dfrac{(-1)^n}{n^n}$,由于 $\lim\limits_{n\to\infty}\dfrac{1}{n^n}=0$,且 $\dfrac{1}{n^n}>\dfrac{1}{(n+1)^{n+1}}$,满足莱布尼茨定理条件,因此收敛;同时级数 $\sum_{n=2}^{\infty}\dfrac{1}{n^n}$ 也收敛,因此为绝对收敛.

综上,满足莱布尼茨定理条件的有(3)(4);绝对收敛的有(1)(4);条件收敛的有(3).

2. 解答: (1) 由于 $\sin\left(n\pi+\dfrac{1}{\ln n}\right)=(-1)^n\sin\dfrac{1}{\ln n}$,且 $\left\{\sin\dfrac{1}{\ln n}\right\}$ 单调减少趋于 0,根据莱布尼茨审敛法,交错级数 $\sum_{n=2}^{\infty}(-1)^n\sin\dfrac{1}{\ln n}$ 收敛,即原级数收敛;同时 $\sum_{n=2}^{\infty}\left|\sin\left(n\pi+\dfrac{1}{\ln n}\right)\right|=\sum_{n=2}^{\infty}\sin\dfrac{1}{\ln n}$,因 $\lim\limits_{n\to\infty}\sin\dfrac{1}{\ln n}\bigg/\dfrac{1}{\ln n}=1$,又 $\sum_{n=2}^{\infty}\dfrac{1}{\ln n}$ 发散,所以 $\sum_{n=2}^{\infty}\sin\dfrac{1}{\ln 2}$ 发散,因此原级数条件收敛.

(2) 记 $a_n=\sqrt{n+2}-2\sqrt{n+1}+\sqrt{n}$,由于

$$a_n=(\sqrt{n+2}-\sqrt{n+1})-(\sqrt{n+1}-\sqrt{n})=\dfrac{1}{\sqrt{n+2}+\sqrt{n+1}}-\dfrac{1}{\sqrt{n+1}+\sqrt{n}}$$

$$=-\dfrac{\sqrt{n+2}-\sqrt{n}}{(\sqrt{n+2}+\sqrt{n+1})(\sqrt{n+1}+\sqrt{n})}$$

$$=-\dfrac{2}{(\sqrt{n+2}+\sqrt{n+1})(\sqrt{n+1}+\sqrt{n})(\sqrt{n+2}+\sqrt{n})},$$

可得 $\lim\limits_{n\to\infty}n^{\frac{3}{2}}|a_n|=\dfrac{1}{4}$,由级数 $\sum_{n=1}^{\infty}\dfrac{1}{n^{\frac{3}{2}}}$ 收敛,可知 $\sum_{n=1}^{\infty}a_n$ 绝对收敛.

3. 解答: 记 $a_n=\dfrac{n^2+1}{n!3^n}$,由于 $\lim\limits_{n\to\infty}\left|\dfrac{a_{n+1}}{a_n}\right|=\lim\limits_{n\to\infty}\dfrac{(n+1)^2+1}{3(n+1)(n^2+1)}=0$,故收敛区间为 $(-\infty,+\infty)$.

设幂级数的和函数为 $s(x)$,当 $x\in(-\infty,+\infty)$ 时,

$$s(x)=\sum_{n=0}^{\infty}\dfrac{n^2+1}{n!}\left(\dfrac{x}{3}\right)^n=\sum_{n=1}^{\infty}\dfrac{n}{(n-1)!}\left(\dfrac{x}{3}\right)^n+\sum_{n=0}^{\infty}\dfrac{1}{n!}\left(\dfrac{x}{3}\right)^n$$

$$=x\sum_{n=1}^{\infty}\dfrac{n}{(n-1)!}\dfrac{x^{n-1}}{3^n}+\sum_{n=0}^{\infty}\dfrac{1}{n!}\left(\dfrac{x}{3}\right)^n=x\left[\sum_{n=1}^{\infty}\dfrac{1}{(n-1)!}\left(\dfrac{x}{3}\right)^n\right]'+\sum_{n=0}^{\infty}\dfrac{1}{n!}\left(\dfrac{x}{3}\right)^n,$$

由于 $\sum_{n=0}^{\infty}\dfrac{1}{n!}\left(\dfrac{x}{3}\right)^n=\mathrm{e}^{\frac{x}{3}}$,$\sum_{n=1}^{\infty}\dfrac{1}{(n-1)!}\left(\dfrac{x}{3}\right)^n=\dfrac{x}{3}\mathrm{e}^{\frac{x}{3}}$,故

$$s(x)=x\left(\dfrac{x}{3}\mathrm{e}^{\frac{x}{3}}\right)'+\mathrm{e}^{\frac{x}{3}}=\left(\dfrac{x^2}{9}+\dfrac{x}{3}+1\right)\mathrm{e}^{\frac{x}{3}}\quad(-\infty<x<+\infty).$$

4. 解答: 由于 $\ln[n(n+1)^a(n+2)^b]=\ln n+a\ln(n+1)+b\ln(n+2)$,根据泰勒公式,有

$$\ln(n+1)=\ln n+\ln\left(1+\dfrac{1}{n}\right)=\ln n+\dfrac{1}{n}-\dfrac{1}{2n^2}+o\left(\dfrac{1}{n^2}\right),$$

$$\ln(n+2)=\ln n+\ln\left(1+\dfrac{2}{n}\right)=\ln n+\dfrac{2}{n}-\dfrac{2}{n^2}+o\left(\dfrac{1}{n^2}\right),$$

因此

$$\ln[n(n+1)^a(n+2)^b]=(1+a+b)\ln n+(a+2b)\dfrac{1}{n}-(a+4b)\dfrac{1}{2n^2}+o\left(\dfrac{1}{n^2}\right).$$

若数项级数 $\sum_{n=1}^{\infty}\ln[n(n+1)^a(n+2)^b]$ 收敛,一定有

$$1+a+b=0,\quad a+2b=0,$$

解之可得 $a=-2, b=1$, 即当 $a=-2, b=1$ 时级数收敛.

5. 解答: 将函数 $f(x)=1-x$ 偶延拓至区间 $(-\pi, 0]$ 上, 再延拓为以 2π 为周期的函数, 根据傅里叶系数公式, 可得

$$b_n=0 \quad (n=1,2,\cdots), \quad a_0=\frac{2}{\pi}\int_0^\pi (1-x)dx=2-\pi,$$

$$a_n=\frac{2}{\pi}\int_0^\pi (1-x)\cos nx\, dx = \frac{2}{n\pi}\left((1-x)\sin nx \Big|_0^\pi + \int_0^\pi \sin nx\, dx\right)$$

$$=\frac{2}{n\pi}\left((1-x)\sin nx\Big|_0^\pi + \frac{1}{n}(-\cos nx)\Big|_0^\pi\right)=\frac{2}{n^2\pi}(1-(-1)^n)$$

$$=\begin{cases} 0, & n=2k, \\ \dfrac{4}{(2k-1)^2\pi}, & n=2k-1 \end{cases} (k=1,2,\cdots),$$

根据狄利克雷收敛定理, 当 $x\in[0,\pi]$ 时有

$$f(x)=1-x=1-\frac{\pi}{2}+\frac{4}{\pi}\sum_{k=1}^\infty \frac{1}{(2k-1)^2}\cos(2k-1)x.$$

在上式中取 $x=0$, 可得

$$1-0=1-\frac{\pi}{2}+\frac{4}{\pi}\sum_{k=1}^\infty \frac{1}{(2k-1)^2},$$

因此 $\sum_{k=1}^\infty \dfrac{1}{(2k-1)^2}=\dfrac{\pi^2}{8}$.

四、证明题

1. 解答: 由于 $\lim_{n\to\infty} a_n=a>0$, 则存在 $N>0$, 当 $n>N$ 时, $a_n>\dfrac{a}{2}>0$, 即 $\dfrac{u_n}{u_{n+1}}v_n-v_{n+1}>\dfrac{a}{2}$. 因此当 $n>N$ 时, 有 $v_n u_n-v_{n+1}u_{n+1}>\dfrac{a}{2}u_{n+1}$, 所以数列 $\{u_n v_n\}(n>N)$ 单调递减.

考虑正项级数 $\sum_{n=N+1}^\infty (v_n u_n-v_{n+1}u_{n+1})$, 由于其部分和

$$S_n=\sum_{i=N+1}^n (u_i v_i-u_{i+1}v_{i+1})=u_{N+1}v_{N+1}-u_{n+1}v_{n+1}\leqslant u_{N+1}v_{N+1},$$

即正项级数 $\sum_{n=N+1}^\infty (v_n u_n-v_{n+1}u_{n+1})$ 的部分和有上界, 则 $\sum_{n=N+1}^\infty (v_n u_n-v_{n+1}u_{n+1})$ 收敛.

再由 $n>N$ 时 $u_{n+1}<\dfrac{2}{a}(v_n u_n-v_{n+1}u_{n+1})$, 根据比较审敛法, 正项级数 $\sum_{n=N+1}^\infty u_n$ 收敛, 从而级数 $\sum_{n=1}^\infty u_n$ 收敛.

2. 解答: (1) 设 $f(x)=\sum_{n=0}^\infty a_n x^n$, 则

$$(1-x-x^2)f(x)=(1-x-x^2)\sum_{n=0}^\infty a_n x^n=\sum_{n=0}^\infty a_n x^n-\sum_{n=0}^\infty a_n x^{n+1}-\sum_{n=0}^\infty a_n x^{n+2}$$

$$=a_0+(a_1-a_0)x+\sum_{n=0}^\infty (a_{n+2}-a_{n+1}-a_n)x^{n+2}=1,$$

因此 $a_0=a_1=1$, $a_{n+2}=a_n+a_{n+1}$, 故 $\{a_n\}$ 为斐波那契数列.

(2) 显然 $\{a_n\}$ 为单调增加数列, 故 $a_{n+1}=a_n+a_{n-1}\leqslant 2a_n$, 可知 $a_n\geqslant \dfrac{1}{2}a_{n+1}$, 则 $a_{n+2}=a_n+a_{n+1}\geqslant \dfrac{3}{2}a_{n+1}$, 由此可得

$$a_{n+2}\geqslant \frac{3}{2}a_{n+1}\geqslant \left(\frac{3}{2}\right)^2 a_n\geqslant \cdots \geqslant \left(\frac{3}{2}\right)^{n+1}a_1=\left(\frac{3}{2}\right)^{n+1},$$

因此,有
$$0 < \frac{a_{n+1}}{a_n \cdot a_{n+2}} \leqslant \frac{2a_n}{a_n}\left(\frac{2}{3}\right)^{n+1} = 2\left(\frac{2}{3}\right)^{n+1},$$

由于级数 $\sum_{n=0}^{\infty}\left(\frac{2}{3}\right)^{n+1}$ 收敛,故级数 $\sum_{n=0}^{\infty} \frac{a_{n+1}}{a_n \cdot a_{n+2}}$ 收敛.

注 1:可由 $a_{n+2} \geqslant \left(\frac{3}{2}\right)^{n+1}$ 得到 $\lim_{n\to\infty} \frac{1}{a_n} = 0$,又 $\frac{a_{n+1}}{a_n \cdot a_{n+2}} = \frac{a_{n+2} - a_n}{a_n \cdot a_{n+2}} = \frac{1}{a_n} - \frac{1}{a_{n+2}}$,则

$$s_n = \frac{a_1}{a_0 \cdot a_2} + \frac{a_2}{a_1 \cdot a_3} + \cdots + \frac{a_{n+1}}{a_n \cdot a_{n+2}} = \frac{1}{a_0} + \frac{1}{a_1} - \frac{1}{a_{n+1}} - \frac{1}{a_{n+2}},$$

因此 $\lim_{n\to\infty} s_n = \frac{1}{a_0} + \frac{1}{a_1}$,级数 $\sum_{n=0}^{\infty} \frac{a_{n+1}}{a_n \cdot a_{n+2}}$ 收敛.

注 2:也可先求出通项,再验证结论成立.

同步检测卷 C

一、填空题

1. 解答:记 $u_n(x) = \frac{x^{n^2}}{n!}$,则

$$\lim_{n\to\infty}\left|\frac{u_{n+1}(x)}{u_n(x)}\right| = \lim_{n\to\infty} \frac{|x|^{2n+1}}{n+1} = \begin{cases} 0, & |x| \leqslant 1, \\ +\infty, & |x| > 1, \end{cases}$$

故当且仅当 $|x| \leqslant 1$ 时级数 $\sum_{n=1}^{\infty} u_n(x)$ 收敛,因此幂级数 $\sum_{n=1}^{\infty} \frac{x^{n^2}}{n!}$ 的收敛域为 $[-1,1]$.

2. 解答:由于 $\frac{1}{2^{\ln n}} = \frac{1}{n^{\ln 2}}$,$0 < \ln 2 < 1$,可知级数 $\sum_{n=1}^{\infty} \frac{1}{2^{\ln n}}$ 发散,因此 $\sum_{n=1}^{\infty} (-1)^{n-1} \frac{1}{2^{\ln n}}$ 非绝对收敛;又由于 $\lim_{n\to\infty} \frac{1}{2^{\ln n}} = 0$ 且 $\frac{1}{2^{\ln n}} > \frac{1}{2^{\ln(n+1)}}$,根据莱布尼茨审敛法,级数 $\sum_{n=1}^{\infty} (-1)^{n-1} \frac{1}{2^{\ln n}}$ 收敛,即为条件收敛.

3. 解答:记 $a_n = \frac{\sqrt{n+1} - \sqrt{n}}{n^p}$,当 $n \to \infty$ 时,$a_n = \frac{1}{n^p(\sqrt{n+1} + \sqrt{n})} \sim \frac{1}{2n^{p+\frac{1}{2}}}$. 由于当 $p > \frac{1}{2}$ 时,级数 $\sum_{n=1}^{\infty} \frac{1}{n^{p+\frac{1}{2}}}$ 收敛,$p \leqslant \frac{1}{2}$ 时,级数 $\sum_{n=1}^{\infty} \frac{1}{n^{p+\frac{1}{2}}}$ 发散,故 $\sum_{n=1}^{\infty} (-1)^{n-1} a_n$ 条件收敛时一定有 $p \leqslant \frac{1}{2}$.

当 $p \leqslant -\frac{1}{2}$ 时,$\lim_{n\to\infty} a_n \neq 0$,此时级数 $\sum_{n=1}^{\infty} (-1)^{n-1} a_n$ 发散;当 $-\frac{1}{2} < p \leqslant \frac{1}{2}$ 时,$\lim_{n\to\infty} a_n = 0$,再令

$$f(x) = x^p(\sqrt{x+1} + \sqrt{x}) \quad (x \geqslant 1),$$

则

$$f'(x) = x^p(\sqrt{x+1} + \sqrt{x})\left(\frac{1}{2\sqrt{x} \cdot \sqrt{x+1}} + \frac{p}{x}\right) > f(x) \cdot \frac{1 + 2p \cdot \frac{x+1}{x}}{2(x+1)},$$

当 $p > -\frac{1}{2}$ 且 x 充分大时,有 $f'(x) > 0$,因此当 n 充分大时,有

$$a_n = \frac{1}{f(n)} > \frac{1}{f(n+1)} = a_{n+1},$$

即 $\{a_n\}$ 单调减少趋于 0,根据莱布尼茨审敛法,级数 $\sum_{n=1}^{\infty} (-1)^{n-1} a_n$ 收敛.

综上可知 p 的取值范围为 $\left(-\frac{1}{2}, \frac{1}{2}\right]$.

4. 解答：根据柯西乘积，可得

$$f(x) = \frac{e^x}{1-x} = \sum_{n=0}^{\infty} x^n \cdot \sum_{n=0}^{\infty} \frac{1}{n!} x^n = \sum_{n=0}^{\infty} \left(\sum_{k=0}^{n} \frac{1}{k!} \right) x^n$$

$$= \sum_{n=0}^{\infty} \left(1 + \frac{1}{1!} + \frac{1}{2!} + \cdots + \frac{1}{n!} \right) x^n \quad (-\infty < x < +\infty).$$

5. 解答：显然收敛半径为 1，且当 $x = \pm 1$ 时，$\sum_{n=1}^{\infty} \frac{x^n}{n(n+1)}$ 都收敛，因此收敛域为 $[-1, 1]$.

记 $s(x) = \sum_{n=1}^{\infty} \frac{x^{n+1}}{n(n+1)}$，则

$$s'(x) = \sum_{n=1}^{\infty} \frac{x^n}{n}, \quad s''(x) = \sum_{n=1}^{\infty} x^{n-1} = \frac{1}{1-x} \quad (-1 < x < 1),$$

因为 $s'(0) = 0$，则 $s'(x) = \ln \frac{1}{1-x}$，又 $s(0) = 0$，且 $s(x)$ 在 $x = -1$ 和 $x = 1$ 处单侧连续，可得

$$\sum_{n=1}^{\infty} \frac{x^n}{n(n+1)} = \frac{s(x)}{x} = \begin{cases} 0, & x = 0, \\ 1 + \frac{(1-x)\ln(1-x)}{x}, & x \in [-1, 0) \cup (0, 1), \\ 1 & x = 1. \end{cases}$$

6. 解答：设 $s(x) = \sum_{n=2}^{\infty} \frac{x^n}{n^2-1} = \frac{1}{2} \left(\sum_{n=2}^{\infty} \frac{x^n}{n-1} - \sum_{n=2}^{\infty} \frac{x^n}{n+1} \right) (|x| < 1)$. 由于

$$\left(\sum_{n=2}^{\infty} \frac{x^{n-1}}{n-1} \right)' = \sum_{n=2}^{\infty} x^{n-2} = \frac{1}{1-x},$$

知 $\sum_{n=2}^{\infty} \frac{x^n}{n-1} = x \ln \frac{1}{1-x} (|x| < 1)$；又由于

$$\left(\sum_{n=2}^{\infty} \frac{x^{n+1}}{n+1} \right)' = \sum_{n=2}^{\infty} x^n = \frac{x^2}{1-x},$$

知 $\sum_{n=2}^{\infty} \frac{x^n}{n+1} = \frac{1}{x} \ln \frac{1}{1-x} - 1 - \frac{x}{2} (0 < |x| < 1)$. 因此

$$s(x) = \sum_{n=2}^{\infty} \frac{x^n}{n^2-1} = \frac{1}{2} \left(1 + \frac{x}{2} + \left(x - \frac{1}{x} \right) \ln \frac{1}{1-x} \right) \quad (0 < |x| < 1),$$

可得

$$\sum_{n=2}^{\infty} \frac{1}{(n^2-1) 2^n} = s\left(\frac{1}{2}\right) = \frac{1}{2} \left(1 + \frac{1}{4} - \frac{3}{2} \ln 2 \right) = \frac{5}{8} - \frac{3}{4} \ln 2.$$

7. 解答：当 $|x| < 1$ 时，$\left(\sum_{n=1}^{\infty} x^n \right)^3 = \frac{x^3}{(1-x)^3}$，同时

$$\frac{1}{(1-x)^3} = \frac{1}{2} \left(\frac{1}{1-x} \right)'' = \frac{1}{2} \left(\sum_{n=0}^{\infty} x^n \right)'' = \frac{1}{2} \sum_{n=2}^{\infty} n(n-1) x^{n-2},$$

故

$$\left(\sum_{n=1}^{\infty} x^n \right)^3 = \frac{x^3}{(1-x)^3} = \frac{1}{2} \sum_{n=2}^{\infty} n(n-1) x^{n+1}.$$

通项中取 $n = 19$，即可得 x^{20} 的系数为 $\frac{1}{2} \cdot 19 \cdot 18 = 171$.

二、计算与解答题

1. 解答：(1) 记 $a_n = \frac{x^n}{(1+x)(1+x^2) \cdots (1+x^n)}$，$a_n \geq 0$，有

$$a_n = \frac{1+x^n-1}{(1+x)(1+x^2)\cdots(1+x^n)}$$
$$= \frac{1}{(1+x)(1+x^2)\cdots(1+x^{n-1})} - \frac{1}{(1+x)(1+x^2)\cdots(1+x^n)},$$

因此正项级数 $\sum_{n=1}^{\infty} a_n$ 的部分和

$$a_1 + \cdots + a_n$$
$$= \left(1 - \frac{1}{1+x}\right) + \cdots + \left(\frac{1}{(1+x)(1+x^2)\cdots(1+x^{n-1})} - \frac{1}{(1+x)(1+x^2)\cdots(1+x^n)}\right)$$
$$= 1 - \frac{1}{(1+x)(1+x^2)\cdots(1+x^n)} \leqslant 1,$$

即正项级数 $\sum_{n=1}^{\infty} a_n$ 的部分和有上界,可知原级数收敛.

(2) 记 $a_n = \dfrac{x^{\frac{n(n+1)}{2}}}{(1+x)(1+x^2)\cdots(1+x^n)}$,由于

$$\lim_{n\to\infty} \frac{a_{n+1}}{a_n} = \lim_{n\to\infty} \frac{x^{n+1}}{1+x^{n+1}} = \begin{cases} 0, & 0 < x < 1, \\ \dfrac{1}{2}, & x = 1, \\ 1, & x > 1, \end{cases}$$

因此当 $0 < x \leqslant 1$ 时 $\sum_{n=1}^{\infty} a_n$ 收敛.

当 $x > 1$ 时,由于 $\ln\left(1+\dfrac{1}{x^k}\right) \leqslant \dfrac{1}{x^k} (k=1,2,\cdots)$,可得

$$\frac{1}{a_n} = \frac{(1+x)(1+x^2)\cdots(1+x^n)}{x^{\frac{n(n+1)}{2}}} = \frac{1+x}{x} \cdot \frac{1+x^2}{x^2} \cdot \cdots \cdot \frac{1+x^n}{x^n}$$
$$= \exp\left\{\sum_{k=1}^{n} \ln\left(1+\frac{1}{x^k}\right)\right\} \leqslant \exp\left\{\sum_{k=1}^{n} \frac{1}{x^k}\right\} \leqslant \exp\left\{\frac{1}{x-1}\right\},$$

即 $a_n \geqslant \exp\left\{-\dfrac{1}{x-1}\right\}$,故数列 $\{a_n\}$ 不收敛于零,因此当 $x > 1$ 时级数 $\sum_{n=1}^{\infty} a_n$ 发散.

2. 解答:(1) 令 $u_n = \dfrac{(-1)^n}{\sqrt{n+(-1)^n}}$. 由于

$$\lim_{n\to\infty} \sqrt{n}\, |u_n| = \lim_{n\to\infty} \frac{\sqrt{n}}{\sqrt{n+(-1)^n}} = 1,$$

根据 $\sum_{n=2}^{\infty} \dfrac{1}{\sqrt{n}}$ 发散可知 $\sum_{n=2}^{\infty} |u_n|$ 发散,因此 $\sum_{n=2}^{\infty} u_n$ 非绝对收敛.

另一方面,

$$u_{2n} + u_{2n+1} = \frac{1}{\sqrt{2n+1}} - \frac{1}{\sqrt{2n}} = -\frac{\sqrt{2n+1}-\sqrt{2n}}{\sqrt{2n}\sqrt{2n+1}}$$
$$= -\frac{1}{\sqrt{2n}\sqrt{2n+1}(\sqrt{2n+1}+\sqrt{2n})} \sim -\frac{1}{4\sqrt{2}\, n^{\frac{3}{2}}} \quad (n \to \infty),$$

可知 $\sum_{n=1}^{\infty} (u_{2n} + u_{2n+1})$ 收敛,又 $\lim_{n\to\infty} u_n = 0$,故 $\sum_{n=2}^{\infty} u_n$ 收敛,为条件收敛.

(2) 首先,我们有

$$\sin(\sqrt{n^2+1}\,\pi) = (-1)^n \sin(\sqrt{n^2+1}-n)\pi = (-1)^n \sin\frac{\pi}{\sqrt{n^2+1}+n}.$$

一方面，
$$\lim_{n\to\infty} n|\sin(\sqrt{n^2+1}\,\pi)| = \lim_{n\to\infty} n\sin\frac{\pi}{\sqrt{n^2+1}+n} = \lim_{n\to\infty}\frac{n\pi}{\sqrt{n^2+1}+n} = \frac{\pi}{2},$$

可知原级数非绝对收敛；另一方面，数列 $\left\{\sin\dfrac{\pi}{\sqrt{n^2+1}+n}\right\}$ 显然单调减少趋于 0，由莱布尼茨审敛法知交错级数 $\sum\limits_{n=1}^{\infty}(-1)^n\sin\dfrac{\pi}{\sqrt{n^2+1}+n}$ 收敛. 因此级数 $\sum\limits_{n=1}^{\infty}\sin(\sqrt{n^2+1}\,\pi)$ 条件收敛.

(3) 根据几何平均值收敛定理 $\left(\lim\limits_{n\to\infty}a_n = a(>0) \Rightarrow \lim\limits_{n\to\infty}\sqrt[n]{a_1a_2\cdots a_n} = a\right)$，由
$$\lim_{n\to\infty}\left(\frac{n+1}{n}\right)^n = e,$$

可得
$$\lim_{n\to\infty}\sqrt[n]{\left(\frac{2}{1}\right)^1\cdot\left(\frac{3}{2}\right)^2\cdot\cdots\cdot\left(\frac{n+1}{n}\right)^n} = \lim_{n\to\infty}\frac{n+1}{\sqrt[n]{n!}} = e,$$

亦有 $\lim\limits_{n\to\infty}\dfrac{n}{\sqrt[n]{n!}} = e$，故 $\lim\limits_{n\to\infty}\left(\ln n - \dfrac{\ln(n!)}{n}\right) = 1$，可得
$$\lim_{n\to\infty}\frac{\ln(n!)}{n\ln n} = 1 - \lim_{n\to\infty}\frac{1}{\ln n}\left(\ln n - \frac{\ln(n!)}{n}\right) = 1,$$

即 $\lim\limits_{n\to\infty}\dfrac{1}{\ln(n!)}\bigg/\dfrac{1}{n\ln n} = 1$. 由于级数 $\sum\limits_{n=2}^{\infty}\dfrac{1}{n\ln n}$ 发散，故正项级数 $\sum\limits_{n=2}^{\infty}\dfrac{1}{\ln(n!)}$ 发散.

(4) 由于 $\left|(-1)^{[\sqrt{n}]}\dfrac{1}{n}\right| = \dfrac{1}{n}$，故级数非绝对收敛.

当 $k^2 \leqslant n \leqslant k^2+2k$ 时，$[\sqrt{n}] = k$，令 $a_k = \left(\dfrac{1}{k^2} + \dfrac{1}{k^2+1} + \cdots + \dfrac{1}{k^2+2k}\right)$，考虑级数 $\sum\limits_{k=1}^{\infty}(-1)^k a_k$.

首先 $a_k \leqslant \dfrac{2k+1}{k^2} \to 0(k\to\infty)$，其次
$$\begin{aligned}
a_k - a_{k+1} &= \left(\frac{1}{k^2} + \cdots + \frac{1}{k^2+2k}\right) - \left(\frac{1}{(k+1)^2} + \cdots + \frac{1}{(k+1)^2+2k+2}\right) \\
&\geqslant \left(\frac{1}{k^2} - \frac{1}{(k+1)^2}\right) + \cdots + \left(\frac{1}{k^2+2k} - \frac{1}{(k+1)^2+2k}\right) - \frac{2}{(k+1)^2+2k} \\
&= \frac{2k+1}{k^2(k+1)^2} + \cdots + \frac{2k+1}{(k^2+2k)((k+1)^2+2k)} - \frac{2}{(k+1)^2+2k} \\
&\geqslant \frac{(2k+1)^2}{(k^2+2k)((k+1)^2+2k)} - \frac{2}{(k+1)^2+2k} \\
&= \frac{2k^2+1}{(k^2+2k)((k+1)^2+2k)} > 0,
\end{aligned}$$

即 $\{a_k\}$ 单调减少，由莱布尼茨审敛法，交错级数 $\sum\limits_{k=1}^{\infty}(-1)^k a_k$ 收敛.

考察级数 $\sum\limits_{n=1}^{\infty}(-1)^{[\sqrt{n}]}\dfrac{1}{n}$ 的前 n 项和，其始终介于 $\sum\limits_{k=1}^{\infty}(-1)^k a_k$ 的前 $k-1$ 项和与前 k 项和之间（其中 $k = [\sqrt{n}]$），因此由迫敛性知级数 $\sum\limits_{n=1}^{\infty}(-1)^{[\sqrt{n}]}\dfrac{1}{n}$ 收敛，且为条件收敛.

3. 解答：对 $f(x) = x(x\in[0,\pi])$ 作偶延拓，其傅里叶系数为
$$b_n = 0 \quad (n=1,2,\cdots), \quad a_0 = \frac{2}{\pi}\int_0^{\pi} x\,dx = \frac{2}{\pi}\cdot\frac{\pi^2}{2} = \pi,$$

$$a_n = \frac{2}{\pi}\int_0^\pi x\cos nx\,dx = \frac{2}{\pi}\left(\frac{x\sin nx}{n} + \frac{\cos nx}{n^2}\right)\Big|_0^\pi = \frac{2}{\pi}\cdot\frac{(-1)^n-1}{n^2},$$

故 $f(x) = x(x\in[0,\pi])$ 展开为余弦级数为

$$f(x) \sim \frac{\pi}{2} + \frac{2}{\pi}\sum_{n=1}^\infty \frac{(-1)^n-1}{n^2}\cos nx.$$

由狄利克雷收敛定理,当 $x\in[0,\pi]$ 时,

$$x = \frac{\pi}{2} + \frac{2}{\pi}\sum_{n=1}^\infty \frac{(-1)^n-1}{n^2}\cos nx,$$

在 $[0,x]$ 上逐项积分可得

$$\frac{x^2}{2} = \frac{\pi x}{2} + \frac{2}{\pi}\sum_{n=1}^\infty \frac{(-1)^n-1}{n^3}\sin nx,$$

在 $[0,x]$ 上再次逐项积分可得

$$\frac{x^3}{6} = \frac{\pi x^2}{4} + \frac{2}{\pi}\sum_{n=1}^\infty \frac{(-1)^n-1}{n^4}(1-\cos nx),$$

则当 $x=\pi$ 时,上述等式成为

$$\frac{\pi^3}{6} = \frac{\pi^3}{4} + \frac{2}{\pi}\sum_{n=1}^\infty \frac{(-1)^n-1}{n^4}(1-\cos n\pi) = \frac{\pi^3}{4} - \frac{8}{\pi}\sum_{k=0}^\infty \frac{1}{(2k+1)^4},$$

即 $\sum_{n=0}^\infty \frac{1}{(2n+1)^4} = \frac{\pi^4}{96}$. 又由于

$$\sum_{n=1}^\infty \frac{1}{n^4} = \sum_{n=0}^\infty \frac{1}{(2n+1)^4} + \sum_{n=1}^\infty \frac{1}{(2n)^4} = \sum_{n=0}^\infty \frac{1}{(2n+1)^4} + \frac{1}{16}\sum_{n=1}^\infty \frac{1}{n^4},$$

则

$$\sum_{n=1}^\infty \frac{1}{n^4} = \frac{16}{15}\sum_{n=0}^\infty \frac{1}{(2n+1)^4} = \frac{16}{15}\cdot\frac{\pi^4}{96} = \frac{\pi^4}{90}.$$

三、证明题

1. 解答: 先证不等式 $(1+x)^\alpha \geqslant 1 + \frac{\alpha x}{2}$ ($\alpha > 0, 0\leqslant x\leqslant 1$). 令 $f(x) = (1+x)^\alpha - 1 - \frac{\alpha x}{2}$, 则

$$f'(x) = \frac{\alpha}{(1+x)^{1-\alpha}} - \frac{\alpha}{2} > 0 \Rightarrow f(x) \geqslant f(0) = 0.$$

由于 $\mu-1>0, 0\leqslant \frac{a_n}{s_n}\leqslant 1$, 可得 $\left(1+\frac{a_n}{s_n}\right)^{\mu-1} - 1 \geqslant \frac{\mu-1}{2}\cdot\frac{a_n}{s_n}$, 于是

$$\frac{1}{s_{n-1}^{\mu-1}} - \frac{1}{s_n^{\mu-1}} = \frac{s_n^{\mu-1} - s_{n-1}^{\mu-1}}{s_{n-1}^{\mu-1}s_n^{\mu-1}} = \frac{(s_{n-1}+a_n)^{\mu-1} - s_{n-1}^{\mu-1}}{s_{n-1}^{\mu-1}s_n^{\mu-1}} = \frac{\left(1+\frac{a_n}{s_{n-1}}\right)^{\mu-1}-1}{s_n^{\mu-1}}$$

$$\geqslant \frac{\left(1+\frac{a_n}{s_n}\right)^{\mu-1}-1}{s_n^{\mu-1}} \geqslant \frac{\mu-1}{2}\cdot\frac{a_n}{s_n^\mu}.$$

由于级数 $\sum_{n=2}^\infty\left(\frac{1}{s_{n-1}^{\mu-1}} - \frac{1}{s_n^{\mu-1}}\right)$ 收敛$\left(\text{其部分和有上界}\frac{1}{s_1^{\mu-1}}\right)$, 故 $\sum_{n=1}^\infty \frac{a_n}{s_n^\mu}$ 收敛.

2. 解答: (1) 当 $0<x<1$ 时,由逐项求导公式,可得

$$f'(x) = \sum_{n=1}^\infty \frac{x^{n-1}}{n}, \quad (xf'(x))' = \left(\sum_{n=1}^\infty \frac{x^n}{n}\right)' = \sum_{n=1}^\infty x^{n-1} = \frac{1}{1-x},$$

因此 $f'(x) = -\frac{\ln(1-x)}{x}$, 从而 $f'(1-x) = -\frac{\ln x}{1-x}$.

于是当 $0<x<1$ 时,可得

$$H'(x) = f'(x) - f'(1-x) + \frac{\ln(1-x)}{x} - \frac{\ln x}{1-x} = 0,$$

故 $H(x)$ 在 $(0,1)$ 恒为常数.

(2) 设 $H(x) \equiv C(0 < x < 1)$,注意到 $f(x)$ 在 $[0,1]$ 上连续,$f(0) = 0$ 且 $\lim_{x \to 0^+}(\ln x \cdot \ln(1-x)) = 0$,故

$$C = \lim_{x \to 0^+} H(x) = f(1) = \sum_{n=1}^{\infty} \frac{1}{n^2}.$$

又 $\sum_{k=1}^{\infty} \frac{1}{(2k-1)^2} = \frac{\pi^2}{8}$(见本章检测卷 B 计算与解答题 5),而 $\sum_{k=1}^{\infty} \frac{1}{(2k)^2} = \frac{1}{4} \sum_{n=1}^{\infty} \frac{1}{n^2}$,因此

$$\sum_{n=1}^{\infty} \frac{1}{n^2} = \frac{\pi^2}{8} + \frac{1}{4} \sum_{n=1}^{\infty} \frac{1}{n^2}, \quad \text{即} \quad \sum_{n=1}^{\infty} \frac{1}{n^2} = \frac{\pi^2}{6},$$

故 $H(x) \equiv C = \frac{\pi^2}{6} (0 < x < 1)$,可得 $H\left(\frac{1}{2}\right) = \frac{\pi^2}{6}$,因此 $2f\left(\frac{1}{2}\right) + \ln\frac{1}{2} \cdot \ln\frac{1}{2} = \frac{\pi^2}{6}$,故

$$\sum_{n=1}^{\infty} \frac{1}{n^2 \cdot 2^n} = f\left(\frac{1}{2}\right) = \frac{\pi^2}{12} - \frac{\ln^2 2}{2}.$$

3. 解答:记 $A_n = \sum_{k=1}^{n} a_k$,因正项级数 $\sum_{n=1}^{\infty} a_n$ 收敛,设 $\lim_{n \to \infty} A_n = A$,由算术平均值收敛定理或施笃兹(Stolz)公式,有

$$\lim_{n \to \infty} \frac{A_1 + A_2 + \cdots + A_{n-1}}{n} = A.$$

根据阿贝尔(Abel)变换,$\sum_{k=1}^{n} ka_k = nA_n - \sum_{k=1}^{n-1} A_k$(此式亦可直接验证),于是

$$\lim_{n \to \infty} \frac{\sum_{k=1}^{n} ka_k}{n} = \lim_{n \to \infty} \frac{nA_n - \sum_{k=1}^{n-1} A_k}{n} = \lim_{n \to \infty} A_n - \lim_{n \to \infty} \frac{\sum_{k=1}^{n-1} A_k}{n} = A - A = 0.$$

结论 $\lim_{n \to \infty} na_n = 0$ 未必成立. 例如,设

$$a_n = \begin{cases} \dfrac{1}{k^2}, & n = k^2 \\ 0, & n \neq k^2 \end{cases} \quad (k = 1, 2, \cdots),$$

则 $\sum_{n=1}^{\infty} a_n = \sum_{k=1}^{\infty} \frac{1}{k^2}$ 收敛,但是 $na_n = \begin{cases} 1, n = k^2 \\ 0, n \neq k^2 \end{cases}$,显然 $\lim_{n \to \infty} na_n = 0$ 不成立.

注:若正项级数 $\sum_{n=1}^{\infty} a_n$ 收敛且 $\{a_n\}$ 单调减少,一定有 $\lim_{n \to \infty} na_n = 0$.(请读者自行验证)

第二学期综合检测卷

综合检测卷 A

一、单项选择题

1. 母线平行于 y 轴且通过曲线 $\begin{cases} 2x^2+y^2+z^2=16 \\ x^2+z^2-y^2=0 \end{cases}$ 的柱面方程为 （　　）

   A. $x^2+2y^2=16$　　　　　　　　B. $3y^2-z^2=16$
   C. $x^2+z^2=16$　　　　　　　　D. $3x^2+2z^2=16$

2. 曲线 $\Gamma: \begin{cases} x^2+3y^2=z^2 \\ x+y+2z=4 \end{cases}$ 在点 $P(1,-1,2)$ 处的法平面方程为 （　　）

   A. $x+y-z-2=0$　　　　　　　B. $x+y+z+2=0$
   C. $x+y-z+2=0$　　　　　　　D. $x+y+z-2=0$

3. 设 S_n 为级数 $\sum\limits_{n=1}^{\infty}a_n$ 的前 n 项和,则级数 $\sum\limits_{n=1}^{\infty}(-1)^n a_n$ 收敛的充分条件为 （　　）

   A. $\{S_n\}$ 单调　　　　　　　　　B. $\{S_n\}$ 有界
   C. $\sum\limits_{n=1}^{\infty}a_n$ 绝对收敛　　　　　　　D. $\sum\limits_{n=1}^{\infty}a_n$ 条件收敛

4. 设 $f(x,y)=\mathrm{e}^{\sqrt{x^2+y^4}}$,则 （　　）

   A. $f_x(0,0),f_y(0,0)$ 都存在　　　B. $f_x(0,0)$ 不存在,$f_y(0,0)$ 存在
   C. $f_x(0,0)$ 存在,$f_y(0,0)$ 不存在　D. $f_x(0,0),f_y(0,0)$ 都不存在

5. $\int_0^1 \mathrm{d}y\int_0^{\sqrt{y}}f(x,y)\mathrm{d}x+\int_1^2 \mathrm{d}y\int_0^{2-y}f(x,y)\mathrm{d}x$ 改变积分次序为 （　　）

   A. $\int_0^1 \mathrm{d}x\int_{\sqrt{x}}^{2-x}f(x,y)\mathrm{d}y$　　　　B. $\int_0^2 \mathrm{d}x\int_{\sqrt{x}}^{2-x}f(x,y)\mathrm{d}y$
   C. $\int_0^1 \mathrm{d}x\int_{x^2}^{2-x}f(x,y)\mathrm{d}y$　　　　D. $\int_0^2 \mathrm{d}x\int_{x^2}^{2-x}f(x,y)\mathrm{d}y$

二、填空题

1. 已知向量场 $\boldsymbol{A}=\{-3xz^3,-yz^3,f(z)\}$,且 $f(z)$ 可微,$\mathrm{div}\boldsymbol{A}=0$,$f(1)=1$,则 $f(z)=$ _____.

2. 曲面 $\Sigma: \mathrm{e}^{\frac{x}{z}}+\mathrm{e}^{\frac{y}{z}}=4$ 在点 $M(\ln 2,\ln 2,1)$ 处的切平面方程为 _____.

3. 由曲线 $y^2 = x$ 及直线 $x = 1$ 围成的平面薄片,其面密度为常数 1,它对于 x 轴的转动惯量为_____,对于 y 轴的转动惯量为_____.

4. 设 $\begin{cases} x^2 + y^2 - uv = 0, \\ xy - u^2 + v^2 = 0 \end{cases}$ 确定隐函数 $\begin{cases} u = u(x, y), \\ v = v(x, y), \end{cases}$ 则 $\dfrac{\partial u}{\partial x} = $ _____.

5. 设曲面 $\Sigma: x^2 + y^2 + z^2 = 4$,则 $\iint\limits_{\Sigma} (xy + 2x^2 + y^2) \mathrm{d}S = $ _____.

6. 写出下列级数的收敛情况(绝对收敛、条件收敛或发散):

(1) $\sum\limits_{n=1}^{\infty} \dfrac{(-1)^n \ln n}{n^2}$ _____;

(2) $\sum\limits_{n=1}^{\infty} \dfrac{3^n \cdot n!}{(-n)^n}$ _____.

三、计算与解答题

1. 设 $w = f(x+y+z, xyz)$,$f(u, v)$ 具有二阶连续偏导数,求 $\dfrac{\partial w}{\partial x}, \dfrac{\partial^2 w}{\partial x \partial z}$.(结果用 f_1', f_2', f_{12}'' 等记号表示)

2. 求二元函数 $f(x, y) = x^2 y (4 - x - y)$ 在区域 D 上的最大值和最小值,其中区域 D 由直线 $x + y = 6$,$x = 0$,$y = 0$ 围成.

3. 求幂级数 $\sum\limits_{n=1}^{\infty}\left(\dfrac{1}{2n+1}-1\right)x^{2n}$ 的收敛域与和函数 $S(x)$.

4. 确定 λ 的值,使曲线积分 $\int_C (x^2+4xy^\lambda)\mathrm{d}x+(6x^{\lambda-1}y^2-2y)\mathrm{d}y$ 在 xOy 平面上与路径无关,并求起点为 $(0,0)$,终点为 $(3,1)$ 时的曲线积分值.

5. 计算曲面积分 $\iint\limits_{S}\dfrac{1}{x^2+y^2+z^2}\mathrm{d}S$,其中 S 为柱面 $x^2+y^2=R^2(R>0)$ 介于 $z=R$ 和 $z=\sqrt{3}R$ 之间的部分.

6. 求三重积分 $\iiint\limits_{\Omega}(\sqrt{x^2+y^2})^3 dxdydz$，其中 Ω 由曲面 $z=x^2+y^2, z=4, z=1$ 围成.

7. 计算曲面积分 $I=\iint\limits_{S}(z+xy^2)dydz+(yz^2-xz)dzdx+(x^2z+x^3)dxdy$，其中 S 为下半球面 $x^2+y^2+z^2=1(z\leqslant 0)$ 的下侧.

8. 计算曲线积分 $I=\oint_{C}x^2y^3dx+dy+zdz$，其中曲线 $C:\begin{cases}y^2+z^2=1,\\ x=y\end{cases}$（从 x 正半轴向负半轴看过去曲线 C 取逆时针）.

综合检测卷 B

一、单项选择题

1. 曲面 $x^2+y^2+4z^2=1$ 与 $z^2=x^2+y^2$ 的交线在 xOy 平面上的投影曲线方程为 ( )

   A. $x^2+y^2=\dfrac{1}{5}$ B. $x^2+y^2=\dfrac{1}{5}, z=0$

   C. $x^2+y^2=1$ D. $x^2+y^2=1, z=0$

2. 下列结论正确的是 ( )

   A. 若级数 $\sum\limits_{n=1}^{\infty}a_n$ 和 $\sum\limits_{n=1}^{\infty}b_n$ 均发散,则级数 $\sum\limits_{n=1}^{\infty}(b_n+a_n)$ 必发散

   B. 当 $p>1$ 时 p-级数 $\sum\limits_{n=1}^{\infty}\dfrac{1}{n^p}$ 收敛,由于 $1+\dfrac{1}{n}>1$,所以级数 $\sum\limits_{n=1}^{\infty}\dfrac{1}{n^{1+\frac{1}{n}}}$ 收敛

   C. 若 $\lim\limits_{n\to\infty}\left|\dfrac{u_{n+1}}{u_n}\right|=r>1$,则 $\sum\limits_{n=1}^{\infty}u_n$ 必发散

   D. 若 $|u_{n+1}|<|u_n|$ $(n=1,2,\cdots)$ 且 $\lim\limits_{n\to\infty}u_n=0$,则 $\sum\limits_{n=1}^{\infty}u_n$ 收敛,其和 $S\leqslant u_1$

3. 下列二元函数的极限 $\lim\limits_{\substack{x\to 0 \\ y\to 0}}f(x,y)$ 不存在的是 ( )

   A. $f(x,y)=\dfrac{x^2y}{x^2+y^2}$ B. $f(x,y)=\dfrac{\ln(x^2y+1)}{x^2+y^2}$

   C. $f(x,y)=\dfrac{x^2y}{x^4+y^2}$ D. $f(x,y)=\arcsin\dfrac{x}{1+y^2}$

4. 函数 $u=\ln(z+\sqrt{x^2+y^2})$ 在点 $(3,4,1)$ 处的方向导数的最大值为 ( )

   A. $\dfrac{\sqrt{2}}{2}$ B. $\dfrac{\sqrt{2}}{3}$ C. $\dfrac{\sqrt{2}}{4}$ D. $\dfrac{\sqrt{2}}{6}$

5. 设 $\Sigma: |x|+|y|+|z|=1$,则 $\oiint\limits_{\Sigma}(x+|y|)\mathrm{d}S=$ ( )

   A. 0 B. $\dfrac{2\sqrt{3}}{3}$ C. $\dfrac{4\sqrt{3}}{3}$ D. $\dfrac{8\sqrt{3}}{3}$

二、填空题

1. 交换下述二次积分的积分次序(化为先 x 后 y 的积分):

   $\int_0^1 \mathrm{d}x\int_0^{x^2}f(x,y)\mathrm{d}y+\int_1^3 \mathrm{d}x\int_0^{\frac{3-x}{2}}f(x,y)\mathrm{d}y=$ _____.

2. 设空间区域 Ω 由曲面 $z=\sqrt{x^2+y^2}$ 和 $z=\sqrt{1-x^2-y^2}$ 围成,则三重积分 $\iiint\limits_{\Omega}(y\sin x+z)\mathrm{d}x\mathrm{d}y\mathrm{d}z=$ _____.

3. 已知曲线 L 为沿抛物线 $y = x^2$ 上从点 $(0,0)$ 到点 $(1,1)$ 的一段弧, 则第二型曲线积分 $\int_L P(x,y)\mathrm{d}x + Q(x,y)\mathrm{d}y$ 化为第一型曲线积分为_____.

4. 设函数 $f(x,y)$ 满足 $f_{yy}(x,y) = 2, f_y(x,0) = x, f(x,0) = 1$, 则 $f(x,y) = $ _____.

5. 函数 $f(x) = \dfrac{1}{x^2+3x+2}$ 在 $x_0 = 1$ 处展开成幂级数为_____,

成立区间为_____.

三、计算与解答题

1. 已知函数 $f(x,y) = 3x + 4y - ax^2 - 2ay^2 - 2bxy$ 有唯一的驻点,且取得极小值,给出 a,b 应满足的条件.

2. 计算曲线积分 $I = \int_C [y^2 + \sin^2(x+y)]\mathrm{d}x - [x^2 + \cos^2(x+y)]\mathrm{d}y$, 其中曲线 C 为从 $A(-1,0)$ 沿上半单位圆周到 $B(1,0)$.

3. 计算三重积分 $I = \iiint\limits_{\Omega} \left(\dfrac{x}{a} + \dfrac{y}{b} + \dfrac{z}{c}\right)^2 \mathrm{d}V$, 其中 $\Omega: x^2 + y^2 + z^2 \leqslant R^2 (R > 0)$.

4. 判断级数 $\sum\limits_{n=1}^{\infty}(-1)^{n-1}(\sqrt{n^2+1}-\sqrt{n^2-1})\ln n$ 是绝对收敛、条件收敛还是发散.

5. 将函数 $f(x)=\begin{cases}1, & 0\leqslant x\leqslant 1,\\ 0, & 1<x\leqslant \pi\end{cases}$ 展开为余弦级数,写出和函数在 $[-\pi,\pi]$ 上的表达式,并求数项级数 $\sum\limits_{n=1}^{\infty}\dfrac{\sin n}{n}$ 的和.

6. 设 Γ 为平面 Π 上的光滑闭曲线,沿 z 轴向下看取逆时针,(a,b,c) 为 Π 指向上侧的单位法向量.
   (1) 求向量场 $\mathbf{A}=\{bz-cy, cx-az, ay-bx\}$ 的旋度 $\mathbf{rot}(\mathbf{A})$;
   (2) 证明:Γ 包围的平面图形面积为
   $$\frac{1}{2}\oint_{\Gamma}(bz-cy)\mathrm{d}x+(cx-az)\mathrm{d}y+(ay-bx)\mathrm{d}z.$$

7. (1) 求 $\Omega: 0 \leqslant z \leqslant 2-x^2-y^2 (x \geqslant 0, y \geqslant 0, x^2+y^2 \leqslant 1)$ 的体积;

(2) 求上述曲顶柱体 Ω 的表面积.

四、证明题

设正实数列 $\{a_n\}$ 满足 $a_n e^{a_{n+1}} = e^{a_n} - 1$, 证明: 级数 $\sum\limits_{n=1}^{\infty} (-1)^{n-1} a_n$ 收敛.

综合检测卷 C

一、填空题

1. 设函数 f, g 连续可微,$z = z(x,y)$ 是由方程 $f(x^2+y^2, xz, z) = xg\left(\dfrac{z}{y}\right)$ 确定的隐函数,则 $\dfrac{\partial z}{\partial x} = $ _____,$\dfrac{\partial z}{\partial y} = $ _____.

2. 曲线 $x = t, y = 3t^2, z = t^3$ 与平面 $9x + y - z = 2$ 相平行的切线方程为 _____.

3. 求过点 $P(1,2,1)$ 且与两直线 $L_1: \begin{cases} x+2y-z+1=0, \\ x-y+z-1=0 \end{cases}$ 和 $L_2: \begin{cases} 2x-y+z=0, \\ x-y+z=0 \end{cases}$ 平行的平面方程为 _____.

4. 曲面 Σ 为锥体 $\sqrt{x^2+y^2} \leqslant z \leqslant 1$ 的表面,则 $\oiint\limits_{\Sigma}(x^2+y)\mathrm{d}S = $ _____.

5. 函数 $f(x) = 2+|x|$ $(-1 \leqslant x \leqslant 1)$ 展开为以 2 为周期的傅里叶级数为 _____.

6. 设函数 $f(t)$ 在 $[0, +\infty)$ 上连续,满足方程 $f(t) = \mathrm{e}^{4\pi t^2} + \iint\limits_{x^2+y^2 \leqslant t^2} f(\sqrt{x^2+y^2})\mathrm{d}x\mathrm{d}y$,则函数 $f(t) = $ _____.

7. 设正数列 $\{a_n\}$ 单调增加无上界,写出下列级数的收敛情况(收敛、发散或不确定):

   (1) $\sum\limits_{n=1}^{\infty} \dfrac{(-1)^n}{a_n}$ _____; (2) $\sum\limits_{n=1}^{\infty}\left(\dfrac{1}{a_n} - \dfrac{1}{a_{n+1}}\right)$ _____;

   (3) $\sum\limits_{n=1}^{\infty} \dfrac{1}{na_n}$ _____.

二、计算与解答题

1. 设 $z = f(\ln\sqrt{x^2+y^2})$ 满足 $\dfrac{\partial^2 z}{\partial x^2} + \dfrac{\partial^2 z}{\partial y^2} = (x^2+y^2)^{\frac{3}{2}}$,求 z 的表达式.

2. 已知 Σ 是柱面 $x^2+y^2=R^2$ 及两个平面 $z=R, z=-R(R>0)$ 所围成立体表面的外侧,计算曲面积分 $I = \iint\limits_{\Sigma} \dfrac{x\mathrm{d}y\mathrm{d}z + z^2\mathrm{d}x\mathrm{d}y}{x^2+y^2+z^2}$.

3. 求级数 $\sum\limits_{n=1}^{\infty} \dfrac{1+\dfrac{1}{2}+\cdots+\dfrac{1}{n}}{2^n}$ 的和.

4. 计算 $\iiint\limits_{\Omega}(x^2+y^2+z^2)\mathrm{d}x\mathrm{d}y\mathrm{d}z$,其中 Ω 是由椭圆锥面 $\dfrac{z^2}{c^2}=\dfrac{x^2}{a^2}+\dfrac{y^2}{b^2}$(其中 $a,b,c>0$)和平面 $z=c$ 所围成的闭区域.

5. 设 $\Gamma: x^2 + 2y^2 = 2r^2$，取逆时针方向，$f(r) = \int_{\Gamma} \dfrac{y\mathrm{d}x - x\mathrm{d}y}{(x^2+y^2)^\lambda}$，分别针对 $\lambda = 1$ 和 $\lambda = 2$ 求极限 $\lim\limits_{r \to +\infty} f(r)$.

6. 设 $a_0 = 2, na_n = a_{n-1} + n - 1 (n=1,2,\cdots)$，求幂级数 $\sum\limits_{n=0}^{\infty} a_n x^n$ 的和函数.

三、证明题

1. 已知 $f(x,y,z)$ 和 $g(x,y,z)$ 具有二阶连续偏导数，$\Sigma: x^2 + y^2 + z^2 = 1$，取外侧，证明：单位时间流量场 $\boldsymbol{A} = \mathbf{grad} f \times \mathbf{grad} g$ 通过 Σ 的流量 $\Phi = 0$.

2. 设正项级数 $\sum\limits_{n=1}^{\infty} a_n$ 收敛,且数列 $\{a_n\}$ 单调减少趋于零,若 $b_n = \dfrac{n}{\dfrac{1}{a_1}+\dfrac{1}{a_2}+\cdots+\dfrac{1}{a_n}}$,证明:级数 $\sum\limits_{n=1}^{\infty} b_n$ 收敛.

3. 证明:$\int_0^1 \mathrm{d}x \int_0^1 (xy)^{xy} \mathrm{d}y = \int_0^1 y^y \mathrm{d}y$.

参考答案

综合检测卷 A

一、单项选择题

1. 解答：在方程组 $\begin{cases} 2x^2+y^2+z^2=16 \\ x^2+z^2-y^2=0 \end{cases}$ 中消去变量 y，可得与 y 轴平行且通过该曲线的柱面方程为
$$3x^2+2z^2=16,$$
因此答案为 D.

2. 解答：曲线 Γ 在点 P 处的切向量可取为 $F=x^2+3y^2-z^2$ 与 $G=x+y+2z-4$ 在点 P 处的梯度的外积，即
$$\{F_x,F_y,F_z\}\big|_{(1,-1,2)}\times\{G_x,G_y,G_z\}\big|_{(1,-1,2)}=\{2,-6,-4\}\times\{1,1,2\}=\{-8,-8,8\},$$
因此，切向量可取作 $\{1,1,-1\}$，法平面方程为
$$(x-1)+(y+1)+(-1)(z-2)=0,$$
即 $x+y-z+2=0$，答案为 C.

3. 解答：对于 A，$\{S_n\}$ 单调说明级数 $\sum_{n=1}^{\infty}a_n$ 是不变号级数，无法得到 $\sum_{n=1}^{\infty}(-1)^n a_n$ 收敛；

对于 B，$\{S_n\}$ 有界，也无法得到 $\sum_{n=1}^{\infty}(-1)^n a_n$ 收敛；

对于 C，$\sum_{n=1}^{\infty}a_n$ 绝对收敛，即 $\sum_{n=1}^{\infty}|a_n|$ 收敛，因此 $\sum_{n=1}^{\infty}(-1)^n a_n$ 也绝对收敛；

对于 D，$\sum_{n=1}^{\infty}a_n$ 条件收敛，如 $a_n=\dfrac{(-1)^n}{n}$，此时 $\sum_{n=1}^{\infty}(-1)^n a_n=\sum_{n=1}^{\infty}\dfrac{1}{n}$ 发散.

综上可知答案为 C.

4. 解答：由于 $f(0,0)=1$，根据偏导数定义，有
$$f_x(0,0)=\lim_{x\to 0}\frac{f(x,0)-f(0,0)}{x}=\lim_{x\to 0}\frac{\mathrm{e}^{\sqrt{x^2}}-1}{x}=\lim_{x\to 0}\frac{\mathrm{e}^{\sqrt{x^2}}-1}{\sqrt{x^2}}\cdot\frac{\sqrt{x^2}}{x},$$
由于 $\lim_{x\to 0}\dfrac{\sqrt{x^2}}{x}$ 不存在，故 $f_x(0,0)$ 不存在；同时，
$$f_y(0,0)=\lim_{y\to 0}\frac{f(0,y)-f(0,0)}{y}=\lim_{y\to 0}\frac{\mathrm{e}^{\sqrt{y^4}}-1}{y}=\lim_{y\to 0}\frac{\mathrm{e}^{y^2}-1}{y^2}\cdot\frac{y^2}{y}=0,$$
故 $f_y(0,0)$ 存在. 因此选 B.

5. 解答：第一个积分式 $\int_0^1 \mathrm{d}y\int_0^{\sqrt{y}}f(x,y)\mathrm{d}x$ 的积分区域为 $\{(x,y)\mid 0\leqslant y\leqslant 1,0\leqslant x\leqslant\sqrt{y}\}$，这是 Y 型域的形式，表示为 X 型域的形式为 $\{(x,y)\mid 0\leqslant x\leqslant 1,x^2\leqslant y\leqslant 1\}$；

第二个积分式 $\int_1^2 \mathrm{d}y\int_0^{2-y}f(x,y)\mathrm{d}x$ 的积分区域为 $\{(x,y)\mid 1\leqslant y\leqslant 2,0\leqslant x\leqslant 2-y\}$，这也是 Y 型域的形式，表示为 X 型域的形式为 $\{(x,y)\mid 0\leqslant x\leqslant 1,1\leqslant y\leqslant 2-x\}$.

整个积分区域为以上二者的并，表示为 X 型域的形式为 $\{(x,y)\mid 0\leqslant x\leqslant 1,x^2\leqslant y\leqslant 2-x\}$，则

$$\int_0^1 \mathrm{d}y \int_0^{\sqrt{y}} f(x,y)\mathrm{d}x + \int_1^2 \mathrm{d}y \int_0^{2-y} f(x,v)\mathrm{d}x = \int_0^1 \mathrm{d}x \int_{x^2}^{2-x} f(x,y)\mathrm{d}y,$$

答案为 C.

二、填空题

1. 解答：由于 div$A = 0$，以及

$$\mathrm{div}\boldsymbol{A} = \frac{\partial(-3xz^3)}{\partial x} + \frac{\partial(-yz^3)}{\partial y} + \frac{\partial f(z)}{\partial z} = -4z^3 + f'(z),$$

可得 $f'(z) = 4z^3$，即 $f(z) = z^4 + C$，又由于 $f(1) = 1$，解得 $C = 0$，故 $f(z) = z^4$.

2. 解答：曲面 $\Sigma: \mathrm{e}^{\frac{x}{z}} + \mathrm{e}^{\frac{y}{z}} = 4$ 在点 $M(\ln 2, \ln 2, 1)$ 处的法向量为

$$\left\{ \frac{\partial(\mathrm{e}^{\frac{x}{z}} + \mathrm{e}^{\frac{y}{z}} - 4)}{\partial x}, \frac{\partial(\mathrm{e}^{\frac{x}{z}} + \mathrm{e}^{\frac{y}{z}} - 4)}{\partial y}, \frac{\partial(\mathrm{e}^{\frac{x}{z}} + \mathrm{e}^{\frac{y}{z}} - 4)}{\partial z} \right\} \Big|_{(\ln 2, \ln 2, 1)} = \{2, 2, -4\ln 2\},$$

因此切平面方程为

$$2(x - \ln 2) + 2(y - \ln 2) - 4\ln 2(z - 1) = 0,$$

即 $x + y - 2\ln 2 \cdot z = 0$.

3. 解答：记平面薄片所在的区域为 D，根据转动惯量的计算公式，可得对于 x 轴的转动惯量为

$$I_x = \iint_D y^2 \mathrm{d}x \mathrm{d}y = \int_{-1}^1 \mathrm{d}y \int_{y^2}^1 y^2 \mathrm{d}x = \frac{4}{15};$$

对于 y 轴的转动惯量为

$$I_y = \iint_D x^2 \mathrm{d}x \mathrm{d}y = \int_{-1}^1 \mathrm{d}y \int_{y^2}^1 x^2 \mathrm{d}x = \frac{4}{7}.$$

4. 解答：令 $\begin{cases} F(x,y,u,v) = x^2 + y^2 - uv, \\ G(x,y,u,v) = xy - u^2 + v^2, \end{cases}$ 则

$$\frac{\partial(F,G)}{\partial(u,v)} = \begin{vmatrix} F_u & F_v \\ G_u & G_v \end{vmatrix} = \begin{vmatrix} -v & -u \\ -2u & 2v \end{vmatrix} = -2(u^2 + v^2),$$

$$\frac{\partial(F,G)}{\partial(x,v)} = \begin{vmatrix} F_x & F_v \\ G_x & G_v \end{vmatrix} = \begin{vmatrix} 2x & -u \\ y & 2v \end{vmatrix} = 4xv + yu,$$

因此，根据隐函数组求导公式，有

$$\frac{\partial u}{\partial x} = -\frac{\dfrac{\partial(F,G)}{\partial(x,v)}}{\dfrac{\partial(F,G)}{\partial(u,v)}} = \frac{4xv + yu}{2(u^2 + v^2)}.$$

5. 解答：由于曲面 Σ 关于平面 $x = 0$ 对称，xy 为 x 的奇函数，则 $\iint_\Sigma xy \mathrm{d}S = 0$；又曲面 Σ 关于变量 x, y, z 轮换对称，则 $\iint_\Sigma x^2 \mathrm{d}S = \iint_\Sigma y^2 \mathrm{d}S = \iint_\Sigma z^2 \mathrm{d}S$. 因此，由上述奇偶对称和轮换对称及曲面 Σ 的面积为 16π，可得

$$\iint_\Sigma (xy + 2x^2 + y^2) \mathrm{d}S = \iint_\Sigma (x^2 + y^2 + z^2) \mathrm{d}S = 4\iint_\Sigma \mathrm{d}S = 4 \cdot 16\pi = 64\pi.$$

6. 解答：(1) 由于 $\lim\limits_{n \to \infty} \left| \dfrac{(-1)^n \ln n}{n^2} \right| \Big/ \dfrac{1}{n^{\frac{3}{2}}} = \lim\limits_{n \to \infty} \dfrac{\ln n}{\sqrt{n}} = 0$，同时级数 $\sum\limits_{n=1}^\infty \dfrac{1}{n^{3/2}}$ 收敛，因此根据比较审敛法的极限形式，可知 $\sum\limits_{n=1}^\infty \left| \dfrac{(-1)^n \ln n}{n^2} \right|$ 收敛，即 $\sum\limits_{n=1}^\infty \dfrac{(-1)^n \ln n}{n^2}$ 绝对收敛.

(2) 记 $a_n = \left| \dfrac{3^n \cdot n!}{(-n)^n} \right| = \dfrac{3^n \cdot n!}{n^n}$，则

$$\lim_{n\to\infty}\frac{a_{n+1}}{a_n}=\lim_{n\to\infty}\frac{\frac{3^{n+1}\cdot(n+1)!}{(n+1)^{n+1}}}{\frac{3^n\cdot n!}{n^n}}=3\lim_{n\to\infty}\left(\frac{n}{n+1}\right)^n=\frac{3}{\lim_{n\to\infty}\left(1+\frac{1}{n}\right)^n}=\frac{3}{\mathrm{e}}>1,$$

故数列$\{a_n\}$单调增加,显然不趋于零,因此级数$\sum_{n=1}^{\infty}\frac{3^n\cdot n!}{(-n)^n}$发散.

三、计算与解答题

1. 解答:根据多元复合函数求导的链式法则,可得

$$\frac{\partial w}{\partial x}=f_1'\cdot\frac{\partial(x+y+z)}{\partial x}+f_2'\cdot\frac{\partial(xyz)}{\partial x}=f_1'+yzf_2'.$$

上式继续对z求偏导,由于

$$\frac{\partial f_1'}{\partial z}=f_{11}''\cdot\frac{\partial(x+y+z)}{\partial z}+f_{12}''\cdot\frac{\partial(xyz)}{\partial z}=f_{11}''+xyf_{12}'',\quad\frac{\partial f_2'}{\partial z}=f_{21}''+xyf_{22}'',$$

以及$f(u,v)$具有二阶连续偏导数,即$f_{12}''=f_{21}''$,可得

$$\frac{\partial^2 w}{\partial x\partial z}=f_{11}''+xyf_{12}''+yz(f_{21}''+xyf_{22}'')+yf_2'$$
$$=f_{11}''+(x+z)yf_{12}''+xy^2zf_{22}''+yf_2'.$$

2. 解答:首先求$f(x,y)=x^2y(4-x-y)$在区域D内的驻点,解方程组

$$\begin{cases}f_x(x,y)=8xy-3x^2y-2xy^2=0,\\ f_y(x,y)=4x^2-x^3-2x^2y=0,\end{cases}$$

可得区域D内唯一的驻点为$(2,1)$,且$f(2,1)=4$.

在边界$x=0$和$y=0$上恒有$f(x,y)=0$,下面考虑边界$x+y=6$.将$y=6-x$代入$f(x,y)$可得$f(x,y)=2x^2(x-6)$,其驻点为$x=0,4$,有$f(0,6)=0,f(4,2)=-64$.

综上可得最大值为$f(2,1)=4$,最小值为$f(4,2)=-64$.

3. 解答:记$a_n=\left(\frac{1}{2n+1}-1\right)x^{2n}$,由$\lim_{n\to\infty}\frac{a_{n+1}}{a_n}=x^2<1$可得$x\in(-1,1)$,同时$x=\pm1$时幂级数均发散,故幂级数的收敛域为$(-1,1)$.

令$S_1(x)=\sum_{n=1}^{\infty}\frac{1}{2n+1}x^{2n},S_2(x)=\sum_{n=1}^{\infty}x^{2n}$,则$S(x)=S_1(x)-S_2(x)$.

显然$S_2(x)=\sum_{n=1}^{\infty}x^{2n}=\frac{x^2}{1-x^2}(-1<x<1)$.又当$x\in(-1,1)$时,使用逐项求导公式可得

$$(xS_1(x))'=\sum_{n=1}^{\infty}x^{2n}=\frac{x^2}{1-x^2},$$

由于$xS_1(x)\Big|_{x=0}=0$,因此

$$xS_1(x)=\int_0^x\frac{t^2}{1-t^2}\mathrm{d}t=-x+\frac{1}{2}\ln\frac{1+x}{1-x}\quad(-1<x<1).$$

又由于$S_1(0)=0$,故

$$S_1(x)=\begin{cases}-1+\frac{1}{2x}\ln\frac{1+x}{1-x},&0<|x|<1,\\ 0,&x=0.\end{cases}$$

因此

$$S(x)=S_1(x)-S_2(x)=\begin{cases}\frac{1}{2x}\ln\frac{1+x}{1-x}-\frac{1}{1-x^2},&0<|x|<1,\\ 0,&x=0.\end{cases}$$

4. 解答：记
$$P(x,y) = x^2 + 4xy^\lambda, \quad Q(x,y) = 6x^{\lambda-1}y^2 - 2y,$$
由曲线积分与路径无关的条件 $\dfrac{\partial P}{\partial y} = \dfrac{\partial Q}{\partial x}$,可得
$$\frac{\partial(x^2 + 4xy^\lambda)}{\partial y} = 4\lambda xy^{\lambda-1} = \frac{\partial(6x^{\lambda-1}y^2 - 2y)}{\partial x} = 6(\lambda-1)x^{\lambda-2}y^2,$$
因此 $\lambda = 3$.

由于 $(x^2 + 4xy^3)\mathrm{d}x + (6x^2y^2 - 2y)\mathrm{d}y = \mathrm{d}\left(\dfrac{1}{3}x^3 - y^2 + 2x^2y^3\right)$,因此
$$\int_{(0,0)}^{(3,1)} (x^2 + 4xy^3)\mathrm{d}x + (6x^2y^2 - 2y)\mathrm{d}y = \left(\frac{1}{3}x^3 - y^2 + 2x^2y^3\right)\bigg|_{(0,0)}^{(3,1)} = 26.$$

5. 解答：设 S_1 是 S 在第一卦限的部分,根据第一类曲面积分的奇偶对称性,可得
$$\iint_S \frac{1}{x^2+y^2+z^2}\mathrm{d}S = 4\iint_{S_1} \frac{1}{x^2+y^2+z^2}\mathrm{d}S.$$

将 S_1 投影到 yOz 面,投影域为 $D: 0 \leqslant y \leqslant R, R \leqslant z \leqslant \sqrt{3}R$,因此
$$\iint_S \frac{1}{x^2+y^2+z^2}\mathrm{d}S = 4\iint_{S_1} \frac{1}{x^2+y^2+z^2}\mathrm{d}S = 4\iint_D \frac{1}{R^2+z^2} \cdot \frac{R}{\sqrt{R^2-y^2}}\mathrm{d}y\mathrm{d}z$$
$$= 4\int_0^R \frac{\mathrm{d}y}{\sqrt{R^2-y^2}} \cdot \int_R^{\sqrt{3}R} \frac{R\mathrm{d}z}{R^2+z^2} = 4\arcsin\frac{y}{R}\bigg|_0^R \cdot \arctan\frac{z}{R}\bigg|_R^{\sqrt{3}R}$$
$$= 4 \cdot \frac{\pi}{2} \cdot \left(\frac{\pi}{3} - \frac{\pi}{4}\right) = \frac{\pi^2}{6}.$$

6. 解答：使用截面法计算三重积分,区域 Ω 可以表示为
$$\{(x,y,z) \mid 1 \leqslant z \leqslant 4, x^2+y^2 \leqslant z\},$$
因此
$$\iiint_\Omega (\sqrt{x^2+y^2})^3 \mathrm{d}x\mathrm{d}y\mathrm{d}z = \int_1^4 \mathrm{d}z \iint_{x^2+y^2\leqslant z} (\sqrt{x^2+y^2})^3 \mathrm{d}x\mathrm{d}y.$$
由于
$$\iint_{x^2+y^2\leqslant z} (\sqrt{x^2+y^2})^3 \mathrm{d}x\mathrm{d}y = \int_0^{2\pi}\mathrm{d}\theta \int_0^{\sqrt{z}} \rho^4\mathrm{d}\rho = \frac{2\pi}{5}z^{\frac{5}{2}},$$
故
$$\iiint_\Omega (\sqrt{x^2+y^2})^3 \mathrm{d}x\mathrm{d}y\mathrm{d}z = \frac{2\pi}{5}\int_1^4 z^{\frac{5}{2}}\mathrm{d}z = \frac{4\pi}{35}(4^{\frac{7}{2}} - 1) = \frac{508\pi}{35}.$$

7. 解答：补充平面 $S_1: z=0\,(x^2+y^2 \leqslant 1)$,取上侧,记 S 和 S_1 围成的空间区域为 Ω,则由高斯公式以及三重积分的球坐标公式,可得
$$\oiint_{S+S_1} (z+xy^2)\mathrm{d}y\mathrm{d}z + (yz^2-xz)\mathrm{d}z\mathrm{d}x + (x^2z+x^3)\mathrm{d}x\mathrm{d}y$$
$$= \iiint_\Omega (x^2+y^2+z^2)\mathrm{d}V = \int_0^{2\pi}\mathrm{d}\theta \int_{\frac{\pi}{2}}^{\pi}\sin\varphi\mathrm{d}\varphi \int_0^1 r^4\mathrm{d}r = \frac{2\pi}{5},$$
因此
$$I = \frac{2\pi}{5} - \iint_{S_1} (z+xy^2)\mathrm{d}y\mathrm{d}z + (yz^2-xz)\mathrm{d}z\mathrm{d}x + (x^2z+x^3)\mathrm{d}x\mathrm{d}y$$
$$= \frac{2\pi}{5} - \iint_{S_1} x^3\mathrm{d}x\mathrm{d}y = \frac{2}{5}\pi.$$

8. 解答:(方法 1) 设曲线参数方程为 $x=y=\cos t, z=\sin t (t:0\to 2\pi)$, 则

$$\oint_C x^2y^3\mathrm{d}x+\mathrm{d}y+z\mathrm{d}z=\int_0^{2\pi}(-\cos^5 t\sin t-\sin t+\sin t\cos t)\mathrm{d}t=0.$$

(方法 2) 记 $S: x-y=0(y^2+z^2\leqslant 1)$, 并取前侧, 则由斯托克斯公式可得

$$\oint_C x^2y^3\mathrm{d}x+\mathrm{d}y+z\mathrm{d}z=-3\iint_S x^2y^2\mathrm{d}x\mathrm{d}y,$$

由于 S 在 xOy 平面上的投影为零面积的线段, 故

$$\oint_C x^2y^3\mathrm{d}x+\mathrm{d}y+z\mathrm{d}z=-3\iint_S x^2y^2\mathrm{d}x\mathrm{d}y=0.$$

综合检测卷 B

一、单项选择题

1. 解答: 在方程组 $\begin{cases}x^2+y^2+4z^2=1,\\ z^2=x^2+y^2\end{cases}$ 中消去 z, 可得与 z 轴平行的投影柱面为 $x^2+y^2=\dfrac{1}{5}$. 该投影柱面与 xOy 平面的交线即为所求投影曲线, 方程为 $\begin{cases}x^2+y^2=\dfrac{1}{5},\\ z=0,\end{cases}$ 答案为 B.

2. 解答: 对于 A, $\sum\limits_{n=1}^{\infty}\dfrac{1}{n}$ 和 $\sum\limits_{n=1}^{\infty}\left(-\dfrac{1}{n}\right)$ 都是发散级数, 但是其和为零级数, 是收敛级数;

对于 B, 由于 $\lim\limits_{n\to\infty}\dfrac{1}{n^{1+\frac{1}{n}}}\Big/\dfrac{1}{n}=\lim\limits_{n\to\infty}\dfrac{1}{n^{\frac{1}{n}}}=1$, 同时级数 $\sum\limits_{n=1}^{\infty}\dfrac{1}{n}$ 发散, 故 $\sum\limits_{n=1}^{\infty}\dfrac{1}{n^{1+\frac{1}{n}}}$ 发散;

对于 C, 若 $\lim\limits_{n\to\infty}\left|\dfrac{u_{n+1}}{u_n}\right|=r>1$, 则存在 N, 当 $n>N$ 时 $\left|\dfrac{u_{n+1}}{u_n}\right|>1$, 即 $\{|u_n|\}$ 严格单调增加, 一定有 $\{u_n\}$ 不趋于零, 因此 $\sum\limits_{n=1}^{\infty}u_n$ 必发散;

对于 D, 由于 $\sum\limits_{n=1}^{\infty}u_n$ 未必是交错级数, 因此无法使用莱布尼茨审敛法.

综上可知答案为 C.

3. 解答: 对于 A, 由于 $\left|\dfrac{x^2y}{x^2+y^2}\right|=|x|\cdot\dfrac{|xy|}{x^2+y^2}\leqslant\dfrac{|x|}{2}$, 故 $\lim\limits_{\substack{x\to 0\\ y\to 0}}f(x,y)=0$;

对于 B, 由于 $\ln(x^2y+1)\sim x^2y(x^2y\to 0)$, 则

$$\lim_{\substack{x\to 0\\ y\to 0}}f(x,y)=\lim_{\substack{x\to 0\\ y\to 0}}\dfrac{\ln(x^2y+1)}{x^2+y^2}=\lim_{\substack{x\to 0\\ y\to 0}}\dfrac{x^2y}{x^2+y^2}=0;$$

对于 C, 当 $y=kx^2$ 时, $\lim\limits_{\substack{x\to 0\\ y=kx^2}}f(x,y)=\lim\limits_{\substack{x\to 0\\ y=kx^2}}\dfrac{x^2y}{x^4+y^2}=\dfrac{k}{1+k^2}$, k 不同时结果不一样, 故 $\lim\limits_{\substack{x\to 0\\ y\to 0}}f(x,y)$ 不存在;

对于 D, 由于 $\lim\limits_{\substack{x\to 0\\ y\to 0}}\dfrac{x}{1+y^2}=\dfrac{0}{1+0}=0$, 故 $\lim\limits_{\substack{x\to 0\\ y\to 0}}f(x,y)=0$.

综上可知答案为 C.

4. 解答: 函数 $u(x,y,z)$ 在一点处的方向导数的最大值为在该点的梯度的模.

函数 $u=\ln(z+\sqrt{x^2+y^2})$ 在点 $(3,4,1)$ 处的梯度为

$$\mathbf{grad}\,u\Big|_{(3,4,1)}=\dfrac{1}{z+\sqrt{x^2+y^2}}\cdot\left\{\dfrac{x}{\sqrt{x^2+y^2}},\dfrac{y}{\sqrt{x^2+y^2}},1\right\}\Big|_{(3,4,1)}=\dfrac{1}{30}\{3,4,5\},$$

因此方向导数的最大值为 $\frac{1}{30}|\{3,4,5\}|=\frac{\sqrt{50}}{30}=\frac{\sqrt{2}}{6}$,答案为 D.

5. 解答:首先由第一类曲面积分的奇偶对称性,$\oiint_{\Sigma} x \mathrm{d}S = 0$;再由轮换对称性,

$$\oiint_{\Sigma} |x| \mathrm{d}S = \oiint_{\Sigma} |y| \mathrm{d}S = \oiint_{\Sigma} |z| \mathrm{d}S;$$

最后根据曲面 $\Sigma:|x|+|y|+|z|=1$ 的面积为 $8 \cdot \frac{\sqrt{3}}{2}$,可得

$$\oiint_{\Sigma} (x+|y|) \mathrm{d}S = \frac{1}{3} \oiint_{\Sigma} (|x|+|y|+|z|) \mathrm{d}S = \frac{1}{3} \oiint_{\Sigma} \mathrm{d}S = \frac{1}{3} \cdot 8 \cdot \frac{\sqrt{3}}{2} = \frac{4\sqrt{3}}{3}.$$

因此答案为 C.

二、填空题

1. 解答:第一个积分式 $\int_0^1 \mathrm{d}x \int_0^{x^2} f(x,y) \mathrm{d}y$ 的积分区域为 $\{(x,y) \mid 0 \leqslant x \leqslant 1, 0 \leqslant y \leqslant x^2\}$,这是 X 型域的形式,表示为 Y 型域的形式为 $\{(x,y) \mid 0 \leqslant y \leqslant 1, \sqrt{y} \leqslant x \leqslant 1\}$;

第二个积分式 $\int_1^3 \mathrm{d}x \int_0^{\frac{3-x}{2}} f(x,y) \mathrm{d}y$ 的积分区域为 $\left\{(x,y) \mid 1 \leqslant x \leqslant 3, 0 \leqslant y \leqslant \frac{3-x}{2}\right\}$,这是 X 型域的形式,表示为 Y 型域的形式为 $\{(x,y) \mid 0 \leqslant y \leqslant 1, 1 \leqslant x \leqslant 3-2y\}$.

整个积分区域为二者的并,表示为 Y 型域的形式为 $\{(x,y) \mid 0 \leqslant y \leqslant 1, \sqrt{y} \leqslant x \leqslant 3-2y\}$,则

$$\int_0^1 \mathrm{d}x \int_0^{x^2} f(x,y) \mathrm{d}y + \int_1^3 \mathrm{d}x \int_0^{\frac{3-x}{2}} f(x,y) \mathrm{d}y = \int_0^1 \mathrm{d}y \int_{\sqrt{y}}^{3-2y} f(x,y) \mathrm{d}x.$$

2. 解答:使用投影法求三重积分,区域 Ω 表示为

$$\Omega = \{(x,y,z) \mid \sqrt{x^2+y^2} \leqslant z \leqslant \sqrt{1-x^2-y^2}, (x,y) \in D\},$$

其中 $D = \left\{(x,y) \mid x^2+y^2 \leqslant \frac{1}{2}\right\}$.

由于区域 Ω 关于平面 $x=0$ 对称,$y\sin x$ 为 x 的奇函数,于是

$$\iiint_{\Omega} (y\sin x + z) \mathrm{d}x\mathrm{d}y\mathrm{d}z = \iint_D \mathrm{d}x\mathrm{d}y \int_{\sqrt{x^2+y^2}}^{\sqrt{1-x^2-y^2}} z \mathrm{d}z = \frac{1}{2} \iint_D (1-2(x^2+y^2)) \mathrm{d}x\mathrm{d}y,$$

使用极坐标计算上述二重积分可得

$$\iiint_{\Omega} (y\sin x + z) \mathrm{d}x\mathrm{d}y\mathrm{d}z = \frac{1}{2} \int_0^{2\pi} \mathrm{d}\theta \int_0^{\frac{\sqrt{2}}{2}} (1-2\rho^2) \rho \mathrm{d}\rho = \frac{\pi}{2} (\rho^2 - \rho^4) \Big|_0^{\frac{\sqrt{2}}{2}} = \frac{\pi}{8}.$$

3. 解答:曲线弧 L 的参数方程可写作 $\begin{cases} x = x, \\ y = x^2, \end{cases}$ 因此其上一点 (x,y) 处的切向量为

$$\{x', y'\} = \{1, 2x\}.$$

单位切向量为 $\frac{\{1,2x\}}{\sqrt{1+4x^2}} = \{\cos\alpha, \cos\beta\}$,即 $\cos\alpha = \frac{1}{\sqrt{1+4x^2}}, \cos\beta = \frac{2x}{\sqrt{1+4x^2}}$,其中 α, β 为沿曲线方向切向量的两个方向角.

根据第一型曲线积分和第二型曲线积分的关系,可得

$$\int_L P(x,y) \mathrm{d}x + Q(x,y) \mathrm{d}y = \int_L (P(x,y) \cos\alpha + Q(x,y) \cos\beta) \mathrm{d}s$$

$$= \int_L \frac{P(x,y) + 2xQ(x,y)}{\sqrt{1+4x^2}} \mathrm{d}s.$$

4. 解答:由于 $f_{yy}(x,y) = 2$,对 y 求不定积分可得

$$f_y(x,y) = 2y + C_1(x),$$

由 $f_y(x,0) = x$,即 $f_y(x,0) = 2 \cdot 0 + C(x) = x$,因此

$$f_y(x,y) = 2y + x.$$

上式继续对 y 求不定积分可得

$$f(x,y) = y^2 + xy + C_2(x),$$

再由 $f(x,0) = 1$,可得 $C_2(x) = 1$,故 $f(x,y) = xy + y^2 + 1$.

5. 解答: 记 $t = x - 1$,则

$$f(x) = \frac{1}{x^2 + 3x + 2} = \frac{1}{x+1} - \frac{1}{x+2} = \frac{1}{t+2} - \frac{1}{t+3},$$

由基本展开式可得

$$\frac{1}{t+2} = \frac{1}{2} \cdot \frac{1}{1 + \frac{t}{2}} = \frac{1}{2}\sum_{n=0}^{\infty}\left(-\frac{t}{2}\right)^n = \sum_{n=0}^{\infty}\frac{(-1)^n}{2^{n+1}}t^n \quad (|t| < 2),$$

$$\frac{1}{t+3} = \frac{1}{3} \cdot \frac{1}{1 + \frac{t}{3}} = \frac{1}{3}\sum_{n=0}^{\infty}\left(-\frac{t}{3}\right)^n = \sum_{n=0}^{\infty}\frac{(-1)^n}{3^{n+1}}t^n \quad (|t| < 3),$$

因此,当 $|t| < 2$,即 $x \in (-1, 3)$ 时,有

$$f(x) = \frac{1}{t+2} - \frac{1}{t+3} = \sum_{n=0}^{\infty}(-1)^n\left(\frac{1}{2^{n+1}} - \frac{1}{3^{n+1}}\right)t^n = \sum_{n=0}^{\infty}(-1)^n\left(\frac{1}{2^{n+1}} - \frac{1}{3^{n+1}}\right)(x-1)^n.$$

三、计算与解答题

1. 解答: 函数的驻点满足方程组

$$\begin{cases} f_x = 3 - 2ax - 2by = 0, \\ f_y = 4 - 4ay - 2bx = 0, \end{cases} \quad \text{即} \quad \begin{cases} ax + by = \dfrac{3}{2}, \\ bx + 2ay = 2, \end{cases}$$

此方程组有唯一解,即 $f(x,y)$ 有唯一驻点的充要条件是

$$\begin{vmatrix} a & b \\ b & 2a \end{vmatrix} = 2a^2 - b^2 \neq 0.$$

计算 $f(x,y)$ 的二阶偏导数可得

$$A = f_{xx} = -2a, \quad B = f_{xy} = -2b, \quad C = f_{yy} = -4a,$$

因此 $AC - B^2 = 4(2a^2 - b^2)$,故 a, b 满足条件

$$2a^2 - b^2 > 0, \quad a < 0$$

时 $f(x,y)$ 有唯一的驻点,且取得极小值.

2. 解答: 记 $C_1: y = 0$ 为从 $B(1,0)$ 到 $A(-1,0)$ 的直线段,令

$$P = y^2 + \sin^2(x+y), \quad Q = -x^2 - \cos^2(x+y),$$

则 $\dfrac{\partial Q}{\partial x} - \dfrac{\partial P}{\partial y} = -2(x+y)$. 由格林公式,记 D 为 C 和 C_1 围成的区域,则

$$\oint_{C+C_1}Pdx + Qdy = -\iint_D\left(\frac{\partial Q}{\partial x} - \frac{\partial P}{\partial y}\right)dxdy = 2\iint_D(x+y)dxdy$$

$$= 2\iint_D y\,dxdy = 2\int_{-1}^{1}dx\int_0^{\sqrt{1-x^2}}y\,dy = \int_{-1}^{1}(1-x^2)dx = \frac{4}{3},$$

因此

$$I = \oint_{C+C_1}Pdx + Qdy - \int_{C_1}Pdx + Qdy$$

$$= \frac{4}{3} - \int_{1}^{-1}\sin^2 x\,dx = \frac{4}{3} + \int_0^{1}(1 - \cos 2x)dx = \frac{7}{3} - \frac{\sin 2}{2}.$$

3. **解答**:根据奇偶对称性,有
$$I = \iiint_\Omega \left(\frac{x}{a} + \frac{y}{b} + \frac{z}{c}\right)^2 dV = \iiint_\Omega \left(\frac{x^2}{a^2} + \frac{y^2}{b^2} + \frac{z^2}{c^2}\right) dV.$$
又由于曲面 Σ 关于变量 x, y, z 轮换对称,因此
$$\iiint_\Omega x^2 dV = \iiint_\Omega y^2 dV = \iiint_\Omega z^2 dV,$$
可得
$$I = \iiint_\Omega \left(\frac{x^2}{a^2} + \frac{y^2}{b^2} + \frac{z^2}{c^2}\right) dV = \frac{1}{3}\left(\frac{1}{a^2} + \frac{1}{b^2} + \frac{1}{c^2}\right) \iiint_\Omega (x^2 + y^2 + z^2) dV,$$
然后使用球坐标,可得
$$I = \frac{1}{3}\left(\frac{1}{a^2} + \frac{1}{b^2} + \frac{1}{c^2}\right) \int_0^{2\pi} d\theta \int_0^{\pi} \sin\varphi d\varphi \int_0^R r^4 dr = \frac{4\pi}{15} R^5 \left(\frac{1}{a^2} + \frac{1}{b^2} + \frac{1}{c^2}\right).$$

4. **解答**:记 $a_n = (\sqrt{n^2+1} - \sqrt{n^2-1})\ln n = \dfrac{2\ln n}{\sqrt{n^2+1} + \sqrt{n^2-1}}$,则 $a_n \geqslant 0$,且 $\lim\limits_{n\to\infty} a_n = 0$.

由于级数 $\sum\limits_{n=1}^{\infty} \dfrac{1}{n}$ 发散,且
$$\lim_{n\to\infty} n a_n = \lim_{n\to\infty} \frac{2n\ln n}{\sqrt{n^2+1} + \sqrt{n^2-1}} = \lim_{n\to\infty} \frac{2\ln n}{\sqrt{1+\frac{1}{n^2}} + \sqrt{1-\frac{1}{n^2}}} = +\infty,$$
则级数 $\sum\limits_{n=1}^{\infty} a_n$ 发散,原级数 $\sum\limits_{n=1}^{\infty} (-1)^{n-1} a_n$ 非绝对收敛.

令 $f(x) = \dfrac{2\ln x}{\sqrt{x^2+1} + \sqrt{x^2-1}}$,则
$$f'(x) = 2 \frac{\frac{1}{x}(\sqrt{x^2+1} + \sqrt{x^2-1}) - \ln x \cdot \left(\frac{x}{\sqrt{x^2+1}} + \frac{x}{\sqrt{x^2-1}}\right)}{(\sqrt{x^2+1} + \sqrt{x^2-1})^2},$$
考虑分子部分,由于
$$\lim_{x\to+\infty} \frac{1}{x}(\sqrt{x^2+1} + \sqrt{x^2-1}) = 2, \quad \lim_{x\to+\infty} \ln x \cdot \left(\frac{x}{\sqrt{x^2+1}} + \frac{x}{\sqrt{x^2-1}}\right) = +\infty,$$
故当 x 充分大时,$f'(x) < 0$,因此 n 充分大时,$\{a_n\}$ 单调减少趋于 0.

根据莱布尼茨准则,级数 $\sum\limits_{n=1}^{\infty} (-1)^{n-1} a_n$ 收敛,且为条件收敛.

5. **解答**:对 $f(x)$ 作偶延拓,则 $f(x)$ 在 $[-\pi, \pi]$ 上展开成余弦级数的形式为 $\dfrac{a_0}{2} + \sum\limits_{n=1}^{\infty} a_n \cos nx$,其中
$$a_0 = \frac{2}{\pi} \int_0^\pi f(x) dx = \frac{2}{\pi} \int_0^1 1 dx = \frac{2}{\pi},$$
$$a_n = \frac{2}{\pi} \int_0^\pi f(x) \cos nx\, dx = \frac{2}{\pi} \int_0^1 \cos nx\, dx = \frac{2}{\pi} \left.\frac{\sin nx}{n}\right|_0^1 = \frac{2\sin n}{n\pi},$$
因此 $f(x)$ 在 $[-\pi, \pi]$ 上展开成余弦级数为 $\dfrac{1}{\pi} + \sum\limits_{n=1}^{\infty} \dfrac{2}{n\pi} \sin n \cos nx$.

根据狄利克雷收敛定理,傅里叶级数的和函数在 $[-\pi, \pi]$ 上的表达式为
$$S(x) = \begin{cases} 0, & -\pi \leqslant x < -1, 1 < x \leqslant \pi, \\ 1, & -1 < x < 1, \\ \dfrac{1}{2}, & x = \pm 1. \end{cases}$$

在 $S(x) = \dfrac{1}{\pi} + \sum\limits_{n=1}^{\infty}\dfrac{2}{n\pi}\sin n\cos nx$ 中令 $x = 0$，可得 $\dfrac{1}{\pi} + \sum\limits_{n=1}^{\infty}\dfrac{2}{n\pi}\sin n = 1$，因此

$$\sum_{n=1}^{\infty}\dfrac{\sin n}{n} = \dfrac{\pi - 1}{2}.$$

6. 解答：(1) $\mathrm{rot}(\boldsymbol{A}) = \begin{vmatrix} \boldsymbol{i} & \boldsymbol{j} & \boldsymbol{k} \\ \dfrac{\partial}{\partial x} & \dfrac{\partial}{\partial y} & \dfrac{\partial}{\partial z} \\ bz - cy & cx - az & ay - bx \end{vmatrix} = 2\{a, b, c\}.$

(2) 设 Γ 围成的平面 Π 上的区域为 D，取上侧，由斯托克斯公式，有

$$\dfrac{1}{2}\oint_{\Gamma}(bz - cy)\mathrm{d}x + (cx - az)\mathrm{d}y + (ay - bx)\mathrm{d}z = \iint\limits_{D} a\mathrm{d}y\mathrm{d}z + b\mathrm{d}z\mathrm{d}x + c\mathrm{d}x\mathrm{d}y,$$

再根据第一类曲面积分和第二类曲面积分之间的关系，可得

$$\iint\limits_{D} a\mathrm{d}y\mathrm{d}z + b\mathrm{d}z\mathrm{d}x + c\mathrm{d}x\mathrm{d}y = \iint\limits_{D}(a^2 + b^2 + c^2)\mathrm{d}S = \iint\limits_{D}\mathrm{d}S,$$

因此

$$\dfrac{1}{2}\oint_{\Gamma}(bz - cy)\mathrm{d}x + (cx - az)\mathrm{d}y + (ay - bx)\mathrm{d}z = \iint\limits_{D}\mathrm{d}S,$$

即为 Γ 围成的平面 Π 上的图形面积.

7. 解答：如图，记 $D: x \geqslant 0, y \geqslant 0, x^2 + y^2 \leqslant 1$，其边界记作 $L: x = 0, y = 0, x^2 + y^2 = 1$.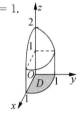
(1) 区域 Ω 的体积为

$$V = \iint\limits_{D}(2 - x^2 - y^2)\mathrm{d}x\mathrm{d}y = \int_0^{\frac{\pi}{2}}\mathrm{d}\theta\int_0^1(2 - \rho^2)\rho\mathrm{d}\rho = \dfrac{3\pi}{8}.$$

(2) 表面积包括三部分，即底面积 S_1、顶面积 S_2、侧面积 S_3，其中

$$S_1 = S(D) = \dfrac{\pi}{4},$$

$$S_2 = \iint\limits_{D}\sqrt{1 + 4(x^2 + y^2)}\mathrm{d}x\mathrm{d}y = \int_0^{\frac{\pi}{2}}\mathrm{d}\theta\int_0^1\sqrt{1 + 4\rho^2}\rho\mathrm{d}\rho = \dfrac{\pi}{24}(5^{\frac{3}{2}} - 1),$$

$$S_3 = \int_L(2 - x^2 - y^2)\mathrm{d}s = \int_0^1(2 - y^2)\mathrm{d}y + \int_0^1(2 - x^2)\mathrm{d}x + \int_0^{\frac{\pi}{2}}(2 - 1)\mathrm{d}\theta = \dfrac{10}{3} + \dfrac{\pi}{2},$$

因此总表面积为 $S = S_1 + S_2 + S_3 = \dfrac{\pi}{24}(5^{\frac{3}{2}} - 1) + \dfrac{10}{3} + \dfrac{3\pi}{4}.$

四、证明题

解答：由已知可得 $a_{n+1} = \ln\dfrac{\mathrm{e}^{a_n} - 1}{a_n}$，则 $a_{n+1} - a_n = \ln\dfrac{\mathrm{e}^{a_n} - 1}{a_n\mathrm{e}^{a_n}}$. 令 $f(x) = \mathrm{e}^x - 1 - x\mathrm{e}^x (x > 0)$，则

$$f'(x) = -x\mathrm{e}^x < 0,$$

因此 $x > 0$ 时，$f(x) < f(0) = 0$，故 $\mathrm{e}^{a_n} - 1 < a_n\mathrm{e}^{a_n}$，可得

$$a_{n+1} - a_n = \ln\dfrac{\mathrm{e}^{a_n} - 1}{a_n\mathrm{e}^{a_n}} < 0.$$

由于正数列 $\{a_n\}$ 单调减少，则 $\{a_n\}$ 收敛. 设 $\lim\limits_{n\to\infty}a_n = a$，再对 $a_n\mathrm{e}^{a_{n+1}} = \mathrm{e}^{a_n} - 1$ 两边取极限可得 $a\mathrm{e}^a = \mathrm{e}^a - 1$，故 $a = 0$. 因此 $\{a_n\}$ 单调减少趋于 0，根据莱布尼茨准则，级数 $\sum\limits_{n=1}^{\infty}(-1)^{n-1}a_n$ 收敛.

综合检测卷 C

一、填空题

1. 解答：记 $F(x,y,z) = f(x^2+y^2, xz, z) - xg\left(\dfrac{z}{y}\right)$，则

$$F_x = 2xf_1' + zf_2' - g, \quad F_y = 2yf_1' + \dfrac{xz}{y^2}g', \quad F_z = xf_2' + f_3' - \dfrac{x}{y}g',$$

由隐函数求导公式，可得

$$\dfrac{\partial z}{\partial x} = -\dfrac{F_x}{F_z} = -\dfrac{2xf_1' + zf_2' - g}{xf_2' + f_3' - \dfrac{x}{y}g'}, \quad \dfrac{\partial z}{\partial y} = -\dfrac{F_y}{F_z} = -\dfrac{2yf_1' + \dfrac{xz}{y^2}g'}{xf_2' + f_3' - \dfrac{x}{y}g'}.$$

2. 解答：曲线 $x=t, y=3t^2, z=t^3$ 的方向向量为 $\{1, 6t, 3t^2\}$，平面 $9x+y-z=2$ 的法向量为 $\{9,1,-1\}$。若曲线的切线与平面平行，则曲线的方向向量与平面的法向量垂直，因此

$$\{1, 6t, 3t^2\} \cdot \{9, 1, -1\} = 9 + 6t - 3t^2 = 0,$$

解方程可得 $t=-1$ 或 $t=3$。

当 $t=-1$ 时，方向向量为 $\{1,-6,3\}$，切点为 $(-1,3,-1)$，切线方程为

$$(x+1) - 6(y-3) + 3(z+1) = 0, \quad \text{即} \quad x - 6y + 3z + 22 = 0;$$

当 $t=3$ 时，方向向量为 $\{1,18,27\}$，切点为 $(3,27,27)$，切线方程为

$$(x-3) + 18(y-27) + 27(z-27) = 0, \quad \text{即} \quad x + 18y + 27z - 1218 = 0.$$

3. 解答：直线 $L_1: \begin{cases} x+2y-z+1=0, \\ x-y+z-1=0 \end{cases}$ 的方向向量为 $\{1,2,-1\} \times \{1,-1,1\} = \{1,-2,-3\}$；

直线 $L_2: \begin{cases} 2x-y+z=0, \\ x-y+z=0 \end{cases}$ 的方向向量为 $\{2,-1,1\} \times \{1,-1,1\} = \{0,-1,-1\}$。

与直线 L_1, L_2 都平行的平面，其法向量与两直线都垂直，因此法向量可取为

$$\{1,-2,-3\} \times \{0,-1,-1\} = \{-1,1,-1\},$$

再由平面过点 $P(1,2,1)$，可得平面方程为 $x-y+z=0$。

4. 解答：由于曲面 Σ 关于平面 $y=0$ 对称，则 $\oiint\limits_{\Sigma} y\,\mathrm{d}S = 0$。

曲面 Σ 分为两部分，即 $\Sigma_1: z=1\,(x^2+y^2 \leqslant 1)$ 和 $\Sigma_2: z=\sqrt{x^2+y^2}\,(x^2+y^2 \leqslant 1)$。

对于 Σ_1，$\mathrm{d}S = \sqrt{1+z_x^2+z_y^2}\,\mathrm{d}x\mathrm{d}y = \mathrm{d}x\mathrm{d}y$；

对于 Σ_2，$\mathrm{d}S = \sqrt{1+z_x^2+z_y^2}\,\mathrm{d}x\mathrm{d}y = \sqrt{1+\dfrac{x^2}{x^2+y^2}+\dfrac{y^2}{x^2+y^2}}\,\mathrm{d}x\mathrm{d}y = \sqrt{2}\,\mathrm{d}x\mathrm{d}y$。

于是，所求积分为

$$\oiint\limits_{\Sigma}(x^2+y)\,\mathrm{d}S = \oiint\limits_{\Sigma}x^2\,\mathrm{d}S = \iint\limits_{x^2+y^2 \leqslant 1}(1+\sqrt{2})x^2\,\mathrm{d}x\mathrm{d}y$$

$$= (1+\sqrt{2})\int_0^{2\pi}\cos^2\theta\,\mathrm{d}\theta\int_0^1\rho^3\,\mathrm{d}\rho = \dfrac{1+\sqrt{2}}{4}\pi.$$

5. 解答：由于 $f(x)$ 为偶函数，则 $f(x)$ 在 $[-1,1]$ 上展开为以 2 为周期的余弦级数。根据余弦级数的系数公式，可得

$$a_0 = \dfrac{2}{1}\int_0^1 (2+x)\,\mathrm{d}x = 5,$$

$$a_n = \frac{2}{1}\int_0^1 (2+x)\cos\frac{n\pi x}{1}\mathrm{d}x = 2\int_0^1 x\cos n\pi x\mathrm{d}x = \frac{2}{n\pi}\int_0^1 x\mathrm{d}\sin n\pi x$$

$$= \frac{2}{n^2\pi^2}[(-1)^n - 1] = \begin{cases} 0, & n = 2k, \\ -\dfrac{4}{n^2\pi^2}, & n = 2k-1 \end{cases} (k \in \mathbf{N}^*),$$

因此 $f(x)$ 在 $[-1,1]$ 上以 2 为周期的傅里叶级数为

$$\frac{5}{2} - \frac{4}{\pi^2}\sum_{k=1}^{\infty}\frac{\cos(2k-1)\pi x}{(2k-1)^2}.$$

6. 解答: 由二重积分的极坐标公式,可得

$$\iint_{x^2+y^2\leqslant t^2} f(\sqrt{x^2+y^2})\mathrm{d}x\mathrm{d}y = \int_0^{2\pi}\mathrm{d}\theta\int_0^t f(\rho)\rho\mathrm{d}\rho = 2\pi\int_0^t f(\rho)\rho\mathrm{d}\rho,$$

因此 $f(t) = \mathrm{e}^{4\pi t^2} + 2\pi\int_0^t f(\rho)\rho\mathrm{d}\rho$,求导可得

$$f'(t) = 8\pi t \mathrm{e}^{4\pi t^2} + 2\pi t f(t),$$

即 $f'(t) - 2\pi t f(t) = 8\pi t \mathrm{e}^{4\pi t^2}$. 这是一阶线性微分方程,通解为

$$y = \mathrm{e}^{\int 2\pi t\mathrm{d}t}\left(\int \mathrm{e}^{-\int 2\pi t\mathrm{d}t}\cdot 8\pi t \mathrm{e}^{4\pi t^2}\mathrm{d}t + C\right) = \mathrm{e}^{\pi t^2}\left(\frac{4}{3}\mathrm{e}^{3\pi t^2} + C\right).$$

再由 $f(0) = 1$ 可得 $C = -\dfrac{1}{3}$,故 $y = \dfrac{1}{3}\mathrm{e}^{\pi t^2}(4\mathrm{e}^{3\pi t^2} - 1)$.

7. 解答: (1) 若正数列 $\{a_n\}$ 单调增加无上界,则正数列 $\left\{\dfrac{1}{a_n}\right\}$ 单调减少趋于零,根据莱布尼茨审敛法,可知交错级数 $\sum_{n=1}^{\infty}\dfrac{(-1)^n}{a_n}$ 一定收敛.

(2) 设级数 $\sum_{n=1}^{\infty}\left(\dfrac{1}{a_n} - \dfrac{1}{a_{n+1}}\right)$ 的部分和为 S_n,则

$$S_n = \left(\frac{1}{a_1} - \frac{1}{a_2}\right) + \left(\frac{1}{a_2} - \frac{1}{a_3}\right) + \cdots + \left(\frac{1}{a_n} - \frac{1}{a_{n+1}}\right) = \frac{1}{a_1} - \frac{1}{a_{n+1}},$$

由于 $\{a_n\}$ 单调增加无上界,故 $\lim_{n\to\infty}\dfrac{1}{a_n} = 0$,$\lim_{n\to\infty}S_n = \dfrac{1}{a_1}$,因此级数 $\sum_{n=1}^{\infty}\left(\dfrac{1}{a_n} - \dfrac{1}{a_{n+1}}\right)$ 收敛.

(3) 若 $a_n = n$,则级数 $\sum_{n=1}^{\infty}\dfrac{1}{na_n}$ 为 $\sum_{n=1}^{\infty}\dfrac{1}{n^2}$,是收敛级数;若 $a_n = \ln(n+1)$,则级数成为 $\sum_{n=1}^{\infty}\dfrac{1}{n\ln(n+1)}$,是发散级数. 因此 $\sum_{n=1}^{\infty}\dfrac{1}{na_n}$ 的收敛性不确定.

二、计算与解答题

1. 解答: 令 $t = \ln\sqrt{x^2+y^2}$,则

$$\frac{\partial z}{\partial x} = f'(t)\cdot\frac{x}{x^2+y^2}, \quad \frac{\partial z}{\partial y} = f'(t)\cdot\frac{y}{x^2+y^2},$$

$$\frac{\partial^2 z}{\partial x^2} = f'(t)\cdot\frac{y^2-x^2}{(x^2+y^2)^2} + f''(t)\cdot\frac{x^2}{(x^2+y^2)^2},$$

$$\frac{\partial^2 z}{\partial y^2} = f'(t)\cdot\frac{x^2-y^2}{(x^2+y^2)^2} + f''(t)\cdot\frac{y^2}{(x^2+y^2)^2},$$

由条件可得 $f(t)$ 满足方程 $f''(t) = (x^2+y^2)^{\frac{5}{2}} = \mathrm{e}^{5t}$,两次积分可得

$$f(t) = \frac{1}{25}\mathrm{e}^{5t} + C_1 t + C_2,$$

再代入 $t = \ln\sqrt{x^2+y^2}$,因此 z 的表达式为

$$z = \frac{1}{25}(x^2+y^2)^{\frac{5}{2}} + C_1 \ln\sqrt{x^2+y^2} + C_2.$$

2. 解答:记 $\Sigma_1: x^2+y^2 = R^2(x \geqslant 0, -R \leqslant z \leqslant R)$($\Sigma$ 的前侧),

$\Sigma_2: x^2+y^2 = R^2(x \leqslant 0, -R \leqslant z \leqslant R)$($\Sigma$ 的后侧),

$\Sigma_3: z = R(x^2+y^2 \leqslant R^2)$($\Sigma$ 的上侧),

$\Sigma_4: z = -R(x^2+y^2 \leqslant R^2)$($\Sigma$ 的下侧),

其中 Σ_1 和 Σ_2 在 yOz 面的投影为 $D_{12}: -R \leqslant y \leqslant R, -R \leqslant z \leqslant R$;$\Sigma_3$ 和 Σ_4 在 xOy 面的投影为 $D_{34}: x^2+y^2 \leqslant R^2$. 根据第二类曲面积分计算公式,可得

$$I = \iint_{\Sigma_1} \frac{x\mathrm{d}y\mathrm{d}z + z^2\mathrm{d}x\mathrm{d}y}{x^2+y^2+z^2} + \iint_{\Sigma_2} \frac{x\mathrm{d}y\mathrm{d}z + z^2\mathrm{d}x\mathrm{d}y}{x^2+y^2+z^2} + \iint_{\Sigma_3} \frac{x\mathrm{d}y\mathrm{d}z + z^2\mathrm{d}x\mathrm{d}y}{x^2+y^2+z^2} + \iint_{\Sigma_4} \frac{x\mathrm{d}y\mathrm{d}z + z^2\mathrm{d}x\mathrm{d}y}{x^2+y^2+z^2}$$

$$= \iint_{\Sigma_1} \frac{x\mathrm{d}y\mathrm{d}z}{R^2+z^2} + \iint_{\Sigma_2} \frac{x\mathrm{d}y\mathrm{d}z}{R^2+z^2} + \iint_{\Sigma_3} \frac{R^2\mathrm{d}x\mathrm{d}y}{x^2+y^2+R^2} + \iint_{\Sigma_4} \frac{R^2\mathrm{d}x\mathrm{d}y}{x^2+y^2+R^2}$$

$$= \iint_{D_{12}} \frac{\sqrt{R^2-y^2}}{R^2+z^2}\mathrm{d}y\mathrm{d}z - \iint_{D_{12}} \frac{-\sqrt{R^2-y^2}}{R^2+z^2}\mathrm{d}y\mathrm{d}z + \iint_{D_{34}} \frac{R^2\mathrm{d}x\mathrm{d}y}{x^2+y^2+R^2} - \iint_{D_{34}} \frac{R^2\mathrm{d}x\mathrm{d}y}{x^2+y^2+R^2}$$

$$= 2\iint_{D_{12}} \frac{\sqrt{R^2-y^2}}{R^2+z^2}\mathrm{d}y\mathrm{d}z = 2\int_{-R}^{R}\sqrt{R^2-y^2}\mathrm{d}y\int_{-R}^{R} \frac{\mathrm{d}z}{R^2+z^2} = 2 \cdot \frac{\pi R^2}{2} \cdot \frac{1}{R} \cdot 2\arctan 1 = \frac{\pi^2 R}{2}.$$

3. 解答:考虑幂级数 $\sum_{n=1}^{\infty}\left(1+\frac{1}{2}+\cdots+\frac{1}{n}\right)x^n$,其和函数为 $S(x)$. 由于

$$1 \leqslant \sqrt[n]{1+\frac{1}{2}+\cdots+\frac{1}{n}} \leqslant \sqrt[n]{n} \to 1 \quad (n \to \infty),$$

可得收敛半径为 1,再由 $x = \pm 1$ 时幂级数均发散,故其收敛域为 $(-1,1)$.

由于

$$\frac{1}{1-x} = \sum_{n=0}^{\infty} x^n, \quad \ln\frac{1}{1-x} = -\ln(1-x) = \sum_{n=1}^{\infty} \frac{x^n}{n},$$

根据级数柯西乘积,可得

$$\frac{1}{1-x}\ln\frac{1}{1-x} = \sum_{n=0}^{\infty} x^n \cdot \sum_{n=1}^{\infty} \frac{x^n}{n} = \sum_{n=1}^{\infty}\left(1+\frac{1}{2}+\cdots+\frac{1}{n}\right)x^n,$$

即 $S(x) = \frac{1}{1-x}\ln\frac{1}{1-x}$,因此 $\sum_{n=1}^{\infty} \frac{1+\frac{1}{2}+\cdots+\frac{1}{n}}{2^n} = S\left(\frac{1}{2}\right) = 2\ln 2.$

4. 解答:区域 Ω 在 xOy 面的投影为 $D: \frac{x^2}{a^2}+\frac{y^2}{b^2} \leqslant 1$,使用投影法计算三重积分,可得

$$\iiint_{\Omega}(x^2+y^2+z^2)\mathrm{d}x\mathrm{d}y\mathrm{d}z$$

$$= \iint_{D}\mathrm{d}x\mathrm{d}y\int_{c\sqrt{x^2/a^2+y^2/b^2}}^{c}(x^2+y^2+z^2)\mathrm{d}z$$

$$= \iint_{D}\left[c(x^2+y^2)\left(1-\sqrt{\frac{x^2}{a^2}+\frac{y^2}{b^2}}\right) + \frac{c^3}{3}\left(1-\sqrt{\left(\frac{x^2}{a^2}+\frac{y^2}{b^2}\right)^3}\right)\right]\mathrm{d}x\mathrm{d}y,$$

引入广义极坐标公式 $x = ar\cos\theta, y = br\sin\theta$ 计算上述二重积分,可得

$$\iiint_{\Omega}(x^2+y^2+z^2)\mathrm{d}x\mathrm{d}y\mathrm{d}z$$

$$= \int_{0}^{2\pi}\mathrm{d}\theta\int_{0}^{1}\left[c(a^2\cos^2\theta+b^2\sin^2\theta)(1-r)r^2 + \frac{c^3}{3}(1-r^3)\right]abr\mathrm{d}r$$

$$= \int_0^{2\pi} ab\left[\frac{1}{20}c(a^2\cos^2\theta+b^2\sin^2\theta)+\frac{c^3}{10}\right]d\theta$$

$$=\frac{\pi abc}{20}(a^2+b^2+4c^2).$$

5. 解答：(1) 若 $\lambda=1$，考虑曲线 $\Gamma_\varepsilon:x^2+y^2=\varepsilon^2$，取逆时针，记

$$P(x)=\frac{y}{x^2+y^2},\quad Q(x)=\frac{-x}{x^2+y^2},$$

可得 $\dfrac{\partial P(x)}{\partial y}=\dfrac{\partial Q(x)}{\partial x}=\dfrac{x^2-y^2}{(x^2+y^2)^2}.$

由于 $\Gamma-\Gamma_\varepsilon$ 构成所围区域的正向边界，则由格林公式，有

$$\oint_{\Gamma-\Gamma_\varepsilon}Pdx+Qdy=0,$$

同时，Γ_ε 所围区域 D_ε 的面积为 $\pi\varepsilon^2$，再由格林公式，有

$$\oint_{\Gamma_\varepsilon}Pdx+Qdy=\frac{1}{\varepsilon^2}\oint_{\Gamma_\varepsilon}ydx-xdy=\frac{1}{\varepsilon^2}\iint_{D_\varepsilon}(-2)dxdy=-2\pi,$$

因此

$$\lim_{r\to+\infty}f(r)=\lim_{r\to+\infty}\left(\oint_{\Gamma-\Gamma_\varepsilon}Pdx+Qdy+\oint_{\Gamma_\varepsilon}Pdx+Qdy\right)=\lim_{r\to+\infty}(-2\pi)=-2\pi.$$

(2) 若 $\lambda=2$，设曲线 $\Gamma:x^2+2y^2=2r^2$ 的参数方程为 $\begin{cases}x=\sqrt{2}r\cos\theta,\\ y=r\sin\theta,\end{cases}$ 则

$$f(r)=\int_0^{2\pi}\frac{-\sqrt{2}r^2d\theta}{r^4(2\cos^2\theta+\sin^2\theta)^2}=-\frac{\sqrt{2}}{r^2}\int_0^{2\pi}\frac{d\theta}{(1+\cos^2\theta)^2}.$$

由于 $1\leqslant 1+\cos^2\theta\leqslant 2$，故 $\dfrac{\pi}{2}\leqslant\displaystyle\int_0^{2\pi}\frac{d\theta}{(1+\cos^2\theta)^2}\leqslant 2\pi$，则

$$-\frac{2\sqrt{2}\pi}{r^2}\leqslant f(r)=-\frac{\sqrt{2}}{r^2}\int_0^{2\pi}\frac{d\theta}{(1+\cos^2\theta)^2}\leqslant-\frac{\sqrt{2}\pi}{2r^2},$$

因此 $\displaystyle\lim_{r\to+\infty}f(r)=0.$

6. 解答：设 $S(x)=\displaystyle\sum_{n=0}^\infty a_nx^n$，则

$$S'(x)=\sum_{n=1}^\infty na_nx^{n-1}=\sum_{n=1}^\infty(a_{n-1}+n-1)x^{n-1}=\sum_{n=1}^\infty a_{n-1}x^{n-1}+\sum_{n=2}^\infty(n-1)x^{n-1},$$

其中 $\displaystyle\sum_{n=1}^\infty a_{n-1}x^{n-1}=S(x)$，并且

$$\sum_{n=2}^\infty(n-1)x^{n-1}=x\left(\sum_{n=2}^\infty x^{n-1}\right)'=x\left(\frac{x}{1-x}\right)'=\frac{x}{(1-x)^2},$$

于是 $S'(x)=S(x)+\dfrac{x}{(1-x)^2}.$ 这是关于 $S(x)$ 的一阶线性微分方程，通解为

$$S(x)=e^x\left(\int\frac{x}{(1-x)^2}e^{-x}dx+C\right).$$

由于 $\dfrac{x}{(1-x)^2}e^{-x}=\left(-\dfrac{1}{1-x}+\dfrac{1}{(1-x)^2}\right)e^{-x}=\left(\dfrac{e^{-x}}{1-x}\right)'$，故

$$S(x)=e^x\left(\frac{e^{-x}}{1-x}+C\right)=Ce^x+\frac{1}{1-x}.$$

又由于 $S(0)=a_0=2$，可得 $C=1$，故 $S(x)=e^x+\dfrac{1}{1-x}.$

三、证明题

1. 解答: 首先,有
$$A = \text{grad} f \times \text{grad} g = \{f_y g_z - f_z g_y, f_z g_x - f_x g_z, f_x g_y - f_y g_x\}.$$

记 $P = f_y g_z - f_z g_y, Q = f_z g_x - f_x g_z, R = f_x g_y - f_y g_x$,则 A 通过 Σ 的流量为
$$\Phi = \oiint_{\Sigma} P \mathrm{d}y\mathrm{d}z + Q \mathrm{d}z\mathrm{d}x + R \mathrm{d}x\mathrm{d}y.$$

由于
$$\begin{aligned} & P_x + Q_y + R_z \\ &= (f_{yx} g_z + f_y g_{zx} - f_{zx} g_y - f_z g_{yx}) + (f_{zy} g_x + f_z g_{xy} - f_{xy} g_z - f_x g_{zy}) \\ & \quad + (f_{xz} g_y + f_x g_{yz} - f_{yz} g_x - f_y g_{xz}) \\ &= 0, \end{aligned}$$

根据高斯公式,可得
$$\Phi = \iiint_{x^2+y^2+z^2 \leqslant 1} (P_x + Q_y + R_z) \mathrm{d}x\mathrm{d}y\mathrm{d}z = 0.$$

2. 解答: 由于正项数列 $\{a_n\}$ 单调减少,故 $\left\{\dfrac{1}{a_n}\right\}$ 单调增加,可得
$$b_{2n} = \dfrac{2n}{\dfrac{1}{a_1} + \cdots + \dfrac{1}{a_n} + \dfrac{1}{a_{n+1}} + \cdots + \dfrac{1}{a_{2n}}} \leqslant \dfrac{2n}{\dfrac{1}{a_{n+1}} + \cdots + \dfrac{1}{a_{2n}}} \leqslant \dfrac{2n}{n \cdot \dfrac{1}{a_n}} = 2a_n,$$

$$b_{2n-1} = \dfrac{2n-1}{\dfrac{1}{a_1} + \cdots + \dfrac{1}{a_n} + \dfrac{1}{a_{n+1}} + \cdots + \dfrac{1}{a_{2n-1}}} \leqslant \dfrac{2n}{\dfrac{1}{a_n} + \dfrac{1}{a_{n+1}} + \cdots + \dfrac{1}{a_{2n-1}}} \leqslant \dfrac{2n}{n \cdot \dfrac{1}{a_n}} = 2a_n,$$

由于级数 $\sum\limits_{n=1}^{\infty} a_n$ 收敛,可得正项级数 $\sum\limits_{n=1}^{\infty} b_{2n}$ 和 $\sum\limits_{n=1}^{\infty} b_{2n-1}$ 收敛,设和分别为 A 和 B. 又由于 $b_n > 0$,可得
$$b_1 + b_2 + \cdots + b_n \leqslant b_1 + b_2 + \cdots + b_{2n} \leqslant A + B,$$

因此级数 $\sum\limits_{n=1}^{\infty} b_n$ 收敛.

3. 解答: 在定积分 $\int_0^1 (xy)^{xy} \mathrm{d}y$ 中令 $xy = t$,可得
$$\int_0^1 (xy)^{xy} \mathrm{d}y = \dfrac{1}{x} \int_0^x t^t \mathrm{d}t = \dfrac{1}{x} \int_0^x y^y \mathrm{d}y,$$

于是 $\int_0^1 \mathrm{d}x \int_0^1 (xy)^{xy} \mathrm{d}y = \int_0^1 \dfrac{1}{x} \mathrm{d}x \int_0^x y^y \mathrm{d}y$,积分换序可得
$$\int_0^1 \mathrm{d}x \int_0^1 (xy)^{xy} \mathrm{d}y = \int_0^1 y^y \mathrm{d}y \int_y^1 \dfrac{1}{x} \mathrm{d}x = \int_0^1 (-\ln y) y^y \mathrm{d}y.$$

由于 $\int_0^1 (-\ln y) y^y \mathrm{d}y = \int_0^1 (-\ln y - 1) y^y \mathrm{d}y + \int_0^1 y^y \mathrm{d}y$,其中
$$\int_0^1 (-\ln y - 1) y^y \mathrm{d}y = -\int_0^1 (y \ln y)' e^{y \ln y} \mathrm{d}y = -\left. e^{y \ln y} \right|_0^1 = -e^{\ln 1} + \lim_{y \to 0^+} e^{y \ln y} = 0,$$

因此
$$\int_0^1 \mathrm{d}x \int_0^1 (xy)^{xy} \mathrm{d}y = \int_0^1 (-\ln y) y^y \mathrm{d}y = \int_0^1 (-\ln y - 1) y^y \mathrm{d}y + \int_0^1 y^y \mathrm{d}y = \int_0^1 y^y \mathrm{d}y.$$